职业教育理实一体化规划教材

变电设备安装与维护

主　编　张京林

副主编　刘晓燕

参　编　林明利　衣　东　王学兵　牟鹏慧

韩翠慧　侯振堂　柳仁英　祁瑞春

董春霞

電子工業出版社

Publishing House of Electronics Industry

北京 • BEIJING

内 容 简 介

本书重点讲述了电力系统、变压器基础、电力变压器、绝缘子、低压断路器、高压断路器、高压隔离开关、低压隔离电器、熔断器、开关柜、变电站 11 个方面的内容，每个内容分认识、选择、安装、维护等几个方面进行阐述。本书以精讲理论、多练实践操作的原则进行编写，注重培养学生的动手能力。

本书可作为职业院校相关专业的教学教材，也可作为职业鉴定培训教材。

图书在版编目（CIP）数据

变电设备安装与维护 / 张京林主编. —北京：电子工业出版社，2013.10
职业教育理实一体化规划教材
ISBN 978-7-121-21695-4

Ⅰ. ①变… Ⅱ. ①张… Ⅲ. ①变电所－电气设备－设备安装－中等专业学校－教材
②变电所－电气设备－维修－中等专业学校－教材 Ⅳ. ①TM63

中国版本图书馆 CIP 数据核字（2013）第 246201 号

责任编辑：靳　平
印　　刷：北京天宇星印刷厂
装　　订：北京天宇星印刷厂
出版发行：电子工业出版社
　　　　　北京市海淀区万寿路 173 信箱　邮编 100036
开　　本：787×1 092　1/16　印张：20.5　字数：524.8 千字
版　　次：2013 年 10 月第 1 版
印　　次：2023 年 7 月第 5 次印刷
定　　价：38.00 元

凡所购买电子工业出版社图书有缺损问题，请向购买书店调换。若书店售缺，请与本社发行部联系，联系及邮购电话：（010）88254888，88258888。

质量投诉请发邮件至 zlts@phei.com.cn，盗版侵权举报请发邮件至 dbqq@phei.com.cn。

本书咨询联系方式：（010）88254485，puyue@phei.com.cn。

职业教育理实一体化规划教材

编审委员会

出 版 说 明

为进一步贯彻教育部《国家中长期教育改革和发展规划纲要（2010—2020)》的重要精神，确保职业教育教学改革顺利进行，全面提高教育教学质量，保证精品教材走进课堂，我们遵循职业教育的发展规律，本着“着力推进教育与产业、学校与企业、专业设置与职业岗位、课程教材与职业标准、教学过程与生产过程的深度对接”的出版理念，经过课程改革专家、行业企业专家、教研部门专家和教学一线骨干教师共同努力，开发了这套职业教育理实一体化规划教材。

本套教材采用理论与实践一体化的编写模式，突破以往理论与实践相脱节的现象，全程构建素质和技能培养框架，且具有如下鲜明的特色：

（1）理论与实践紧密结合

本系列教材将基本理论的学习、操作技能的训练与生产实际相结合，注重在实践操作中加深对基本理论的理解，在技能训练过程中加深对专业知识、技能的应用。

（2）面向职业岗位，兼顾技能鉴定

本系列教材以就业为导向，其内容面向实际、面向岗位，并紧密结合职业资格证书中的技能要求，培养学生的综合职业能力。

（3）遵循认知规律，知识贴近实际

本系列充分考虑了专业技能要求和知识体系，从生活、生产实际引入相关知识，由浅入深、循序渐进地编排学习内容。

（4）形式生动，易于接受

充分利用实物照片、示意图、表格等代替枯燥的文字叙述，力求内容表达生动活泼、浅显易懂。丰富的栏目设计可加强理论知识与实际生活生产的联系，提高了学生学习的兴趣。

（5）强大的编写队伍

行业专家、职业教育专家、一线骨干教师，特别是“双师型”教师加入编写队伍，为教材的研发、编写奠定了坚实的基础，使本系列教材符合职业教育的培养目标和特点，具有很高的权威性。

（6）配套丰富的数字化资源

为方便教学过程，根据每门课程的内容特点，对教材配备相应的电子教学课件、习题答案与指导、教学素材资源、教学网站支持等立体化教学资源。

职业教育肩负着服务社会经济和促进学生全面发展的重任。职业教育改革与发展的过程，也是课程不断改革与发展的历程。每一次课程改革都推动着职业教育的进一步发展，从而使职业教育培养的人才规格更适应和贴近社会需求。相信本系列教材的出版对于职业教育教学改革与发展会起到积极的推动作用，也欢迎各位职教专家和老师对我们的教材提出宝贵的建议，联系邮箱：jinping@phei.com.cn。

电子工业出版社

FOREWORD 前言

电力系统是由发电厂、变电站、输电线、配电系统及负荷组成的，是最重要、最庞杂的工程系统之一。发电厂负责完成发电任务，而变电站则是将发电厂发出的电能进行变换、处理和合理分配，以便更好地服务于用电单位，所以变电站及设备的优劣，直接影响到整个电力系统的安全和正常运行。随着电力工业和国民经济的可持续发展，电力已成为国民经济建设中不可缺少的动力，并广泛应用于生产和日常生活当中。为此，变电设备的安装与维护就显得尤为重要。

本书以劳动和社会保障部关于《变电设备安装工国家职业标准》为标准，结合中职学生的特点，本着精讲理论、多练实践操作的原则，注重培养学生的动手能力，使之成为合格的变电设备设计、安装与维护人员，达到该职业中级工、高级工及技师的要求。

本书共分为 11 章，重点讲述了电力系统、变压器基础、电力变压器、绝缘子、低压断路器、高压断路器、高压隔离开关、低压隔离电器、熔断器、开关柜、变电站 11 个方面的内容，每个内容分别从认识、选择、安装、维护等几个方面进行阐述。本书实践操作性强，适合于中职学生和变电从业人员。

本书在编写过程中，许多供电公司给予了很大帮助，提供了许多一线工作中的第一手宝贵资料，在此表示衷心感谢。

由于编写时间仓促，加之编者水平有限，书中错误和不足之处在所难免，为此，恳请专家和读者们批评指正。

编　者

CONTENTS 目录

第 1 章 电力系统

1.1 认识电力系统

学习目标

① 了解电力系统及其组成。

② 掌握电力系统的基本概念，明确电力系统的电压等级。

③ 了解电力系统的现状与发展趋势。

1.1.1 电力系统的组成

电能是现代社会中最重要、最方便的能源。电能具有许多优点：它可以方便地转化为其他形式的能，如机械能、热能、光能、化学能等；它的输送和分配易于实现；它的应用规模也很灵活。因此，电能被极其广泛地应用于工农业、交通运输业、商业贸易、通信以及人民的日常生活中。以电作为动力，可以促进工农业生产的机械化和自动化，保证产品质量，大幅度提高劳动生产率。还要指出，以电能代替其他形式的能是节约总能源消耗的一个重要途径。

电力系统是由发电、变电、输电、配电和用电等环节组成的电能生产与消费系统，如图 1-1 所示。它的功能是将自然界的一次能源通过发电动力装置（主要包括锅炉、汽轮机、发电机及电厂辅助生产系统等）转化成电能，再经输、变电系统及配电系统将电能供应到各负荷中心。由于电源点与负荷中心多数处于不同地区，也无法大量储存，电能生产必须时刻保持与消费平衡。因此，电能的集中开发与分散使用，以及电能的连续供应与负荷的随机变化，就制约了电力系统的结构和运行。据此，电力系统要实现其功能，就需在各个环节和不同层次设置相应的信息与控制系统，以便在生产和运输过程中，对电能进行测量、调节、控制、保护、通信和调度，确保用户获得安全、经济、优质的电能。

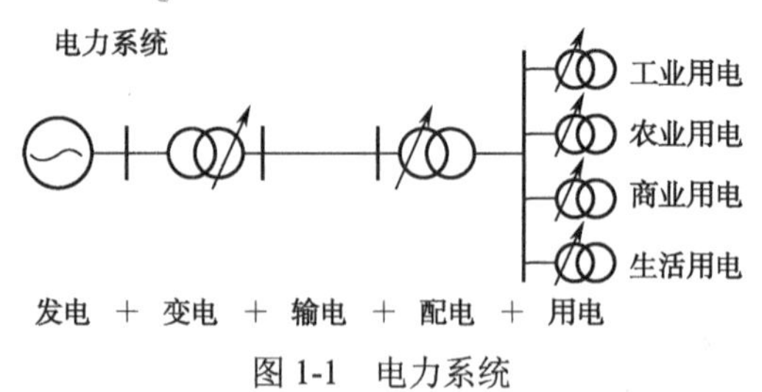

图 1-1　电力系统

建立结构合理的大型电力系统不仅便于电能生产与消费的集中管理、统一调度和分配，减少总装机容量，节省动力设施投资，且有利于地区能源资源的合理开发利用，更大限度地满足地区国民经济日益增长的用电需要。电力系统建设往往是国家及地区国民经济发展规划的重要组成部分。电力系统的出现，使高效、无污染、使用方便、易于调控的电能得到广泛应用，推动了社会生产各个领域的变化，开创了电力时代，发生了第二次技术革命。电力系统的规模和技术水准已成为一个国家经济发展水平的标志之一。

1.1.2　电力系统的基本概念

1. 电力系统

电力系统是由发电厂、变电所、输电线、配电系统及负荷组成的，是现代社会中最重要、最庞杂的工程系统之一。

2. 电力网络

电力网络是由变压器、电力线路、变换电能、输送电能、分配电能设备所组成。

3. 发电

发电是指利用发电动力装置将水能、石化燃料（煤、油、天然气）的热能、核能以及太阳能、风能、地热能、海洋能等转换为电能的生产过程，用以供应国民经济各部门与人民生活之需。发电动力装置按能源的种类分为火电动力装置、水电动力装置、核电动力装置及其他能源发电动力装置。火电动力装置由电厂锅炉、汽轮机和发电机（惯称三大主机）及其辅助装置组成。水电动力装置由水轮发电机组、调速器、油压装置及其他辅助装置组成。核电动力装置由核反应堆、蒸气发生器、汽轮发电机组及其他附属设备组成。

4. 变电

变电是指电力系统中，通过一定设备将电压由低等级转变为高等级（升压）或由高等级转变为低等级（降压）的过程。电力系统中发电机的额定电压一般为 20kV 以下。常用的输电电压等级有 765kV、500kV、220～110kV、35～60kV 等；配电电压等级有 35～60kV、3～10kV 等；用电部门的用电器具有额定电压为 3～15kV 的高压用电设备和 110V、220V、380V 等低压用电设备。所以，电力系统就是通过变电把各种不同电压等级电能部分连接起来形成一个整体。实现变电的场所称为变电所。

5．输电

输电是指电能的传输。它和变电、配电、用电一起，构成电力系统的整体功能。通过输电，把相距甚远的（可达数千公里）发电厂和负荷中心联系起来，使电能的开发和利用超越地域的限制。和其他能源的传输（如输煤、输油等）相比，输电的损耗小、效益高、灵活方便、易于调控、环境污染少；输电还可以将不同地点的发电厂连接起来，实行峰谷调节。输电是电能利用优越性的重要体现，在现代化社会中，它是重要的能源动脉。输电线路按结构形式可分为架空输电线路和地下输电线路。架空输电线路由线路杆塔、导线、绝缘子等构成，架设在地面上；地下输电线路主要用电缆，敷设在地下（或水下）。输电按所送电流性质可分为直流输电和交流输电。

6．配电

配电是指电力系统中直接与用户相连并向用户分配电能的环节。配电系统由配电变电所（通常是将电网的输电电压降为配电电压）、高压配电线路（即1kV以上电压）、配电变压器、低压配电线路（1kV以下电压）以及相应的控制保护设备组成。配电电压通常有35～60kV和3～10kV等。

配电系统中常用的交流供电方式有：

① 三相三线制，分为三角形接线（用于高压配电、三相220V电动机和照明）和星形接线（用于高压配电、三相380V电动机）。

② 三相四线制，用于380／220V低压动力与照明混合配电。

③ 三相二线一地制，多用于农村配电。

④ 三相单线制，常用于电气铁路牵引供电。

⑤ 单相二线制，主要供应居民用电。

7．用电

用电是指按预定目的使用电能的行为。

8．最大负荷

最大负荷指规定时间内，电力系统总有功功率负荷的最大值，以千瓦（kW）、兆瓦（MW）、吉瓦（GW）为单位计。

9．额定频率

按国家标准规定，我国所有交流电力系统的额定频率为50Hz。

10．最高电压等级

最高电压等级是指该系统中最高电压等级的电力线路的额定电压。

1.1.3 电力系统的电压等级

电网电压是有等级的，电网的额定电压等级是根据国民经济发展的需要、技术经济的合理性以及电气设备的制造水平等因素，经全面分析论证，由国家统一制定和颁布的，如表 1-1 所示。

表 1-1　我国交流电力网和电气设备的额定电压

	电力网和用电设备额定电压	发电机额定电压	电力变压器额定电压	
			一次绕组	二次绕组
低压/V	220/127	230	220/127	230/133
	380/220	400	380/220	400/230
	660/380	690	660/380	690/400
高压/kV	3	3.15	3 及 3.15	3.15 及 3.3
	6	6.3	6 及 6.3	6.3 及 6.6
	10	10.5	10 及 10.5	10.5 及 11
	—	13.8，15.75，18，20	13.8，15.75，18，20	—
	35	—	35	38.5
	63	—	63	69
	110	—	110	121
	220	—	220	242
	330	—	330	363
	500	—	500	550
	750	—	750	—

电力系统电压等级有 220/380V（0.4kV）、3kV、6kV、10kV、20kV、35kV、66kV、110kV、220kV、330kV、500kV、750kV。随着电机制造工艺的提高，10kV 电动机已批量生产，所以 3kV、6kV 已较少使用，20kV、66kV 也很少使用。供电系统以 10kV、35kV 为主。输配电系统以 110kV 以上为主。发电厂发电机有 6kV 与 10kV 两种，现在以 10kV 为主，用户均为 220/380V（0.4kV）低压系统。

根据《城市电力网规定设计规则》规定：输电网为 500kV、330kV、220kV、110kV，高压配电网为 110kV、66kV，中压配电网为 20kV、10kV、6kV，低压配电网为 0.4kV（220V/380V）。

用电设备的额定电压和电网的额定电压一致。实际上，由于电网中有电压损失，致使各点实际电压偏离额定值。为了保证用电设备的良好运行，国家对各级电网电压的偏差均有严格规定。显然，用电设备应具有比电网电压允许偏差更宽的正常工作电压范围。

发电机的额定电压一般比同级电网额定电压高出 5%，用于补偿电网上的电压损失。10kV 供电范围为 10km；35kV 供电范围为 20～50km；66kV 供电范围为 30～100km；110kV 供电范围为 50～150km；220kV 供电范围为 100～300km；330kV 供电范围为 200～600km；500kV 供电范围为 150～850km。

变压器的额定电压分为一次电压和二次电压。对于一次绕组，当变压器接于电网末端时，性质上等同于电网上的一个负荷（如工厂降压变压器），故其额定电压与电网一致，当变压器接于发电机引出端时（如发电厂升压变压器），则其额定电压应与发电机额定电压相同。对于二次绕组，额定电压是指空载电压，考虑到变压器承载时自身电压损失（按 5%计），变压器二次绕组额定电压应比电网额定电压高出5%，当二次侧输电距离较长时，还应考虑到线路电压损失（按5%计），此时，二次绕组额定电压应比电网额定电压高出10%。

1.2 电力系统的运行与调度

学习目标

① 掌握电力系统的构成。
② 理解电力系统的运行及各种运行状态之间的转移。
③ 了解电力调度系统。

1.2.1 电力系统的构成

电力系统的主体结构有电源、电力网络和负荷中心。电源指各类发电厂，它将一次能源转换成电能。电力网络由电源的升压变电所、输电线路、负荷中心变电所、配电线路等构成。电力网络的功能是将电源发出的电能升压到一定等级后输送到负荷中心变电所，再降压至一定等级后，经配电线路与用户相连。电力系统中网络结点千百个交织密布，有功电流、无功电流、高次谐波、负序电流等以光速在全系统范围传播。电力网络既能输送大量电能，创造巨大财富，也能在瞬间造成重大的灾难性事故。为保证系统安全、稳定、经济地运行，必须在不同层次上依不同要求配置各类自动控制装置与通信系统，组成信息与控制子系统。电力网络成为实现电力系统信息传递的神经网络，使电力系统具有可观测性与可控性，从而保证电能生产与消费过程的正常进行以及事故状态下的紧急处理。

1.2.2 电力系统的运行

系统运行指系统的所有组成环节都处于执行其功能的状态。电力系统的基本要求是保证安全可靠地向用户供应质量合格、价格便宜的电能。所谓质量合格，就是指电压、频率、正弦波形这三个主要参量都必须处于规定的范围内。电力系统的规划、设计和工程实施虽为实现上述要求提供了必要的物质条件，但最终的实现则决定于电力系统的运行。实践表明，具有良好物质条件的电力系统也会因运行失误造成严重的后果。例如，1977年7月13日，美国纽约市的电力系统遭受雷击，由于保护装置未能正确动作，调度中心掌握实时信息不足等原因，致使事故扩大，造成系统瓦解，全市停电。事故发生及处理前后延续25小时，影响到900万居民供电。据美国能源部最保守的估计，这一事故造成的直接和间接损失达3.5亿美元。20世纪六七十年代，世界范围内多次发生大规模停电事故，促使人们更加关注提高电力系统的运行质量，完善调度自动化水平。

电力系统的运行常用运行状态来描述，主要分为正常状态和异常状态。正常状态又分为安全状态和警戒状态，异常状态又分为紧急状态和恢复状态。电力系统运行包括了所有这些状态及其相互间的转移，如图1-2所示。

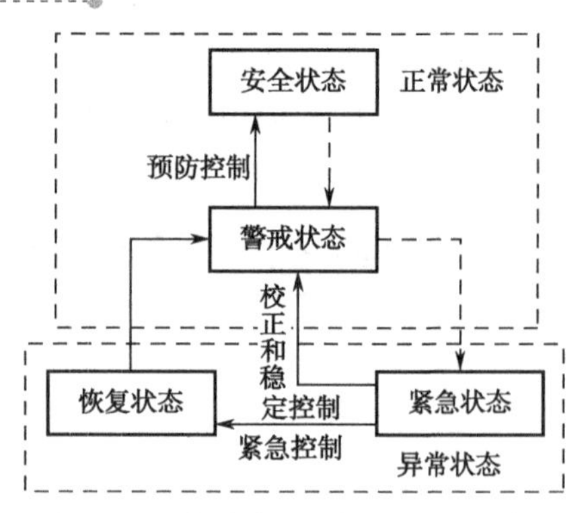

图 1-2　电力系统运行状态之间的转移

各种运行状态之间的转移，要通过控制手段来实现，如预防性控制、校正控制、稳定控制、紧急控制、恢复控制等，这些统称为安全控制。

电力系统在保证电能质量、安全可靠供电的前提下，还应实现经济运行，即努力调整负荷曲线，提高设备利用率，合理利用各种动力资源，降低煤耗、工厂用电和网络损耗，以取得最佳经济效益。

安全状态是指电力系统的频率、各点的电压、各元件的负荷均处于规定的允许值范围，并且当系统由于负荷变动或出现故障而引起扰动时，仍不致脱离正常运行状态。由于电能的发、输、用在任何瞬间都必须保证平衡，而用电负荷又是随时变化的，因此，安全状态实际上是一种动态平衡，必须通过正常的调整控制（包括频率和电压）才能得以保持。

警戒状态是指系统整体仍处于安全规定的范围，但个别元件或局部网络的运行参数已临近安全范围的阈值。一旦发生扰动，就会使系统脱离正常状态而进入紧急状态。处于警戒状态时，应采取预防控制措施使之返回安全状态。

紧急状态是指正常状态的电力系统受到扰动后，一些快速的保护和控制已经起作用，但系统中某些枢纽点的电压仍偏移，超过了允许范围；或某些元件的负荷超过了安全限制，使系统处于危机状况。紧急状态下的电力系统，应尽快采用各种校正控制和稳定控制措施，使系统恢复到正常状态。如果无效，就应按照对用户影响最小的原则，采取紧急控制措施，使系统进入恢复状态。这类措施包括使系统解列（即整个系统分解为若干局部系统，其中某些局部系统不能正常供电）和切除部分负荷（此时系统尚未解列，但不能满足全部负荷要求，只得去掉部分负荷）。在这种情况下，再采取恢复控制措施，使系统返回正常运行状态。

1.2.3　电力系统调度

电能生产、供应、使用是在瞬间完成的，并要保持平衡。因此，它要有一个统一的调度指挥系统。这一系统调度的基本原则：统一调度，分级管理，分层控制。我国的电力系统调度为五级分层调度管理，即国家调度控制中心（国调）、大区电网调度控制中心（网调）、省电网调度控制中心（省调）、地市电网调度控制中心（地调）、县级电网调度控制中心（县调）。

调度系统的主要工作有：预测用电负荷；分派发电任务，确定运行方式，安排运行计划；对全系统进行安全监测和安全分析；指挥操作，处理事故。完成上述工作的主要工具是电子计算机。

近年来，随着科技的不断发展，电力调度系统成为一种重要的现代化监测、控制、管理手段。

1.3 电力系统电能质量的提高

学习目标

① 明确电能质量的衡量指标。

② 会正确分析影响电能质量的因素。

③ 掌握提高电能质量的方法。

电能是国民经济和人民生活极为重要的能源，它作为电力部门向用户提供的特殊商品（由发电、供电、用电三方面共同保证质量），其质量的好坏越来越受到关注。电能质量的技术治理与控制是改善电能质量的有效方法，也是优质供用电的必要条件，但电能质量具有动态性、相关性、传播性、复杂性等特点，对电能质量的控制和提高并不是一件轻而易举的事情。

1.3.1 电能质量的衡量指标

围绕电能质量的含义，电能质量的衡量指标通常包括如下几个方面。

1. 电压质量

电压质量是指实际电压与理想电压的偏差，反映了供电企业向用户供应的电能是否合格。这里的偏差应是广义的，包含了电压的幅值、波形和相位等。电压质量的定义包括了大多数电能质量问题，但不包括频率造成的电能质量问题，也不包括用电设备对电网电能质量的影响和污染。

2. 电流质量

电流质量反映了与电压质量有密切关系的电流变化，电力用户除对交流电源有恒定频率、正弦波形的要求外，还要求电流波形与电压同相位以保证高功率因数运行。电流质量的定义有助于电网电能质量的改善，并降低线损，但不能概括大多数因电压原因造成的质量问题。

其他的指标还有供电质量、用电质量等，这些指标共同反映了电力系统生产传输电能的质量，并可以依据这些指标对电能进行管理。

1.3.2 影响电能质量的因素

1. 电力负荷构成的变化

目前，电力系统中存在大量的非线性负荷，如大规模电力电子应用装置（节能装置、变频设备等）、大功率的电力拖动设备、直流输出装置、电化工业设备（化工、冶金企业的整流）、电气化铁路、炼钢电弧炉（交、直流）、轧机、提升机、电石机、感应加热炉及其他非线性负荷。

2．大量谐波注入电网

含有非线性、冲击性负荷的新型电力设备在实现功率控制和处理的同时，都不可避免地产生非正弦波形电流，向电网注入谐波电流，使公共连接点（PCC）的电压波形严重畸变，负荷波动性和冲击性导致电压波动、干扰电能质量。

3．电力设备及装置的自动保护和正常运行

大型电力设备的启停、自动开关的跳闸及重合等对电能质量产生影响，会使额定电压暂时降低、电压波动与闪变。

1.3.3　提高电能质量的方法

1．中枢点调压

电力系统电压调整的主要目的是采取各种调压手段和方法，在各种不同运行方式下，使用户的电压偏差符合国家标准。但由于电力系统结构复杂、负荷众多，对每个用电设备的电压都进行监视和调整，既不可能也无必要。

电力系统电压的监视和调整可以通过对中枢点电压的监视和调整来实现。所谓中枢点是指电力系统可以反映系统电压水平的主要发电厂和变电站的母线。很多负荷都由这些母线供电。若控制了这些中枢点的电压偏差，也就控制了系统中大部分负荷的电压偏差。

除了对中枢点进行调压，还可以进行发电机调压、调压器调压等，实现电力系统电压的稳定，从而提高电能质量。

2．谐波的抑制

解决电能谐波的污染和干扰，从技术上实现对谐波的抑制。从工程现场的实际来看，已经有很多行之有效的解决方法，概括起来主要可以采取下面的两种方法。

① 增加换流装置的相数。换流装置是供电系统主要谐波源之一。当脉动数由 6 增加到 12 时，其特征谐波为可以有效清除的幅值较大的低频项，从而大大地降低了谐波电流的有效值。

② 无源滤波法和有源滤波法。为了减少谐波对供电系统的影响，实现对电气设备的保护，最根本的方法是从谐波的产生源头抓起，设法在谐波源附近防止谐波电流的产生，从而有效降低谐波电压。

防止谐波电流危害的方法，一是被动的防御，即在已经产生谐波电流的情况下，采用传统的无源滤波的方法，由一组无源元件（电容、电抗器和电阻）组成调谐滤波装置，减轻谐波对电气设备的危害；另一种方法是主动的预防谐波电流的产生，即有源滤波法，其基本原理是利用关断电力电子器件产生与谐波电流分量大小相等、相位相反的电流，从而消除谐波。

1.4 认识我国电力系统的现状与发展趋势

学习目标

① 了解我国电力系统的现状。
② 明确电力系统的发展趋势。

1.4.1 我国电力系统的现状

在电能应用的初期，由小容量发电机单独向灯塔、轮船、车间等照明供电，可看作是简单的住户式供电系统。白炽灯发明后，出现了中心电站式供电系统，如爱迪生在纽约主持建造的珍珠街电站，它装有6台直流发电机（总容量约670kW），用110V电压供1300盏电灯照明。19世纪90年代，三相交流输电系统研制成功，并很快取代了直流输电，成为电力系统大发展的里程碑。

20世纪以后，人们普遍认识到扩大电力系统的规模可以在能源开发、工业布局、负荷调整、系统安全与经济运行等方面带来显著的社会经济效益。于是，电力系统的规模迅速增长。世界上覆盖面积最大的电力系统是前苏联的统一电力系统，它东西横越7000km，南北纵贯3000km，覆盖了约1000万平方公里的土地。

我国的电力系统从20世纪50年代开始迅速发展。到1991年底，电力系统装机容量为14600万千瓦，年发电量为6750亿千瓦时，均居世界第4位。输电线路以220kV、330kV和500kV为网络骨干，形成4个装机容量超过1500万千瓦的大区电力系统和9个超过百万千瓦的省电力系统，大区之间的联网工作也已开始。此外，1989年，台湾省建立了装机容量为1659万千瓦的电力系统。

中国电力工业自1882年在上海诞生以来，经历了艰难曲折、发展缓慢的67年，到1949年发电装机容量和发电量仅为185万千瓦和43亿千瓦时，分别居世界第21位和第25位。1949年以后，我国的电力工业得到了快速发展。1978年，发电装机容量达到5712万千瓦，发电量达到2566亿千瓦时，分别跃居世界第8位和第7位。改革开放之后，电力工业体制不断改革，电力工业发展迅速，在发展规模、建设速度和技术水平上不断刷新纪录，并跨上新的台阶，发电装机容量先后超过法国、英国、加拿大、德国、俄罗斯和日本，从1996年底开始一直稳居世界第2位。进入21世纪，我国的电力工业发展遇到了前所未有的机遇，呈现出快速发展的态势。

目前，我国电网规模已经超过美国跃居世界第一位，发电装机容量继续位列世界第2位，长期困扰我国的电力供应不足矛盾得到缓解，电力系统的安全性、可靠性、经济性和资源配置能力得到全面提高，基本满足了社会经济发展的用电需要。发电装机容量快速增长。2010年底，我国发电装机容量达到9.5亿千瓦左右。其中，水电2.1亿千瓦（含抽水蓄能），火电7亿千瓦，核电1081万千瓦，风电等其他电源3000万千瓦左右。电网发展实现重大突破，电网电压等级不断提升，特高压从无到有，750kV基本成网，各级电网发展协调推进。2010年底，全国110（66）kV及以上线路达到87万公里，变电容量达到31亿千伏安，全国用电量达到4.17万亿千瓦时左右，人均用电量从2005年的1894千瓦时，提升到2010年的3100千瓦时左右。电力供需紧张局面基本缓解。

电网优化配置资源能力明显提高，特高压、跨大区电网、区域和省级电网主网架、城乡配电网建设统筹推进，电网结构得到改善，电网资源配置能力不足和“卡脖子”问题得到缓解，电网的安全性、可靠性和经济性不断提高，跨大区资源优化配置能力明显提高。“十一五”期间，建设和投产了西北华中直流背靠背联网、东北华北直流背靠背联网、（四川）德阳—（陕西）宝鸡±500kV直流联网、宁（夏）东（部）—山东±660kV直流联网、（内蒙古）呼盟—辽宁±500kV直流联网、新疆与西北750kV联网等一批跨区电网工程。特高压交直流输电取得重大突破，晋东南—（湖北）荆门特高压交流试验示范工程顺利投产，并保持安全稳定运行超过一年，云（南）广（东）、（四川）向（家坝）上（海）特高压直流工程建成投产，（四川）锦屏—（江苏）苏南特高压直流工程全面开工建设。2009年底，全国跨区电力交换能力超过2500万千瓦，全年跨区交易电量1213亿千瓦时，比2005年增长51.1%。华北、华东、华中、东北电网500、220kV电网协调发展。西北电网750kV主网架初步形成。南方电网建成贵广第二回±500kV直流联网、（贵州）施秉—（广东）贤令山500kV交流等跨省电网工程，建成海南—广东500kV交流海底电缆，实现海南与主网联网。“十一五”前四年，我国新增220kV及以上输电线路累计达到15.91万公里，新增220kV及以上变电容量8.52亿千伏安。2009年底，全国500kV线路长度达到12.19万公里，变电容量6.4亿千伏安；220kV线路长度25.36万公里，变电容量10.35亿千伏安。华北、华中、华东和东北区域电网以及南方电网500kV线路规模分别达到2.70万公里、3.17万公里、2.24万公里、1.15万公里和1.59万公里，西北电网330kV及750kV线路规模达到2.19万公里。各省（区、市）主网网架结构得到进一步加强，容载比有较大提高，供电能力大大增强。通过加快城乡电网建设和改造，城乡电网供电能力显著增强，供电可靠率大大提高。

1.4.2 电力系统智能化发展趋势

现代社会对电能供应的“安全、可靠、经济、优质”等各项指标的要求越来越高，相应地电力系统也不断地向自动化提出更高的要求。电力系统自动化技术不断地由低到高、由局部到整体发展。

当今电力系统的自动控制技术的趋向如下。

① 在控制策略上，日益向最优化、适应化、智能化、协调化。

② 在统计分析上，日益要求面对多机系统模型来处理问题。

③ 在理论工具上，越来越多地借助于现代控制理论。

④ 在控制手段上，日益增多了微机、电力电子器件和远程通信的应用。

⑤ 在研究人员的构成上，日益需要多“兵种”的联合作战。

整个电力系统智能化的发展的趋向如下。

① 由开环监测向闭环控制发展，如从系统功率总加到AGC（自动发电控制）。

② 由高电压等级向低电压扩展，如从EMS（能量管理系统）到DMS（配电管理系统）。

③ 由单个元件向部分区域及全系统发展，如SCADA（监测控制与数据采集）的发展和

区域稳定控制的发展。

④ 由单一功能向多功能、一体化发展，如变电站综合自动化的发展。

⑤ 装置性能向数字化、快速化、灵活化发展，如继电保护技术的演变。

⑥ 追求的目标向最优化、协调化、智能化发展，如励磁控制、潮流控制。

⑦ 由以提高运行的安全、经济、效率向管理、服务的自动化扩展，如MIS（管理信息系统）在电力系统中的应用。

近20年来，随着计算机技术、通信技术、控制技术的发展，现代电力系统已成为一个计算机、控制、通信和电力装备及电力电子的统一体，简称为“CCCP”。其内涵不断深入，外延不断扩展。电力系统自动化处理的信息量越来越大，考虑的因素越来越多，直接可观可测的范围越来越广，能够闭环控制的对象越来越丰富。

智能控制在电力系统工程应用方面具有非常广阔的前景，其具体应用有人工神经网络适应控制，基于人工神经网络的励磁、电掣动、快关综合控制系统结构，多机系统中的ASVG（新型静止无功发生器）的自学习功能等。

习题

1. 电力系统由哪几部分组成？有什么功能？
2. 配电系统中常用的交流供电方式有哪些？
3. 电力系统有哪些电压等级？
4. 什么是电力系统运行？电力系统的运行有哪些运行状态？
5. 电力调度系统的主要工作有哪些？
6. 如何衡量电能质量的好坏？
7. 电力系统智能化的发展趋向如何？

Chapter 2

第2章 变压器基础

2.1 认识磁场及电磁关系

学习目标

① 明确磁场及其物理量的含义。

② 理解电磁感应定律和楞次定律，掌握自感和互感现象。

③ 了解磁性材料，理解涡流和磁滞现象，明确涡流和磁滞损耗。

2.1.1 磁场及其物理量

1. 磁场与磁感线

在磁体的周围有一个磁力相互作用的空间称为磁场，磁场是一种看不见的特殊物质。

通常引用磁感线来直观的描述磁场，如图 2-1 所示。磁感线是互不相交的闭合曲线，磁感线上任意一点的切线方向即为该点磁场的方向，在磁体外部由 N 极指向 S 极，在磁体的内部由 S 极指向 N 极；磁感线越密集的地方表示磁场越强，磁感线越疏的地方，表示磁场越弱，磁感线平行疏密均匀的地方，各点磁场强弱也相同。

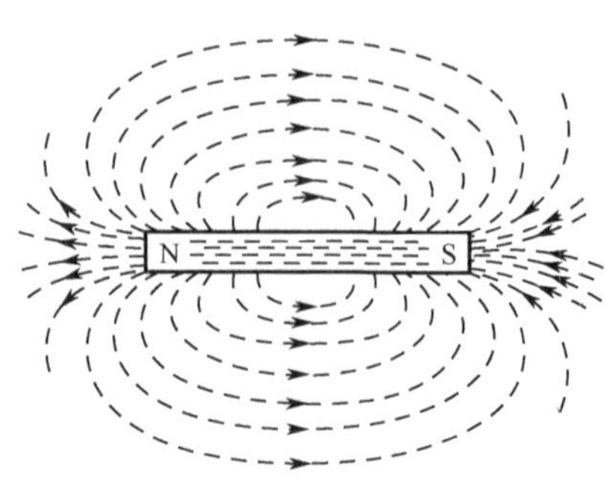

图 2-1 条形磁铁磁场的磁感线

实验证明：不仅永久磁铁周围存在磁场，在通电导线的周围也存在着磁场，即“电能生磁”，这种电流产生磁场的现象，称为电流的磁效应。电流产生的磁场方向可以用安培定则判定。

安培定则也叫右手螺旋法则，是表示电流和电流激发磁场的磁感线方向间关系的定则，如图 2-2 所示。

① 通电直导线中的安培定则（安培定则一）：用右手握住通电直导线，让大拇指指向电流的方向，那么四指的指向就是磁感线的环绕方向。

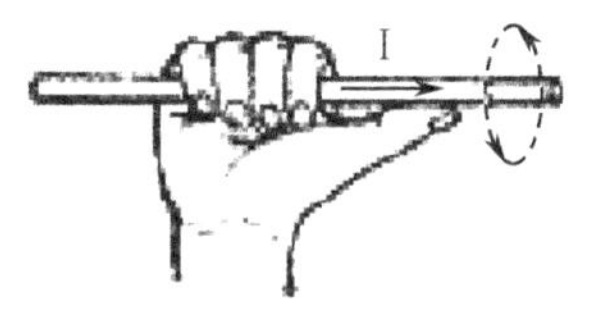

（a）通电直导线

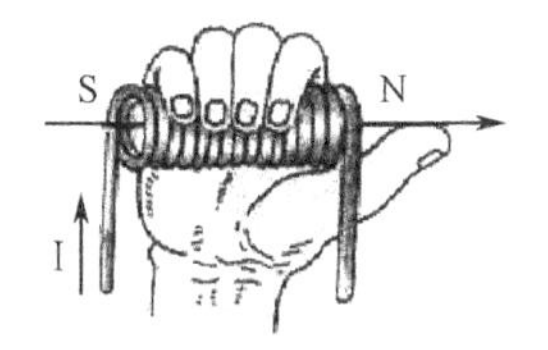

（b）通电螺线管

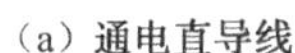

图 2-2　安培定则

② 通电螺线管中的安培定则（安培定则二）：用右手握住通电螺线管，使四指弯曲与电流方向一致，那么大拇指所指的那一端是通电螺线管的 N 极。

2. 磁场的基本物理量

（1）磁感应强度

衡量磁场中各点的方向和强弱程度的物理量称为磁感应强度，用字母 B 表示。在国际单位制中，磁感应强度的单位是特斯拉（T）。磁场中某点的磁感应强度的方向就是磁场中该点所在磁感线的切线方向，磁场中各点磁感应强度的大小和方向都相同的磁场称为匀强磁场。

（2）磁场强度

磁场强度是在给定点上的磁感应强度 B 和磁常数之商与磁化强度 M 的差。在真空中，磁场强度为磁感应强度 B 与磁常数之商，是矢量，通常用符号 H 表示。在国际单位制中，磁场强度 H 的单位是 A/m（安培/米）。磁场强度是线圈安匝数的一个表征量，反映磁场源的强弱；磁感应强度则表示磁场源在特定环境下的效果。

（3）磁通

磁通是描述磁场在某一范围内分布情况的物理量，在匀强磁场中，在与磁感线垂直的某截面上，截面积与磁感应强度的乘积称为通过该截面的磁通量，用字母Φ表示。磁通的国际单位是 Wb（韦伯）。磁通是一个标量，只有大小没有方向。

（4）磁导率

磁导率是表示物质导磁性能的物理量，用字母μ表示，单位为 H/m（亨/米）。真空中的磁导率是一个常数，$\mu_0=4\pi\times10^{-7}$H/m，空气、铜、铝等物质与真空中的磁导率相近，铁磁物质的磁导率比真空中的磁导率大几千甚至几万倍。

3. 交流铁芯线圈中的电磁关系

磁通集中经过的闭合路径称为磁路，通常由铁芯制成，如图 2-3 所示。主磁通通过铁芯构成回路，若铁芯中存在空气气隙，磁路对磁通的阻碍作用会增大很多。通过周围的空气构成回路的少量磁通称为漏磁通，可忽略不计。

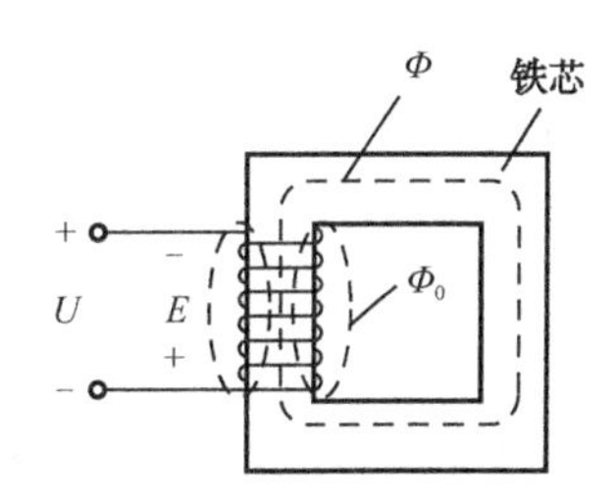

图 2-3　磁路及交流铁芯线圈

铁芯线圈是一个非线性元件，当励磁电流和主磁通较小时，两者基本上成正比；而铁芯中的磁通量达到一定数值后，磁路容易进入饱和状态。

可以证明，电源电压近似等于线圈中主磁通产生的电动势。

$$U \approx E = 4.44 fN\Phi_{M} \tag{2-1}$$

由式（2-1）可知，频率、匝数一定时，电压与磁通基本上成正比；而磁通与电流之间的磁化曲线是非线性的。

2.1.2 电磁感应定律和楞次定律

楞次定律的验证如图 2-4 所示，将一条形磁铁的 N 极向下插入线圈时，检流计的指针向右偏转；当条形磁铁静止时，检流计不偏转；当把条形磁铁从线圈中拔出时，检流计的指针向左偏转。这种现象说明：感应电流的方向总是使感应电流产生的磁场阻碍原磁通量的变化，这就是楞次定律。

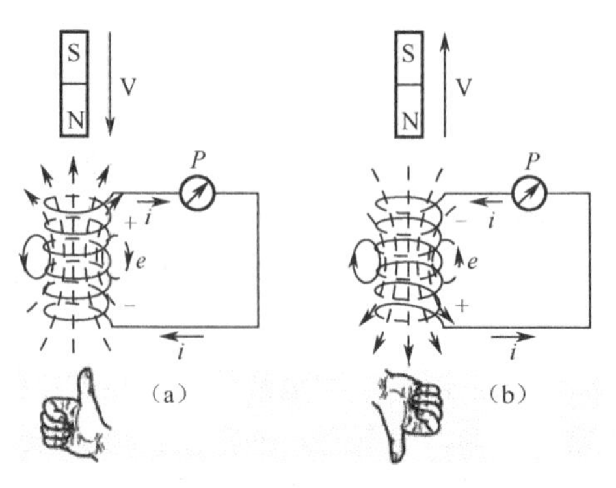

图 2-4 楞次定律的验证

进一步的实验证明：当穿过闭合电路的磁通量发生变化时，电路中就会产生感应电动势和感应电流，感应电动势的大小与穿过闭合电路的磁通量的变化率成正比，这就是法拉第电磁感应定律。用公式表示为

$$e = -N\frac{\Delta\Phi}{\Delta t} \tag{2-2}$$

式中 $\frac{\Delta\Phi}{\Delta t}$——穿过线圈的磁通量的变化率，单位为 Wb/S；

N——线圈的匝数。

2.1.3 自感现象和互感现象

由通过线圈本身的电流发生变化而引起的电磁感应现象叫做自感现象，在自感现象中产生的感应电动势称为自感电动势。自感电动势的大小等于原电流的变化率乘以自感系数，用公式表示为

$$e_{\mathrm{L}} = -L\frac{\Delta I}{\Delta t} \tag{2-3}$$

线圈的自感系数 L 是由线圈本身的特性决定的，线圈越长，单位长度上的匝数越多，截面积越大，自感系数就越大。另外，有铁芯的线圈自感系数要比没有铁芯线圈的自感系数大得多。

自感现象在各种电气设备和无线电技术中均有广泛的用途，如荧光灯镇流器就是自感现

象的典型应用。但自感现象也有不利的一面，如在大型电动机的定子绕组等设备中，自感系数大且电流强，在切断电路的瞬间，由于电流在较短的时间内发生很大的变化，会产生较高的自感电动势，使开关的闸刀和固定夹片之间空气电离而导电形成电弧，将开关烧坏。

互感现象是指当一个线圈中的电流发生变化时，引起邻近的另一个线圈中产生感应电动势和感应电流的现象，由此而产生的电动势称为互感电动势。用公式表示为

$$e_M = -M\frac{\Delta I}{\Delta t} \tag{2-4}$$

互感系数 M 与两个线圈的匝数、几何形状、尺寸、相对位置以及周围的介质有关，其大小反映了一个线圈的电流变化时对另一个线圈产生互感电动势的能力。

互感现象在电工技术中应用也很广泛，如变压器、钳形电流表等许多设备都是利用了互感原理制成的。

2.1.4 涡流

涡流是感应电流的一种，当线圈通以交流电时，就会产生交变的磁场，处在该交变磁场中的铁芯会产生感应电流，它围绕磁感线成旋涡状流动，故称涡流，如图 2-5（a）所示。

由于整块铁芯的电阻很小，所以涡流在其中流动时会达到很大的数值，使铁芯发热并消耗能量，这种因为涡流引起的电能损耗称为涡流损耗，涡流对于含有铁芯的电机、变压器等电气设备十分有害。为了减少涡流的发生，这类电气设备的铁芯采用具有绝缘漆的薄硅钢片叠压而成，这样涡流就可以限制在狭窄的薄片之内，使回路的电阻增大很多，而使涡流大大减小，可以有效地减少涡流损耗，如图 2-5（b）所示。

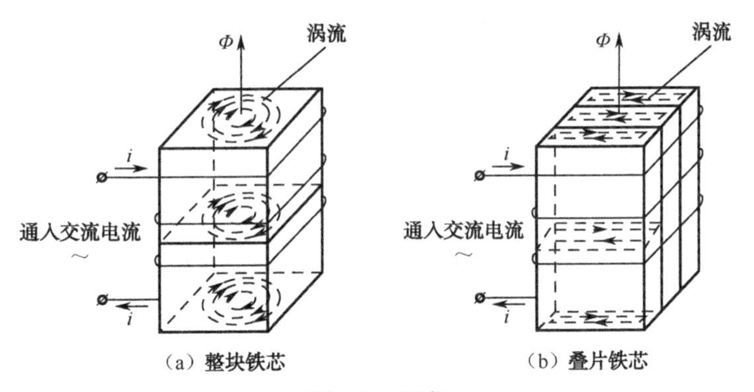

（a）整块铁芯　　（b）叠片铁芯

图 2-5　涡流

2.1.5 磁性材料和磁滞回线

根据物质在外磁场中表现出的特性，物质可分为五类：顺磁性物质、抗磁性物质、铁磁性物质、亚磁性物质、反磁性物质。

我们把顺磁性物质和抗磁性物质称为弱磁性物质，把铁磁性物质称为强磁性物质。通常所说的磁性材料是指强磁性物质。

磁性材料里面分成很多微小的区域，每一个微小区域就叫一个磁畴，每一个磁畴都有自

己的磁距（即一个微小的磁场）。磁性材料之所以具有高导磁性，是因为在它们的内部具有这种特殊的物质磁畴。

一般情况下，磁性材料内部的磁畴排列杂乱无章，各个磁畴的磁距方向不同，磁性相互抵消，因此对外不显示磁性。如果把磁性材料放在磁场中，磁畴因受外磁场作用而顺着外磁场的方向发生归顺性重新排列，在内部形成一个很强的附加磁场。

所谓的磁化就是要让磁性材料中磁畴的磁距方向变得一致。当对外不显磁性的材料被放进另一个强磁场中时，就会被磁化。但是，并非所有的材料都可以被磁化，只有少数金属及金属化合物可以被磁化。磁性材料按磁化后去磁的难易可分为软磁性材料和硬磁性材料。磁化后容易去掉磁性的物质叫软磁性材料，不容易去磁的物质叫硬磁性材料。

当铁芯线圈通入交流电时，铁芯会随交流电的变化而被反复磁化。磁化过程中，磁通的变化滞后于线圈电流的变化，这种现象称为磁滞。反复磁化形成的封闭曲线称为磁滞回线，如图 2-6 所示。

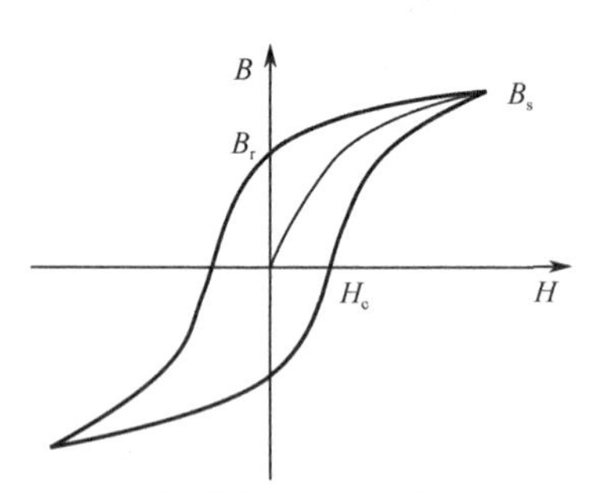

H—磁场强度；B—磁感应强度；
B_s—饱和磁感应强度；B_r—剩磁；
H_c—矫顽力

图 2-6　磁滞回线

铁芯线圈通入交流电时，铁磁材料被反复磁化要消耗一定的能量，称为磁滞损耗，它是引起铁芯发热的原因之一。

磁滞损耗小的铁磁材料称为软磁材料，软磁性材料的剩磁与矫顽磁力都很小，这类材料的特点是在反复磁化过程中形成的磁滞回线狭长，面积小，容易磁化和退磁，适用于变压器、电动机等的铁芯。常用的软磁性材料有硅钢片、坡莫合金和铁氧体等。相反，磁滞损耗较大的铁磁材料，称为硬磁材料。这类材料磁滞回线宽，面积大，磁化后能够保持较强的剩磁，适用于制作永久磁铁等，常见的有高碳钢、铝镍钴合金、钛钴合金、钡铁氧体等。另外，它还应用于磁记录，如录音磁带、录像磁带、电脑磁盘粉等。

2.2 认识单相变压器

学习目标

① 了解单相变压器的基本结构，掌握各部分的作用。

② 理解变压器的工作原理，掌握变压器的作用。

③ 了解变压器的分类，掌握其工作特性，会根据实际情况正确选择变压器。

变压器是一种静止的传递电能的电气设备。在电力系统中，变压器是生产、输送、分配和使用电能的重要装置，它利用电磁感应的原理，将一种交流电压转变为另一种或两种以上频率相同而数值不同的交流电压。除电力系统外，还在冶金、焊接、通信、广播、电子实验、电气测量、自动控制等方面均有广泛应用。

2.2.1 变压器的基本结构

变压器主要由铁芯和绕组两部分组成。

1. 铁芯

铁芯是变压器的磁路部分。为了减少铁芯内部的涡流损耗和磁滞损耗，铁芯通常由含硅量较高，厚度分别为0.35mm、0.3mm、0.27mm，表面涂有绝缘漆的热轧或冷轧硅钢片叠装而成。变压器的铁芯一般分为心式和壳式两大类，如图2-7所示。

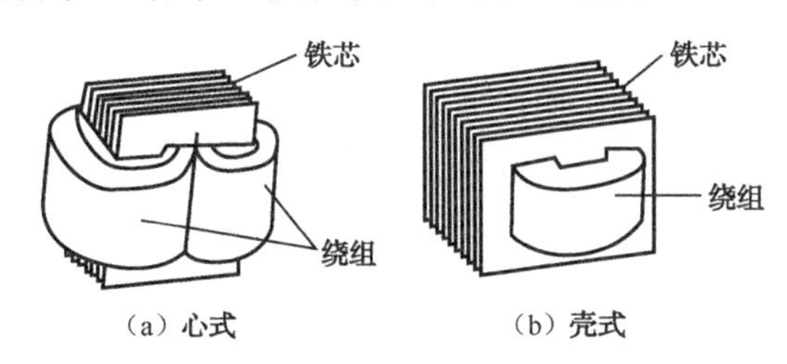

图2-7 变压器的铁芯

心式变压器在两侧铁芯柱上安置绕组，壳式变压器在中间铁芯柱上安置绕组。

2. 绕组

绕组是变压器的电路部分。它由漆包线或绝缘的扁铜线绕制而成，套在铁芯上。变压器一般有两个或两个以上的绕组，接电源的绕组称为一次绕组，接负载的绕组称为二次绕组。为了更好的磁耦合，一般把高压绕组套在低压绕组外面，如图2-8所示。

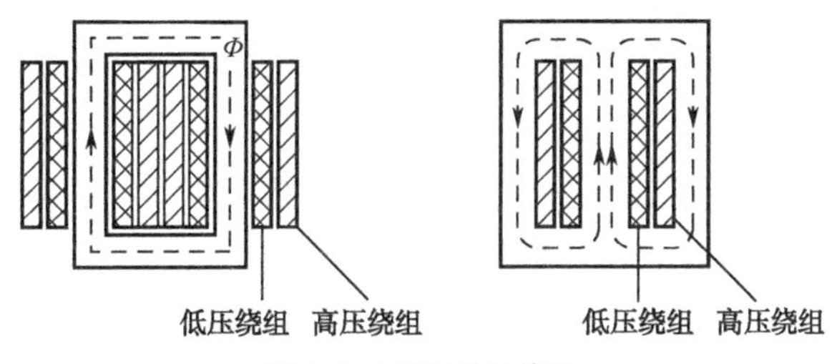

图2-8 变压器的绕组

由于变压器在工作时铁芯和绕组都会发热，所以在实际应用中，要采取一定的冷却措施。

小容量变压器采用自冷式，即将其放置在空气中自然冷却；中容量电力变压器采用油冷式，即将其放置在有散热管（或散热片）的油箱中；大容量变压器还要用油泵使冷却液在油箱与散热管（或散热片）中做强制循环。

2.2.2 变压器的工作原理

变压器铁芯具有很强的导磁性能，它能把绝大部分磁通约束在铁芯组成的闭合磁路中，在分析原理时主要考虑主磁通。

1．变换电压

变压器空载运行原理如图 2-9 所示。变压器空载运行是指一次绕组接电源、二次绕组开路的状态。

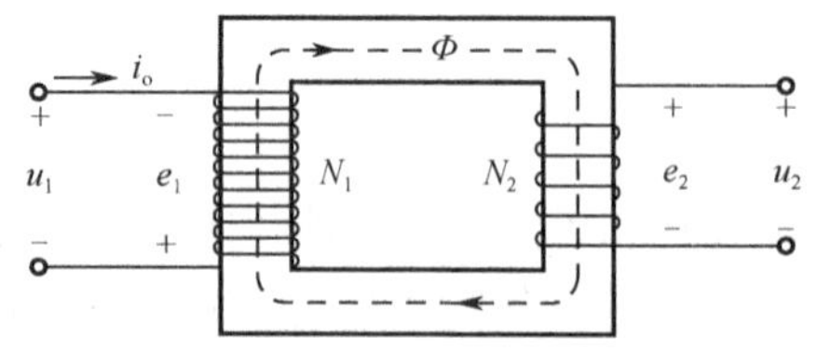

图 2-9　空载运行原理图

当变压器的输入端加上交流电压 U_1 后，一次绕组中便产生一次电流 i_1 和交变磁通$\boldsymbol{\Phi}$，其频率与电源电压的频率相同。由于一次、二次绕组套在同一铁芯上，主磁通$\boldsymbol{\Phi}$同时穿过一、二次绕组，根据电磁感应定律，在一次绕组中产生自感电动势 e_1，在二次绕组中产生互感电动势 e_2，其大小分别正比于一次、二次绕组的匝数。在二次绕组中有了电动势 e_2，便在输出端形成电压 U_2。

在不计各种损耗的状态下，变压器的电压变换关系是

$$\frac{U_1}{U_2}=\frac{N_1}{N_2}=K \tag{2-5}$$

式（2-5）表明：变压器一次、二次电压的有效值与一次、二次绕组的匝数成正比，比值 K 称为变压比。变压器通过改变一次、二次绕组的匝数之比，就可以很方便地改变输出电压的大小。

如果二次侧接上负载，如图 2-10 所示，二次侧线圈就产生电流 i_2，并因此而产生磁通$\boldsymbol{\Phi}_2$，$\boldsymbol{\Phi}_2$ 的方向与$\boldsymbol{\Phi}_1$ 相反，起了互相抵消的作用，使铁芯中总的磁通量有所减少，从而使一次侧自感电压 e_1 减少，其结果使电流 i_1 增大，可见一次电流与二次侧负载有密切关系。当二次侧负载电流加大时，电流 i_1 增加，$\boldsymbol{\Phi}_1$ 也增加，并且$\boldsymbol{\Phi}_1$ 增加部分正好补充了被$\boldsymbol{\Phi}_2$ 所抵消的那部分磁通，以保持铁芯里总磁通量$\boldsymbol{\Phi}$不变。

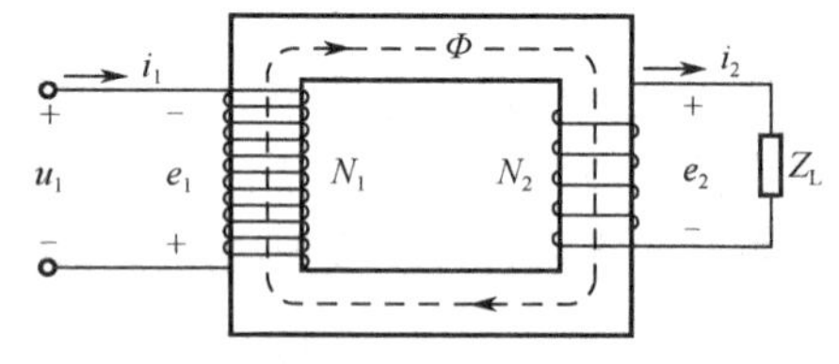

图 2-10　负载运行原理图

如果不考虑变压器的损耗，可以认为一个理想的变压器二次侧负载消耗的功率也就是一次侧从电源取得的电功率。变压器能根据需要通过改变二次侧线圈的圈数而改变二次电压，但是不能改变允许负载消耗的功率。

2．变换电流

当二次绕组接上负载 Z_L 时，一次绕组电流的有效值为 I_1，二次绕组电流的有效值 I_2，如图 2-10 所示，在理想情况下 $P_1=P_2$，即 $U_1I_1=U_2I_2$，所以

$$\frac{I_1}{I_2}=\frac{U_2}{U_1}=\frac{1}{K} \tag{2-6}$$

式（2-6）表明：变压器在改变电压的同时，电流也随之成反比例地变化，且一次、二次电流之比等于匝数之反比。

3．变换阻抗

电子线路中，总希望负载获得最大功率，而负载获得最大功率的条件是负载阻抗等于信号源的内阻，此时称为阻抗匹配。但在实际工作中，负载的阻抗与信号源内阻一般不相等，

这就要利用变压器进行阻抗匹配，使负载获得最大功率。设 Z_1 为变压器一次绕组输入阻抗，Z_2 为二次绕组负载阻抗，则有

$$|Z_1| = K^2 |Z_2| \tag{2-7}$$

总之，变压器可以变换电压、电流和阻抗，但不能变换频率和功率。

2.2.3　变压器的运行特性

变压器对电网来说相当于用电负载，因此希望损耗小、效率高。但对负载来说，它又相当于一个电源，因此要求其供电电压稳定。因此，变压器运行特性的主要指标有两个：一是效率；二是输出电压的稳定性。

1. 变压器的外特性

变压器的外特性是指一次电压为额定值 U_{1N}、负载功率因数 $\cos\phi_2$ 一定时，二次电压 U_2 随负载电流 I_2 变化的关系曲线，如图 2-11 所示。

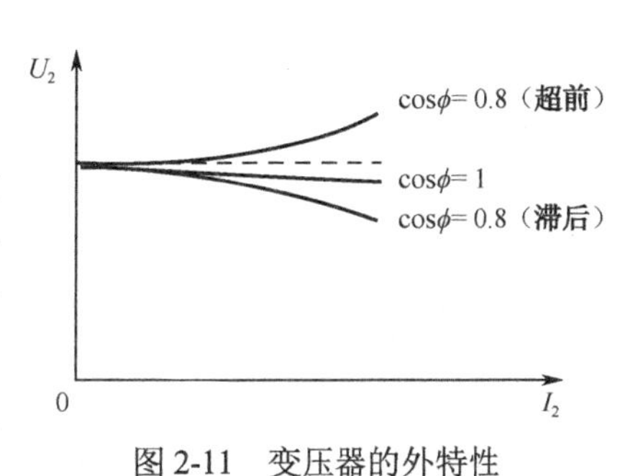

图 2-11　变压器的外特性

从图 2-11 中可以看出，变压器的外特性与负载的大小和性质有关。随着负载的增大，对于纯电阻负载，端电压下降较少；对于电感性负载，端电压下降较多；对于电容性负载，端电压却上升。

当负载的功率因数过低、输出电流过大时，若是感性负载，将引起输出电压过低；若是容性负载，将引起输出电压过高；两者都会给负载的运行带来不良影响。

2. 变压器的损耗和效率

（1）变压器的损耗

变压器的功率损耗主要有两部分：铁损耗和铜损耗。变压器铁芯中磁滞损耗和涡流损耗称为铁损耗。其值在电源电压与频率不变时固定不变，也称为不变损耗。变压器绕组有电阻，电流通过电阻时，在电阻上产生的功率损耗称为铜损耗，其值与电流的平方成正比。铜损耗的大小随负载的变化而变化，称为可变损耗。

（2）变压器的效率

变压器的效率 η 是指它的输出有功功率 P_2 与输入有功功率 P_1 的比值，计算公式为：

$$\eta = \frac{P_2}{P_1} \times 100\% \tag{2-8}$$

变压器的效率比较高，一般电力变压器的效率都在 95%以上。同一台变压器在不同负载下效率也不同，当铜损耗等于铁损耗时效率最高。由于铁损耗固定不变，铜损耗随负载而变化，所以相对来说，减小铁损耗是比较重要的。要想提高变压器的运行效率，变压器就不应该工作在空载、轻载或过载的状态。

2.2.4 变压器的分类

1. 按相数分类

① 单相变压器：用于单相负荷和三相变压器组。
② 三相变压器：用于三相系统的升、降电压。

2. 按冷却方式分类

① 干式变压器：依靠空气对流进行冷却，一般用于局部照明、电子线路等小容量变压器。
② 油浸式变压器：依靠油作为冷却介质，如油浸自冷、油浸风冷、油浸水冷、强迫油循环等。

3. 按用途分类

① 电力变压器：用于输配电系统的升、降电压。
② 仪用变压器：用于测量仪表和继电保护装置，如电压互感器、电流互感器。
③ 试验变压器：能产生高压，对电气设备进行高压试验。
④ 特种变压器：如电炉变压器、整流变压器、调整变压器等。

4. 按绕组形式分类

① 双绕组变压器：用于连接电力系统中的两个电压等级。
② 三绕组变压器：一般用于电力系统区域变电站中，连接三个电压等级。
③ 自耦变压器：用于连接不同电压的电力系统。也可作为普通的升压或降压变压器用。

5. 按铁芯形式分类

① 心式变压器：用于高压的电力变压器。
② 非晶合金变压器：非晶合金铁芯变压器是用新型导磁材料，空载电流下降约 80%，是目前节能效果较理想的配电变压器，特别适用于农村电网和发展中地区等负载率较低的地方。
③ 壳式变压器：用于大电流的特殊变压器，如电炉变压器、电焊变压器；或用于电子仪器、电视、收音机等的电源变压器。

2.3 电流互感器及使用

学习目标

① 了解电流互感器的作用，掌握其结构和工作原理。
② 明确电流互感器的型号和参数，会正确选用电流互感器。
③ 明确电流互感器的接线及使用注意事项，会正确使用电流互感器。

④ 了解钳形电流表，明确其工作过程及特点，会正确使用钳形电流表。

为了保证电力系统安全经济运行，必须对电力系统的运行情况进行监视和测量。在供电、用电的线路中，电流大小相差悬殊，从几安到几万安都有。为了便于二次仪表测量，须要转换为比较统一的电流。另外，线路上的电压都比较高，如果直接测量是非常危险的。电流互感器就起到变流和电气隔离的作用。

2.3.1　电流互感器结构原理

电流互感器依据的原理是电磁感应原理。电流互感器是由闭合的铁芯和绕组组成。它的一次绕组匝数很少，串接在要测量电流的线路中，二次绕组匝数比较多，串接在测量仪表和保护回路中。电流互感器在工作时，它的二次回路始终是闭合的，因此测量仪表和保护回路串联线圈的阻抗很小，电流互感器的工作状态接近短路。

1．普通电流互感器结构原理

电流互感器的结构较为简单，由相互绝缘的一次绕组、二次绕组、铁芯、构架、壳体、接线端子等组成。其工作原理与变压器基本相同，一次绕组的匝数 N_1 较少，直接串联于电源线路中，一次电流 I_1 通过一次绕组时，产生的交变磁通感应产生按比例减小的二次电流 I_2；二次绕组的匝数 N_2 较多，与仪表、继电器、变送器等电流线圈的二次负载 Z 串联形成闭合回路，如图 2-12 所示。

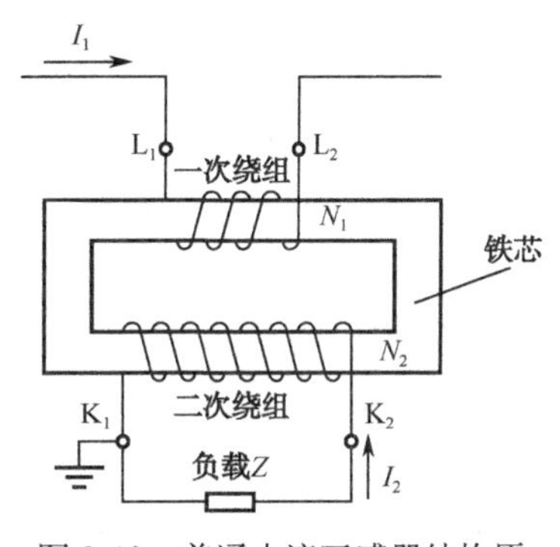

图 2-12　普通电流互感器结构原理

由于一次绕组与二次绕组有相等的安培匝数，即 $I_1N_1=I_2N_2$，所以被测电流为

$$I_1=\frac{N_2}{N_1}I_2=K_iI_2 \qquad (2\text{-}9)$$

式中　I_1——被测电流；

I_2——仪表显示电流；

K_i——电流互感器的额定电流比。

电流互感器实际运行中负载阻抗很小，二次绕组接近于短路状态，相当于一个短路运行的变压器。二次绕组的电动势很小，一般只有几伏，所以铁芯内的磁通也很小。

2．穿心式电流互感器结构原理

穿心式电流互感器本身结构没有一次绕组，载流（负荷电流）导线由 L_1 至 L_2 穿过硅钢片制成的圆形（或其他形状）铁芯，起一次绕组作用。二次绕组直接均匀地缠绕在圆形铁芯上，与仪表、继电器、变送器等电流线圈串联形成闭合回路，如图 2-13 所示。

由于穿心式电流互感器不设一次绕组，起一次绕组作用的就是载流导线。所以 $N_1=1$，其变比根据二次绕组穿过互感器铁芯中的匝数 N_2 确定，穿心匝数越多，变比越小；反之，穿心匝数越少，变比越大。

$$I_1 = N_2 I_2 = K_i I_2 \tag{2-10}$$

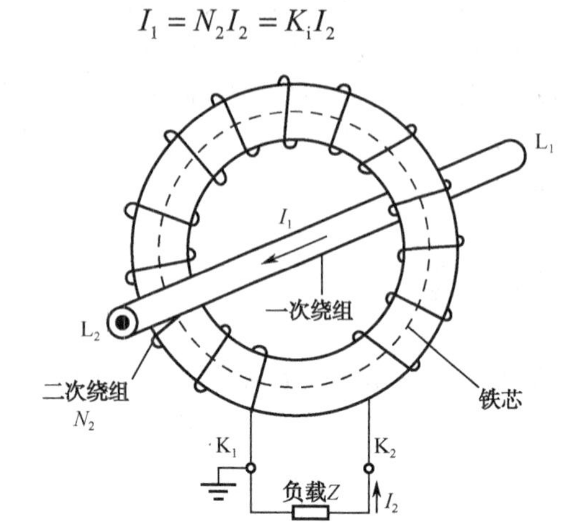

图 2-13　穿心式电流互感器结构原理

3．特殊型号电流互感器

（1）多抽头电流互感器

这种型号的电流互感器，一次绕组不变，在绕制二次绕组时，增加几个抽头，以获得多个不同变比。它具有一个铁芯和一个匝数固定的一次绕组，其二次绕组用绝缘铜线绕在套装于铁芯上的绝缘筒上，将不同变比的二次绕组抽头引出，接在接线端子座上，每个抽头设置各自的接线端子，这样就形成了多个变比，如图 2-14 所示。

例如，二次绕组增加两个抽头，K_1、K_2 为 100/5，K_1、K_3 为 75/5，K_1、K_4 为 50/5 等。此种电流互感器的优点是可以根据负载电流的变化，调换二次接线端子的接线来改变变比，而不须要更换电流互感器，给使用提供了方便。

（2）不同变比的电流互感器

这种型号的电流互感器具有同一个铁芯和一次绕组，而二次绕组则分为两个匝数不同、各自独立的绕组，以满足同一负载电流情况下不同变比、不同准确度等级的需要，如图 2-15 所示。

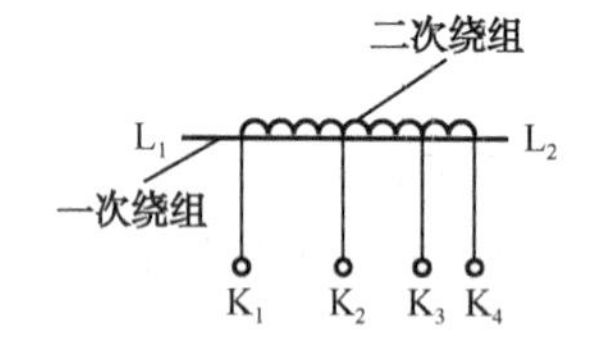

图 2-14　多抽头电流互感器原理

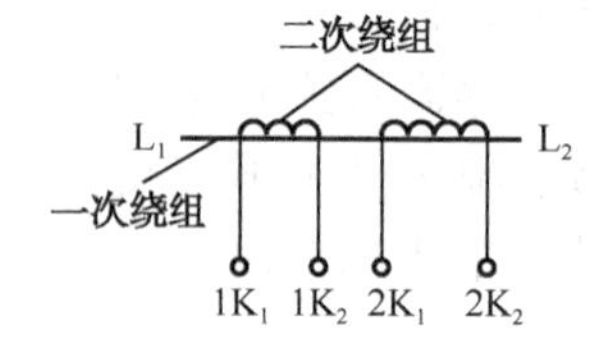

图 2-15　不同变比电流互感器原理

例如，在同一负荷情况下，为了保证电能计量准确，要求变比较小一些（以满足负载电流为一次电流额定值的 2/3 左右），准确度等级高一些（如 $1K_1$、$1K_2$ 为 200/5、0.2 级）；而用电设备的继电保护，考虑到故障电流的保护系数较大，则要求变比较大一些，准确度等级可以稍低一点（如 $2K_1$、$2K_2$ 为 300/5、1 级）。

（3）一次绕组可调，二次多绕组电流互感器

这种电流互感器的特点是变比量程多，而且可以变更，多见于高压电流互感器。一次绕组分为两段，分别穿过互感器的铁芯，二次绕组分为两个带抽头的、不同准确度等级的独立

绕组。一次绕组与装置在互感器外侧的连接片处连接，通过变更连接片的位置，使一次绕组形成串联或并联接线，从而改变一次绕组的匝数，以获得不同的变比。带抽头的二次绕组自身分为两个不同变比和不同准确度等级的绕组，随着一次绕组连接片位置的变更，一次绕组匝数相应改变，其变比也随之改变，这样就形成了多量程的变比。如图 2-16 所示，虚线为电流互感器一次绕组外侧的连接片。

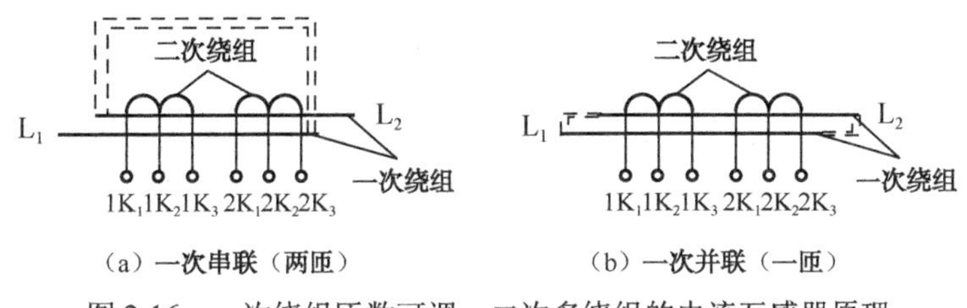

图 2-16　一次绕组匝数可调，二次多绕组的电流互感器原理

带抽头的二次独立绕组的不同变比和不同准确度等级，可以分别应用于电能计量、指示仪表、变送器、继电保护等，以满足各自不同的使用要求。例如，当电流互感器一次绕组串联时，$1K_1$、$1K_2$，$1K_2$、$1K_3$，$2K_1$、$2K_2$，$2K_2$、$2K_3$ 为 300/5，$1K_1$、$1K_3$，$2K_1$、$2K_3$ 为 150/5；当电流互感器一次绕组并联时，$1K_1$、$1K_2$，$1K_2$、$1K_3$，$2K_1$、$2K_2$，$2K_2$、$2K_3$ 均为 600/5，$1K_1$、$1K_3$，$2K_1$、$2K_3$ 均为 300/5。

2.3.2　电流互感器的型号和选用

1. 型号

电流互感器的型号由字母符号及数字组成，通常表示电流互感器绕组类型、绝缘种类、使用场所及电压等级等。

字母符号含义如下：

第一位字母：L——电流互感器。

第二位字母：M——母线式（穿心式）；Q——线圈式；Y——低压式；D——单匝式；F——多匝式；A——穿墙式；R——装入式；C——瓷箱式。

第三位字母：K——塑料外壳式；Z——浇注式；W——户外式；G——改进型；C——瓷绝缘；P——中频。

第四位字母：B——过流保护；D——差动保护；J——接地保护或加大容量；S——速饱和；Q——加强型。

字母后面的数字一般表示使用电压等级和一次绕组的额定电流。因为二次绕组额定电流规定一律为 5A，故实际上是以一次绕组额定电流来划分规格的大小。选用时，就应根据一次回路额定电流来选用适当的规格。

2. 选用原则

（1）额定电流

一次绕组的额定电流应为线路正常运行时负载电流的 1.0～1.3 倍。

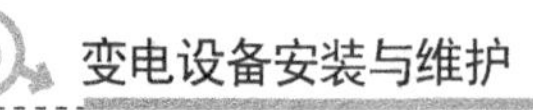

（2）额定电压

应为 0.5kV 或 0.66kV。

（3）准确度和误差

所谓准确度是指在规定的二次负荷范围内，一次电流为额定值时的最大误差。电流互感器的准确度和误差限值如表 2-1 所示，对于不同的测量仪表，应选用不同准确度的电流互感器。

表 2-1　电流互感器的准确度和误差限值

准确等级	一次电流为额定电流的百分数（%）	误差限值		二次负荷范围
		电流误差	相位差	
0.2	10	0.5	20	（0.5～1）S_{2N}
	20	0.35	15	
	100～120	0.2	10	
0.5	10	1	60	
	20	0.75	45	
	100～120	0.5	30	
1	10	2	120	
	20	1.5	90	
	100～120	1	60	
3	50～120	3.0		（0.5～1）S_{2N}
5P	100	1.0	60	S_{2N}
10P	100	3.0		

准确度选择的原则：计费计量用的电流互感器准确度为 0.2～0.5 级；用于监视各进出线回路中负载电流大小的电流表应选用 1.0～3.0 级电流互感器。为了保证准确度误差不超过规定值，一般还校验电流互感器二次负荷，互感器二次负荷 S_2 不大于额定负荷 S_{2N}，所选准确度才能得到保证。准确度校验公式：$S_2 \leqslant S_{2N}$。

（4）根据需要确定额定变流比

电流互感器一次额定电流 I_{1N} 和二次额定电流 I_{2N} 之比，称为电流互感器的额定变流比。

$$K_i=I_{1N}/I_{2N} \approx N_2/N_1$$

式中　N_1、N_2——电流互感器一次绕组、二次绕组的匝数。

电流互感器一次绕组的额定电流有 20A、30A、40A、50A、75A、100 A、150A 等多种标准规格，二次绕组的额定电流通常为 1A 或 5A。一般情况下，计量用电流互感器变流比的选择应使其一次绕组的额定电流 I_{1N} 不小于线路中的负载电流。例如，线路中计算负载电流为 350A，则电流互感器的变流比应选择 400/5。保护用的电流互感器为保证其准确度要求，可以将变比选得大一些。

（5）型号规格的选择

根据供电线路一次电流确定变比后，再根据实际安装情况确定型号。

（6）额定功率的选择

电流互感器二次侧额定功率要大于实际二次负载功率，实际二次负载功率应为 25%～

100%的二次侧额定功率。功率决定了二次侧负载阻抗，负载阻抗又影响测量或控制精度。负载阻抗主要受测量仪表和继电器线圈电阻、电抗及接线接触电阻、二次连接导线电阻的影响。

2.3.3 电流互感器的正确使用

1. 电流互感器的接线

电流互感器的接线应遵守串联原则，即一次绕组应与被测电路串联，而二次绕组则与所有仪表（负载）串联，其接线方式按其所接负载的运行要求确定。最常用的接线方式为单相接线、两相式不完全星形接线和三相完全星形接线，如图 2-17 所示。

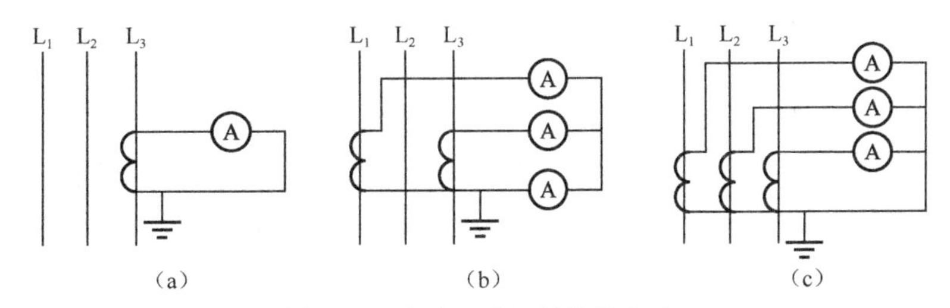

图 2-17 电流互感器的接线方式

（1）单相接线

电流互感器主要用于测量对称三相负载或相负荷平衡度小的三相装置中的一相电流。电流互感器的接线与极性的关系不大，但须注意的是二次侧要有保护接地，防止一次侧发生过电流现象。一次侧一旦发生过电流现象，电流互感器会被击穿，且烧坏二次侧仪表、继电设备。二次侧严禁多点接地。例如，有两点接地，二次电流会在继电器前形成分路，造成继电器无动作。因此，在《继电保护技术规程》中规定对于有几组电流互感器连接在一起的保护装置，则应在保护屏上经端子排接地。例如，变压器的差动保护，几组电流互感器组合后只有一个独立的接地点。

（2）两相式不完全星形接线

两相式不完全星形接线用于相负荷平衡和不平衡的三相系统中。

（3）三相完全星形接线

三相完全星形接线用于相负荷平衡度大的三相负荷的电流测量，以及电压为 380/220V 的三相四线制测量仪表，监视每相负荷不对称情况，若任一相极性接反，流过中性线的电流将增大。

2. 使用注意事项

① 二次回路应设保护性接地点，并可靠连接。为防止一、二次绕组之间绝缘击穿后高电压窜入低压侧危及人身和仪表安全，电流互感器二次侧应设保护性接地点，接地点只允许接一个，一般将靠近电流互感器的箱体端子接地。

② 运行中二次绕组不允许开路。否则，会导致以下严重后果：二次侧出现高电压，危及人身和仪表安全；出现过热，可能烧坏绕组；增大计量误差。

在换接仪表时，应先将电流回路短接后再进行计量仪表调换。当表计调好后，先将其接入二次回路，再拆除短接线，并检查表计是否正常。查明计量仪表回路确实无开路现象时，方可重新拆除短接线。

③ 电流互感器安装时，应考虑精度等级。精度高的接测量仪表，精度低的用于保护，选择时应予注意。

④ 极性连接要正确。电流互感器安装时，应注意极性（同名端），一次侧的端子为L_1、L_2（或P_1、P_2），一次侧电流由L_1流入，由L_2流出。而二次侧的端子为K_1、K_2（或S_1、S_2），即二次侧的端子由K_1流出，由K_2流入。L_1与K_1，L_2与K_2为同极性（同名端），不得弄错。否则，接电能表时，电能表将反转；甚至在同一线路有多台电流互感器并联时，会造成短路事故。

⑤ 电流互感器一次绕组有单匝和多匝之分，LQG型为单匝。而使用LMZ型（穿心式）时则要注意铭牌上是否有穿心数据，若有则应按要求穿出所需的匝数。穿心匝数是以穿过空心中的根数为准，而不是以外围的匝数计算（否则将误差一匝）。

⑥ 电流互感器的二次绕组有一个绕组和两个绕组之分，若有两个绕组的，其中一个绕组为高精度（误差值较小）的，一般作为计量使用；另一个则为低精度（误差值较大）的，一般用于保护。

⑦ 用于电能计量的电流互感器二次回路，不应再接继电保护装置和自动装置等，以防互相影响。

另外，电流互感器的连接线必须采用$2.5mm^2$的铜心绝缘线，有的电业部门规定必须采用$4mm^2$的铜心绝缘线，但一般来说没有这种必要（特殊情况除外）。

3. 电流互感器的维护

（1）运行前的检查

① 套管有无裂纹、破损现象。

② 充油电流互感器外观应清洁，油量充足，无渗漏油现象。

③ 引线和线卡子及二次回路各连接部分应接触良好，不得松弛。

④ 外壳及一、二次侧应接地正确、良好，接地线应坚固可靠。

⑤ 按电气试验规程，进行全面试验并应合格。

（2）电流互感器的巡视检查

① 各接头有无过热及打火现象，螺栓有无松动，有无异常气味。

② 瓷套管是否清洁，有无缺损、裂纹和放电现象，声音是否正常。

③ 对于充油电流互感器应检查油位是否正常，有无渗漏现象。

④ 电流表的三相指示是否在允许范围之内，电流互感器有无过负荷运行。

⑤ 二次线圈有无开路，接地线是否良好，有无松动和断裂现象。

（3）电流互感器更换

① 个别电流互感器在运行中损坏须要更换时，应选择电压等级与电网额定电压相同、变比相同、准确度相同、极性正常、伏安特性相近的电流互感器，并测试合格。

② 由于容量变化而须要成组地更换电流互感器，还应重新审核继电保护整定值及计量仪表的倍率。

2.3.4 钳形电流表

钳形电流表是电工常用携带式仪表之一，是将可以开合的磁路套在载有被测电流的导体上测量电流值的仪表。钳形电流表使用方便，无须断开电源和线路即可直接测量运行中电气设备的工作电流，便于及时了解设备的工作状况。

1. 钳形电流表的结构原理

钳形电流表由电流互感器和电流表组成，如图2-18所示。互感器的铁芯制成活动开口，且成钳形，活动部分与手柄相连，当紧握手柄时，电流互感器的铁芯张开，可将被测载流导线置于钳口中，使载流导线成为电流互感器的一次侧线圈。关闭钳口，在电流互感器的铁芯中就有交变磁通通过，互感器的二次绕组中产生感应电流。电流表接于二次绕组两端，它的指针所指示的电流值与钳入的载流导线的工作电流成正比，可以直接从刻度盘上读出被测电流值。

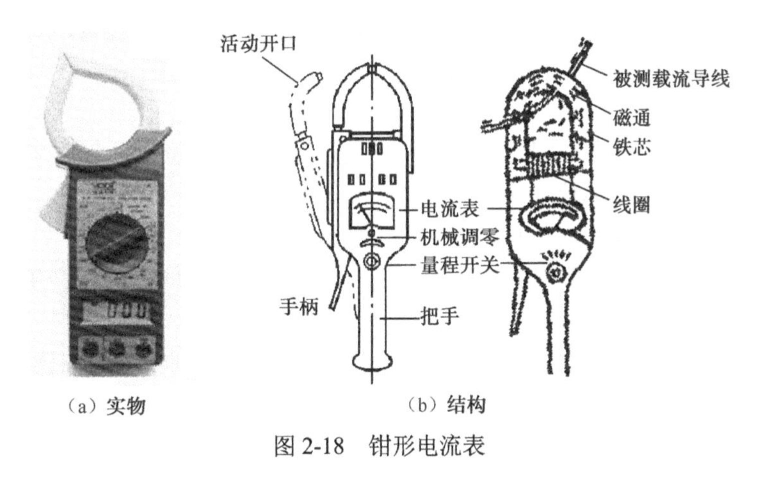

（a）实物　　（b）结构

图2-18　钳形电流表

2. 钳形电流表的使用

（1）测量前

首先，根据被测电流的种类、电压等级正确选择钳形电流表，被测线路的电压要低于钳形电流表的额定电压。测量高压线路的电流时，应选用与其电压等级相符的高压钳形电流表。低电压等级的钳形电流表只能测低压系统中的电流，不能测量高压系统中的电流。

其次，在使用前要正确检查钳形电流表的外观情况，一定要检查表的绝缘性能是否良好，外壳应无破损，手柄应清洁干燥。若指针没在零位，应进行机械调零。钳形电流表的钳口应紧密结合，若指针抖晃，可重新开闭一次钳口，如果抖晃仍然存在，应仔细检查，注意清除钳口杂物、污垢，然后进行测量。

由于钳形电流表要接触被测线路，所以钳形电流表不能测量裸导体的电流。用高压钳形表测量时，应由两人操作，测量时应戴绝缘手套，站在绝缘垫上，不得触及其他设备，以防止短路或接地。

（2）测量时

首先，在使用时应按紧扳手，使钳口张开，将被测导线放入钳口中央。然后，松开扳手并使钳口闭合紧密。钳口的结合面如有杂声，应重新开合一次，仍有杂声，应处理结合面，以使读数准确。另外，不可同时钳住两根导线。读数后，将钳口张开，将被测导线退出，将挡位置于电流最高挡或OFF挡。

其次，要根据被测电流大小来选择合适的钳型电流表的量程。选择的量程应稍大于被测电流数值，若无法估计，为防止损坏钳形电流表，应从最大量程开始测量，逐步变换挡位直至量程合适。严禁在测量进行过程中切换钳形电流表的挡位，换挡时应先将被测导线从钳口退出再更换挡位。

测量时，应注意身体各部分与带电体保持安全距离，低压系统安全距离为0.1～0.3m。测量高压电缆各相电流时，电缆头线间距离应在300mm以上，且绝缘良好，待认为测量方便时，方能进行。观测表计时，要特别注意保持头部与带电部分的安全距离，人体任何部分与带电体的距离不得小于钳形表的整个长度。

测量低压熔断器或水平排列低压母线电流时，应在测量前将各相熔断器或母线用绝缘材料加以保护隔离，以免引起相间短路。当电缆有一相接地时，严禁测量，防止出现因电缆头的绝缘水平低发生对地击穿爆炸而危及人身安全。

（3）测量后

使用完毕，退出被测电线。将量程选择旋钮置于高量程挡位上，以防下次使用时疏忽，即未选准量程进行测量而损坏仪表。

为了测量数据准确，使用时还应注意以下事项。

① 进行测量时，一定要将被测载流导线的位置放在钳口中间，防止产生测量误差，然后放开扳手。

② 测量时，选择的量程应使读数超过刻度的1/2，以便得到较准确的读数。

③ 有些型号的钳形电流表附有交流电压刻度，测量电流、电压时应分别进行，不能同时测量。

④ 不能用于高压带电测量。

⑤ 当测量小于5A的电流时，为使读数更准确，在条件允许时，可将被测载流导线绕数圈后放入钳口进行测量。此时，被测导线实际电流值应等于仪表读数值除以放入钳口内的导线根数。

2.4 电压互感器及使用

学习目标

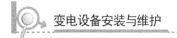

① 了解电压互感器的作用和分类，掌握其结构和工作原理。

② 明确电压互感器的型号和参数，会正确选用电流互感器。

③ 明确电压互感器的接线及使用注意事项，会正确使用电压互感器。

电压互感器是一种电压变换装置。它将高电压变换为低电压，以便用低压量值反映高压量值的变化。因此，通过电压互感器可以直接用普通电气仪表进行电压测量。

2.4.1 电压互感器的作用及分类

1. 电压互感器的作用

① 电压互感器将一次回路的高电压转为二次回路的标准低电压（通常为100V），可使测量仪表和保护装置标准化，使二次设备结构轻巧，价格便宜。

② 电压互感器使二次回路可采用低电压控制电缆，且使屏内布线简单、安装方便，可实现远方控制和测量。

③ 电压互感器使二次回路不受一次回路限制，接线灵活，维护、调试方便。

④ 电压互感器使二次与一次高压部分隔离，且二次可设接地点，确保二次设备和人身安全。

2. 电压互感器的分类

① 按安装地点可分为户内式电压互感器和户外式电压互感器。35kV 及以下多使用户内式电压互感器；35kV 以上则使用户外式电压互感器。

② 按相数可分为单相式电压互感器和三相式电压互感器。35kV 及以上不能使用三相式电压互感器。

③ 按绕组数目可分为双绕组式电压互感器和三绕组电压互感器。三绕组电压互感器还有一组辅助二次侧，供接地保护用。

④ 按绝缘方式可分为干式电压互感器、浇注式电压互感器、油浸式电压互感器和充气式电压互感器。干式浸绝缘胶电压互感器结构简单、无着火和爆炸危险，但绝缘强度较低，只适用于6kV 以下的户内式装置；浇注式电压互感器结构紧凑、维护方便，适用于3～35kV 户内式配电装置；油浸式电压互感器绝缘性能较好，可用于10kV 以上的户外式配电装置；充气式电压互感器用于 SF_6 全封闭电器中。

⑤ 按原理分为电磁感应式电压互感器和电容分压式电压互感器。电磁感应式电压互感器多用于220kV 及以下各种电压等级。电容分压式电压互感器一般用于110kV 以上的电力系统，330～765kV 超高压电力系统应用较多。

⑥ 按用途分为测量用式电压互感器和保护用式电压互感器两类。测量用电压互感器的主要技术要求是保证必要的准确度；保护用电压互感器可能有某些特殊要求，如要求有第三个绕组，铁芯中有零序磁通等。

2.4.2 电压互感器的工作原理

1. 电磁式电压互感器的工作原理

电磁式电压互感器的工作原理、构造和接线方式都与变压器相似。它与变压器相比有如下特点。

① 容量很小，通常只有几十到几百伏安。

② 电压互感器一次电压 U_1 为电网电压，不受互感器二次侧负载的影响。一次电压高时，须有足够的绝缘强度。

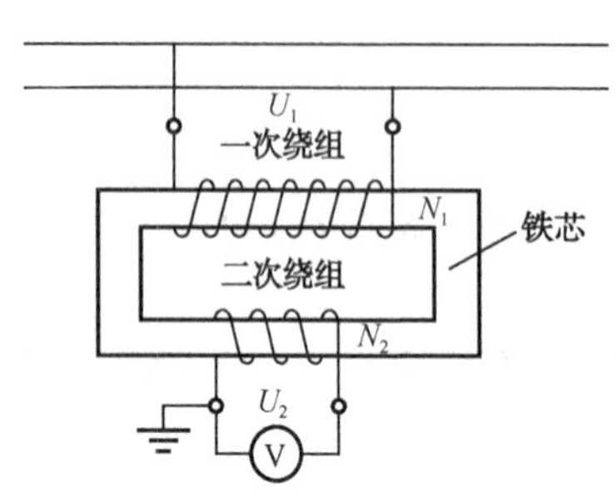

图 2-19 电磁式电压互感器的原理

③ 互感器二次侧负载主要是测量仪表和继电器的电压线圈，其阻抗很大，通过的电流很小。所以，电压互感器的正常工作状态接近于空载状态，如图 2-19 所示。

电压互感器一、二次绕组额定电压之比称为电压互感器的额定变（压）比，即

$$K_U = \frac{U_{N1}}{U_{N2}} = \frac{N_1}{N_2} = \frac{U_1}{U_2} \tag{2-11}$$

$$U_1 = \frac{N_1}{N_2} = K_U U_2 \tag{2-12}$$

式中 N_1，N_2——互感器一、二次绕组匝数；

U_1，U_2——互感器一次电压实际值和二次电压测量值；

U_{N1} 等于电网额定电压，U_{N2} 已统一为 100V（或 $100/\sqrt{3}$ V），所以 K_U 也标准化了。

2. 电容式电压互感器的工作原理

电容式电压互感器是由串联电容器抽取电压，再经变压器变压作为表计、继电保护等的电压源，电容式电压互感器还可以将载波频率耦合到输电线用于长途通信、远方测量、选择性的线路高频保护、遥控、电传打字等。因此，和常规的电磁式电压互感器相比，电容式电压互感器除可防止因电压互感器铁芯饱和引起铁磁谐振外，在经济和安全上还有很多优越之处。

电容式电压互感器主要由电容分压器和中间变压器组成，如图 2-20 所示，从图中可以看出 C_1、C_2 串联进行分压，根据电容的分压关系可得

$$U_{C2} = \frac{C_2}{C_1 + C_2} U_1 = KU_1 \tag{2-13}$$

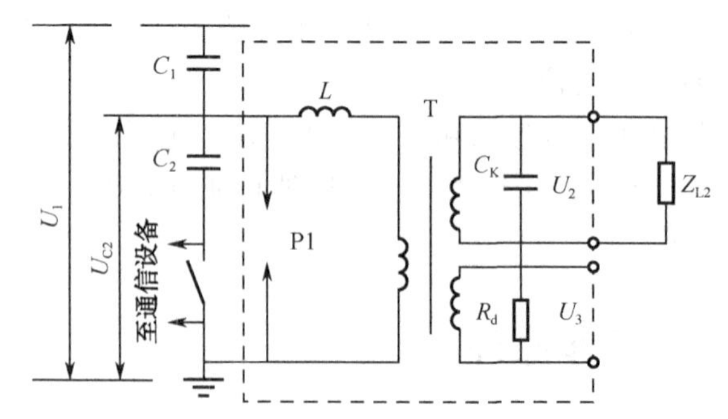

图 2-20 电容式电压互感器器原理

K 为分压比，改变 C_1 和 C_2 的比值，可得到不同的分压比，得到需要的电压值 U_{C2}，而 U_2 和 U_{C2} 相对应，所以

$$U_1 = K_U U_2 \tag{2-14}$$

图 2-20 中各元件的作用如下：L——补偿电抗，可补偿电容分压器的内阻抗。T——中间变压器，将测量仪表经中间变压器后与分压器连接，减小分压器的输出电流以减少误差。R_d——阻尼电阻，在中间变压器二次侧单独设置一只线圈，接入阻尼电阻 R_d，用以抑制铁磁谐振过电压。C_K——补偿电容器，用来补偿中间变压器的磁化电流和二次侧负载电流的无功分量，也能减小测量装置的误差。P_1——放电间隙，用以保护中间变压器的一次绕组和补偿电抗器 L，防止因受二次侧短路所产生的过电压而造成的损坏。

电容式电压互感器主要供 110kV 及以上中性点直接接地系统测量电压之用，具有以下特点。

① 除作为电压互感器用外，还可将其分压电容兼做高频载波通信的耦合电容。

② 电容分压式电压互感器的冲击绝缘强度比电磁式电压互感器高。

③ 体积小，重量轻，成本低。

④ 在高压配电装置中占地面积很小。

⑤ 但误差特性和暂态特性比电磁式电压互感器差，输出容量较小。

2.4.3 电压互感器的型号和选择

1. 型号

电压互感器型号由以下几部分组成，各部分字母符号表示的内容如下。

① 第 1 位：J——电压互感器。

② 第 2 位：D——单相；S——三相；C——串级；W——五铁芯柱。

③ 第 3 位：G——干式；J——油浸；C——瓷绝缘；Z——浇注绝缘；R——电容式；S——三相。

④ 第 4 位：W——五铁芯柱；B——带补偿角差绕组。

⑤ 连字符号后面：GH——高海拔；TH——湿热区；数字——电压等级（kV）。

例如，JDZF7-10 GH，J——电压互感器；D——单相；Z——浇注式；F——带剩余电压绕组；7——设计序号；10——电压等级（10kV）；GH——高海拔。

2. 电压互感器的选择

（1）电压互感器一次侧额定电压选择

为了确保电压互感器安全和在规定的准确级下运行，电压互感器一次绕组所接电力网电压应在（1.1～0.9）U_{N1} 范围内变动，即

$$1.1U_{N1}>U_{Ns}>0.9U_{N1} \tag{2-15}$$

式中 U_{N1}——电压互感器一次侧额定电压。

选择时，满足 $U_{N1}=U_{Ns}$ 即可。

（2）电压互感器二次侧额定电压的选择

电压互感器二次侧额定电压为 100V，要和所接的仪表或继电器相适应。

（3）电压互感器种类和型式的选择

电压互感器的种类和型式应根据装设地点和使用条件进行选择。例如，在 6～35kV 屋内

配电装置中，一般采用油浸式或浇注式；110～220kV 配电装置通常采用串级式电磁式电压互感器；220kV 及以上配电装置，当容量和准确级满足要求时，也可采用电容式电压互感器。

（4）准确级选择

和电流互感器一样，供功率测量、电能测量以及功率方向保护用的电压互感器应选择 0.5 级或 1 级的，只供估计被测值的仪表和一般电压继电器用的电压互感器选择 3 级为宜。

2.4.4 电压互感器的正确使用

1. 电压互感器的接线

（1）单相接线

如图 2-21 所示，用来测量任意两相之间的线电压。

（2）两只单相电压互感器接成不完全星形（V—V 形）接线

如图 2-22 所示用来测量线电压，不能测量相电压。这种接线广泛用于小接地短路电流系统中。

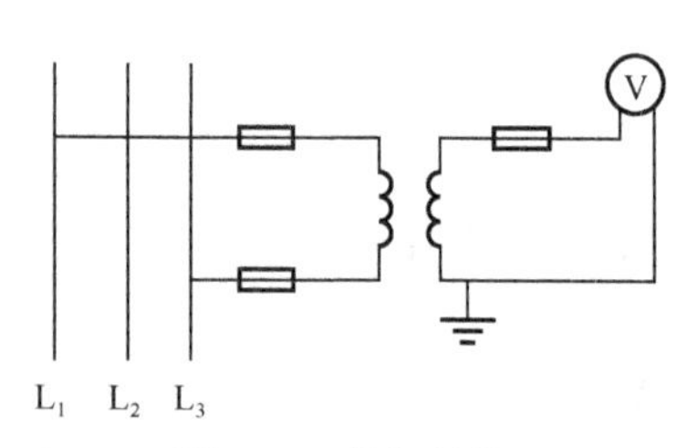

图 2-21 单相接线

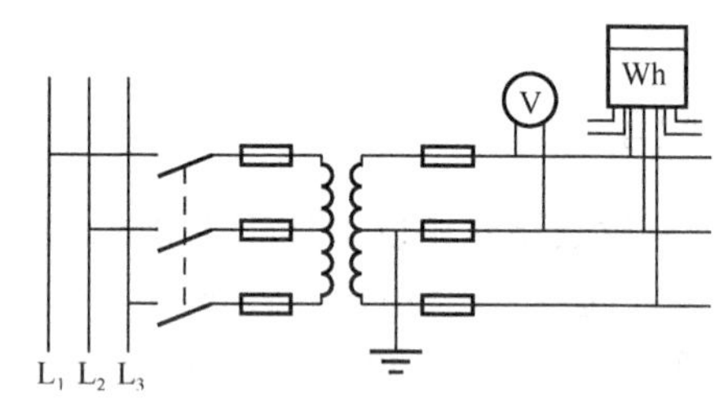

图 2-22 不完全星形（V—V 形）的接线

（3）三只单相三绕组电压互感器接成星形接线，且原绕组中性点接地

如图 2-23 所示，这种接线方式线电压和相对地电压都可测量。在小接地电流系统中，可用来监视电网对地绝缘的状况。

（4）三相三柱式电压互感器的接线

如图 2-24 所示，这种接线方式可用来测量线电压，不许用来测量相对地的电压，即不能用来监视电网对地绝缘，因此它的一次绕组没有引出的中性点。

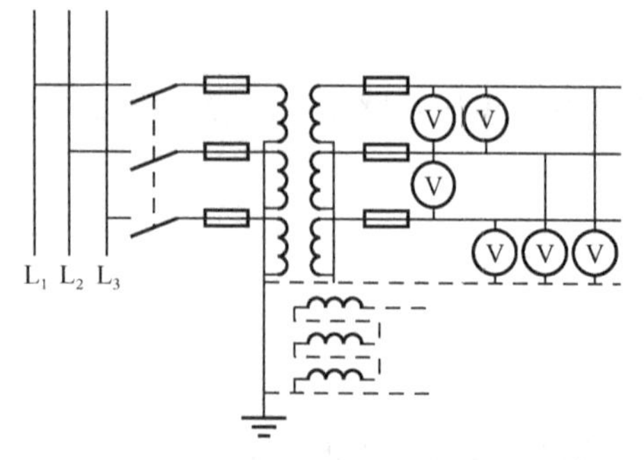

图 2-23 三只单相三绕组电压互感器接成星形的接线

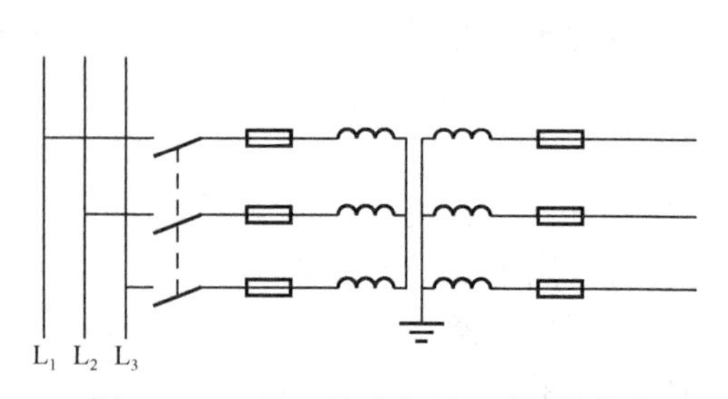

图 2-24 三相三柱式电压互感器的接线

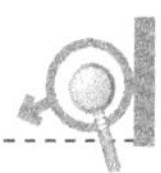

（5）三相五柱式电压互感器的接线

如图 2-25 所示，这种接线方式用来测量线电压和相电压，可用于监视电网对地的绝缘状况和实现单相接地的继电保护。

（6）电容式电压互感器的接线

如图 2-26 所示，这种接线方式用来测量线电压和相电压，可用于监视电网对地的绝缘状况和实现单相接地的继电保护，适用于 110～500kV 的中性点直接接地电网中。

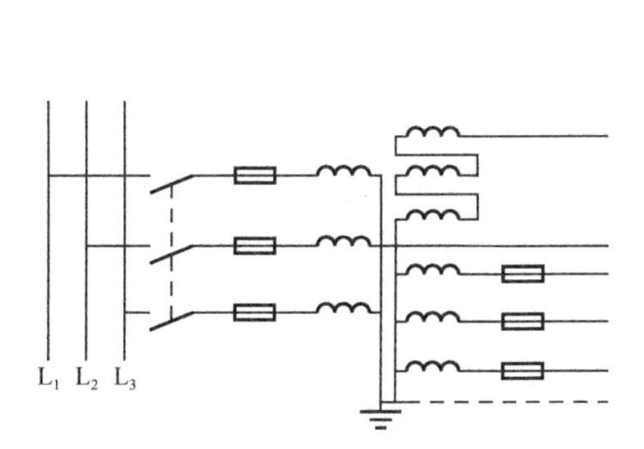

图 2-25　三相五柱式电压互感器的接线

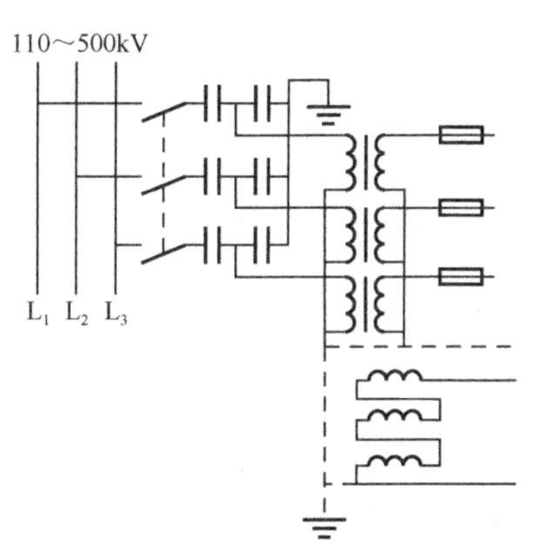

图 2-26　电容式电压互感器的接线

2. 对电压互感器接线的要求

① 电压互感器的电源侧要有隔离开关。

② 在 35kV 及以下电压互感器的电源侧加装高压熔断器进行短路保护。

③ 电压互感器的负载侧也应加装熔断器，用来保护过负荷。

④ 60kV 及以上的电压互感器，其电源侧可不装设高压熔断器。

⑤ 三相三柱式电压互感器不能用来进行交流电网的绝缘监察。

⑥ 电压互感器二次侧的保护接地点不许设在二次侧熔断器的后边，必须设在二次侧熔断器的前边。

⑦ 凡在二次侧连接交流电网绝缘监视装置的电压互感器，其一次侧中性点必须接地，否则无法进行绝缘监察。

3. 电压互感器的安装注意事项

① 电压互感器在投入运行前要按照规程规定的项目进行试验检查，如测极性、联结组别、测绝缘、核相序等。

② 电压互感器的接线应保证正确性，一次绕组和被测电路并联，二次绕组应和所接的测量仪表、继电保护装置或自动装置的电压线圈并联，同时要注意极性的正确性。当两台同型号的电压互感器接成 V 形时，必须注意极性正确，否则会导致互感器线圈烧坏。

③ 接在电压互感器二次侧负荷的容量应合适，接在电压互感器二次侧的负荷不应超过其额定容量，否则，会使互感器的误差增大，难以达到测量的准确性。

④ 电压互感器二次侧不允许短路。由于电压互感器内阻抗很小，若二次回路短路时，会

出现很大的电流，将损坏二次设备甚至危及人身安全。电压互感器可以在二次侧装设熔断器，以保护其自身不因二次侧短路而损坏。在可能的情况下，一次侧也应装设熔断器，以保护高压电网不因互感器高压绕组或引线故障危及一次系统的安全。

⑤ 为了确保人在接触测量仪表和继电器时的安全，电压互感器二次绕组必须有一点接地。因为接地后，当一次绕组和二次绕组间的绝缘损坏时，可以防止仪表和继电器出现高电压危及人身安全。

2.4.5 电压互感器的运行与维护

1. 电压互感器的巡视检查

① 瓷套管是否清洁、完整，绝缘介质有无损坏、裂纹和放电痕迹。

② 充油电压互感器的油位是否正常，油色是否透明（不发黑），有无严重的渗、漏油现象。

③ 一次侧引线和二次侧连接部分是否接触良好。

④ 电压互感器内部是否有异常，有无焦臭味。

2. 电压互感器的异常运行

运行中的电压互感器出现下列故障之一时，应立即退出运行。

① 瓷套管破裂、严重放电。

② 高压线圈的绝缘击穿、冒烟，发出焦臭味。

③ 电压互感器内部有放电声及其他噪声，线圈与外壳之间或引线与外壳之间有火花放电现象。

④ 漏油严重，油标管中看不见油面。

⑤ 外壳温度超过允许温升，并继续上升。

⑥ 高压熔体连续两次熔断，当运行中的电压互感器发生接地、短路、冒烟着火故障时，对于 6～35kV 装有 0.5A 熔断器及合格限流电阻时，可用隔离开关将电压互感器切断，对于 10kV 以上电压互感器，不得带故障将隔离开关拉开，否则，将导致母线发生故障。

3. 电压互感器的更换

对运行中的电压互感器及二次线圈更换时，除执行安全规程外还应注意如下。

① 个别电压互感器在运行中损坏须要更换时，应选用电压等级与电网电压相符、变比相同、极性正确、励磁特性相近的电压互感器，并经试验合格。

② 更换成组的电压互感器时，还应对并列运行的电压互感器检查其接线组别，并核对相位。

③ 电压互感器二次线圈更换后，必须进行核对，以免造成错误接线，防止二次回路短路。

④ 电压互感器及二次线圈更换后必须测定极性。

4．电压互感器停用注意事项

① 停用电压互感器，应将有关保护和自动装置停用，以免造成装置失压误动作。为防止电压互感器反充电，停用时应将二次侧保险取下，再拉开一次侧隔离开关。

② 停用的电压互感器，若一年未带电运行，在带电前应进行试验和检查，必要时，可先安装在母线上运行一段时间，再投入运行。

2.5 自耦变压器

学习目标

① 了解自耦变压器，明确其特点，掌握其应用。

② 明确自耦变压器的电力运行方式，会正确使用自耦变压器。

2.5.1 自耦变压器

自耦变压器常用于交流输变电线路和交流调压器中，如图 2-27 所示，它是一种只有一组线圈的变压器，一、二次侧有直接电的联系，它的低压线圈就是高压线圈的一部分。线圈按设计原则有不同数量的中间抽头，按照不同的接法可以对交流电压实现升压或降压。

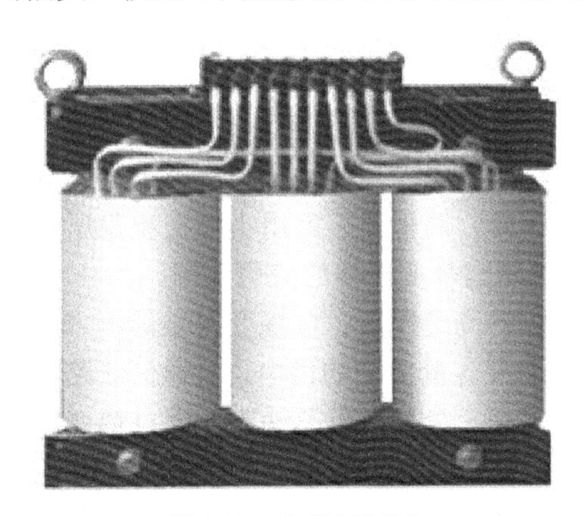

图 2-27 自耦变压器

1．工作原理

自耦变压器是输出和输入共用一组线圈的特殊变压器，如图 2-28 所示，升压和降压用不同的抽头来实现。比共用线圈少的部分抽头电压就降低，比共用线圈多的部分抽头电压就升高。原理和普通变压器一样的，只不过它的一次绕组就是它二次绕组，当作为降压变压器使

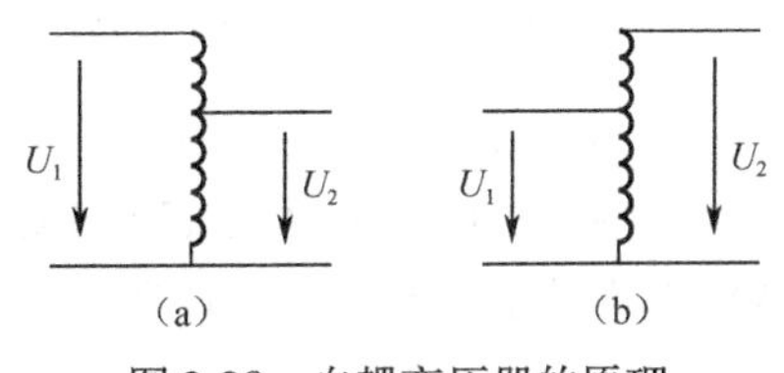

图 2-28 自耦变压器的原理

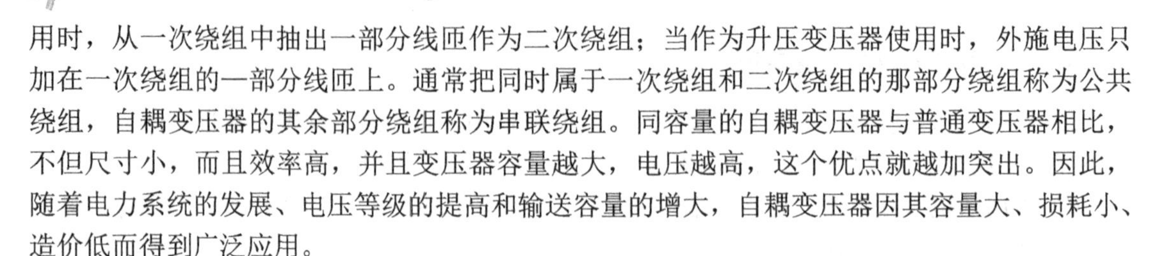

用时，从一次绕组中抽出一部分线匝作为二次绕组；当作为升压变压器使用时，外施电压只加在一次绕组的一部分线匝上。通常把同时属于一次绕组和二次绕组的那部分绕组称为公共绕组，自耦变压器的其余部分绕组称为串联绕组。同容量的自耦变压器与普通变压器相比，不但尺寸小，而且效率高，并且变压器容量越大，电压越高，这个优点就越加突出。因此，随着电力系统的发展、电压等级的提高和输送容量的增大，自耦变压器因其容量大、损耗小、造价低而得到广泛应用。

2. 自耦变压器的特点

① 由于自耦变压器的计算容量小于额定容量，所以在同样的额定容量下，自耦变压器的主要尺寸较小，有效材料（硅钢片和导线）和结构材料（钢材）都相应减少，从而降低了成本。有效材料的减少使得铜耗和铁耗也相应减少，故自耦变压器的效率较高。同时，由于主要尺寸的缩小和质量的减小，可以在容许的运输条件下制造单台容量更大的变压器。通常自耦变压器 $K \leqslant 2$ 时，上述优点才明显。

② 由于自耦变压器的短路阻抗标幺值比双绕组变压器小，故电压变化率较小，但短路电流较大。

③ 由于自耦变压器一、二次绕组之间有电的直接联系，当高压侧过电压时会引起低压侧严重过电压。为了避免这种危险，一、二次绕组都必须装设避雷器，不要认为一、二次绕组是串联的，一次绕组已装、二次绕组就可省略。

④ 在一般变压器中，有载调压装置往往连接在接地的中性点上，这样调压装置的电压等级可以比在线端调压时低。自耦变压器中性点调压会带来所谓的相关调压问题，因此要求自耦变压器有载调压时，只能采用线端调压方式。

3. 自耦变压器的应用

自耦变压器在不需要一、二次侧隔离的场合都有应用，它具有体积小、耗材少、效率高的优点。常见的交流（手动旋转）调压器、家用小型交流稳压器内的变压器、三相电机自耦减压启动箱内的变压器等，都是自耦变压器的应用范例。

随着我国电气化铁路事业的高速发展，自耦变压器供电方式得到了长足的发展。由于自耦变压器供电方式非常适用于大容量负荷的供电，对通信线路的干扰又较小，因而被客运专线以及重载货运铁路所广泛采用。早期，我国铁路专用自耦变压器主要依靠进口，成本较高且维护不便。近年来，由中铁电气化局集团保定铁道变压器有限公司设计并生产的 OD8-M 系列铁路专用自耦变压器先后在神朔铁路、京津城际高速铁路、大秦铁路重载列车单元改造、武广客运专线等多条重要铁路投入使用，受到相关部门的高度好评，填补了国内相关产品的空白。

4. 自耦变压器与其他变压器的区别

（1）与干式变压器的区别

在目前的电网中，从 220kV 电压等级才开始有自耦变压器，多为电网间的联络变压器。220kV 以下几乎没有自耦变压器。自耦变压器在较低电压下使用时，最多是用来作为电机降压启动的。

对于干式变压器来讲，它的绝缘介质是树脂之类的固体，没有油浸式变压器中的绝缘油，所以称为干式。干式变压器由于散热条件差，所以容量不能做得很大，一般只有中小型变压器，电压等级也基本上在35kV及以下，但现在国内外也都已经有额定电压达到66kV甚至更高的干式变压器，容量也可达30000kVA，甚至更高。

（2）自耦变压器与隔离变压器的区别

隔离变压器主要的作用是将用电设备和电网隔离开。用于安全性场合或者抗干扰要求的场合等。用电设备和电源没有直接的电联系，隔离式结构材料多，成本高，除了能改变电压外，还可以把输入绕组和输出绕组在电气上彼此隔离，输入/输出和零线隔离，用以避免同时触及带电体（或因绝缘损坏而可能带电的金属部件）和地所带来的危险。此外，隔离变压器还具有一定抑制各种干扰的作用，具有滤波性能，且安全性高。

2.5.2 自耦变压器电力运行模式

自耦变压器有单相的，也有三相的，还有三绕组的。三绕组自耦变压器的第三绕组与第一、二两个绕组仅有磁的联系而没有电的直接联系。

1. 运行方式

电力系统中常采用三绕组自耦变压器作为联络变压器，以减少投资和运行费用。它有高压、中压和低压三个绕组。通常三绕组自耦变压器的高压和中压侧均为110kV以上的系统，其运行方式有以下五种。

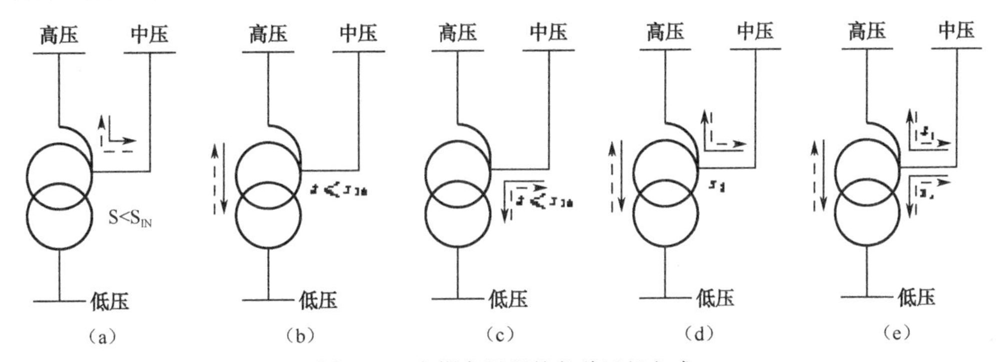

图2-29 自耦变压器的各种运行方式

① 高压侧向中压侧或中压侧向高压侧送电，如图2-29（a）所示，实线方向为高压侧向中压侧送电，虚线表示中压侧向高压侧送电。因为高中低三个绕组与铁芯的相对位置，在制造时与设计有所差异，所以在这种运行方式下，如果中压布置在高低压之间，一般可以传输全部额定容量；如果中压绕组靠铁芯布置，则由于漏磁通在结构中会引起较大的附加损耗，其最大传输功率往往限制在额定容量S_{1n}的70%～80%。

② 高压侧向低压侧或低压侧向高压侧送电，如图2-29（b）所示。此时，功率全部通过磁路传输，其最大传输功率不得超过低压绕组的额定容量S_{3n}。

③ 中压侧向低压侧或低压侧向中压侧送电，如图2-29（c）所示。这种情况与图2-29（b）的运行方式相同。

④ 高压侧同时向中压侧和低压侧或低压侧和中压侧同时向高压侧送电，如图 2-29（d）所示。在这种运行方式下，最大允许的传输功率不得超过自耦变压器高压绕组（即串联绕组）的额定容量。

⑤ 中压侧同时向高压侧和低压侧或高压侧和低压侧同时向中压侧送电，如图 2-29（e）所示。在这种运行方式中，中压绕组（即公共绕组）为一次绕组，而其他两个为二次绕组。因此，最大传输功率受公共绕组容量的限制。

2．自耦变压器使用时的注意问题

① 由于自耦变压器高、低压侧有电的联系，为了防止高压侧单相接地故障而引起低压侧过电压，应把三相自耦变压器的中性点可靠接地。

② 由于高、低压侧有电路上的联系，高压侧遭受雷电等过电压时，也会传到低压侧，应在两侧都装上避雷针。

③ 由于自耦变压器短路阻抗较小，其短路电流较普通变压器大，因此在必要时须采取限制短路电流的措施，尽量避免突发短路。

④ 运行中注意监视公用绕组的电流，使之不过负荷，必要时可调整第三绕组的运行方式，以增加自耦变压器的交换容量。

1．什么叫变压器？变压器的基本工作原理是什么？

2．在电能的输送过程中为什么都采用高电压输送？

3．某台供电电力变压器将 U_{1N}=10000V 降压后对负载供电，要求该变压器在额定负载下的输出电压为 U_2=380V，该变压器的电压变化率$\Delta U\%=5\%$，求该变压器二次绕组的额定电压 U_{2N} 及变比 K。

4．单相变压器由什么组成？各部分的作用是什么？

5．一台单相变压器 U_{1N}/U_{2N}=220V/110V，如果不慎将低压边误接到 220V 的电源上，变压器会发生什么后果？为什么？

6．将一台频率为 50Hz 的单相变压器一次侧误接在相同额定电压值的直流电压上，将产生什么后果?为什么？

7．不用变压器来改变交流电压，而用一个滑线电阻来变压，问①能否变压？②在实际中是否可行?

8．某低压照明变压器 U_1＝380V，I_1=0.263A，N_1=1010 匝，N_2=103 匝，求二次绕组对应的输出电压 U_2、输出电流 I_2。该变压器能否给一个 60W 且电压相当的低压照明灯供电?

9．有一台单相照明变压器，容量为 2kVA，电压为 380V / 36V，现在低压侧接上 U=36V、P=40W 的白炽灯，使变压器在额定状态下工作，问能接多少盏白炽灯？此时的 I_1 及 I_2 各为多少？

10．某晶体管扩音机的输出阻抗为 250Ω（即要求负载阻抗为 250Ω时能输出最大功率），接的负载为 8Ω的扬声器，求线间变压器变比是多少？

11．什么叫变压器的外特性?一般希望电力变压器的外特性曲线呈什么形状？

12．什么叫变压器的电压变化率?变压器的电压变化率应控制在什么范围内为好？

13．电流互感器在使用时应注意哪些事项?

14．电流互感器在使用前应进行哪些检查?

15．在更换电流互感器时应注意哪些问题?

16．用钳形电流表检测小电流时如何提高测量精度?

17．电压互感器在使用时应注意哪些事项?

18．在更换电压互感器时应注意哪些问题?

19．自耦变压器有什么特点?使用时应注意哪些问题?

Chapter 3

第3章 电力变压器

3.1 认识电力变压器

学习目标

① 了解电力变压器的结构及各部分的作用。

② 了解变压器的冷却方式，掌握冷却装置的工作过程。

③ 了解其他类型变压器。

在电力系统中，电力变压器（以下简称变压器）是一个重要的设备。发电厂的发电机输出电压由于受发电机绝缘水平限制，通常为 6.3kV、10.5kV，最高不超过 20kV。在远距离输送电能时，须将发电机的输出电压通过升压变压器将电压升高到几万伏或几十万伏，以降低输电线电流，从而减少输电线路上的能量损耗。输电线路将几万伏或几十万伏的高压电能输送到负荷区后，须经降压变压器将高电压降低，以适合于用电设备的使用。故在供电系统中需要大量的降压变压器，将输电线路输送的高压变换成不同等级的电压，以满足各类负荷的需要。由多个电站联合组成电力系统时，要依靠变压器将不同电压等级的线路连接起来。所以，变压器是电力系统中不可缺少的重要设备。

3.1.1 电力变压器的结构

中小型油浸电力变压器典型结构如图 3-1 所示。

1. 铁芯

（1）铁芯结构

变压器的铁芯是磁路部分，由铁芯柱和铁扼两部分组成。绕组套装在铁芯柱上，而铁扼则用来使整个磁路闭合。铁芯的结构一般分为心式和壳式两类。

心式铁芯的特点是铁扼靠着绕组的顶面和底面，但不包围绕组的侧面。壳式铁芯的特点是铁扼不仅包围绕组的顶面和底面，而且还包围绕组的侧面。由于心式铁芯结构比较简单，

绕组的布置和绝缘也比较容易，因此我国电力变压器主要采用心式铁芯，只在一些特种变压器（如电炉变压器）中才采用壳式铁芯。常用的心式铁芯如图 3-2 所示。近年来，大量涌现的节能型配电变压器均采用卷铁芯结构。

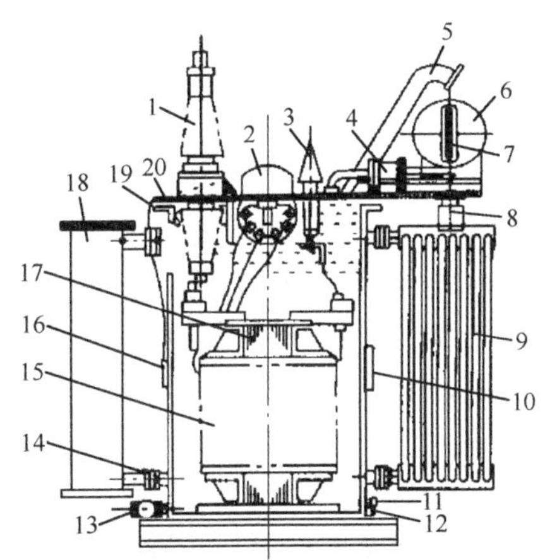

1—高压套管；2—分接开关；3—低压套管；4—气体继电器；5—安全气道（放爆管）；6—油枕（储油柜）；7—油表；8—呼吸器（吸湿器）；9—散热器；10—铭牌；11—接地螺栓；12—油样活门；13—放油阀门；14—活门；15—绕组（线圈）；16—信号温度计；17—铁芯；18—净油器；19—油箱；20—变压器油

图 3-1 中小型油浸电力变压器典型结构

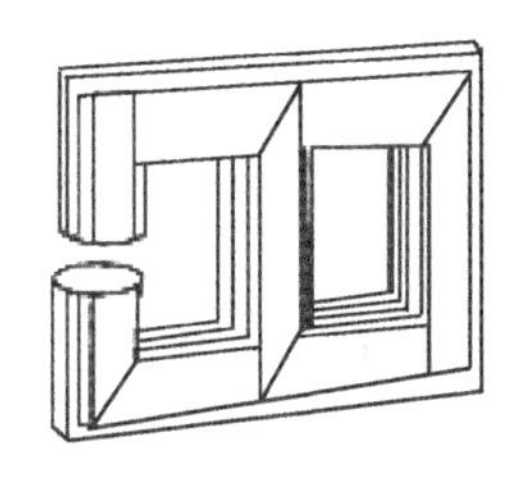

（a）三相三柱式截面图

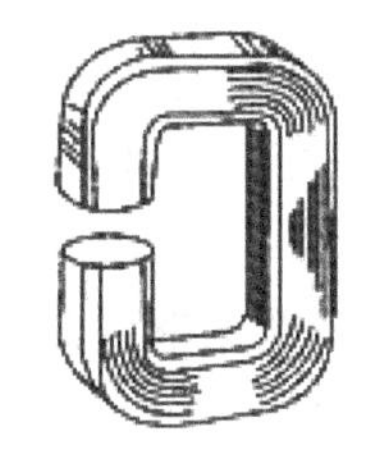

（b）单相卷铁芯截面图

图 3-2 常用的心式铁芯

（2）铁芯材料

由于铁芯为变压器的磁路，所以其材料要求导磁性能好，才能使铁损小。故变压器的铁芯采用硅钢片叠制而成。硅钢片有热轧和冷轧两种。由于冷轧硅钢片在沿着辗轧的方向磁化时有较高的磁导率和较小的单位损耗，其性能优于热轧的，国产变压器均采用冷轧硅钢片。国产冷轧硅钢片的厚度为 0.35mm、0.30mm、0.27mm 等几种。片厚则涡流损耗大，片薄则叠片系数小。硅钢片的表面必须涂覆一层绝缘漆以使片与片之间绝缘。

2. 绕组

绕组是变压器的电路部分，用绝缘铜线或铝线绕制而成。绕组的作用是电流的载体，产生磁通和感应电动势。绕组根据工作时所接电压不同，有高压绕组和低压绕组之分。工作电压高的绕组称为高压绕组，工作电压低的绕组称为低压绕组。

根据高、低压绕组排列方式的不同，绕组分为同心式和交叠式两种。同心式绕组的高低压绕组在同一芯柱上同芯排列，低压绕组在里，高压绕组在外，结构较简单。交叠式绕组的高、低压绕组分成若干部分形似饼状的线圈，沿芯柱高度交错套装在芯柱上。对于同心式绕组，为了便于绕组和铁芯绝缘，通常将低压绕组靠近铁芯柱。对于交叠式绕组，为了减小绝缘距离，通常将低压绕组靠近铁扼。

3. 绝缘

变压器导电部分之间及导电部分对地之间都要求绝缘，其绝缘分内绝缘和外绝缘。内绝缘是指油箱内的各部分绝缘，内绝缘又分主绝缘和纵绝缘两部分。主绝缘是线圈与接地部分之间以及线圈之间的绝缘；纵绝缘是同一线圈各部分之间的绝缘，如层间绝缘、区间绝缘或段间绝缘。外绝缘是套管上部导电部分对地和彼此之间的绝缘，如瓷套管等。变压器内部主要绝缘材料有变压器油、绝缘纸板、电缆纸、皱纹纸等。

4. 变压器油

变压器油有两个作用：第一是绝缘作用，第二是冷却作用。变压器油要求十分纯净，不能含杂质（如水分、灰尘、纤维等）。如含杂质，就会使绝缘性能大大降低，所以要采取防油受潮、防油和氧气接触的措施。

5. 油箱

油箱是油浸式变压器的外壳，它是用钢板焊成，器身置于油箱内，箱内装满变压器油，使铁芯和线圈浸在油内。油起绝缘和冷却双层作用，油箱分为上盖、底座和箱体三部分。

根据变压器的大小，油箱有吊器身式油箱和吊箱壳式油箱两种。

（1）吊器身式油箱

多用于 6300kVA 及以下的变压器，其箱沿设在顶部，箱盖是平的，由于变压器容量小，所以重量轻，检修时易将器身吊起。

（2）吊箱壳式油箱

多用于 8000kVA 及以上的变压器，其箱沿设在下部，上节箱身做成钟罩形，故又称钟罩式油箱。检修时无须吊起器身，只将上节箱身吊起即可。

6. 净油器

净油器也叫热虹吸过滤器，安装在变压器油箱的一侧，内装吸附剂、硅胶等，油循环时与吸附剂接触，其中的水分、酸和氧化物等杂质被过滤、吸收、净化，延长了油的使用年限。

7. 调压装置

为了供给稳定的电压，控制电力潮流或调节负载电流，均须对变压器进行电压调整。目前，变压器调整电压的方法是在其某一侧绕组上设置分接，以切除或增加一部分绕组的线匝，改变绕组的匝数，从而达到改变电压比，实现有级调整电压。这种绕组抽出分接以供调压的电路，称为调压电路；变换分接以进行调压所采用的开关，称为分接开关。一般情况下，在高压绕组上会抽出适当的分接，这是因为高压绕组一则常套在外面，引出分接方便；二则高压侧电流小，分接引线和分接开关的载流部分截面小，开关接触触点也较容易制造。

调压方式分为无载调压和有载调压两种。无载调压也叫无励磁调压，是在变压器一、二次侧都脱离电网时，变换一次侧分接开关来改变绕组匝数，进行无载调压；有载调压是变压器在带负载运行时，通过手动或电动来变换一次分接开关，以改变一次绕组的匝数，进行有载调压。

8. 高、低压绝缘套管

变压器内部的高、低压引线是经绝缘套管引到油箱外部的，它起着固定引线和对地绝缘的作用。套管由带电部分和绝缘部分组成。带电部分包括导电杆、导电管、电缆或铜排。绝缘部分分外绝缘和内绝缘。外绝缘为瓷管，内绝缘为变压器油、附加绝缘和电容性绝缘。绝缘套管一般有纯瓷型套管、充油型套管和电容型套管三种型式。35kV 及以下电压等级多用纯瓷型，63kV 及以上电压等级多用于充油型。电容套管从 63～500kV 已经成系列成品，供高压变压器配套使用。

9. 储油柜（又称油枕）

储油柜位于变压器油箱上方，通过气体继电器与油箱相通，如图 3-3 所示。

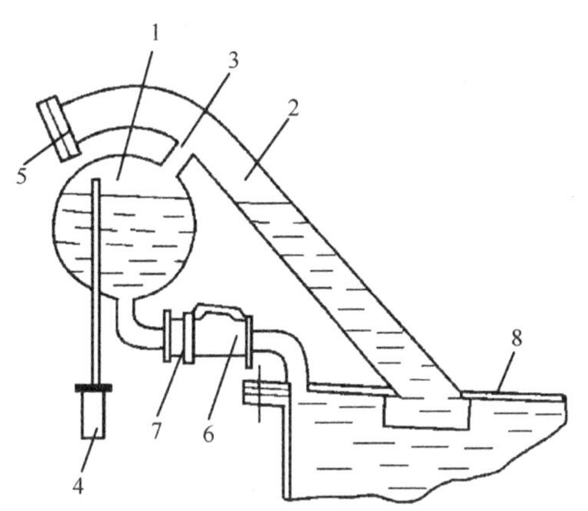

1—油枕；2—防爆管；3—油枕与安全气道的连通管；4—吸湿器；5—防爆膜；6—气体继电器；7—蝶形阀；8—箱盖

图 3-3 防爆管与变压器油枕间的连通

当变压器的油温变化时，其体积会膨胀或收缩。储油柜的作用就是保证油箱内总是充满油，并减小油面与空气的接触面，从而减缓油的老化。

10. 安全气道（又称防爆管）

位于变压器的顶盖上，其出口用玻璃防爆膜封住。当变压器内部发生严重故障，而气体继电器失灵时，油箱内部的气体便冲破防爆膜从安全气道喷出，保护变压器不受严重损害。

11. 吸湿器

为了使储油柜内上部的空气保持干燥，避免工业粉尘的污染，储油柜通过吸湿器与大气相通。吸湿器内装有用氯化钙或氯化钴浸渍过的硅胶，它能吸收空气中的水分。当它受潮到一定程度时，其颜色由蓝色变为粉红色。

12. 气体继电器

位于储油柜与箱盖的连管之间。变压器内部发生故障（如绝缘击穿、匝间短路、铁芯事故等）而产生气体或油箱漏油等，会使油面降低，这时气体继电器接通或断开电路以保护变压器。

13. 温度计

用以测量监护变压器的上层油温，掌握变压器的运行状况。

14. 油表

油表又称为油位计，用来监视变压器的油位变化。油表应标出相当于温度为-30℃、+20℃、+40℃的三个油面线标志。

3.1.2 变压器的冷却方式及冷却装置

变压器在运行时，线圈和铁芯中的涡流及磁滞损耗都要产生热量，使变压器升温，必须及时散热，以免变压器过热造成事故。变压器的冷却装置是起散热作用的。根据变压器容量大小不同，采用不同的冷却装置，其冷却方式分为以下几种。

1. 油浸自冷式

如图 3-4 所示，变压器运行时，热油上升至变压器顶部，从散热管的上端入口进入散热管内，散热管的外表与外界冷空气相接触使油得到冷却，冷油在散热管内下降，由管的下端流入变压器底部，冷油使铁芯和绕组得到冷却，油温再升高时，热油再次上升至变压器顶部，重复上述的循环过程。

2. 油浸风冷式

如图 3-5 所示，在中型变压器散热器框内，为了加快变压器油的冷却，装有冷却风扇。当散热管内的油循环时，风扇的强烈吹风使管内流动的热油迅速得到冷却。

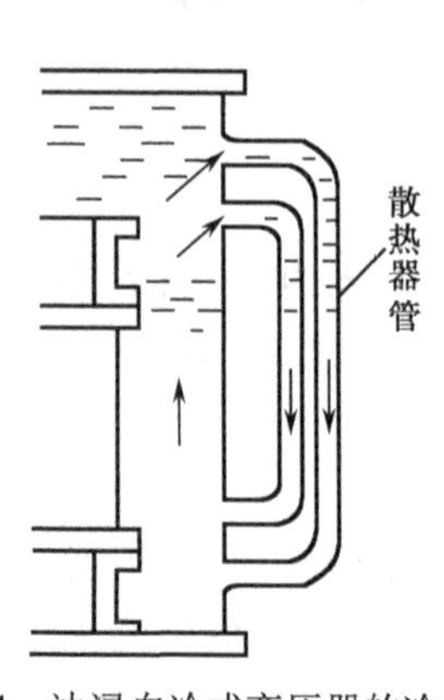

图 3-4 油浸自冷式变压器的冷却

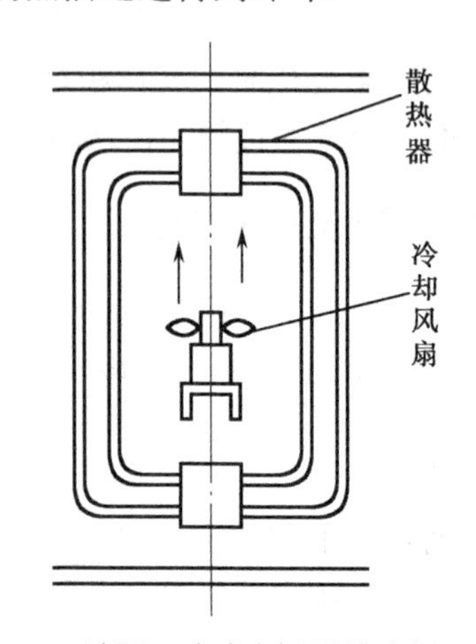

图 3-5 油浸风冷式变压器的冷却风扇

3. 强迫油循环水冷式

如图 3-6 所示，变压器顶部热油被潜油泵吸入后，加压后的压力油通过冷却器使油得到冷却，冷油在压力作用下流入变压器底部，从而使铁芯和绕组得到冷却，油温再升高时，热油再次上升到变压器顶部，重复上述冷却过程。冷却器内部有水管，管内通冷水，用以冷却热油且把油和水分隔开来，为防止水漏入油中，一般冷却器内油压应稍大于冷却管内水压。

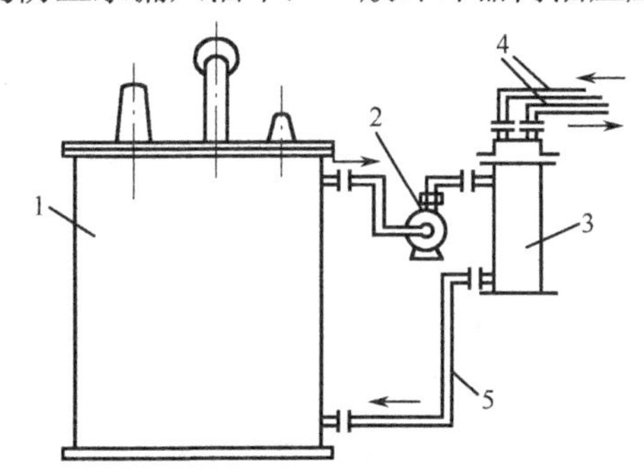

1—变压器；2—潜油泵；3—冷油器；4—冷却水管道；5—油管道

图 3-6　强迫油循环水冷式

4. 强迫油循环风冷式

如图 3-7 所示，通过潜油泵将变压器上升热油抽出，经过上部的蝶形阀集油室，然后经散热器散热后，流到下部集油室，油温降低。冷油通过潜油泵打回到变压器底部，油温再升高时，重复上述过程。强迫油循环风冷式和水冷式工作原理相似，区别在于使油冷却的介质不同，前者采用风作为冷却介质，后者采用水作为冷却介质。

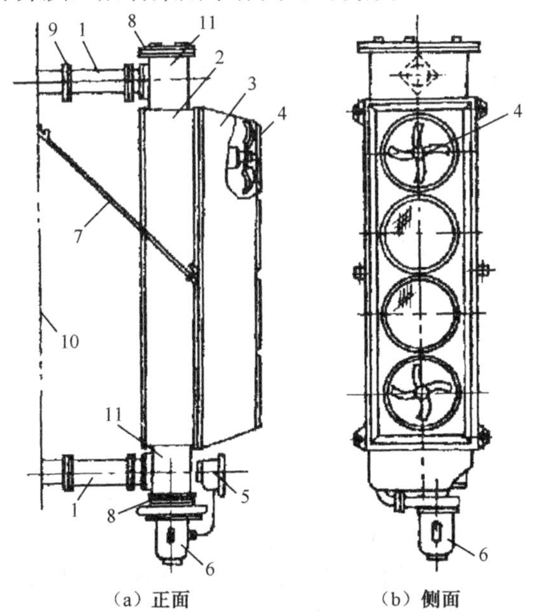

（a）正面　　（b）侧面

1—连接管；2—冷却器；3—导风筒；4—冷却风扇；5—分控制箱；6—潜油泵；7—拉杆；8—端盖；9—蝶形阀；10—变压器；11—集油室

图 3-7　强迫油循环风冷式

总之，变压器的冷却装置一般包括：冷却器、风扇、潜油泵等。潜油泵是强迫油循环的专用设备。冷却器又分空冷和水冷两种，水冷的冷却效果很好，运行中应特别注意，当冷却水断水后，冷却效果将急剧恶化，变压器内部温度会很快升高。

3.1.3 其他变压器

1. 干式变压器

干式变压器是指铁芯和绕组不浸渍在绝缘液体中的变压器。它在结构上可分为以固体绝缘包封绕组的干式变压器和不包封绕组的干式变压器。

（1）环氧树脂绝缘干式变压器

环氧树脂是一种早就广泛应用的化工原料，它不仅是一种难燃、阻燃的材料，而且具有优越的电气性能，已逐渐被电工制造业所采用。

用环氧树脂浇注或浸渍包封的干式变压器称为环氧树脂干式变压器。

（2）气体绝缘干式变压器

气体绝缘变压器在密封的箱壳内充以 SF_6（六氟化硫）气体代替绝缘油，利用 SF_6 气体作为变压器的绝缘介质和冷却介质。它具有防火、防爆、无燃烧危险，绝缘性能好，与油浸变压器相比重量轻，防潮性能好，对环境无任何限制，运行可靠性高，维修简单等优点，缺点是过载能力稍差。

气体绝缘变压器的结构特点如下。

① 气体绝缘变压器的工作部分（铁芯和绕组）与油浸变压器基本相同。

② 为保证气体绝缘变压器有良好的散热性能，气体绝缘变压器须要适当增大箱体的散热面积，一般气体绝缘变压器采用片式散热器进行自然风冷却。

③ 气体绝缘变压器测量温度采用热电偶测温装置，同时还须要装有密度继电器和真空压力表。

④ 气体绝缘变压器的箱壳上还装有充、放气阀门。

（3）H 级绝缘干式变压器

近年来，除了常用的环氧树脂真空浇注型干式变压器外，又推出一种采用 H 级绝缘干式变压器。用来绝缘的 NOMEX 纸具有非常稳定的化学性能，可以连续耐压 220℃高温，在起火情况下，具有自熄能力，即使完全分解，也不会产生烟雾和有毒气体，电气强度高，介电常数较小。

2. 非晶态合金铁芯变压器

在变压器的运行费用中除维护费外，其中能量损耗费占了很大的比例，特别是变压器的空载损耗（铁芯损耗）占了能量损耗的主要部分。

为了降低变压器空载损耗，采用高磁导率的软磁材料，将非晶态合金应用于变压器，制成非晶态合金铁芯的变压器。非晶态合金能改善磁化性能，其 *B-H* 磁化曲线很狭窄，因此其磁化周期中的磁滞损耗就会大大降低；又由于非晶态合金带厚度很薄，并且电阻率高，其磁化涡流损耗也大大降低。据实测，非晶态合金铁芯的变压器与同电压等级、同容量硅钢合金

铁芯变压器相比，空载损耗要低 60%～80%，空载电流可下降 80%左右。

3．低损耗油浸变压器

与普通变压器相比低损耗油浸变压器具有以下特点。

① 通过加强线圈层绝缘，使绕组线圈的安匝数平衡，控制绕组的漏磁，降低了杂散损耗。

② 变压器油箱上采用片式散热器代替管式散热器，提高了散热系数。

③ 铁芯绝缘采用了整块绝缘，绕组出线和外表面加强绑扎，提高了绕组的机械强度。

由以上特点可知，低损耗变压器采用了先进的结构设计和新的材料、工艺，使变压器的节能效果十分明显。

S9 系列配电变压器的设计通过增加有效材料用量来实现降低损耗：增加铁芯截面积来降低磁通密度；高低压绕组均使用铜导线，并加大导线截面，降低绕组电流密度，从而降低了空载损耗和负载损耗。

在 S9 系列的基础上，通过改进结构设计、选用超薄型硅钢片，进一步降低空载损耗，开发出了 S11 系列变压器。

4．卷铁芯变压器

单相卷铁芯变压器适用于 630kVA 及以下变压器，空载电流仅为叠装式的 20%～30%。目前，国内生产的 10kV、630kVA 及以下卷铁芯变压器，其空载损耗比 S9 系列变压器下降 30%，空载电流比 S9 系列变压器下降 20%，基本能满足在城网、农网改造中对小型变压器的要求。

3.2 变压器的选择

学习目标

① 明确电力变压器的型号和参数的含义。

② 会根据实际概况正确选择变压器。

3.2.1 电力变压器的型号

变压器的技术参数一般都标在铭牌上。按照国家标准，铭牌上除标出变压器名称、型号、产品代号、标准代号、制造厂名、出厂序号、制造年月以外，还须标出变压器的技术参数数据。电力变压器铭牌所标出的项目如表 3-1 所示。变压器除装设标有以上项目的主铭牌外，还应装设标有关于附件性能的铭牌，并分别按所用附件 （套管、分接开关、电流互感器、冷却装置）的相应标准列出。

表 3-1　电力变压器铭牌所标出的项目

	标注项目	附加说明
所有情况下	相数（单相、三相）	
	额定容量（kVA 或 MVA）	多绕组变压器应给出各绕组的额定容量
	额定频率（Hz）	
	各绕组额定电压（V 或 kV）	
	各绕组额定电流（A）	三绕组自耦变压器应注出公共线圈中长期允许电流
	联结组标号，绕组连接示意图	6300kVA 以下的变压器可不画连接示意图
	额定电流下的阻抗电压	实测值，如果需要应给出参考容量，多绕组变压器应表示出相当于 100%额定容量时的阻抗电压
	冷却方式	有几种冷却方式时，还应以额定容量百分数表示出相应的冷却容量；强迫油循环变压器还应注出满载下停油泵和风扇电动机的允许工作时限
	使用条件	户内、户外使用，超过或低于 1000m 海拔等
	总质量（kg 或 t）	
	绝缘油质量（kg 或 t）	
某些情况下	绝缘的温度等级	油浸式变压器 A 级绝缘可不注出
	温升	当温升不是标准规定值时
	连接图	当联结组标号不能说明内部连接的全部情况时
	绝缘水平	额定电压在 3kV 及以上的绕组和分级绝缘绕组的中性端
	运输质量（kg 或 t）	8000kVA 及以上的变压器
	器身吊质量、上节油箱质量（kg 或 t）	器身吊质量在变压器总质量超过 5t 时标注，上节油箱重在钟罩式油箱时
	绝缘液体名称	在非矿物油时
	有关分接的详细说明	8000kVA 及以上的变压器标出带有分接绕组的示意图，每一绕组的分接电压、分接电流和分接容量，极限分接和主分接的短路阻抗值，以及超过分接电压 105%时的运行能力等
	空载电流	实测值；8000kVA 或 63kV 级及以上的变压器
	空载损耗和负载损耗（W 或 kW）	实测值；8000kVA 或 63kV 级及以上的变压器；多绕组变压器的负载损耗应表示各对绕组工作状态的损耗值

电力变压器的型号表示方法如图 3-8 所示。

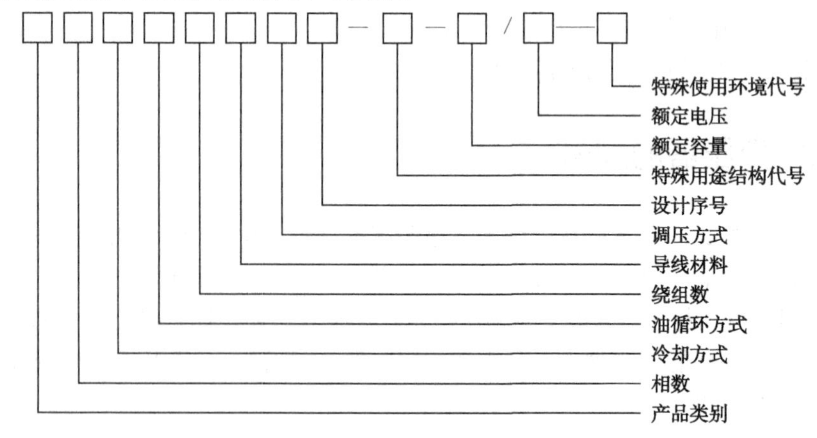

图 3-8　电力变压器的型号表示方法

① 产品类别代号：O——自耦变压器（通用电力变压器不标）；H——电弧炉变压器；C——感应电炉变压器；Z——整流变压器；K——矿用变压器；Y——试验变压器。

② 相数：D——单相变压器；S——三相变压器。

③ 冷却方式：F——风冷式；S——水冷式。

④ 油循环方式：自然循环（不标注）；P——强迫循环。

⑤ 绕组数：S——三绕组（双绕组不标注）。

⑥ 导线材料：L——铝导线（铜导线不标注）；Lb——表示半铝、半铜导线，B——铜箔导线；LB——铝箔导线。

⑦ 调压方式；Z——有载调压（无励磁调压不标注）。

⑧ 设计序列号：即性能参数所能达到的等级，具体参数见 GB/T 6451—2008 油浸式电力变压器性能参数和要求，序列号越高，表明变压器运行时的损耗越低。

⑨ 特殊用途或特殊结构代号：Z——低噪声用；L——电缆引出；X——现场组装式；J——中性点为全绝缘；CY——发电厂自用变压器（厂用）；K——内置电抗器。

⑩ 变压器的额定容量：单位为 kVA。

⑪ 变压器的额定电压：单位为 kV。

⑫ 特殊使用环境代号：在特殊环境下使用时标注。

例如，SF9—20000/110 表示：一台三相、油浸、风冷、双绕组、无励磁调压、铜导线、容量为 20000kVA、110kV 级电力变压器产品，性能水平符合 GB/T 6451—2008 的规定；ODFPS9—334/500 表示：自耦、单相、风冷、强油循环、三绕组、容量为 334MVA、高压绕组额定电压为 500kV、绕组为铜导线、无载调压的变压器，性能参数达到 GB/T 6451—2008 的规定的 9 系列要求。

3.2.2 变压器的参数

1. 相数

变压器分单相和三相两种，一般均制成三相变压器以直接满足输配电的要求。小型变压器有制成单相的，特大型变压器做成单相后，组成三相变压器组，以满足运输的要求。

2. 额定频率

变压器的额定频率即是所设计的运行频率，我国为 50Hz。

3. 额定电压

额定电压是指变压器线电压 （有效值），它应与所连接的输变电线路电压相符合。我国输变电线路的电压等级 （即线路终端电压）为 0.38kV、3kV、6kV、10kV、35kV、63kV、110kV、220kV、330kV、500kV。故连接于线路终端的变压器（称为降压变压器）一次侧额定电压与上列数值相同。

考虑线路的电压降，线路始端 （电源端）电压将高于等级电压，35kV 以下的要高 5%，35kV 及以上的高 10%，即线路始端电压为 0.4kV、3.15kV、6.3kV、10.5kV、38.5kV、69kV、

121kV、242kV、363kV、550kV。故连接于线路始端的变压器（即升压变压器），其二次侧额定电压与上列数值相同。

变压器产品系列是以高压的电压等级区分的，分为 10kV 及以下、20kV、35kV、66kV、110kV 系列和 220kV 系列等。

4．额定容量

额定容量是指在变压器铭牌所规定的额定状态下，变压器二次侧的输出能力（kVA）。对于三相变压器，额定容量是三相容量之和。

变压器额定容量与绕组额定容量有所区别：双绕组变压器的额定容量即为绕组的额定容量；多绕组变压器应对每个绕组的额定容量加以规定，其额定容量为最大的绕组额定容量；当变压器容量由冷却方式而变更时，则额定容量是指最大的容量。

变压器额定容量的大小与电压等级也是密切相关的。电压低、容量大时，电流大，损耗增大；电压高、容量小时，绝缘比例过大，变压器尺寸相对增大。因此，电压低的容量一定小，电压高的容量一定大。

5．额定电流

变压器的额定电流为通过绕组线端的电流，即为线电流 （有效值）。它的大小等于绕组的额定容量除以该绕组的额定电压及相应的相系数 （单相为1，三相为$\sqrt{3}$）。

变压器额定电流为

$$I_{\mathrm{N}}=\frac{S_{\mathrm{N}}}{U_{\mathrm{N}}}\ （单相），\quad I_{\mathrm{N}}=\frac{S_{\mathrm{N}}}{\sqrt{3}U_{\mathrm{N}}}\ （三相） \tag{3-1}$$

式中 I_{N}——分别为一、二次侧额定电流；

S_{N}——变压器的额定容量；

U_{N}——分别是一、二次侧额定电压。

三相变压器绕组为星形连接时，线电流为绕组电流；三角形连接时，线电流等于 1.732 绕组电流。

6．绕组联结组标号

变压器同侧绕组是按一定形式连接的。三相变压器或组成三相变压器组的单相变压器，则可以连接为星形、三角形等。星形连接是各相线圈的末端接成一个公共点（中性点），其余端子接到相应的线端上；三角形连接是三个相线圈互相串联形成闭合回路，由串联处接至相应的线端。

星形、三角形、曲折形连接，对于高压绕组分别用符号 Y、D、Z 表示；对于中压和低压绕组分别用符号 y、d、z 表示。有中性点引出时则分别用符号 YN、ZN 和 yn、zn 表示。

变压器按高压、中压和低压绕组连接的顺序组合起来就是绕组的联结组。例如，变压器按高压为 D、低压为 yn 连接，则绕组联结组为 D,yn（或 D,yn11）。

7．调压范围

变压器接在电网上运行时，变压器二次电压将由于种种原因发生变化，影响用电设备的工常运行。因此变压器应具备一定的调压能力。根据变压器的工作原理，当高、低压绕组的匝数比变化时，变压器二次电压也随之变动，采用改变变压器匝数比即可达到调压的目的。变压器调压方式通常分为无励磁调压和有载调压两种方式。当二次侧不带负载，一次侧又与电网断开时的调压为无励磁调压，在二次侧带负载下的调压为有载调压。

8．空载电流

当变压器二次绕组开路，一次绕组施加额定频率的额定电压时，一次绕组中所流过的电流称空载电流 I_0，变压器空载合闸时有较大的冲击电流。

9．阻抗电压

当变压器二次侧短路，一次侧施加电压使其电流达到额定值，此时所施加的电压称为阻抗电压 U_Z，以阻抗电压与额定电压 U_N 之比的百分数表示，即 $u_Z=\frac{U_Z}{U_N}\times100\%$。

10．电压调整率

变压器负载运行时，由于变压器内部的阻抗压降，二次电压将随负载电流和负载功率因数的改变而改变。电压调整率即说明变压器二次电压变化的程度大小，是衡量变压器供电质量好坏的数据。

11．电压比（或变比）

电压比是指变压器各侧之间额定电压之比。例如，某变压器变比为 110kV/38.5kV/11kV，就是指一次侧额定电压为 110kV，二次侧额定电压为 38.5kV，三次侧额定电压为 11kV。

12．短路损耗（铜损）

短路损耗是指变压器二次绕组短路，在一次绕组额定分接开关位置上通入额定电流，此时变压器所消耗的功率。由于绕组多用铜导线材料，所以也称为铜损。铜损包括基本损耗和附加损耗两部分，基本损耗决定于绕组的阻值，附加损耗是漏磁沿线匝截面和长度分布不均产生的杂质损耗。

13．空载损耗（铁损）

变压器在额定电压下，二次侧开路时，铁芯中所消耗的功率称为铁损，其中包括磁滞损耗和涡流损耗。

14．效率

变压器的效率是输出的有功功率与输入的有功功率之比的百分数。通常中小型变压器的效率约为 90%以上，大型变压器的效率在 95%以上。

15. 温升和冷却方式

（1）温升

变压器的温升，对于空气冷却变压器是指测量部位的温度与冷却空气温度之差；对于水冷却变压器是指测量部位的温度与冷却器入口处水温之差。

油浸式变压器绕组温升限值：因为A级绝缘在98℃时产生的绝缘损坏为正常损坏，而保证变压器正常寿命的年平均气温是20℃，绕组最热点与其平均温度之差为13℃，所以绕组温升限值为(98−20−13)K =65K。

油浸式变压器顶层油温升限值：油正常运行的最高温度为95℃，最高气温为40℃，所以顶层油温升限值为(95−40)K=55K。

（2）冷却方式

变压器的冷却方式有多种，如干式自冷、油浸风冷等，各种方式适用于不同种类的变压器。

3.2.3 变压器的选择

选用变压器（尤其是大型变压器）技术参数应以变压器整体的可靠性为基础，综合考虑技术参数的先进性和合理性，结合损耗评价的方式提出技术经济指标。同时，还要考虑可能对系统安全运行运输和安装空间方面的影响。

1. 根据负荷性质选择变压器

① 有大量一、二级负荷时，宜装设两台及以上变压器，当其中任一台变压器断开时，其余变压器的容量能满足一、二级负荷的用电。一、二级负荷尽可能集中，不宜太分散。

② 季节性负荷容量较大时，宜装设专用变压器。如大型民用建筑中的空调冷冻机负荷、采暖用电热负荷等。

③ 集中负荷较大时，宜装设专用变压器。如大型加热设备、大型X光机、电弧炼炉等。

④ 当照明负荷较大或动力和照明采用共用变压器严重影响照明质量及灯泡寿命时，可设照明专用变压器。一般情况下，动力与照明共用变压器。

2. 根据使用环境选择变压器

① 在正常介质条件下，可选用油浸式变压器或干式变压器，如工矿企业、农业的独立或附建变电所、小区独立变电所等。可供选择的变压器有S8、S9、S10、SC（B）9、SC（B）10等。

② 在多层或高层主体建筑内，宜选用不燃或难燃型变压器，如SC（B）9、SC（B）10、SCZ（B）9、SCZ（B）10等。

③ 在多尘或有腐蚀性气体严重影响变压器安全运行的场所，应选封闭型或密封型变压器，如BS9、SH12—M等。

④ 不带可燃性油的高、低配电装置和非油浸的配电变压器，可设置在一同房间内，此时变压器应带IP2X保护外壳，以保证安全。

3. 根据用电负荷选择变压器

① 配电变压器的容量，应综合各种用电设备的设施容量，求出计算负荷（一般不计消防负荷），补偿后的视在容量是选择变压器容量和台数的依据。此法较简便，可作为估算容量之用。一般变压器的负荷率为85%左右。

② GB/T 17468—1998　电力变压器选用导则中，推荐配电变压器的容量选择应根据GB/T 17211—1998　干式电力变压器负载导则及计算负荷来确定其容量。上述两个导则提供了计算机程序和正常周期负载图来确定配电变压器容量。

3.3　变压器的瓦斯保护

学习目标

① 了解瓦斯保护的结构，明确其工作过程和保护原理。
② 学会正确安装瓦斯继电器。
③ 会对瓦斯保护动作进行正确分析并做出正确处理。

瓦斯保护是油浸式变压器的一种保护装置，是变压器内部故障的主要保护元件，对变压器匝间和层间短路、铁芯故障、套管内部故障、绕组内部断线及绝缘裂化和油面下降等故障均能灵敏动作。瓦斯继电器安装在变压器箱盖与储油柜的联管上，当油浸式变压器的内部发生故障时，由于电弧将使绝缘材料分解并产生大量的气体或造成油流冲动时，使继电器的接点动作，以接通指定的控制回路，并及时发出信号或自动切除变压器，所以瓦斯继电器又称为气体继电器。

3.3.1　变压器瓦斯保护的结构与工作原理

1. 结构与工作原理

（1）瓦斯继电器结构

QJ型瓦斯继电器结构基本相同，跳闸信号均为双接点式，只是QJ4—25型瓦斯继电器的跳闸信号为单接点式。瓦斯继电器芯子结构如图3-9所示，继电器芯子上部由开口杯（浮子）3、重锤4、磁铁6和干簧接点10构成，动作于信号的气体容积装置；其下部由挡板5、弹簧8、调节杆9、磁铁6和干簧接点10构成，动作于跳闸的流速装置。盖上的气塞1是供安装时排气以及运行中抽取故障气体之用。探针2是供检查跳闸机构的灵活性和可靠性之用。

（2）瓦斯继电器工作原理

瓦斯继电器正常运行时其内部充满变压器油，开口杯（浮子）处于图3-9所示的上倾位置。当变压器内部出现轻微故障时，变压器油由于分解而产生的气体聚集在继电器上部的气室内，迫使其油面下降，开口杯3随之下降到一定位置，其上的磁铁6使干簧接点10吸合，接通信号回路，发出报警信号。如果油箱内的油面下降，同样动作于信号回路，发出报警信号。当变压器内部发生严重故障时，油箱内压力瞬时升高，将会出现油的涌浪，冲动挡板 5，当挡板旋转到某一限定位置时，其上的磁铁 6 使干簧接点 10 吸合，接通跳闸回路，不经预先报警而直接切断变压器电源，从而起到保护变压器的作用。信号接线如图 3-10 所示。

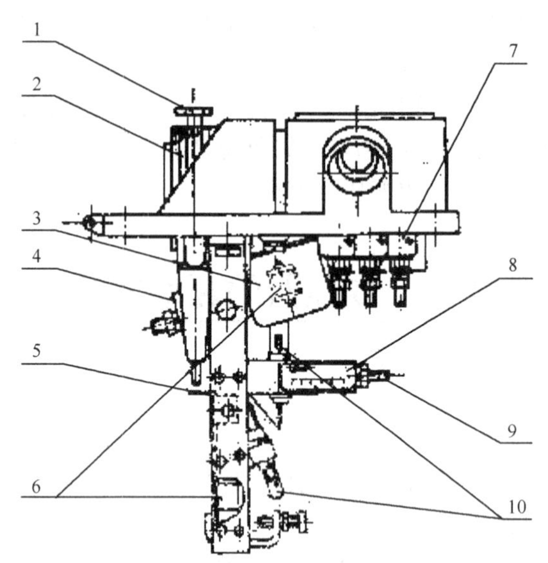

1—气塞；2—探针；3—开口杯（浮子）；4—重锤；5—挡板；6—磁铁；7—接线端子；8—弹簧；9—调节杆；10—干簧接点

图 3-9　瓦斯继电器芯子结构

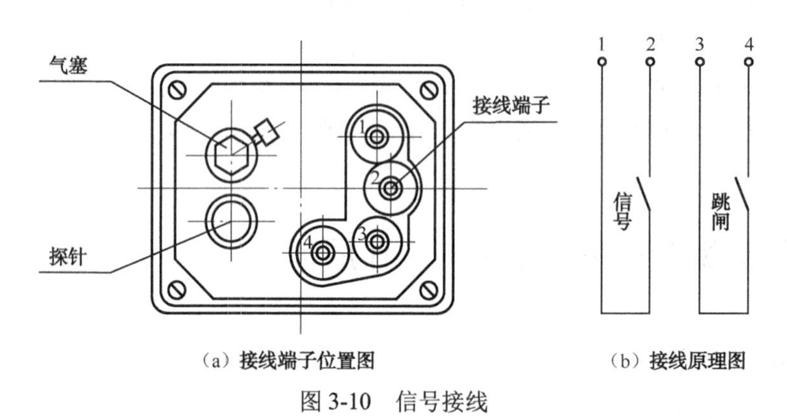

（a）接线端子位置图　　（b）接线原理图

图 3-10　信号接线

2．类型

① 轻瓦斯：当变压器内部发生轻微故障时，气体产生的速度较缓慢，气体上升至储油柜途中首先积存于瓦斯继电器的上部空间，使油面下降，浮筒随之下降而使水银接点闭合，接通报警信号。

② 重瓦斯：当变压器内部发生严重故障时，则产生强烈的瓦斯气体，油箱内压力瞬时突增，产生很大的油流向油枕方向冲击，因油流冲击挡板，挡板克服弹簧的阻力，带动磁铁向干簧触点方向移动，使水银触点闭合，接通跳闸回路，使断路器跳闸。

3．瓦斯保护的范围

瓦斯保护是变压器的主要保护，它可以反映油箱内的一切故障。瓦斯保护的范围包括油

箱内的多相短路、绕组匝间短路、绕组与铁芯或与外壳间的短路、铁芯故障、油面下降或漏油、分接开关接触不良或导线焊接不良等。瓦斯保护动作迅速、灵敏可靠而且结构简单。但是它不能反映油箱外部电路（如引出线上）的故障，所以不能作为保护变压器内部故障的唯一保护装置。另外，瓦斯保护也易在一些外界因素（如地震）的干扰下误动作。

变压器有载调压开关的瓦斯继电器与主变的瓦斯继电器作用相同，只是安装位置不同，型号不同。

3.3.2 瓦斯继电器的安装与运行

1. 安装前的检查

瓦斯继电器在安装使用前应进行如下检验项目和试验项目。

（1）一般性检验项目

检验玻璃窗、放气阀、控针处和引出线端子等完整不渗油；浮筒、开口杯、玻璃窗等完整无裂纹。

（2）试验项目

① 密封试验：整体加油压（压力为20MPa，持续时间为1h）试漏，应无渗透漏。

② 端子绝缘强度试验：出线端子及出线端子间耐受工频电压2000V，持续1min，也可用2500V兆欧表摇测绝缘电阻，摇测持续1min来代替工频耐压，绝缘电阻应在300MΩ以上。

③ 轻瓦斯动作容积试验：当壳内聚积250～300cm^{3}空气时，轻瓦斯应可靠动作。

④ 重瓦斯动作流速试验。

2. 瓦斯继电器的安装

瓦斯继电器安装在变压器到储油柜的连接管路上，安装时应注意如下。

① 首先将瓦斯继电器管道上的碟阀关严。如碟阀关不严或有其他情况，必要时可放掉油枕中的油，以防在工作中大量的油溢出。

② 新瓦斯继电器安装前，应检查有无检验合格证书，口径、流速是否正确，内外部件有无损坏，内部如有临时绑扎要拆开，最后检查浮筒、挡板、信号和跳闸接点的动作是否可靠，并关好放气阀门。

③ 瓦斯继电器应水平安装，顶盖上标示的箭头方向指向油枕，工程中应使继电器的管路轴线方向往油枕方向的一端稍高，但与水平面倾斜不应超过4%。

④ 打开碟阀向瓦斯继电器充油，布满油后从放气阀门放气。如油枕带有胶囊，应注重充油放气的方法，尽量减少和避免气体进入油枕。

⑤ 进行保护接线时，应防止接错和短路，避免带电操作，同时要防止使导电杆转动和小瓷头漏油。

⑥ 投入运行前，应进行绝缘摇测及传动试验。

3. 瓦斯继电器的运行

变压器在正常运行时，瓦斯继电器工作应无任何异常。关于瓦斯继电器的运行状态，规程中对其有如下规定。

① 变压器运行时瓦斯保护应接信号和跳闸，有载分接开关的瓦斯保护应接跳闸。

② 变压器在运行中进行如下工作时应将重瓦斯保护改接信号。

- 用一台断路器控制两台变压器时，当其中一台转入备用状态，则应将备用变压器重瓦斯保护改接信号。
- 滤油、补油、更换潜油泵、更换净油器的吸附剂、开闭瓦斯继电器连接管上的阀门时，变压器重瓦斯保护改接信号。
- 在瓦斯保护及其二次回路上进行工作时，变压器重瓦斯保护改接信号。
- 除采油样和在瓦斯继电器上部的放气阀放气处，在其他所有地方打开放气、放油和进油阀门时，变压器重瓦斯保护改接信号。
- 当油位计的油面异常升高或系统有异常现象，须要打开放气或放油阀门时，变压器重瓦斯保护改接信号。

③ 在地震预告期间，应根据变压器的具体情况和瓦斯继电器的抗震性能确定重瓦斯保护的运行方式。地震引起重瓦斯保护动作，停运的变压器在投运前应对变压器及瓦斯保护进行检查试验，确认无异常后，方可投入。

3.3.3 瓦斯继电器的日常巡视与动作处理

1. 日常巡视

在变压器的日常巡视项目中首先应检查瓦斯继电器内有无气体，对气体的巡视应注意以下几点。

① 瓦斯继电器连接管上的阀门应在打开位置。

② 变压器的呼吸器应在正常工作状态。

③ 瓦斯保护连接片投入应正确。

④ 油枕的油位应在合适位置，继电器内充满油。

⑤ 瓦斯继电器防水罩一定牢固可靠。

⑥ 瓦斯继电器接线端子处不应渗油，且应能防止雨、雪、灰尘的侵入，电源及其二次回路要有防水、防油和防冻的措施，并要在春秋两季进行防水、防油和防冻检查。

2. 变压器瓦斯保护动作的主要原因

① 因滤油、加油或冷却系统不严密以至空气进入变压器。

② 因温度下降或漏油致使油面低于瓦斯继电器轻瓦斯浮筒以下。

③ 变压器故障产生少量气体。

④ 变压器发生穿越性短路故障。在穿越性故障电流作用下，油隙间的油流速度加快，当油隙内和绕组外侧产生的压力差变化大时，瓦斯继电器就可能误动作。穿越性故障电流使绕组动作发热，当故障电流倍数很大时，绕组温度上升很快，使油的体积膨胀，造成瓦斯继电器误动作。

⑤ 瓦斯继电器或二次回路故障。

3．变压器瓦斯保护动作后的处理

变压器瓦斯保护装置动作后，应马上对其进行认真检查、仔细分析、正确判断，立即采取处理措施。

（1）瓦斯保护信号动作

这时应立即对变压器进行检查，查明动作原因，是否因积聚空气、油面降低、二次回路故障或变压器内部造成的。如瓦斯继电器内有气体，则应记录气体量，观察气体的颜色及试验是否可燃，并取气样及油样做色谱分析，可根据有关规程和导则判断变压器的故障性质。色谱分析是指对收集到的气体用色谱仪对其所含的氢气、氧气、一氧化碳、二氧化碳、甲烷、乙烷、乙烯、乙炔等气体进行定性和定量分析，根据所含成分名称和含量准确判断故障性质、发展趋势和严重程度。若气体继电器内的气体无色、无臭且不可燃，色谱分析判断为空气，则变压器可继续运行，并及时消除进气缺陷。若气体继电器内的气体可燃且油中溶解气体色谱分析结果异常，则应综合判断确定变压器是否停运。

（2）瓦斯继电器动作跳闸

这时在查明原因消除故障前不得将变压器投入运行。为查明原因应重点考虑以下因素，做出综合判断。

① 是否呼吸不畅或排气未尽。

② 保护及直流等二次回路是否正常。

③ 变压器外观有无明显反映故障性质的异常现象。

④ 瓦斯继电器中积聚的气体是否可燃。

⑤ 瓦斯继电器中的气体和油中溶解气体的色谱分析结果。

⑥ 必要的电气试验结果。

⑦ 变压器其他继电保护装置的动作情况。

4．瓦斯保护的反事故措施

瓦斯保护动作，轻者发出保护动作信号，提醒维修人员马上对变压器进行处理；重者跳开变压器开关，导致变压器马上停止运行，不能保证供电的可靠性，对此提出了瓦斯保护的反事故措施。

① 将瓦斯继电器的下浮筒改为挡板式，接点改为立式，以提高重瓦斯动作的可靠性。

② 为防止瓦斯继电器因漏水而短路，应在其端子和电缆引线端子箱上采取防雨措施。

③ 瓦斯继电器引出线应采用防油线。

④ 瓦斯继电器的引出线和电缆应分别连接在电缆引线端子箱内的端子上。

3.4 电力变压器的绕组极性和接线方式

学习目标

① 明确变压器绕组的极性，并会正确判断。

② 掌握变压器绕组的接线方式及其特点。

3.4.1 变压器绕组的极性及测定

1．变压器绕组的极性

如果变压器一、二次侧的两个绕组按同一方向绕线，又绕在同一铁芯柱上，被同一磁通穿过，则两绕组端头的电动势方向，在任何瞬间都是相同的，这两绕组的头和头、尾和尾的极性是相同的，称为同极性（或同名端）。如果两绕组的绕向相反，头和头、尾和尾之间的极性是相反的，称为异极性（或异名端）。

为便于变压器的连接，对变压器的同极性端要有标志，通常在对应的同极性端加一黑点“•”或星号“*”来标明。同极性端可能在一次绕组、二次绕组的相对应端子，也可能不在相对应的端子，这取决于一次绕组、二次绕组的绕向。对一个绕组而言，哪个端点作为正极性都无所谓，但一旦定下来，其他有关的线圈的正极性也就根据同名端关系定下了，有时也称为线圈的首与尾，只要一个线圈的首尾确定了，那些与它有磁路穿通的线圈的首尾也就定下了。

2．绕组端子的符号标志

国家对变压器绕组的端子标志做了如下规定。

① 单相变压器的高压绕组的首端标 U1、尾端标 U2；低压绕组首端标 u1、尾端标 u2。

② 三相变压器的高压绕组首端分别标为 U1、V1、W1，尾端标为 U2、V2、W2；同样，低压绕组首端分别标为 u1、v1、w1，尾端标为 u2、v2、w2。如果有中心线引出则标为 N 或 n。

③ 三绕组变压器的中压绕组首端和末端分别标为 $U1_m$、$V1_m$、$W1_m$ 和 $U2_m$、$V2_m$、$W2_m$。

3．极性判别的重要性

当连接变压器绕组时，为避免发生错误，各相绕组的极性必须一致，而且标志正确，也即事先把每相高、低压绕组之间的同名端正确地确定下来。如果标志错误或定得不一致，可能使变压器发生电压不对称或电流过大等各种不正常现象而不能正常运行，甚至造成事故。例如，三相变压器的二次绕组接成三角形时，如果一相的出线头标志接错了，这时相当于把同名端接反了，那么闭合的三角回路中三相总电势不是等于零，而等于相电势的两倍，这将产生很大的短路电流，能使变压器在空载情况下遭到烧坏事故。

（1）绕组串联

① 正向串联，也称为首尾相连，即把两个线圈的异名端相连，总电动势为两个电动势相加，电动势会越串越大。

② 反向串联，也称为尾尾相连（或首首相连），总电动势为两个电动势之差，电动势将变小。正因为正、反向串联的总电动势相差很大，所以常用此法来判别两个绕组的同名端。

（2）绕组并联

绕组并联有两种连接方法。

① 同极性并联，它又分两种情况。

- E_1 与 E_2 大小一样，则两个绕组回路内部的总电动势为零，不会产生内部环流，这是最理想状态，变压器的并联，就应符合这种条件。

- E_1 与 E_2 大小不等，则两个绕组回路内部的总电动势不为零，外部不接负载时，也会产生一定的环流。这对绕组的正常工作不利，环流会产生损耗和发热，输出电压、电流都减少，严重时甚至烧坏绕组。

② 反极性并联，这时两个绕组回路内部的环流将很大，甚至烧坏线圈，这种接法是不允许的，应绝对避免。

通过上面的分析可以看出绕组极性判别对变压器绕组的连接是十分重要的，在连接前一定要判断出各绕组的极性再连接。

4．极性的判别

（1）直流法

用 1.5～3V 干电池或 2～6V 蓄电池，正极接于变压器一次绕组 U1 的端，负极接于变压器一次绕组的 U2 端，直流毫伏表的正极接于二次绕组的 u1 端，负极接于二次绕组的 u2 端，如图 3-11 所示。

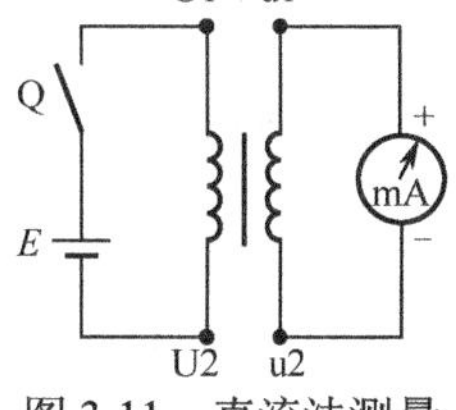

图 3-11　直流法测量变压器极性的接线

当合上开关 Q 瞬间，表针方向偏转向正，断开 Q 瞬间偏转向负，则该被测变压器 U1 和 u1（或 U2 和 u2）为同极性端。如果指针摆动方向与上述相反，则变压器 U1 和 u2（或 U2 和 u1）为同极性端。

测试中的注意事项如下。

① 对同一试验电路，当拉开开关时，表针摆动的方向与开关闭合时的方向相反。

② 使用的指示表针，其零值最好在表盘中间。

③ 试验时应反复操作几次，以免误判断。

④ 拉合、开关要有一定的时间间隔，必须看清指针的摆动方向。

⑤ 操作时，应注意不要触及绕组的端部，以防触电。

（2）交流法

将变压器的一次绕组和二次绕组的 U2 和 u2（或 U1 和 u1），用导线连接起来，在一次绕组加交流电压，同时用三个电压表按图 3-12 的接线进行测量，如果测量 U_3=U_1−U_2，则相连两端为同极性端，如果测量 U_3 =U_1+U_2，则相连两端为异极性端。

（3）三相变压器绕组极性的测定

三相变压器有六个绕组，其中属于同一相的一、二次绕组的相对极性可按前面两种方法来测定。对于变压器的一次绕组的三个绕组或二次绕组的三个绕组的相对极性可以采用下面的方法来测定，如图 3-13 所示。

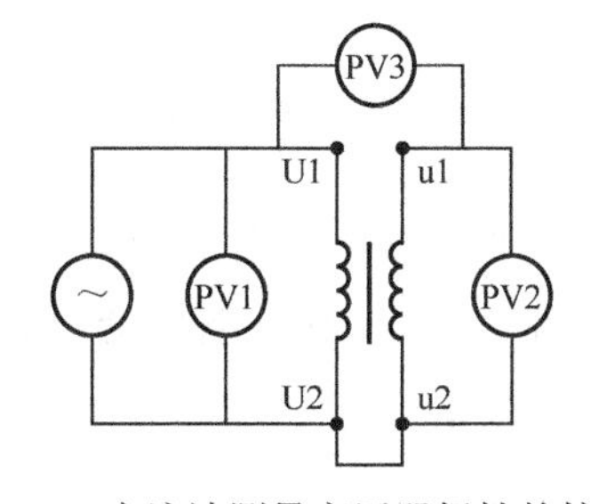

图 3-12　交流法测量变压器极性的接线

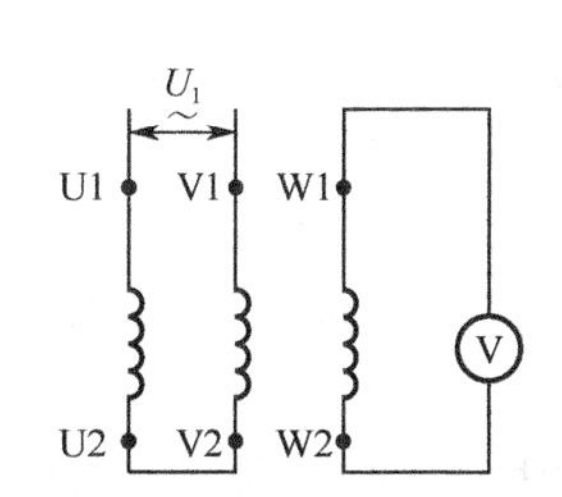

图 3-13　三相变压器的绕向测定

将一次绕组的 U2 和 V2 端连接在一起，在 W 相绕组的两端 W1 和 W2 间接入一电压表，在 U1 和 V1 间加入交流电压 U_1，如果电压表的读数为零，则 U1 和 V1 为同极性端，如果电压表读数不为零，则为异极性端。更换一相绕组后，重复上述过程，就可以确定三相绕组的相对极性。用同样方法、步骤可以确定二次绕组的相对极性。

3.4.2 变压器绕组的连接形式

三相变压器的高、低压绕组常采用星形或三角形连接形式，规定高压绕组星形连接用 Y 表示，三角形连接用 D 表示，中性线用 N 表示。低压绕组星形连接用 y 表示，三角形连接用 d 表示，中性线用 n 表示。

三相变压器的一、二次绕组都可以采用星形连接和三角形连接，但有时也有采用 V 形连接的，不论哪种连接方式都必须遵循一定的规则，不可随意连接。

1. 星形（Y）接法

星形接法是将三个绕组的末端 U2、V2、W2 连在一起，结成中性点 N，再将三个首端 U1、V1、W1 引出箱外，如图 3-14 所示。如果中性点 N 也引出箱外，则称为有中线的星形接法，以符号 YN 表示，低压侧的三个绕组接成星形接法同高压绕组一样。

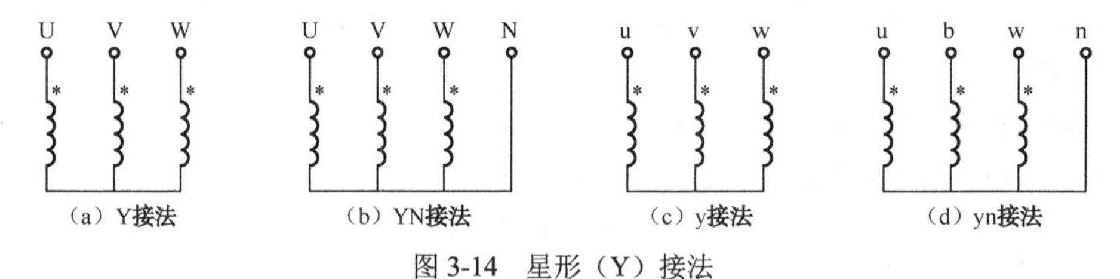

图 3-14 星形（Y）接法

在一次绕组中采用这种连接方式，绕组中通入正弦交流电，各相电流在铁芯中产生的磁通方向是一致的，感应电动势的方向也是一致的，变压器正常运行。如果一次侧有一相首尾接反了，磁通不对称，就会使空载电流急剧增加，导致变压器发热，以致烧毁，这是不允许的。在二次绕组中采用这种接法可获得对称电动势，如果一相接反了，这一相的电动势反相，使输出电压不对称，影响正常供电。

（1）星形接法的优点

① 与三角形接法相比，相电压低，可节省绝缘材料，对高电压特别有利。

② 有中性点可引出，适合于三相四线制，可提供两种电压。

③ 中点附近电压低，有利于装分接开关。

④ 相电流大，导线粗，强度大，匝间电容大，能承受较高的电压冲击。

（2）星形接法的缺点

① 存在谐波，造成损耗增加，1800kVA 以上的变压器不能采用此种接法。

② 中性点要直接接地，否则当三相负载不平衡时，中点电位会严重偏移，对安全不利。

③ 当某相发生故障时，只好整机停用。

2. 三角形（△）接法

三角形接法是把三相绕组的各相首尾相接构成一个闭合回路，把三个连接点接到电源上去。因为首尾连接的顺序不同，可分为正相序和反相序两种接法，如图 3-15 所示。U2 与 V1、V2 与 W1、W2 与 U1 相连接，然后将 U1、V1、W1 三个线端引出，这种接法称为正相序接法；U1 与 V2、V1 与 W2、W1 与 U2 相连接，然后将 U1、V1、W1 三个线端引出，这种接法称为反相序接法（或称为逆序接法）。

三角形接法是没有中性点的。与星形接法一样，如果一次侧有一相首尾接反了，磁通也不对称，就会同样出现空载电流急剧增加，比星形接法还严重，这是不允许的。

二次绕组也要像一次绕组一样正确连接，使闭合回路的三相电动势之和为零，所以也就不产生环流。判断三角形接法是否正确的简单方法是，在通电前任意打开回路中的一个接点，在两点间接一电压表，通电测量该点两端的电压（称为三角形的开口电压），其值应该为零。否则，是连接错误，应重新连接。

（1）三角形接法的优点

① 输出电流比星形接法大，可以节省铜材料，对大电流变压器很合适。

② 当一相有故障时，另外两相可接成 V 形运行。

（2）缺点是没有中性点，没有接地点，不能接成三相四线制。

3. 曲折线（V）接法

三台单相变压器作为三相变压器组时，它的一次绕组连接方法同三相心式变压器一样，可以接成星形，也可以接成三角形。但三台变压器中有一台发生故障或者有一台须要停止运行时，可以将两台变压器采用曲折形接法，做三相运行，如图 3-16 所示。这种 V/V 连接方式称为曲折形连接，相当于采用 D/D 连接的三相变压器中拆除一台变压器。

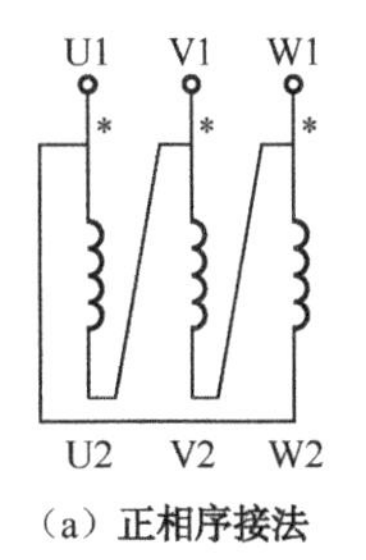

（a）正相序接法

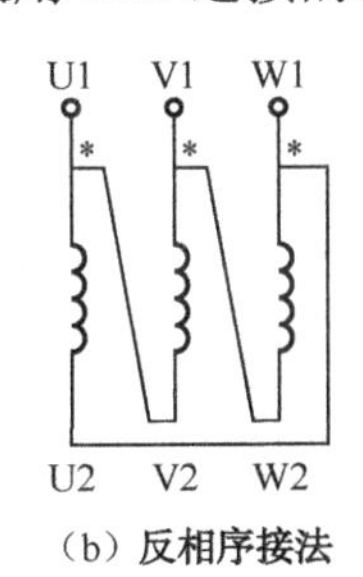

（b）反相序接法

图 3-15　三角形接法

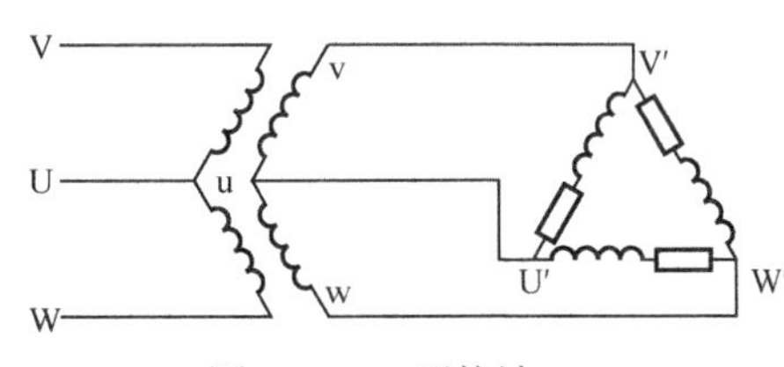

图 3-16　V 形接法

曲折形接法除用于 D/D 连接的三相变压器组的故障检修外，也用于新建的线路上，先将两台单相变压器曲折形连接，待负载增加后，再将三台单相变压器 D/D 连接。这种接法的主要缺点是二次绕组电压略微不对称，并随负载增大而更加严重。

4. 联结组标号

对于三相变压器，随着一次绕组和二次绕组连接方式的不同以及相序和极性的不同排列，一次绕组与二次绕组端电压之间存在着不同的相位差，其差值在 0°～360° 之间，30° 的级差变化。每一级差代表一个联结组，这正与钟表计时由 1 点到 0（12）点的变化是相似的。因此，三相变压器一、二次绕组的连接方式，可按端电压间的相位差，用钟表计时的办法，划分为 12 个不同的联结组。

用时钟表示法表示变压器联结组标号，规定各绕组的电势均由首端指向末端，高压绕组电势从 U1 指向 U2，低压绕组电势从 u1 指向 u2。把高压绕组线电势作为时钟的长针，永远指向 12 点钟，低压绕组的线电势作为短针，根据高、低压绕组线电势之间的相位指向不同的钟点，它指向钟面上的哪个数字，该数字就规定为三相变压器哪个组别的标号。变压器的联结组标号的表示方法是：大写字母表示一次侧的接线方式，小写字母表示二次侧的接线方式，数字采用时钟表示法，用来表示一、二次侧线电压的相位关系。

一般 Y,y 连接的三相变压器，共有 Y,y0、Y,y4、Y,y8、Y,y6、Y,y10、Y,y2 六种联结组标号，标号为偶数。Y,d 连接的三相变压器，共有 Y,d1、Y,d5、Y,d9、Y,d7、Y,d11、Y,d3 六种联结组标号，标号为奇数。三相变压器的各种联结组如表 3-2 所示。

表 3-2　三相变压器的各种联结组

联结组标号	线电压相位移	线电压相量图	绕组连接法和端子标志		同组并联运行时端子排列
			一 次 绕 组	二 次 绕 组	
Y，y0	0°	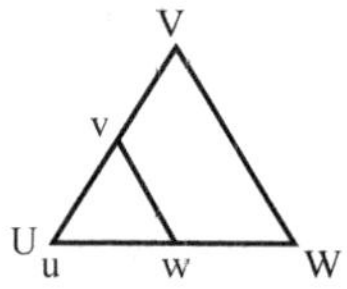 V v U u w W	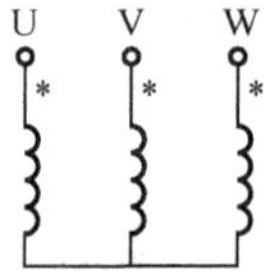 U V W	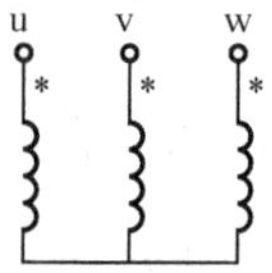 u v w	U、V、W u 、v、w
Y，y4	120°	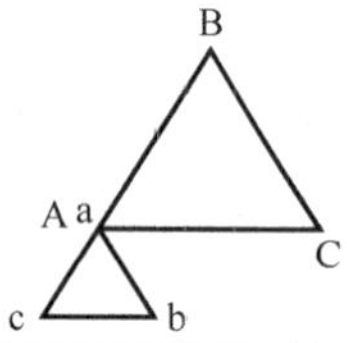 B A a C c b	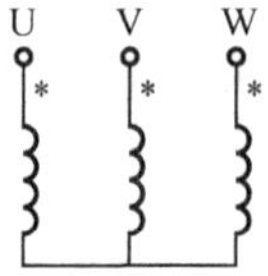 U V W	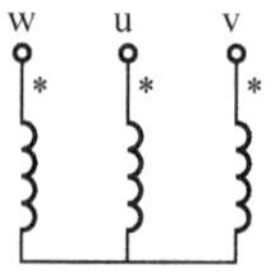 w u v	U、V、W w 、u、v
Y，y8	240°	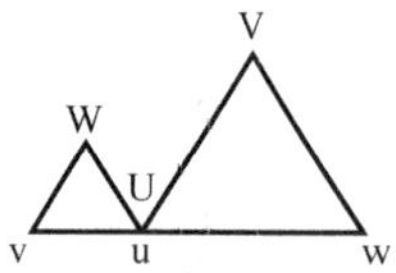 V W U v u w	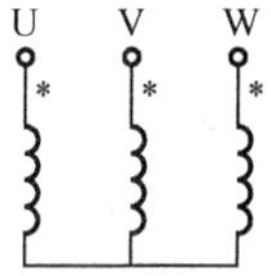 U V W	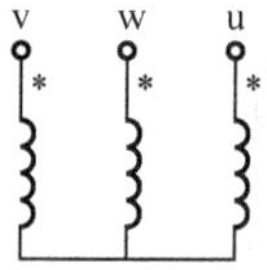 v w u	U、V、W v 、w、u
Y，y6	180°	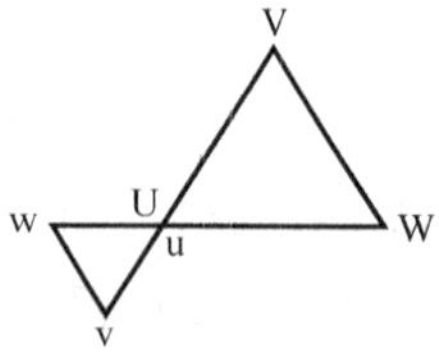 V U w u W v	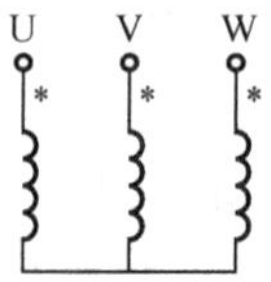 U V W	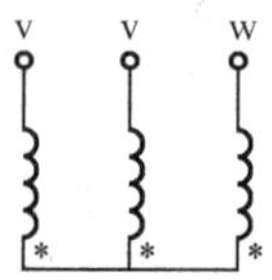 v v w	U、V、W u 、v、w
Y，y10	300°	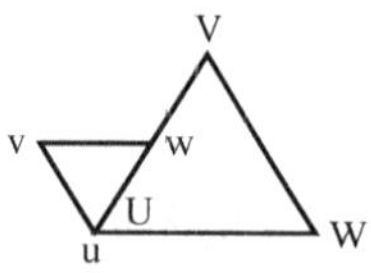 V v w U u W	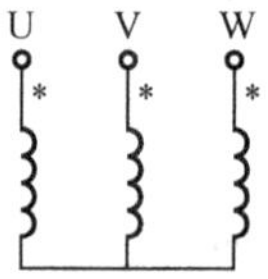 U V W	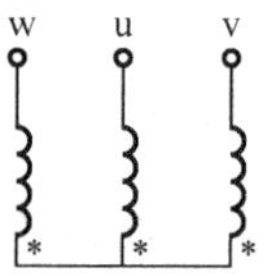 w u v	U、V、W w 、u、v

续表

联结组标号	线电压相位移	线电压相量图	绕组连接法和端子标志		同组并联运行时端子排列
			一次绕组	二次绕组	
Y，y2	60°	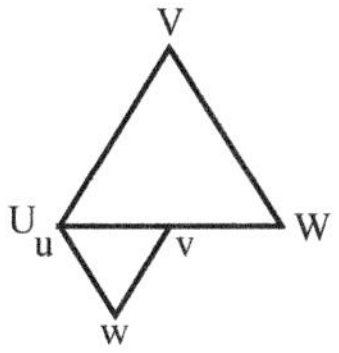	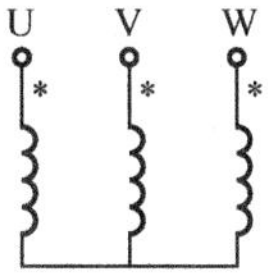	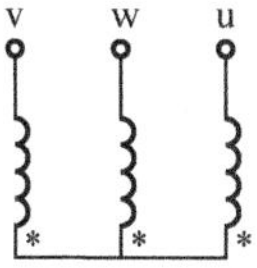	U、V、W v、w、u
Y，d5	150°	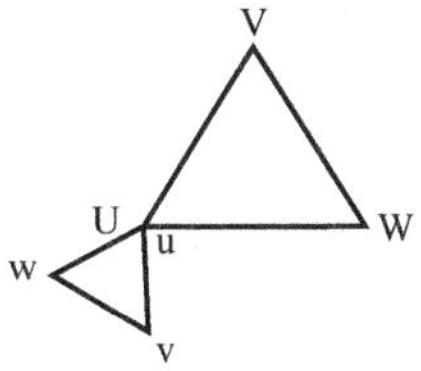	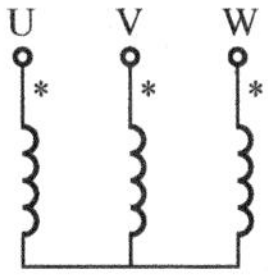	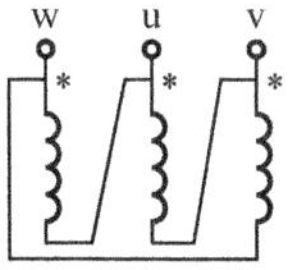	U、V、W u、v、w
Y，d9	270°	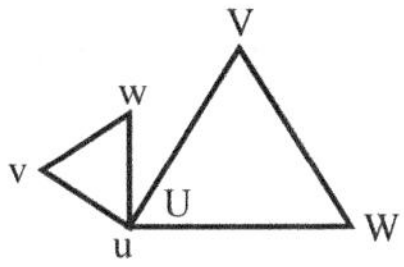	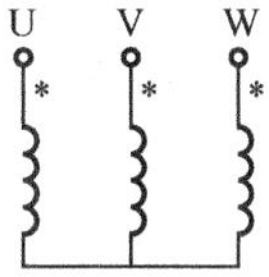	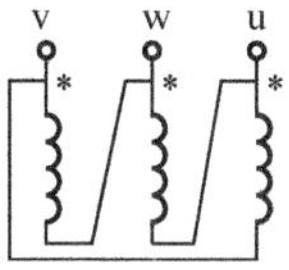	U、V、W w、u、v
Y，d1	30°	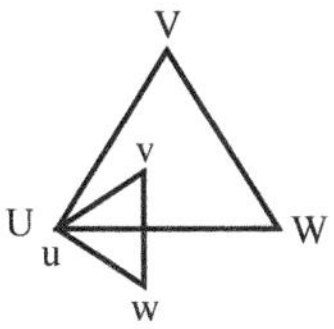	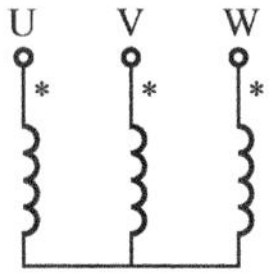	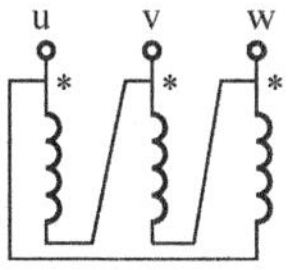	U、V、W v、w、u
Y，d11	330°	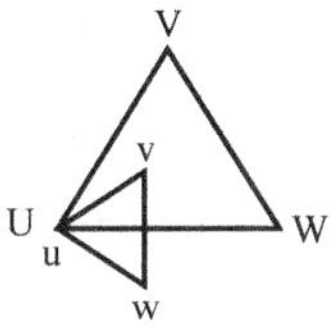	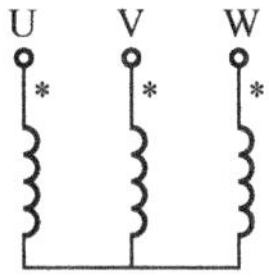	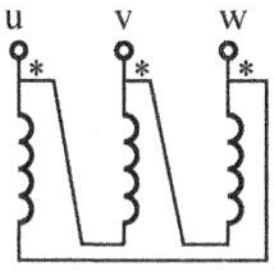	U、V、W u、v、w
Y，d3	90°	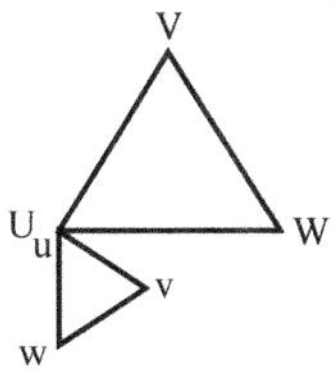	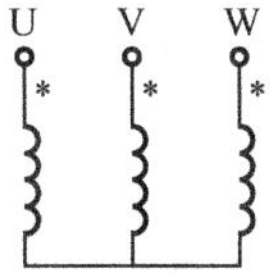	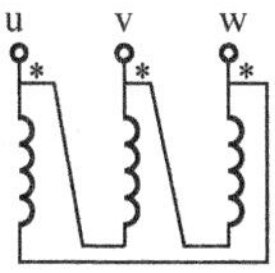	U、V、W w、u、v
Y，d7	210°	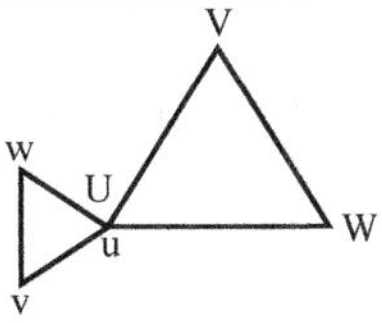	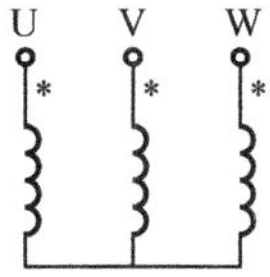	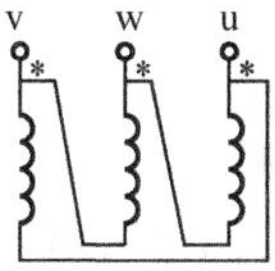	U、V、W v、w、u

为了避免制造和使用上的混乱，国家标准规定对单相双绕组电力变压器只有 I，I0 联结组标号一种。对三相双绕组电力变压器规定只有 Y,y0、Y,yn0、YN，y0、Y,d11 和 YN，d11 五种。

（1）Y,y0 联结组

变压器一、二次绕组都接成星形接法，并且首端为同极性端，所以一、二次绕组的相电动势为同相位，线电动势之间也是同相位，这种接法具有以下特点。

① 一次绕组星形接法，其中点不能引出与电源中性点连接，三相的三次谐波电流不能在一次侧流通，励磁电流近于正弦波形，而磁通及电势就不是正弦波形。当变压器为单相或三相五柱铁芯式时，由于各相有独立的闭合磁路，主磁通中除基波外还含有较大的三次谐波分量，其波形呈平顶状，由此感应的相电势则呈尖顶状，即相电势含有较大的三次谐波分量，但线电势中没有三次谐波分量。三次谐波电势会使相电势的最大值增高，对绕组绝缘不利。因此联结组标号 Y,y0 不能用于单相或三相五柱铁芯式变压器。当变压器为三相三柱铁芯式时，各相磁路相互连通，三次谐波磁通只能从铁扼向外，通过绝缘油等非铁磁介质以及油箱壁等形成闭合回路，由于磁阻很大，三次谐波磁通很小，主磁通和相电势仍近于正弦波形，但三次谐波磁通将在油箱壁等钢结构件中产生损耗，对特大型变压器可能导致局部过热。

② 绕组导线截面大，绕组的空间利用率高，材料用量较少，制造成本较低。

③ 一、二次绕组中性点都不能引出，只能获得一种电压。

④ 可以隔离零序电流。

⑤ 适用于中小容量的联络变压器或三相负荷对称的特种变压器，或用于供电给三相动力负载的线路中。

（2）Y,yn0 联结组

在 Y,y0 的接法中，将二次绕组中性点引出，用于三相四线制配电系统中，供电给动力和照明的混合负载。

① 大部分情况与联结组标号 Y,y0 相同。

② 二次绕组中性点可引出，可供三相四线制负荷。但若三相负荷不平衡时，除了三相的阻抗电压不同外，由于二次侧中性线内有零序电流，各个铁芯柱一、二次绕组的磁势不相等，有剩余零序磁势，从而产生零序磁通。同上面联结组标号 Y,y0 所述，对三相三柱铁芯式变压器，零序磁通和零序电势都较小，若三相变压器的容量不超过 16000kVA 且中性点电流不超过额定电流的 25%时，中性点偏移很小，对运行影响不大。但零序磁通将在油箱壁等钢结构件中产生损耗。

③ 二次侧负荷严重不平衡时，除钢结构件中损耗增加较多以外，若中性线设计截面较小而烧断，往往导致中性点电位偏移过多，将高电压引入居民室内而发生家用电器烧损事故，而且对居民人身安全也构成潜在危害。

④ 实际运行经验和理论分析证明，Y,yn0 变压器的防雷性能较差，存在着一次侧逆变换和二次侧正变换的过电压问题，其雷击的损坏率较高。

⑤ 适用于三相容量为 1600kVA 及以下的配电变压器，要求二次侧三相负荷基本保持平衡，或其中性线电流不超过额定电流的 10%；要求地点的接地电阻较低，而二次侧也应装设完善的防雷保护器件。

（3）YN，y0 联结组

在 Y,y0 的接法中，将一次绕组中性点引出，用于一次侧接地的系统中。

① 一次绕组中性点可引出，一次绕组中的三次谐波电流和零序电流均可流通，因此没有 Y,y0 联结组所具有的缺点。

② 零序阻抗和正序阻抗基本相同。

③ 适宜于联络变压器。

（4）Y,d11 联结组

变压器的一次绕组采用星形接法，二次绕组采用逆序三角形接法，多用于低压高于 0.4kV 的线路中。

① 二次绕组三角形接法，零序电流和三次谐波电流能在其中形成环流，但不能流出三角形接线之外，即对零序电流能起隔离作用，对励磁电流中三次谐波分量提供通路，从而保证相电压为正弦波形。

② 零序阻抗与正序阻抗基本相同。

③ 适用于各类大中型变压器。

（5）YN，d11 联结组

在 Y,d11 的联结组中，将一次绕组中性点引出，多用于 110kV 以上的中性点接地的高压线路中，其特点与 Y,d11 联结组基本相同。

3.5　变压器的并联运行

学习目标

① 明确变压器并联运行的意义，掌握并联运行的条件。

② 学会联结组标号不同的变压器的并联。

3.5.1　变压器并联运行的条件

在电力系统中运行的变压器或工业企业自用电运行的变压器所担负的功率不是恒定的。随着用电的需要，负载的大小是变化的，在一昼夜或季节变更时负载都会有所不同。另外，考虑到变压器的制造质量不可能绝对可靠，要保证电网安全运行和降低电能损耗，通常采用两台或三台变压器并联运行。每台变压器分担变电所总传送容量的 50%～65%，当负载减小时可以仅用一台变压器单独运行，一旦其中有一台变压器发生故障而退出运行时，其余变压器仍可承担变电所的总传送容量而安全可靠地运行。平时由于每台变压器的通过容量只有其额定容量的 50%～65%，所以其负载损耗只有其额定值的 25%～42%。采用变压器并联运行可以提高变压器设备容量的利用率，而且可以保证在变压器进行检修时不致使供电中断。采用变压器并联运行方式有下列好处。

① 可以提高供电的可靠性。多台变压器并联运行时如有部分变压器发生故障或检修时，可以将故障或被检修变压器从并联运行中退出工作，此时可以减少次要用户的用电，而对重要负载仍可继续供电。

② 可以提高变压器运行的效率。当负载变更时，如长期在低负载运行时，可以将部分并联运行的变压器断开，以减少由于变压器铁损和铜损所消耗的电能，以提高其他运行变压器的效率。

③ 用户逐年扩充时，由于每台变压器的最大容量是有限的，可以分期安装变压器。而在输送大容量电能时，也不得不采用几台容量较小的变压器并联运行。

④ 可以减少变压器的储备容量而提高设备的利用率。

但是，也不能认为并联运行的变压器台数越多越好，因为这会使每台变压器的容量过小、台数过多，而且变电所接线复杂、占地较大，总的投资将增加很多。

变压器的并联运行是指并联的各台变压器的一次绕组和二次绕组分别以端子对端子直接连接，共同运行。理想的运行情况是：当变压器已经并联起来但还没有带负载时，各台变压器二次侧之间应没有循环电流，各台变压器仍如同各自空载时一样，只有各自的空载电流。当带上负载后，各台变压器应能按比例合理地分担负荷，即每台变压器的通过容量分别与各自的额定容量成正比。要获得这样理想的运行，就要求各变压器能满足并联运行的必要条件。

并联运行的必要条件如下。

① 所有并联运行变压器的电压比必须相等。

② 各变压器联结组标号中的数字要相同，即二次电压对一次电压的相位移相同。

③ 为了使负荷分配得合理，要求各变压器的阻抗电压百分数相等。

以上条件如果不能满足将达不到理想的运行情况，下面分析变压器并列运行条件中某一条件不符合时产生的不良后果。

1. 电压比不相等

两台变压器并联运行，若电压比不相等，即使没有带负载，由于两台变压器的二次电压不相等，电压高的一台变压器向电压低的一台输送电流，从而在并联的二次绕组中产生循环电流 I_C。此循环电流的大小与并联变压器的阻抗电压百分数有关。

$$I_C = \pm(U_A - U_B)\left(\frac{U_{KA}\%U_A}{100I_{AN}} + \frac{U_{KB}\%U_B}{100I_{BN}}\right)^{-1} \tag{3-2}$$

式中 U_A、U_B——变压器 A 和 B 的二次线电压；

I_{AN}、I_{BN}——变压器 A 和 B 的额定二次线电流；

$U_{KA}\%$、$U_{KB}\%$——变压器 A 和 B 的阻抗电压百分数。

【例 3-1】 变压器 A 容量为 400kVA，电压比为 10000/400 V，阻抗电压百分数为 4.2；变压器 B 容量为 500kVA，电压比为 1000/390V，阻抗电压百分数为 3.8，问两者并联运行时循环电流为多少？

解：

$$I_{AN} = \frac{400\times10^3}{\sqrt{3}\times400} = 577.4(\text{A})$$

$$I_{BN} = \frac{500\times10^3}{\sqrt{3}\times390} = 740.2(\text{A})$$

$$I_C = (400-390)\left(\frac{4.2\times400}{100\times577.4} + \frac{3.8\times390}{100740.2}\right)^{-1} = 203.6(\text{A})$$

从【例 3-1】中可以看出，由于两台变压器的电压比不相同，并联运行时循环电流是相当大的。当并联的变压器在负载运行时，循环电流始终存在，变压器 A 和 B 的负载电流（I_A和

I_B）分别与循环电流相加后为 I_A+I_C 和 I_B-I_C，则变压器 A 的通过电流增加，变压器 B 的通过电流减少。为了避免过热，变压器一般不能长期过载运行，这样必须降低总的输出负荷，使变压器 A 在不超过额定容量下运行，而变压器 B 就只能在低于额定容量下运行。这不仅使设备能力不能得到充分利用，而且循环电流产生的损耗也是相当大的。

2．阻抗电压不相等

因为变压器间负荷分配与其额定容量成正比，而与阻抗电压成反比。也就是说当变压器并联运行时，如果阻抗电压不同，其负荷并不按额定容量成比例分配，并联变压器的电流与阻抗电压成反比，即 $I_A/I_B=U_{KB}\%/U_{KA}\%$，各台变压器的负荷按下式计算。

$$S_A=\frac{S_{NA}+S_{NB}}{\frac{S_{NA}}{U_{KA}\%}+\frac{S_{NB}}{U_{KB}\%}}\times\frac{S_{NA}}{U_{KA}\%}$$

$$S_B=\frac{S_{NA}+S_{NB}}{\frac{S_{NA}}{U_{KA}\%}+\frac{S_{NB}}{U_{KB}\%}}\times\frac{S_{NB}}{U_{KB}\%} \tag{3-3}$$

式中　S_{AN}、S_{BN}——变压器 A 和 B 的额定容量，通常 $S_{AN}/S_{BN}\leqslant 3$；

$U_{KA}\%$、$U_{KB}\%$——变压器 A 和 B 的阻抗电压百分数。

根据以上分析可知，当两台阻抗电压不等的变压器并列运行时，阻抗电压大的分配负荷小，当这台变压器满负荷时，另一台阻抗电压小的变压器就会过负荷运行。变压器长期过负荷运行是不允许的，因此只能让阻抗电压大的变压器欠负荷运行，这样就限制了总输出功率，能量损耗也增加了，也就不能保证变压器的经济运行。为了避免因阻抗电压相差过大而使并列变压器负荷电流严重分配不均，影响变压器容量不能充分发挥，规定阻抗电压不能相差10%。

3．联结组标号不同

变压器的联结组标号反映了一、二次侧电压的相应关系，一般以钟表法来表示。当并联变压器电压比相等，阻抗电压相等，而联结组标号不同时，就意味着两台变压器的二次电压存在着相角差 δ 和电压差 ΔU，在电压差的作用下产生循环电流 I_C。

$$I_C=\Delta U/(Z_{dA}+Z_{dB}) \tag{3-4}$$

如果以 δ 角表示联结组标号不同的变压器线电压之间的夹角，而 Z_d 用 U_K 表示时，循环电流可用下式表示为

$$I_C=\frac{200\sin(\delta/2)}{\frac{U_{KA}}{I_{NA}}+\frac{U_{KB}}{I_{NB}}} \tag{3-5}$$

如果 $I_{NA}=I_{NB}=I_N$，$U_{KA}=U_{KB}=U_K$，则式（3-5）变为

$$I_C=\frac{100\sin(\delta)}{U_{KA}+U_{KB}}I_N \tag{3-6}$$

式中　I_N、U_K——任意一台变压器额定电流和阻抗电压。

假设两台变压器变比相等，阻抗电压相等，而其联结组标号分别为 Y/Y0-12 和 Y/△-11，$U_K\%$=（5～6）%，由联结组标号可知，δ=360°−330°=30°，则

$$I_C/I_N=100\sin(\delta/2)/U_K \Rightarrow I_C=(4\sim5)I_N$$

循环电流为额定电流的4～5倍，分析可知联结组标号不同的两台变压器并联运行，引起的循环电流有时与额定电流相当，但其差动保护、电流速断保护均不能动作跳闸，而过电流保护不能及时动作跳闸时，将造成变压器绕组过热，甚至烧坏。

3.5.2 联结组标号不同的变压器并联

由以上分析可知，如果电压比（变比）不相同，两台变压器并联运行将产生环流，影响变压器的输出能力。如果阻抗电压不相等，则变压器所带的负荷不能按变压器的容量成比例分配，阻抗小的变压器带的负荷大，阻抗大的变压带的负荷反而小，也影响变压器的输出能力。变压器并联运行常常遇到电压比（变比）、阻抗电压不完全相同的情况，可以采用改变变压器分接头的方法来调整变压器阻抗值。若第三个条件不满足将引起相当于短路的环流，甚至烧毁变压器。因此，联结组标号不同的变压器不能并联运行。一般情况下，如果将联结组标号不同的变压器并联运行，就应根据联结组的差异不同，采取将各相异名、始端与末端对换等方法，将变压器的接线化为相同的，联结组标号相同的变压器才能并联运行。

根据运行经验，两台变压器并联，其容量比不应超过 3∶1。因为不同容量的变压器并联阻抗值较大，负荷分配极不平衡；同时从运行角度考虑，当运行方式改变、检修、事故停电时，小容量的变压器将起不到备用的作用。

在某些情况下，有可能将不同联结组标号的变压器先改接成相同的，然后再并联运行，这样能提高变压器运行的经济性和供电可靠性。当不改变内部接线，适当的调换外部接线就能改变联结组标号的变压器有：所有奇数接线的三相变压器，所有相差120°或240°的偶数接线的三相变压器。当相差60°、180°或300°时经过转换内部接线以后，也可并联。但是奇数联结组标号与偶数联结组标号的三相变压器不能相互并联运行。可利用相量图的分析方法，将奇数接线的Y,d1、Y,d3、Y,d5、Y,d7、Y,d9的三相变压器，适当的调换外部接线就能改变联结组标号为Y,d11的变压器，然后再与电力系统中常见的联结组标号为Y,d11的三相变压器并联运行。

3.6 变压器的安装

学习目标

① 明确变压器安装前的各项检查工作。

② 会正确安装变压器及各器件。

3.6.1 变压器安装前的检查

1．套管的检查

对于纯瓷套绝缘套管，开箱后检查套管有无损坏，并清点零配件是否齐全，然后将套管

清扫干净。对于充油式或电容式套管，开箱后检查套管完整性，将瓷套擦洗干净。检查油位是否正常，若油位过低，要查明原因进行处理，现场处理不了，则要运回制造厂处理。检查完后，要做电气试验，测量主套管及小套管的电阻，测量介质损失角。若介质损失角正切值$\tan\delta$大于标准，说明已经受潮，这时应先检查绝缘油的性能，如油质不好，通过更换合格的绝缘油会使套管的介质好转。如果还不行，须对套管进行干燥处理。

2. 冷却装置的检查

冷却装置有多种，清扫和检查的目的是清除焊渣和铁锈，检查密封是否良好，有无渗油现象。用气压或油压进行密封试验，并应符合下列要求。

① 散热器强迫油循环风冷却器，持续 30min 应无渗漏。

② 强迫油循环水冷却器，持续 1h 应无渗漏，水、油系统应分别检查。

漏气检查除观察气压表指示值是否下降外，还应用手仔细触摸，或涂肥皂水进行观察。无论用哪种方法，所加压力不能超过制造厂规定值。若发现渗漏点，应做好标记，放完油后由熟练的气焊工修补，焊完后重做密封试验。

3. 风扇检查

风扇叶片安装应牢固，并应转动灵活，无卡阻，叶片无扭曲变形和损伤。检查电机绝缘并试转。试转时应无震动和过热。

4. 储油柜、安全气道、净油器和吸湿器等附件的检查

储油柜可注入变压器油清洗，同时检查焊缝是否渗油。胶囊式储油柜胶囊应完整无损，并用不大于 200Pa 的压缩空气检漏。胶囊长方向与柜体保持平行，与法兰口的连接处不允许有扭转皱叠现象。另外，要检查油位计是否完好。

安全气道及连通管内部应清理干净，安全气道隔膜如果损坏要换上备品。若没有备品，可用相应的玻璃材质，其材料和规格应符合产品的技术规定，不得任意代用，并划上“十”字痕迹。

净油器内部应清洗干净。检查滤网是否完好，硅胶或活性氧化铝是否干燥，若已受潮，要放在烘干箱内干燥。

吸湿器要检查内部硅胶是否受潮。吸湿器内部应装变色硅胶，受潮后蓝色变为粉红色。普通硅胶受潮后由乳白色变为透明。无论哪种硅胶，受潮后都要放入烘箱内干燥后方可使用。

5. 气体继电器和湿度计的检查

气体继电器应送电气试验室做试验，合格后才能使用，试验项目如下。

① 密封试验。

② 轻瓦斯动作容积试验。

③ 重瓦斯动作流速校验，并根据电厂要求进行整定。

温度计应送热工试验室校验，并进行整定。

6. 电流互感器的检查

对于套管式电流互感器，应由电气试验人员做试验，合格后方可使用；对于在本体上的

电流互感器也可以后再做试验。试验的项目如下。

① 检查铭牌与设计是否相符。

② 变比测量。

③ 极性检查。

④ 绝缘电阻测量。

⑤ 伏安特性测量。

⑥ 二次耐压试验。

7. 变压器配件的检查

变压器零配件如橡皮圈、防爆玻璃、螺钉、压圈等要认真清点，并应妥善保管。使用时应清洗干净，不能有锈蚀和污垢。

8. 变压器器身检查

变压器经长途运输和装卸，芯部常因震动和冲击使得螺钉松动或掉落，螺栓也常有折断情况，穿心螺栓也常因绝缘损坏而接地，铁芯移位，或其他零件脱落等，故常常需要芯部检查。另外，通过芯部检查还可以发现制造上的缺陷和疏忽、有无水分沉积和受潮现象等。

（1）变压器可不进行芯部检查的条件

根据施工经验及规范规定，当满足下列条件之一时，可以不进行芯部检查。

① 制造厂的特殊规定，不必做芯部检查的变压器。

② 容量在1000kVA及以下，运输中无异常的变压器。

③ 就地生产做短途运输的变压器，安装单位及电厂事先派人到制造厂参加芯部检查和总装配，出厂检验符合规范要求，在运输过程中进行了有效的监督，无紧急制动，无剧烈震动、冲撞等异常情况。

（2）器身检查的内容

到器身上进行检查的人员要穿专用工作服和耐油鞋，所用工具要用白布系在手腕上。主要检查以下内容。

① 运输支撑和器身各部位应无移动现象，运输用的临时防护装置及临时支撑应预先拆除，并经过清点做好记录以备查。

② 所有螺栓应坚固，并有防松措施，绝缘螺栓应无损坏，防松绑扎完好。

③ 铁芯检查。

- 铁芯应无变形，铁轭与夹件间的绝缘应良好。
- 铁芯应无多点接地。
- 铁芯外引接地的变压器，拆开接地线后，铁芯对地绝缘应良好。
- 打开夹件与铁轭接地后，铁轭螺杆与铁芯、铁轭与夹件、螺杆与夹件间的绝缘应良好。
- 当铁轭采用钢带绑扎时，钢带对铁轭的绝缘应良好。
- 打开铁芯屏蔽接地引线，检查屏蔽绝缘应良好。
- 打开夹件与线圈压板的连线，检查压钉绝缘应良好。
- 铁芯拉板及铁轭拉带应坚固，绝缘良好。

④ 绕组检查。

- 绕组绝缘层应完整，无损伤、变位现象。
- 各绕组应排列整齐，间隙均匀，油路无堵塞。
- 绕组的压钉应坚固，防松螺母应锁紧。

⑤ 绝缘围屏绑扎牢固，围屏上所有线圈引出处的封闭应良好。

⑥ 引出线的绝缘包扎牢固，无破损、拧弯现象，引出线绝缘距离合格，固定牢固，其固定支架应坚固，引出线的裸露部分应无毛刺或尖角，其焊接应良好，引出线与套管的连接应牢固，接线正确。

⑦ 无励磁调压切换装置的各分接头与线圈的连接应坚固正确；各分接头应清洁，且接触紧密，弹力良好；所有接触到的部分，用 0.05mm×10mm 塞尺检查，应塞不进去；转动接点应正确地停留在各个位置上，且与指示器所指位置一致；切换装置的拉杆、分接头凸轮、小轴、销子等完整无损；转动盘应动作灵活，密封良好。

⑧ 有载调压切换装置的选择开关、范围开关接触良好，分接引线应连接正确、牢固，切换开关部分密封良好。

⑨ 绝缘屏障应完好，且固定牢固，切换开关部分密封良好。

⑩ 检查强迫油循环管路与下轭绝缘接口部位的密封情况。

⑪ 检查油箱底部有无油垢、杂物和水。

3.6.2　变压器及附件的安装

1．电力变压器安装形式

变压器安装方式有单杠变台，双杠变台，地台式变台，落地式变台这几种。

（1）单杠变台是将变压器、户外跌落熔断器、高压引下线、避雷针都装在同一根电线杆上，特点是占地面积小、结构简单、组装方便、材料省，适合安装 10/0.4kV、容量 50kVA 以下的配电变压器。

（2）双杆变台是在离地 2.5～3m 的两根杆上安装，在台架上方 2m 处装设母线架，高压引线接在母线架上，杆上还装横担并安装室外跌落熔断器、避雷器和引线。这种变台比单杆变台坚固，但用料多、造价较高，适用于电压 10/0.4kV、容量 50～320kVA 的变电变压器。

（3）地台式变台是用砖石砌成高 1.7～2m 的台墩，把变压器安放在上面，这种变台可分为不带配电间和带配电间的两种形式，配电间内不得住人。其特点是高压线的终端杆可兼作低压线路的始端杆。

（4）落地式变台是把变压器安置在地面矮台上，适合于 500kVA 以上大容量的变压器。这种变台占地多，但拆装、运输方便。为了防止水浸和安全，必须在变台周围装围栏及警告牌，变压器的底部基础要高出最大洪水的高度，但不得低于 0.3m。

室内配电室是将变压器放置在室内运行，具有清洁、安全等优点，但配电室必须达到 1 级耐火标准，具有良好的通风条件，门窗耐火，并能防止小动物及雨水侵入。室内通道应宽敞以满足安装上规定的要求。

2. 变压器就位

在变压器吊装就位时，必须先找好变压器的安装方向，使高低压套管出线符合设计要求，确定好变压器的就位尺寸。变压器就位后，核对中心位置和进出线方向符合设计要求后，用止轮器将变压器固定牢固，以防滑移倾倒。规程规定变压器安装气体继电器侧应有1%～1.5%的提升高度。其目的是使油箱内产生的气体易于流入继电器。因此，在变压器就位前，应先问厂家变压器壳体是否已考虑倾斜度，若没有，则在预埋钢轨时考虑这一点。若土建预埋没有考虑，也可在轮子下面加垫铁达到升高（1%～1.5%）N的要求（N为两轮之间的距离），如图3-17所示。

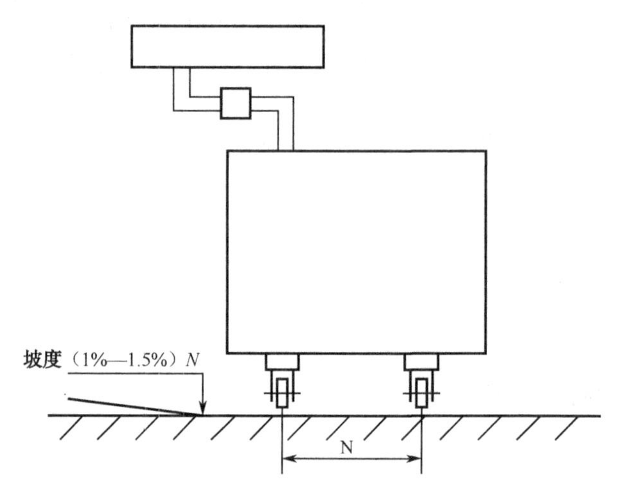

图3-17　变压器安装的倾斜坡度

3. 变压器的附件安装

（1）变压器套管的安装

1）低压套管安装

卸开低压套管盖板及旁边的入孔盖，大套管上放好橡皮圈及压圈，将套管徐徐放入，再把低压绕组引出线连接在套管的桩头上。调整引出线的位置，使其离箱壁远一些，再把套管压件装上，将套管紧固在箱盖上。注意拧紧螺钉时，四周均匀旋紧，防止套管因受力不均匀而损坏。

2）高压套管安装

高压套管常用电容式穿缆套管。先拆去油箱上高压套管孔的临时盖板，用白布将法兰表面擦干净。对于有升高座的，应先安装套管式电流互感器和升高座，同时应安装绝缘筒并注意开口方向。电流互感器铭牌向外，放气塞位置应在升高座最高处，电流互感器和升高座的中心一致。在吊套管前，先拧下顶部的接线头和均压罩、压盖板，拆去为运输而装设的密封垫和密封螺帽，下部均压球先拧下，擦净里面的脏污，用合格的变压器油冲洗干净后重新拧上。

套管吊装应由专业起重工指挥，与电气安装工配合。套管就位后，即可穿上引线接头的固定销，高压套管与引出线接口的密封波纹盘结构的安装应严格按制造厂的规定进行。同时要注意，在拉引线的同时，要理顺引线，不得扭曲。充油套管的油标应面向外侧，套管末屏应接地良好。

（2）冷却装置安装

安装强迫油循环风冷却器时，先将本体上的蝶阀全部关闭，然后将连接法兰临时封闭板除去，由起重机将风冷却器吊起，分别将上、下连管法兰螺栓拧紧，注意橡皮圈不要遗漏。如果尺寸稍有误差，应以上法兰为准，下部用撬棍把法兰拨正。误差太大时要处理法兰。

强迫风冷却器还要装上潜油泵、净油器及控制箱。净油器应装上干燥的活性氧化铝，安装时一定要按厂家要求装，不能装反。潜油泵装好后，可接临时电源空转一下，但开动时间不得超过 10min，转动方向要正确，转动时应无异常噪声、震动或过热现象，其密封应良好，无渗漏或进气现象。

流速继电器是冷却器的保护装置，安装前应检验合格，装于潜油泵出口连接管上，轴向应保护水平。此时要求密封一定要严密，接线要正确。

将检查好的风扇一一装上，连接电缆应用具有耐油性能的绝缘导线。电缆用卡子固定在焊接于油箱上的小支架上。风扇的风向要正确，强迫油循环冷却的风扇风向是吹向冷却器的。

强迫油循环水冷却器的密封很重要，应仔细检查。安装前后要进行压力试验。差压继电器是强迫油循环水冷却器的保护装置，保证油压大于水压，并用来监督油压、水压及停泵等异常现象，安装前应检查合格、密封良好、动作可靠。

（3）储油柜安装

大型变压器多采用胶囊式储油柜，结构原理如图 3-18 所示。为了达到理想的使用效果，防止假油位，必须按照制造厂的规定进行。

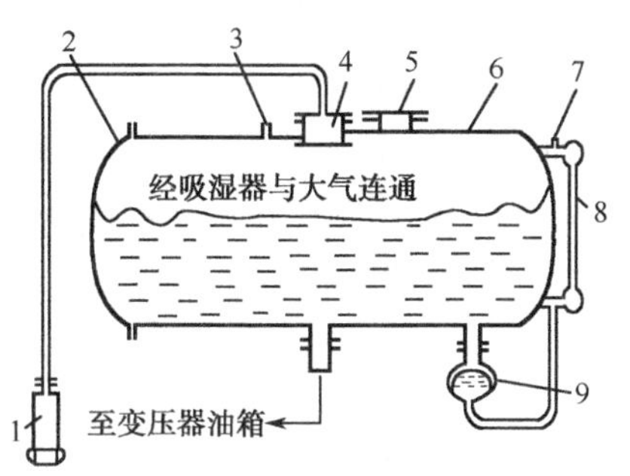

1—呼吸器；2—胶囊；3—放气塞；4—胶囊压板；5—安装手孔；6—储油柜本体；7—油表注油及呼吸塞；8—油表；9—压油袋

图 3-18　胶囊式储油柜结构原理

1）胶囊安装

首先缓缓向胶囊内充 0.002MPa/cm^2 压力的干燥气体，进行漏气检查。合格后，将胶囊安装在清理过的储油柜内，胶囊沿长度方向要与储油柜长轴保持平行，不应扭偏，胶囊口的密封应良好，呼吸畅通。

2）油位计胶囊注油

用手压扁油位计胶囊，排净内部空气，然后从油位计上座呼吸塞用漏斗慢慢地向油位计胶囊内注油，直至油位计胶囊注满油，且油位升至玻璃管内为止，将油位计下座放气塞打开，调整油位至最低位置。

3）储油柜就位

吊装储油柜就位，安装好储油柜至变压器油箱的管道。

4）储油柜注油

先将胶囊内充满气，打开储油柜的放气塞，然后在变压器下部放油阀加压注油。注油的速度与储油柜排气的速度、胶囊排气的速度相适应，当油注到快要接近储油柜上端时应减慢注油，直到油从放气塞溢出为止。旋紧放气塞，待静止 2～3h 后，打开变压器下部放油阀，将油面放至要求的油位，最后装上呼吸器。

4．安全气道、气体继电器及净油器的安装

安全气道安装前，其内壁应清洗干净，玻璃隔膜应完整，其材料和规格应符合产品的技术规定，不得任意代替。安装时，各处密封应良好，压紧隔膜时，必须用力均匀，使隔膜与法兰紧密结合。

气体继电器应经试验合格后方可安装，安装时要水平，其顶盖上标志的箭头应指向储油柜，其与连通管的连接应密封良好。注意，气体继电器壳体是生铁所造，拧紧螺钉时用力要均匀，以免出现裂纹。

净油器安装前应打开净油罐的上、下盖板，将内部擦洗干净，并用合格的变压器油冲洗。罐内装入干燥的吸附剂硅胶或活性氧化铝。滤网安装正确，并在出口侧，安装好后打开连接蝶阀将油放入，同时旋开上部放气塞排放空气，至油溢出即空气排尽，便旋紧放气塞，将连接阀关闭。

5．温度计安装

温度计安装前应进行校验，信号接点应动作正确，导通良好。绕组温度计应根据制造厂的规定进行整定。插入式水银温度计座内应清理干净，再注入变压器油，密封应良好。信号温度计的表头装于变压器侧面人们容易看到的地方。信号温度计的细金属软管不得有压扁或急剧扭曲，其弯曲半径不得小于 50mm。电阻温度计的铜电阻部分安装方法和普通温度计相同，温度指示表及切换开关一般装于主控制室屏上。

6．补充油

变压器所有附件安装完后，即可加合格的补充油。加补充油时，应通过储油柜上专用的填油阀，并经滤油机注入，注油至储油柜额定油位。注油完毕，应将除胶囊式储油顶部放气塞外其他所有放气阀打开放气，还要开启潜油泵、风扇直到变压器内部放净气体为止。

3.7 变压器的日常维护

学习目标

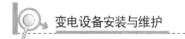

① 明确日常维护的内容及注意事项。
② 会对变压器油进行检查和补充。
③ 会对变压器的异常运行进行正确分析。

3.7.1 变压器的日常巡视检查

1. 电力变压器在巡视检查中应注意的问题

① 检查变压器声音是否正常。有均匀的“嗡嗡声”表明运行正常；声音比平时沉重，可能过负荷或低压线路有短路故障；声音尖锐，表明高压线路电压过高；声音嘈杂，可能变压器内部结构松动；听到爆裂声，可能是绕组或铁芯绝缘有击穿；其他杂音，可能是跌落熔断器接触不良、调压开关位置未对正或接触不良等。

② 观察变压器油面高度和油色变化。正常的油面在油位计的 1/4～1/3 之间，新变压器油呈浅黄色，运行后呈浅红色。

③ 检查变压器套管、引线的连接是否良好。

④ 检查变压器接地装置有无锈烂、断股等现象。

⑤ 检查变压器温度。油浸式变压器运行中顶层油温不得高于 95℃；对无温度计的变压器，可用水银温度计贴在变压器外壳上测量温度，允许温度不超过 75℃。

⑥ 检查高、低压侧熔断器是否正常。

⑦ 雷雨过后，应检查套管有无破损或放电痕迹；大风时，应检查变压器的引线有无剧烈摆动现象，接头处是否有松脱，有无杂物刮到变压器上；定期夜间巡视，检查套管有无放电现象，引线各连接处有无烧红情况。

2. 电力变压器在运行过程中发现如下情况之一则应立即停电处理

① 出现异响、放电声、冒烟、喷油和过热现象。

② 负荷和环境温度正常，但上层油温超过了允许值。

③ 漏油或严重渗漏，油标上看不到油面。

④ 绝缘老化，油色变黑。

⑤ 导电杆端头过热、烧损、熔接。

⑥ 瓷件出现裂纹、击穿、烧损或严重污渍；瓷裙损伤面积超过 $100mm^2$。

3. 变压器油的检查和补充

变压器油是电力变压器的重要组成部分，在运行中的变压器油主要有两个作用，一是起绝缘作用，二是起冷却作用。变压器的油质和油量直接影响着安全运行。因此，必须注意运行中变压器油的水分增加、氧化及酸价增高等，并按规程规定，定期做各种试验。

（1）缺油的原因

① 因进行检修时，从变压器内放油后未补油。

② 变压器长期渗漏油或大量跑油。

③ 气温过低而储油柜储油量又不足，或储油柜容积过小不能满足运行要求等。

（2）缺油造成的影响

① 变压器油面过低，可能会造成瓦斯保护误动作。

② 缺油严重时，内缠绕组暴露，可能会造成绝缘损坏、击穿等事故。

③ 变压器处于停用状态时，严重缺油会使绕组暴露则容易受潮，使绕组绝缘下降。

（3）运行中的变压器补充油应注意的事项

① 注意防止混油，新补入的油应经试验合格。

② 补油前应将重瓦斯保护改接信号位置，防止误动作。

③ 补油后要注意检查瓦斯继电器，及时放出气体，若 24h 后无问题，再将瓦斯继电器接入跳闸位置。

④ 补油量要适宜，油位与变压器当时的油温相适应。

⑤ 禁止从变压器下部截门补油，以防止将变压器底部沉淀物冲起进入线圈内，影响变压器的绝缘和散热。

3.7.2 变压器的异常运行与分析

电力变压器在运行中一旦发生异常情况，便将影响系统的运行及对用户的正常供电，甚至造成大面积停电。变压器运行中的异常，一般有以下几种情况。

1．声音异常

（1）正常状态下变压器的声音

变压器虽属静止设备，但运行中会发出轻微的连续不断的“嗡嗡”声。这种声音是运行中电气设备的一种固有特征，一般称之为噪声。产生这种噪声的原因如下。

① 励磁电流的磁场作用使硅钢片震动。

② 铁芯的接缝和叠层之间的电磁力作用引起震动。

③ 绕组的导线之间或绕组之间的电磁力作用引起震动。

④ 变压器上的某些零部件引起震动。

正常运行中变压器发出的“嗡嗡”声是连续均匀的，如果产生的声音不均匀或有特殊的响声，应视为不正常现象，判断变压器的声音是否正常，可借助于听音棒等工具进行。

（2）变压器的声音比平时增大

若变压器的声音比平时增大，且声音均匀，则有以下几种原因。

1）电网发生过电压

电网发生单相接地或产生谐振过电压时，都会使变压器的声音增大。出现这种情况时可结合电压、电流表计的指示进行综合判断。

2）变压器过负荷

变压器过负荷会使其声音增大，尤其是在满负荷的情况下突然有大的动力设备投入将会使变压器发出沉重的“嗡嗡”声。

（3）变压器有杂音

若变压器的声音比正常时增大且有明显的杂音，但电流电压无明显异常时，则可能是内部夹件或压紧铁芯的螺钉松动，使得硅钢片震动增大所造成。

（4）变压器有放电声

若变压器内部或表面发生局部放电，声音中就会夹杂有“劈啪”放电声。发生这种情况时，若在夜间或阴雨天气下，可看到变压器套管附近有蓝色的电晕或火花，则说明瓷件污秽

严重或设备线夹接触不良，若变压器的内部放电，则是不接地的部件静电放电，或是分接开关接触不良放电，这时应将变压器做进一步检测或停用。

（5）变压器有水沸腾声

若变压器的声音夹杂有水沸腾声且温度急剧变化，油位升高，则应判断为变压器绕组发生短路故障，或分接开关因接触不良引起严重过热，这时应立即停用变压器进行检查。

（6）变压器有撞击声或摩擦声

若变压器的声音中夹杂有连续的有规律的撞击声和摩擦声，则可能是变压器外部某些零件如表计、电缆、油管等，因变压器震动造成撞击或摩擦，或外来高次谐波源所造成，应根据情况予以处理。

（7）变压器有爆裂声

若变压器声音中夹杂有不均匀的爆裂声，则是变压器内部或表面绝缘击穿，此时应立即将变压器停用检查。

2. 油温异常

由于运行中的变压器内部的铁损和铜损转化为热量，热量以辐射、传导等方式向四周介质扩散。当发热与散热达到平衡状态时，各部分的温度趋于稳定。铁损是基本不变的，而铜损随负荷变化。顶层油温表指示的是变压器顶层的油温，温升是指顶层油温与周围空气温度的差值。运行中要以监视顶层油温为准，温升是参考数字（目前对绕组热点温度还没有能直接监视的条件）。

变压器的绝缘耐热等级为A级时，绕组绝缘极限温度为105℃，对于强油循环的变压器，根据国际电工委员会推荐的计算方法：变压器在额定负载下运行，绕组平均温升为65℃，通常最热点温升比油平均温升约高13℃，即65+13=78（℃），如果变压器在额定负载和冷却介质温度为+20℃条件下连续运行，则绕组最热点温度为98℃，其绝缘老化率等于1（即老化寿命为20年）。因此，为了保证绝缘不过早老化，运行人员应加强变压器顶层油温的监视，规定控制在85℃以下。

若发现在同样正常条件下，油温比平时高出10℃以上，或负载不变而温度不断上升（冷却装置运行正常），则认为变压器内部出现异常。导致温度异常的原因如下。

（1）内部故障引起温度异常

变压器内部故障，例如，绕组匝间或层间短路，绕组对周围放电，内部引线接头发热；铁芯多点接地使涡流增大过热；零序不平衡电流等漏磁通形成回路而发热等因素，引起变压器温度异常。发生这些情况，还将伴随着瓦斯或差动保护动作。故障严重时，还可能使防爆管或压力释放阀喷油，这时变压器应停用检查。

（2）冷却器运行不正常引起温度异常

冷却器运行不正常或发生故障，如潜油泵停运、风扇损坏、散热器管道积垢冷却效果不良、散热器阀门没有打开、或散热器堵塞等因素引起温度升高。应对冷却系统进行维护或冲洗，提高冷却效果。

3. 油位异常

变压器储油柜的油位表，一般标有-30℃、+20℃、+40℃三条线，它是指变压器使用地点在最低温度和最高环境温度时对应的油面，并注明其温度。根据这三个标志可以判断是否要加油或放油。运行中变压器温度的变化会使油体积变化，从而引起油位的上下位移。

常见的油位异常如下。

（1）假油位

如变压器温度变化正常，而变压器油标管内的油位变化不正常或不变，则说明是假油位。运行中出现假油位的原因如下。

① 油标管堵塞。

② 储油柜呼吸器堵塞。

③ 防爆管通气孔堵塞。

④ 变压器储油柜内存有一定数量的空气。

（2）油面过低

油面过低应视为异常。因其低到一定限度时，会造成轻瓦斯保护动作；严重缺油时，变压器内部绕组暴露，会使其绝缘性能变差，甚至造成因绝缘散热不良而引起损坏事故。处于备用的变压器如严重缺油，也会吸潮而使其绝缘性能变差。造成变压器油面过低或严重缺油的原因如下。

① 变压器严重渗油。

② 工作人员因需要多次放油后未作补充。

③ 气温过低且油量不足，或储油柜容积偏小，不能满足运行要求。

4．外表异常

变压器运行中外表异常有下列原因。

（1）防爆管防爆膜破裂

防爆管防爆膜破裂，引起水和潮气进入变压器内，导致绝缘油乳化及变压器的绝缘强度降低。防爆管防爆膜破裂原因如下。

① 防爆膜材质与玻璃选择处理不当。当材质未经压力试验验证、玻璃未经退火处理，受到自身内应力的不均匀导致裂面。

② 防爆膜及法兰加工不精密不平正，装置结构不合理，检修人员安装防爆膜时工艺不符合要求，紧固螺钉受力不匀，接触面无弹性等所造成。

③ 呼吸器堵塞或抽真空充氮情况时不慎，受压力而破损。

（2）压力释放阀的异常

目前，大中型变压器已大多应用压力释放阀（下称释放器）代替老式的防爆管装置，因为一般老式的防爆管储油柜只能起到半密封作用，而不能起到全密封的作用。当变压器油压超过一定标准时，释放器便开始动作进行溢油或喷油，从而减小油压，保护了油箱。如果变压器油量过多、气温又高而造成非内部故障的溢油现象，溢出过多的油后释放器会自动复位，仍起到密封的作用。释放器备有信号报警，以便运行人员迅速发现异常进行查处。

（3）套管闪络放电

套管闪络放电会造成发热，导致绝缘老化受损甚至引起爆炸，常见原因如下。

① 套管表面过脏，如粉尘、污秽等。在阴雨天就会发生套管表面绝缘强度降低，容易发生闪络事故，若套管表面不光洁，在运行中电场不均匀会发生放电现象。

② 高压套管制造不良，末屏接地焊接不良形成绝缘损坏，或接地末屏出线的瓷瓶心轴与接地螺套不同心，接触不良或末屏不接地，也有可能导致电位提高而逐步损坏。

③ 系统出现内部或外部过电压，套管内存在隐患而导致击穿。

（4）渗漏油

渗漏油是变压器常见的缺陷，常见的具体部位及原因如下。

① 阀门系统：蝶阀胶垫材质、安装不良，放油阀精度不高，螺纹处渗漏。

② 绝缘子破裂渗漏油。

③ 胶垫、接线桩头、高压套管基座、电流互感器出线桩头胶垫不密封、无弹性、渗漏。一般胶垫压缩应保持在2/3，有一定的弹性，随运行时间的增长、温度过高、震动等原因造成老化龟裂失去弹性或本身材质不符要求，位置不对称偏心。

④ 设计制造不良，如高压套管升高座法兰、油箱外表、油箱底盘大法兰等焊接处，有的法兰制造和加工粗糙形成渗漏油。

5. 颜色、气味异常

变压器的许多故障常伴有过热现象，使得某些部件或局部过热，因而引起一些有关部件的颜色变化或产生特殊臭味。

① 引线、线卡处过热引起异常。套管接线端部紧固部分松动，或引线头线鼻子滑牙等，接触面发生严重氧化，使接触处过热，颜色变暗失去光泽，表面镀层也遭到破坏。连接接头部分一般温度不宜超过70℃，可用示温腊片检查（一般黄色熔化为60℃、绿色熔化为70℃、红色熔化为80℃），也可用红外线测温仪测量。温度很高时会发出焦臭味。

② 套管、绝缘子有污秽或损伤严重时发生放电、闪络产生一种特殊的臭氧味。

③ 呼吸器硅胶一般正常干燥为蓝色，其作用为吸附空气中进入储油柜胶袋、隔膜中的潮气，以免变压器受潮，当硅胶蓝色变为粉红色，表明受潮而且硅胶已失效，一般粉红色部分超过2/3时，应予以更换。硅胶变色过快的主要原因如下。

- 如长期阴雨天气，空气湿度较大，吸湿变色过快。
- 呼吸器容量过小，如有载开关采用 0.5kg 的呼吸器，变色过快是常见现象，应更换较大容量的呼吸器。
- 硅胶玻璃罩罐有裂纹破损。
- 呼吸器下部油封罩内无油或油位太低，起不到良好油封作用，使湿空气未经油封过滤而直接进入硅胶罐内。
- 呼吸器安装不良，如胶热龟裂不合格，螺钉松动安装不密封而受潮。

④ 附件电源线或二次线的老化损伤，造成短路产生的异常气味。

⑤ 冷却器中电机短路、分控制箱内接触器、热继电器过热等烧损产生焦臭味。

3.8 变压器的故障处理

① 明确变压器的常见故障及故障原因。

② 会对变压器产生的故障进行正确的处理。

3.8.1 变压器常见的故障

1. 磁路中的故障

在变压器铁芯的紧固结构中，铁芯、铁轭及夹件中出现故障是由于以下几种原因造成的。

① 夹紧铁芯心柱和铁轭叠片穿心螺杆的绝缘件击穿，引起铁芯叠片局部短路，从而产生很大的局部涡流；而且又因这种损坏会产生热量，所以有时完全可以烧毁整台铁芯。此热量也可能烧焦绕组的绝缘而引起相邻绕组的匝间短路。目前，普遍用环氧玻璃粘带紧固大型电力变压器铁芯心柱的叠片，这种方法消除了因心柱螺杆绝缘被击穿而产生的损坏现象。

② 铁芯夹件及连接铁芯结构的螺栓由于电磁力的作用而引起的震动，将削弱铁芯绝缘和铁芯叠片之间的绝缘，铁轭与铁轭夹件之间的绝缘也可能产生损坏，从而引起很大的循环涡流，产生巨大的热量，危及铁芯和绕组的绝缘，变压器的铁损也会随之增加。

③ 在加工过程中，由于连续使用磨损了的工具，铁芯及铁轭叠片的边缘可能会产生毛刺。毛刺可使铁芯叠片产生局部短路，由此产生的涡流会使铁芯产生局部过热。

④ 铁芯叠片间夹杂金属物质或铁芯叠片产生微小的弯折，会引起强烈的局部涡流，从而使变压器铁芯产生局部过热。

⑤ 高压试验变压器，上铁轭采取对接结构。铁芯心柱与铁轭之间的缝隙如果不正常，则在对接缝处可能会产生严重的涡流，从而产生强烈过热，致使与间隙相邻近的心柱和铁轭被烧坏。

⑥ 有些老变压器的结构中由于铁轭的高度较小，磁通相对于接缝的角度与正常情况大不相同，结果使局部涡流增加，这样就加剧了接缝处的过热现象。

⑦ 在规定的有效电压下，当感应电压为平顶波时，铁芯损耗大，因此铁芯产生过热现象。

⑧ 变压器空载合闸时，变压器铁芯中的高磁密往往会引起很大的空载合闸励磁电流。会产生可观的电磁力，从而使得绕组发生变形。如果再重复合闸，则绕组可能发生错位。

⑨ 如果变压器具有中间出线或者中性点作为直流中性点，但又没能仔细地使绕组平衡，那么在变压器中性点两侧绕组里的直流安匝数就不能彼此补偿，铁芯在前半周内要饱和而在下半周内又相应欠励磁，于是铁芯就要被加热到某一温度，这种过热会使绕组的绝缘变脆并有可能从导线上脱落，同时绝缘油形成油泥的情况也会很严重，从而影响变压器绕组的散热。

⑩ 磁路中的高磁密将产生相当大的高次谐波电压或电流，它们对变压器可能产生极坏的影响。三次谐波的影响可局限于星形/星形、星形/曲折形或曲折形/星形绕组连接结构的变压器，对于后两种情况，只须考虑星形连接一侧。当变压器的中性点不直接接地时，相电压将包含很大的三次谐波分量，其数值可达基波的 60%或更高些。这样一来，变压器可能达到一种危险的高温，并因此而损坏绕组和铁芯绝缘。这种情况，如果继续下去，则变压器的绝缘油中将产生油泥。这种过热现象不必给变压器接负荷就可发生，并且已经查明，此时变压器的铁损是正常情况下的 3 倍。

⑪ 如果由于系统负荷的需要而必须较大幅度地增加变压器的施加电压时，为了避免铁芯磁通高度饱和，必须同时提高频率。否则，铁芯将产生高度饱和并因此增加铁损而导致铁芯过热。

⑫ 由于老式变压器铁芯叠片的材料和涂在硅钢片的绝缘变质引起铁损增加，使得变压器的温度升高从而损坏铁芯叠片，最后可能导致绕组绝缘局部或全部损坏，并加速绝缘油中油泥的形成。

2. 绕组中的故障

出现在绕组、纵绝缘和端子中的故障是由于以下几种原因造成的。

① 在绕制绕组时如果纸包扁铜线或者纸包扁铝线的棱曲率半径较小，当变压器在负荷下发生震动，或将变压器接入电网而遭受重复的电磁力冲击时，导线的陡棱将切断绝缘而导致相邻线匝的直接接触，从而造成线段的相邻匝间短路。

② 曾遭受出口短路的绕组某一线段的一匝或多匝导线发生错位，可能造成匝间短路，或者错位后并不一定能马上发生击穿现象，但由于电磁力的作用产生震动，引起铁芯螺栓松动，反复遭受严重电磁力的冲击时，相邻错位线匝间的绝缘被磨损也可能导致击穿现象。

③ 矩形导线上绕包的绝缘纸可能达不到所要求的紧度，因此产生隆起现象，使导线形状发生变形，这种变形有时要引起匝间短路。如果导线的棱曲率半径较小，这种现象就越发严重。

④ 目前，大型电力变压器为避免运行期间绝缘产生收缩，备有对绕组调节的压紧装置。绕组的压紧程度应由富有经验的工人细心地加以调整，以便对绕组施加合适的压力，否则某些导线可能产生错位，引起短路。

⑤ 绕组的绝缘由于空气带入的水分或者油中带有水分而受潮时，迟早总要发生匝间短路。如果绕组未经良好的干燥处理和浸渍，由此而产生的匝间击穿将会更加危险。

⑥ 当使用薄的带状导体在绝缘筒上立绕单螺旋式或双螺式绕组时，由于这种绕组的机械强度很低，加上线匝的覆盖面位于绝缘筒表面的法线方向，所以当系统发生外部短路时，这种绕组极易损坏。

⑦ 大多数绝缘的机械强度随机械压力的增加而降低，当负荷发生迅速的波动，绕组遭受电或磁的冲击时，绕组导线的膨胀和收缩将使匝间绝缘上所承受的机械力交替地增大和减小，其绝缘极易产生损坏。

⑧ 多根并联连续式绕组，它的幅向尺寸与轴向尺寸的比值过大，如果油道太窄，在绕组的内侧将产生过热点，使导线绝缘产生脆化，引起匝间短路。同时，并联导线常常为矩形且窄边绕组的导线垂直于漏磁通，导线中将流过极大的涡流，因此，在绕组中可能产生过热点，使绕组绝缘产生热击穿。

⑨ 绕组内部导线的焊接质量不佳，当变压器负荷时，由于使绕组产生过热，导致绝缘油的局部炭化。接头处产生的热量传导到绕组的一段导线上，并可局部炭化导线绝缘，最终导致匝间短路。这样的接头迟早要断开从而造成绕组断路。

⑩ 当圆式绕组带有分接头时，安匝不平衡是不可避免的。当变压器发生外部短路时，还产生作用于绕组上的轴向力，该轴向力经常引起端部线段变形。

⑪ 绕组匝间短路及绕组对地短路的原因有以下几个方面。

- 当雷电及网络的冲击波侵入变压器时，在变压器与线路之间的过渡处冲击阻抗有变化，绕组线端的端部线段容易产生电压和电流传输波的反射现象，其结果是在变压器绕组中引起高电压，绕组绝缘被击穿。

- 正常的开合闸、雷电冲击或对地弧光放电都可能产生冲击波，由冲击波引起的过电压可能在开口分接处，或绕组中冲击阻抗产生变化的任意点，如加在绝缘导线的末端、串联绕组的连线及中性点上，从而引起匝间短路。
- 当把一只感应绕组从线路中切除，或者迅速冷却遮断电弧（尤其是在最后的半个周期）时，会使铁芯中的磁通很快衰减，其衰减速率与周期变化率相比要大得多，结果有时在变压器中产生电压升高。

⑫ 严重的持续过载可在整台变压器中引起高温，油道窄小加剧变压器的过热现象，造成绝缘变脆，同时可能产生导线绝缘脱落因而导致匝间短路。绝缘油中产生的油泥将沉积物覆盖在绕组和铁芯上，沉积在油箱底及铁芯构件中，因此变压器散热不良，过热越来越严重。对铜损与铁损比值大的变压器，会难以承受过负荷，并易于因过负荷产生损坏。

⑬ 当要改变电压而变换分接头时，必须保证接线正确并防止绕组产生部分短路。否则，短路的绕组中将有严重的短路电流循环，将引起匝间短路。

⑭ 用螺栓夹紧的载流接头，如未采取有效的防松措施，则在变压器运行期间，将因震动而发生松动，接头将因此迅速发热，甚至使得一台重要的大型变压器不得不暂时退出运行。

3. 绝缘中的故障

出现在绝缘油和主绝缘中的故障是由于以下几种原因造成的。

① 由于变压器没有全密封，或者全密封但隔膜、胶囊漏气，使潮湿空气进入绝缘油，降低了绝缘油的绝缘强度，从而可能引起绕组、引线对油箱或铁芯构件造成击穿。但是，绕组间绝缘受潮是最为显著的。

② 在变压器中，常常把介电常数不同的绝缘材料串联使用，如果这些绝缘材料的厚度搭配不合理，那么它们将承受极大的电场强度，因电晕放电或过热可以导致某种绝缘材料的损坏。因此，必须考虑施加于串联绝缘材料上的电压，按相同厚度的每种绝缘材料所承担的电压与各自的介电常数成反比的比例分配。要按比例确定各种绝缘材料的厚度，从而把它们的电压梯度保证在安全工作限值之内。

③ 绝缘油中悬浮物里的粒子在有电位差的裸导体之间形成“小桥”，引起暂时的电气击穿。

④ 变压器长时间过载可引起绝缘油的老化，油温过高会加速油泥、水分及酸的形成。

⑤ 随着时间的流逝，变压器油箱内的油面可能下降。如果不能保证油面处于规定的位置，则变压器可能因冷却油的循环受到限制而产生过热。

⑥ 在变压器绕组表面及器身上可能会遗留下金属材料，这对爬电距离会产生极大影响。

⑦ 一次绕组与二次绕组间放置的地屏往往引起边缘处产生电场强度集中，因而使得绝缘局部承担电场强度过大。所以，虽然从高压绕组到地屏只有一点击穿，也常常会导致该心柱上的高压绕组完全毁坏。

⑧ 绝缘成型件，如绝缘纸和合成树脂压制而成的绝缘筒、绝缘管及接线板等，有时因其表面被污染而导致表面放电，使得绝缘材料失效，或绝缘件吸附气体常常导致气体电离，使介质产生过热，绝缘会因此被击穿。

⑨ 木制的引线支架及线夹未经充分的干燥及浸渍，则水分的存在将产生“小桥”而导致分接引线之间的电气击穿。

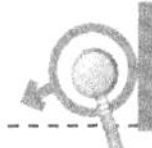

4．结构件中发生的故障

结构件中发生的故障是由于各种结构欠缺及其他原因而产生的。

① 变压器装有压力调节装置，绕组上的压紧力应随着变压器运行过程绝缘的收缩情况进行调整，但必须采取适当措施防止绕组压紧装置的任何部分或部件形成短路匝。压紧装置一般包括正、反压钉及与它们配合使用的放于绕组上面的钢压板，压钉与钢压板之间必须加以绝缘且钢压板本身也需适当开口。

② 由于焊接质量不佳、装配不细、运输过程中粗心地吊放变压器，会造成变压器油箱漏油，如不及时维护，则变压器将产生过热和击穿。

③ 气体继电器内未按规定充油和检验时，继电器可能产生误动作。另外，由于缺乏正确保护，当变压器油箱内部产生故障时，会造成变压器严重击穿。

④ 变压器并列运行应同时满足下列条件：变压器的联结组标号相同；变压器的变比相同（允许有正负 0.5%的差值）；变压器的短路电压相等（允许有正负 10%的差值）。

除满足以上三个条件外，对于并列运行变压器容量比一般不宜超过 3∶1，否则，并联变压器中至少有一台要产生过热并可能损坏。

⑤ 当系统产生外部短路时，由于从绕组至接线端子的引线支撑不牢及拉得不紧，可引起引线变形及互相打结。

⑥ 套管瓷套的表面沉积有灰尘及盐雾时，引起套管的闪络。

⑦ 在强迫油循环的水冷却变压器中，冷却水渗入油中也能够引起故障。冷却管的材质最好是紫铜或黄铜，可防止冷却管锈蚀，因此可避免水向油中渗漏。另一方面在变压器的油冷却器中，由于将电化当量差别较大的不同金属接触使用，因此产生了油冷却器的电解锈蚀现象。把变压器油维持在比冷却水高得多的静态压力下，这样就基本上解决了冷却水向油中渗漏的问题。

⑧ 变压器负荷时，冷却水及变压器周围的管道温度自然要比油箱顶部及气体的温度低得多，结果是这些气体中所含的水分就在冷却管与油箱的连接处冷凝，随之水分将进入油箱。防爆筒上部经常可见到的冷凝水珠就是这个原理，如果不采取措施，将引起故障。

⑨ 在高压电容式套管中，由于套管的各级所承担的电场强度过大，因此，纸绝缘产生严重老化及损坏，结果导致套管被击穿。

⑩ 由于油浸式变压器油箱顶部的气化物可能是易爆的，绝对不能明火在内部作业。在变压器油箱内部工作，应维持一个连续流动的空气流或者遵守油箱内部的允许工作时间。如果忽略了这一点，就会发生变压器事故，并导致人身伤亡。

⑪ 对强迫油循环冷却的油浸式变压器，当油的循环因辅助冷却设备发生故障而停止时，变压器温度将逐步升高。如果发生这种故障，应使变压器承担能自然冷却时的负荷。

⑫ 对水冷却变压器，由于水源的氧化钙等物质的沉积，会使冷却管易于堵塞，冷却水的流量将要减小，引起变压器温度升高，且往往高于最高许可值。

⑬ 当为变压器布置屏蔽外罩时，在变压器周围必须留有足够的空间，以确保变压器散热提供良好的通风条件，否则将引起变压器温度升高，从而危及绕组绝缘并影响绝缘油的质量。

3.8.2 变压器的故障处理

1. 主变压器油温过高

当上层油温超过允许值时，应检查温度计本身是否失灵，检查冷却装置是否正常，散热器是否打开；检查变压器的负荷，并与以往同样负荷下的冷却介质的温度相比较，是否有差异。如上述油温比以往同样条件下高出100℃，且还在继续上升，则可断定变压器内部有故障。当差动保护和气体继电器保护不动作，但出现油色逐渐变暗，油温渐渐升高等情况时要立即报告，并将变压器停止运行，进行检修。检修时注意检查匝间短路，夹紧用的穿心螺栓与铁芯是否短路，或者硅钢片间的绝缘是否损坏。

2. 主变压器漏油

主变压器漏油主要是由于安装及检修等操作不慎，造成位置安装的不正确；胶垫错位、老化、失去弹性、开裂、脆化、变形；螺杆紧固力不均等原因，或由于制造而引起焊缝、铸件的砂眼和气孔的漏油等。

由于漏油使油位迅速下降，因油面过低（低于顶盖）而没有使瓦斯继电器保护动作（跳闸），将会损坏引线绝缘，所以禁止将瓦斯继电器跳闸保护只用于控制信号。有时变压器内部有“嗞嗞”的放电声，且变压器顶盖下形成了空气层，这就有很大的危险，所以必须迅速采取措施，阻止漏油。修漏方法有以下几方面。

① 对于箱沿及装高压瓷套管的密封垫，发现漏渗可适当拧紧螺母，如解决不了漏渗，则必须整体放油来检修。对于冷却器、净油器等处连接油箱的蝶阀内侧密封胶垫漏渗，当拧紧螺母也解决不了漏渗时，也必须放油后检修。油放出后用滤油机将油注入变压器顶上的储油柜内，关闭储油下蝶阀，待检修完毕再打开储油柜蝶阀，恢复运行油面。

② 焊好漏渗部位的关键是找准变压器漏渗油准确位置，根据漏渗点的所处部位，采用带油或不带油的方法进行补焊工作。油箱钢板厚6～8cm，可带油补焊。焊口较大时，可采用抽真空法补焊。

③ 散热器漏渗检修时，由于管壁较薄，可采取关闭散热器上下蝶阀，拧开放油堵，放油后进行补焊。

④ 冷却器漏渗检修时，由于冷却器管由散热翅组成，所以如管根部腐蚀漏渗，必须整组更换新冷却器。

⑤ 充油高压套管漏渗油检修时，如套管连接法兰漏渗，则必须更换新套管。

⑥ 潜油泵修漏时，如是胶垫密封不严，可在现场适当拧紧螺杆解决；如果是外壳砂眼、气孔等漏渗，则必须停电更换潜油泵。

⑦ 气体继电器漏渗检修时，检修气体继电器必须停用直流电源或解掉连接地，以防触电，也可防止气体继电器端子短接而误跳闸。处理时关闭气体继电器两端蝶阀，更换密封胶垫和更换小套管胶垫。另外，由于取气小钢球不合适或里面有异物时，也会造成球顶不严而漏渗。

⑧ 蝶阀修漏时，蝶阀铸件有砂眼而漏渗应停电放油后才能更换。如是蝶阀杆漏渗，可关闭蝶阀，取下手把并拧出盘根压圈，用特制小钩掏出部分盘根，然后用定型小胶圈2～3个，

压入拧紧压圈即可。

⑨ 套管电流互感器小套管漏渗检修时，主要是胶垫或是导电杆漏渗，必须停电放油拧紧压紧螺杆或旋紧导杆的螺母。

3. 主变压器着火

主变压器着火时，应首先切断电源。若是顶盖上部着火，应立即打开事故放油阀，将油放至低于着火处，同时要用四氯化碳灭火机或沙子灭火，并注意油流方面，以防火灾扩大而引起其他设备着火。

4. 主变压器保护动作

① 瓦斯继电器报警信号有下列原因：滤油、加油和启动强迫油循环装置而使空气进入变压器；因温度下降或漏油致使油面缓慢低落；变压器轻微故障而产生少量气体；由于外部穿越性短路电流的影响；直流回路绝缘破坏或接点劣化引起的误动作。

发生瓦斯继电器报警信号，首先应停止音响信号，并检查瓦斯继电器动作的原因。如果不是上述原因造成的，则应立即收集瓦斯继电器内的气体。如果气体不可燃而且是无色无嗅，而混合气体中主要是惰性气体，氧气含量大于 16%，油的闪点没有降低，则说明是空气进入瓦斯继电器内，此时变压器可继续运行。如果打开瓦斯继电器顶盖上的放气栓，距栓口 5～6cm 处火柴明火可点燃，有明亮的火焰，则说明变压器内部有故障。把收集到的气体进行化验，如果气体颜色和性质为黄色不易燃的，且一氧化碳含量大于 1%～2%，则为木质绝缘损坏；如果是灰色和黑色易燃的，且氢气含量在 30%以下，有焦油味，闪点降低，则说明油因过热而分解；如果气体为浅灰色带强烈臭味，则油内曾发生过闪络故障，且纸或纸板绝缘损坏。

如果上述还不能作为正确判断，则可采用气相色谱法，适当从氢、烃类、一氧化碳、二氧化碳、乙炔的含量中用三比法判断是裸金属过热性故障，还是固体绝缘物过热性故障，或是匝间短路、铁芯多点接地等放电性故障。

② 瓦斯继电器动作跳闸。若判明是内部故障，应报告上级，并取油样化验，进行色谱分析，检查油的闪点。若油的闪点比过去降低 5℃以上，则说明变压器内部有故障，必须停下处理，严禁送电。若内部无故障，则是由于油面剧烈下降或保护装置二次回路故障；在某种情况下，如检修后油中空气分离得太快，也可使瓦斯继电器保护动作跳闸，则可在排除故障后送电。

③ 当变压器的差动保护动作时，则应立即将备用变压器投入，然后对差动保护范围内的各部分进行检查。

- 检查变压器套管是否完整，连接变压器的母线上有无闪络的痕迹。
- 检查电缆头是否损伤，电缆是否有移动现象。
- 有时差动保护在其保护范围外发生短路时，可能会发生误动作，如果变压器没有损伤的迹象时，则应检查差动保护的直流电路。若没有发现变压器有故障，应可空载合闸试送电；合闸后，经检查正常时，方可与其他线路接通。
- 若跳闸时一切都正常，则可能为保护装置误动作，此时，应将各侧的断路器和隔离开关断开，由试验人员试验差动保护的整套装置。若差动保护动作正确时，则必须将故障找出并消除后，方可将变压器投入运行。

④ 当电流速断保护动作跳闸时，可参照差动保护动作的处理。

⑤ 定时限过电流保护动作时，应采取以下方法处理。

- 当变压器由于定时限过电流保护动作跳闸时，首先应解除音响，然后详细检查各出线断路器保护装置的动作情况，各信号继电器有无掉牌，各操作机构有无卡死等现象。其目的是检查有无越级跳闸的可能，如查明是因某线路出现故障引起的越级跳闸，则应拉开该线路断路器，将变压器投入，并恢复向其余各线路送电，然后查明该断路器没准确跳闸的原因。
- 若检查发现变压器本体有明显的故障迹象时，则不可合闸送电，而应汇报上级，听候处理。
- 若检查发现中、低压侧母线有明显故障迹象，而变压器本体无明显故障迹象时，则可切除故障母线后，再试合闸送电。
- 如查不出是否越级跳闸，则应将低压侧所有出线断路器全部拉开，并检查中、低压侧的母线及变压器本体有无异常情况。若查不出有故障迹象时，则变压器可在空载的情况下试投一次；当在试送某一出线断路器时又引起越级跳闸，则应将其停用，而将其余线路恢复供电，然后检查引起越级跳闸的该出线断路器。

⑥ 零序保护动作跳闸时，一般均为系统发生单相接地故障所致。发生事故后，应汇报调度听候处理。

5. 其他故障情况

如有下列严重情况之一，即应先将备用变压器投入运行，然后立即切除有故障的主变压器后，报告调度和上级机关。

① 变压器内部有强烈而不均匀的噪声，有爆裂的火花放电声音。

② 储油柜或防爆筒喷油。

③ 漏油现象严重，使油面降低至油位指示计的最低限值，且一时无法堵住。

④ 油色变化过快，油内出现明显强烈的炭质。

⑤ 套管有严重的破损及放电炸裂现象，已不能持续运行。

⑥ 在正常负荷和冷却条件下，变压器温度不正常，并不断上升。

1. 电力变压器由哪几部分组成，各部分有什么作用？
2. 电力变压器常冷却方式有哪几种？
3. 气体绝缘变压器在结构上有什么特点？
4. 低损耗油浸变压器与普通变压器相比具有哪些特点？
5. 如何正确选用变压器？
6. 什么是轻瓦斯保护？什么是重瓦斯保护？
7. 瓦斯继电器在安装使用前应做哪些检验项目和试验项目？
8. 如何正确安装瓦斯继电器？
9. 瓦斯继电器在日常巡视中应注意哪些内容？
10. 变压器瓦斯保护动作后如何进行处理？

11．三相变压器的绕组有哪几种连接方式，各有什么特点？
12．为了避免制造和使用上的混乱，国家如何规定电力变压器的联结组标号？
13．变压器并联运行方式有何优点？
14．变压器并联运行须要满足哪些必要条件？
15、变压器安装前应进行哪些检查？
16．电力变压器有哪几种安装形式？
17．电力变压器在巡视检查中应注意哪些问题？
18．运行中的变压器在补充油时应注意哪些事项？
19．变压器运行时导致油温异常的原因有哪些？
20．呼吸器硅胶变色过快的原因主要有哪些？

Chapter 4

第4章 绝缘子

4.1 认识绝缘子

学习目标

① 理解并掌握绝缘子的作用和分类。
② 了解各种绝缘子的型号含义。
③ 掌握绝缘子的参数、结构与特点。

4.1.1 绝缘子分类及型号含义

1. 绝缘子的作用

绝缘子是用来支持、固定裸带电体，并使其对地或对其他不同电位部分保持绝缘的一类装置。它在运行中应能承受导线垂直方向的荷重和水平方向的拉力。它还经受着日晒、雨淋、气候变化及化学物质的腐蚀，因此它应具有足够的机械强度、绝缘强度，并具有良好的耐热、防潮、防化学腐蚀的性能。绝缘子的好坏对线路的安全运行是十分重要的。

2. 绝缘子分类

绝缘子按结构可分为支持绝缘子、悬式绝缘子、防污型绝缘子和套管绝缘子。按功能不同可分为普通型绝缘子和防污型绝缘子。按使用材料可分为瓷质绝缘子、钢化玻璃绝缘子和复合绝缘子。复合绝缘子是由有机硅橡胶材料复合制成的高电压绝缘子，它的主要产品有棒式和横担式，在35kV、110kV及220kV线路上作为悬垂式绝缘子及耐张式绝缘子来承载绝缘，目前，也有用于10kV线路的绝缘子产品。按电压高低分高压绝缘子和低压绝缘子两大类。高压绝缘子又可分为发电厂和变电所用、电器用、线路用三类。架空线路中所用绝缘子，常用的有针式绝缘子、蝶式绝缘子、悬式绝缘子、瓷横担、棒式绝缘子和拉紧绝缘子等。

3．绝缘子的型号含义

（1）高压线路针式绝缘子型号含义

高压线路针式绝缘子的外形如图 4-1 所示。

高压线路针式绝缘子型号含义如表 4-1 所示，其型号字母含义如下。

① P——普通型针式绝缘子。

② PQ——加强重污型针式绝缘子。

③ PQ1——加强中污型针式绝缘子。

④ PQ3——耐雷击型针式绝缘子。

⑤ B——瓷件侧槽以上部位的上半导体釉。

⑥ T——带脚、铁担。

⑦ M——带脚、木担。

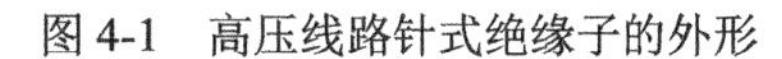

图 4-1　高压线路针式绝缘子的外形

⑧ L——不带脚、瓷件与脚螺纹连接。

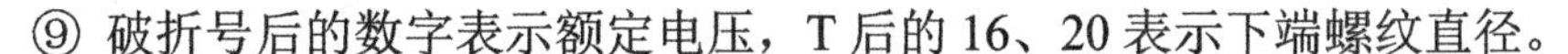

⑨ 破折号后的数字表示额定电压，T 后的 16、20 表示下端螺纹直径。

表 4-1　高压线路针式绝缘子型号含义

第一位	第二位	第三位	第四位	第五位	第六位
产品型式	结构特征：普通型不表示	设计顺序号	额定电压（kV）	L——瓷件与钢脚采用螺纹连接 B——瓷件头部上半导体釉 MC——加长的木担直脚	安装连接螺纹直径。M20 者不表示。安装连接代号：T——铁担，M——木担，W——弯脚

高压线路针式绝缘子的主要尺寸和性能标准如表 4-2、表 4-3 所示。

表 4-2　P 系列主要尺寸和性能标准

产品型号	额定电压/kV	主要尺寸/mm					公称爬电距离/mm	弯曲破坏负荷/kN	工频电压/kV		50%全波冲击闪络电压/kV
		H	D	H_1	H_2	D_1			湿闪络	击穿	
P-6T	6	90	125	30	30	M16	150	—	28	65	70
P-6M	6	90	125	140	140	M16	150	—	28	65	70
P-10T	10	105	145	151	35	M16	195	13.7	32	95	80
P-10M	10	105	145	151	140	M16	195	13.7	32	95	80
P-15T	15	120	190	160	40	M20	280	13.7	45	98	118
P-15M	15	120	190	160	140	M20	280	13.7	45	98	118
P-20T	20	165	228	245	45	M20	370	13.2	57	111	140
P-20M	20	165	228	245	180	M20	370	13.2	57	111	140
P-35T	35	200	280	285	45	M20	560	13.2	80	156	175
P-35M	35	200	280	285	210	M20	560	13.2	80	156	175

表 4-3　PQ 系列主要尺寸和性能标准

产品型号	主要尺寸/mm							最小公称爬电距离/mm	标准雷电冲击全波耐受电压（峰值）/kV	工频电压（有效值）/kV		绝缘子弯曲耐受负荷/kN	瓷件弯曲破坏负荷/kN
	H	D	R_1	R_2	H_1	H_2	D_1			湿耐受	击穿		
PQ1-10T16	133	140	13	9.5	183	40	M16	255	90	40	130	2.0	10.6
PQ1-10T20	133	140	13	9.5	180	40	M20	255	90	40	130	2.0	10.6
PQ1-10L	133	140	13	9.5	—	—	—	255	90	40	130	—	10.6
PQ1-10LT	133	140	13	9.5	183	40	M20	255	90	40	130	4.0	10.6
PQ2-10T	165	228	19	14	209	40	M20	450	110	50	145	3.0	13.3
PQ2-10L	165	228	19	14	—	—	—	450	110	50	145	—	13.3
PQ2-10LT	165	228	19	14	209	40	M20	450	110	50	145	3.5	13.3
PQ2-10BT	165	228	19	14	209	40	M20	450	110	50	145	3.0	13.3
PQ2-10BL	165	228	19	14	—	—	—	450	110	50	145	—	13.3
PQ2-10BLT	165	228	19	14	209	40	M20	450	110	50	145	3.5	13.3

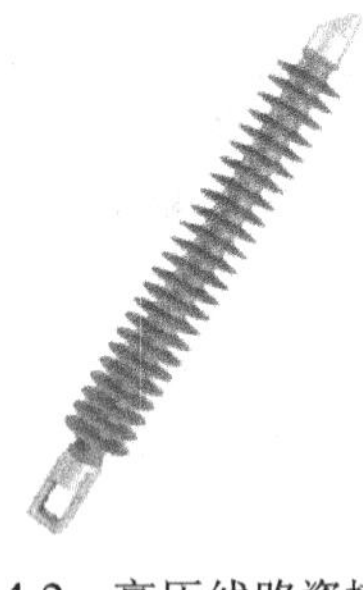

图 4-2　高压线路瓷横担绝缘子的外形

（2）高压线路瓷横担绝缘子型号含义

高压线路瓷横担绝缘子的外形如图 4-2 所示。

高压线路瓷横担绝缘子型号含义如表 4-4 所示，其型号字母含义如下。

① S——胶装式实心瓷横担绝缘子。

② SC——全瓷式实心瓷横担绝缘子。

③ Z——绝缘子瓷件顶部带槽，即直立式（水平式不表示）。

④ 破折号后数字为 50%全波冲击闪络电压（kV）。

表 4-4　高压线路瓷横担绝缘子型号含义

第一位	第二位	第三位	第四位	第五位	第六位
产品型式 S——胶装式 SC——全瓷式	结构特征	设计顺序号	额定电压（kV），老系列产品为 50%全波冲击闪络电压（kV）	机械弯曲破坏负荷（kN），老系列产品不表示	安装连接形式， Z——直立安装

高压线路瓷横担绝缘子的主要尺寸和性能标准如表 4-5 所示。

表 4-5　高压线路瓷横担绝缘子的主要尺寸和性能标准

产品型号	额定电压/kV	主要尺寸/mm							公称爬电距离/mm	弯曲破坏负荷/kN	工频湿闪电压/kV	50%全波冲击闪络电压/kV
		D	L	L_1	L_2	d_1	d_2	a				
S-185	10	75	470	390	315	6.5	18	40	315	2.5	50	185
S-185Z	106	75	470	390	315	6.5	18	40	315	2.5	50	185
S-210	10	82	522	440	365	6.5	18	40	365	2.5	60	210

续表

产品型号	额定电压/kV	主要尺寸/mm							公称爬电距离/mm	弯曲破坏负荷/kN	工频湿闪电压/kV	50%全波冲击闪络电压/kV
		D	L	L_1	L_2	d_1	d_2	a				
S-210Z	10	82	522	440	365	6.5	18	40	365	2.5	60	210
S-280	35	115	670	580	490	22	11	40	490	5.0	100	280
S-280Z	35	115	670	580	490	22	11	40	490	5.0	100	280
S-380	35	135	900	800	700	22	13	50	700	5.0	160	380
S-380Z	35	135	900	800	700	22	13	50	700	5.0	160	380
S-450	—	135	1030	920	820	22	13	50	—	—	—	—
S-450Z	—	135	1030	920	820	22	13	50	—	—	—	—

（3）高压线路柱式绝缘子型号含义

高压线路柱式绝缘子的外形如图 4-3 所示。

高压线路柱式绝缘子型号含义如表 4-6 所示，其型号字母含义如下。

① PS——高压线路柱式瓷绝缘子。

② J——线夹型，绑扎型不表示。

③ N——较长爬电距离，正常爬电距离不表示。

④ “—”后数字为雷电全波冲击耐受电压值（kV）。

⑤ “/”后数字为弯曲破坏负荷值（kN）。

⑥ Z——直立安装，水平安装不表示。

⑦ S——螺纹连接式。

⑧ R——线路柱式绝缘子。

⑨ R 后的数字表示弯曲破坏负荷值（kN）。

⑩ 随后的字母 E 或 J 表示金属附件外胶装或内胶装。

⑪ 再后的字母 T、C、H 分别表示顶部绑扎型、直立安装的顶部线夹型或水平安装的顶部线夹型；后缀的数字表示规定的雷电冲击耐受电压值。

图 4-3 高压线路柱式绝缘子的外形

表 4-6 高压线路柱式绝缘子型号含义

第一位	第二位	第三位	第四位
产品型式	设计顺序号	额定电压（kV）	弯曲破坏负荷（kN）

高压线路柱式绝缘子的主要尺寸和性能标准如表 4-7 所示。

表 4-7 高压线路柱式绝缘子的主要尺寸和性能标准

绝缘子型号	雷电全波冲击耐受电压/kV	工频湿耐受电压/kV	机械弯曲破坏负荷/kN	爬电距离/mm	H/mm	D/mm	d/mm	头部尺寸标准图号	底座中心螺孔
PS-105/3z	105	40	3	300	224	120	90	4a	—
PSN-105/5ZS	105	40	5	360	283	125	60	4a	M16
PSN-95/8ZS	95	38	8	350	222	145	90	4b	M20

续表

绝缘子型号	雷电全波冲击耐受电压/kV	工频湿耐受电压/kV	机械弯曲破坏负荷/kN	爬电距离/mm	H/mm	D/mm	d/mm	头部尺寸标准图号	底座中心螺孔
PSN-125/8ZS	125	50	8	530	305	150	100	4b	M20
PSN-170/8ZS	170	70	8	720	370	160	90	4b	M20
PSN-150/12.5Z	150	65	12.5	534	336	170	110	4b	—
PS-170/12.5ZS	170	70	12.5	580	370	170	100	4b	M20
PS-200/12.5ZS	200	85	12.5	620	430	180	120	4b 或 c	M20
PS-250/12.5ZS	250	95	12.5	860	510	190	120	4b 或 c	M20
PS-325/12.5ZS	325	140	12.5	1200	660	200	140	4b 或 c	M24
PSN-95/12.5ZS	95	38	12.5	350	222	165	100	4b	M20
PSN-125/12.5ZS	125	50	12.5	530	305	170	100	4b	M20
PSN-170/12.5ZS	170	70	12.5	720	370	180	100	4b	M20
PSN-200/12.5ZS	200	85	12.5	900	430	190	120	4b 或 c	M20
PSN/12.5ZS	250	95	12.5	1140	510	200	120	4b 或 c	M20
PSN-325/12.5ZS	325	140	12.5	1450	660	210	140	4b 或 c	M24

图 4-4 高压线路蝶式绝缘子的外形

（4）高压线路蝶式绝缘子型号含义

高压线路蝶式绝缘子的外形如图 4-4 所示。

高压线路蝶式绝缘子型号含义如表 4-8 所示，其型号字母含义如下。

① 老型号：E——高压线路蝶式瓷绝缘子；破折号后数字为额定电压（kV）。

② 新型号：E——高压线路蝶式瓷绝缘子；破折号后数字为形状尺寸序数，“1”号为尺寸最大的一种。

表 4-8 高压线路蝶式绝缘子型号含义

第一位	第二位	第三位
产品型式	设计顺序号	形状尺寸序号，对于老系列产品 6、10 为额定电压（kV）。

高压线路蝶式绝缘子的主要尺寸和性能标准如表 4-9 所示。

表 4-9 高压线路蝶式绝缘子的主要尺寸和性能标准

型　号	额定电压/kV	主要尺寸/mm					工频电压/kV			机械破坏负荷/kN	质量/kg
		H	D	d_1	d_2	R	干闪	湿闪	击穿		
E-10	10	175	180	70	26	12	60	32	78	15	3.5
E-6	6	145	150	68	26	12	50	26	65	15	1.8
E-1	—	180	150	74	26	12	45	27	78	20	4.0
E-2	—	150	130	72	26	12	38	23	65	20	2.2

（5）高压线路盘形悬式绝缘子型号含义

高压线路盘形悬式绝缘子的外形如图 4-5 所示。

高压线路盘形悬式瓷绝缘子型号含义如表 4-10 所示，其型号字母含义如下。

① XP——普通盘形悬式瓷绝缘子。

② XMP——草帽耐污盘形悬式瓷绝缘子。

③ XWP——双伞、三伞耐污盘形悬式瓷绝缘子。

④ XHP——钟罩伞耐污盘形悬式瓷绝缘子。

⑤ XDP——架空避雷线用盘形悬式瓷绝缘子。

图 4-5 高压线路盘形悬式瓷绝缘子的外形

表 4-10 高压线路盘形悬式绝缘子型号含义

第一位	第二位	第三位	第四位	第五位
产品形式	结构特征（包括外绝缘结构）	设计顺序号	机电破坏负荷（kN）	安装连接形式，C——槽形，球形不表示

高压线路盘形悬式绝缘子的主要尺寸和性能标准如表 4-1、4-2 所示。

表 4-11 高压线路盘形悬式绝缘子的主要尺寸和性能标准（一）

型　号		X—30/C	XP—60/C	XP—70/C	XP—70T	XP—100	XP—160
主要尺寸	*H*	140	146	146	146	146	150
	D	200	255	255	255	255	255
最小公称爬行距离/mm		200	280	295	295	295	305
连接形式标记		16/16C	16/16C	16/16C	16	16	20
机电破坏负荷/kN		40	60	70	70	100	160
打击破坏负荷/kN		—	—	565	565	678	1017
雷电全波冲击耐受电压（峰值）/kV		90	100	100	100	100	100
工频 1min 湿耐受电压（峰值）/kV		30	35	40	40	40	40
工频击穿电压/kV		90	110	110	110	110	110

表 4-12 高压线路盘形悬式瓷绝缘子的主要尺寸和性能标准（二）

型　号		XWP2—60/C	XWP2—70T	XWP2—70/C	XWP—100	XWP—160
主要尺寸	*H*	146	146	146	160/146	155/160
	D	255	255	255	280/255	255/280
最小公称爬行距离/mm		400	400	400	400	400
连接形式标记		16/16C		16/16C	16	20
机电破坏负荷/kV		70	70	70	100	160
打击破坏负荷/kN		—	—	—	—	—
50%雷电全波冲击耐受电压（峰值）/kV		120	120	120	120	120
工频 1min 湿耐受电压（峰值）/kV		45	45	45	45	50
工频击穿电压/kV		120	110	120	120	120

图 4-6　高压线路耐污盘形悬式瓷绝缘子的外形

（6）高压线路耐污盘形悬式瓷绝缘子型号含义

高压线路耐污盘形悬式瓷绝缘子的外形如图 4-6 所示。

高压线路耐污盘形悬式瓷绝缘子型号含义如表 4-13 所示，其型号字母含义如下。

① XWP——以机电破坏负荷表示的双层伞形耐污悬式瓷绝缘子。

② WHP——以机电破坏负荷表示的钟罩形耐污悬式瓷绝缘子。

③ WHP——以机电破坏负荷表示的草帽形耐污悬式瓷绝缘子。

④ 其右下角数字为设计顺序号；破折号后面的数字为机电破坏负荷（kN）；C——槽型连接，球型连接不表示。

表 4-13　高压线路耐污盘形悬式瓷绝缘子型号含义

第一位	第二位	第三位	第四位	第五位
产品形式	结构特征（包括外绝缘结构）	设计顺序号	机电破坏负荷（kN）	安装连接形式，C——槽形，球形不表示

高压线路耐污盘形悬式瓷绝缘子的主要尺寸和性能标准如表 4-14 所示。

表 4-14　高压线路耐污盘形悬式瓷绝缘子的主要尺寸和性能标准

产品型号		X—4.5	X—4.5C	XP—70	XWP—70	XP—100	XWP—100	XWP—120
主要尺寸/mm	H	146	146	146	160	146	160	160
	D	255	255	255	255	255	280	300
爬电距离/mm		280	280	295	400	295	450	450
标准连接尺寸/d_1		16	16	16	16	16	16	16
闪络电压		干（kV）	75	75	75	80	75	80
湿/kV		45	45	45	45	45	45	45
击穿电压/kV		120	120	120	120	120	120	120
50%冲击闪络电压/kV		120	120	120	120	120	135	135
例行机械负荷/kN		30	30	35	7	50	—	—
一小时机电负荷/kN		45	45	52	52	52	—	—
机电破坏/kN		60	60	70	5.25	100	—	—

（7）高压架空线路绝缘地线用盘形悬式绝缘子型号含义

高压架空线路绝缘地线用盘形悬式绝缘子的外形如图 4-7 所示。

高压架空线路绝缘地线用盘形悬式绝缘子型号含义如表 4-15 所示，其型号字母含义如下。

① XDP——高压架空线路绝缘地线用盘形悬式瓷绝缘子。

② “—”后数字为机电破坏负荷值（kN）。

③ C——槽型结构。

④ N——电极形式，N 表示耐张式，悬垂式不表示。

图 4-7 高压架空线路绝缘地线用盘形悬式绝缘子的外形

表 4-15 高压架空线路绝缘地线用盘形悬式绝缘子型号含义

第一位	第二位	第三位	第四位	第五位	第六位
产品形式	结构特征	设计顺序号	机电破坏负荷（kN）	安装连接形式，C——槽形	电极形式，C——耐张式，悬垂式不表示

高压架空线路绝缘地线用盘形悬式绝缘子的主要尺寸和性能标准如表 4-16 所示。

表 4-16 高压架空线路绝缘地线用盘形悬式绝缘子的主要尺寸和性能标准

产品型号		XDP—70C	XDP—70CN	XDP—100C	XDP—100CN
图号		1	2	1	2
主要尺寸/mm	H	200		210	
	D	160		170	
	最小公称爬电距离 L	160		170	
	A_1	155	135	155	135
	A_2	135			
	a_1	70°	170°	70°	170°
	a_2	60°			
	L_1	19			
	L_2	16			
	d_1	18			
	d_2	18			
	d_3	16			
	间隙调整范围	10～30			
绝缘子工频湿耐受电压（有效值）/kV		30			
绝缘子工频击穿电压（有效值）/kV		110			
绝缘子额定机电破坏负荷（试验电压为 40kV）/kN		70		100	
绝缘子打击破坏负荷/kN		565		678	
去掉上电极的地线绝缘子的工频闪络电压（有效值）/kV	干	45			
	湿	25			

续表

产品型号			XDP—70C	XDP—70CN	XDP—100C	XDP—100CN
图号			1	2	1	2
地线绝缘子工频（干或湿）放电电压（间隙距离 20mm）（有效值）/kV		上限值	30			
		下限值	8			
工频恢复电压 2500V（间隙距离 15mm）时熄灭电弧电流（有效值）/A		电感性电流	35			
		电容性电流	20			
电极耐弧能力	工频电流（有效值）/kA		10			
	时间/s		0.2			
	次数		2			
质量/kg			3.7	3.7	5.6	5.6

（8）架空电力线路用拉紧绝缘子

架空电力线路用拉紧绝缘子的外形如图 4-8 所示。

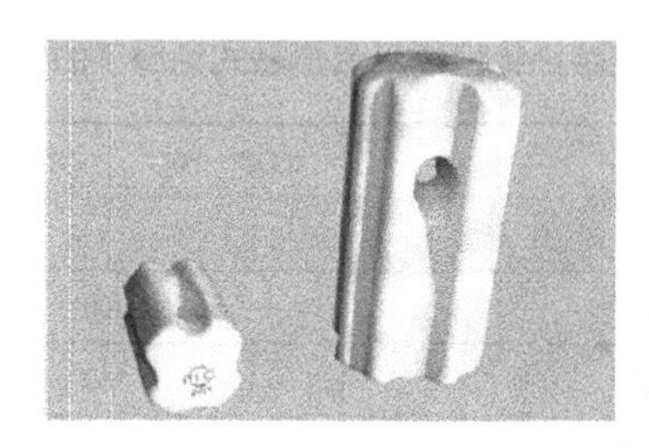

图 4-8　架空电力线路用拉紧绝缘子的外形

架空电力线路用拉紧绝缘子型号含义如表 4-17 所示，其型号字母含义如下。

① J——拉紧绝缘子。

② 破折号后数字为机械破坏强度（t）。

表 4-17　架空电力线路用拉紧绝缘子型号含义

第一位	第二位	第三位
产品形式	设计顺序号	机电破坏负荷（kN）

产品代号序中的前二位数字为产品种类代号，15——拉紧绝缘子；第三、四位数字为产品形式代号：10——蛋形，20——四角形，30——八角形；第五、六位数字为产品的顺序号，从 01 开始按照自然数的顺序排列。

架空电力线路用拉紧绝缘子的主要尺寸和性能标准如表 4-18 所示。

表 4-18　架空电力线路用拉紧绝缘子的主要尺寸和性能标准

型　号	工频电压/kV		机械破坏负荷/kN
	干　闪	湿　闪	
J—0.5	4	2	5
J—1	5	2.5	10

续表

型 号	工频电压/kV		机械破坏负荷/kN
	干 闪	湿 闪	
J—2	6	2.8	20
J—4.5	20	10	45
J—9	30	20	90

（9）高压支柱绝缘子型号含义

高压支柱绝缘子的外形如图4-9所示。

高压支柱绝缘子型号含义如表4-19所示，其型号字母含义如下。

① Z——户内外胶装支柱绝缘子。

② ZN——户内胶装支柱绝缘子。

③ ZL——户内联合胶装支柱绝缘子。

④ 对于外胶装支柱绝缘子，破折号前字母L表示多棱式，字母A、B、D表示机械破坏负荷分别为3.75kN、7.5kN、20kN。字母后分数、分子表示额定电压（kV），分母为机械破坏负荷（kN）。

图4-9 高压支柱绝缘子的外形

⑤ N——内胶装上下附件为单螺孔。

⑥ Y——外胶装和联合胶装下附件为圆形。

⑦ T——外胶装下附件为椭圆形。

⑧ F——外胶装下附件为方形。

⑨ G——高原型（老产品为GY）。

表4-19 高压支柱绝缘子型号含义

第一位	第二位	第三位	第四位	第五位
产品形式：Z——户内外胶装支柱瓷绝缘子；ZN——户内胶装支柱瓷绝缘子；ZL——户内联合胶装支柱瓷绝缘子	机械强度等级（仅对外胶装）	设计顺序号	额定电压（kV）/弯曲破坏负荷（kN），对外胶装型仅是额定电压（kV）	安装连接形式，N——单螺孔，对外胶装型Y、T、F——分别表示圆形底座、椭圆形底座、方形底座

高压支柱绝缘子的主要尺寸和性能标准如表4-20所示。

表4-20 高压支柱绝缘子的主要尺寸和性能标准

型 号	额定电压/kV	工频电压/kV		全波冲击耐受电压/kV	抗弯及抗拉破坏负荷/kN	公称爬电距离/mm
		干耐受	击穿			
ZA—6Y	6	36	58	60	3.75	—
ZA—6T	6	36	58	60	3.75	—
ZB—6Y	6	36	58	60	7.50	—
ZB—6T	6	36	58	80	7.50	—
ZA—10Y	10	47	75	80	3.75	—

续表

型　号	额定电压/kV	工频电压/kV		全波冲击耐受电压/kV	抗弯及抗拉破坏负荷/kN	公称爬电距离/mm
ZA—10T	10	47	75	80	3.75	—
ZB—10Y	10	47	75	80	7.50	—
ZB—10T	10	47	75	80	7.50	—
ZLD—10F	10	47	75	80	20	—
10kV/3.75kN	10	47	75	80	3.75	—
10kV/7.5kN	10	47	75	80	7.50	230
10kV/20kN	10	47	75	80	20	230
10kV/20kN	10	47	75	80	20	上下法兰均为球铁
ZLD—20F	20	75	—	125	20	—

（10）低压线路绝缘子型号含义

低压线路绝缘子的外形如图 4-10 所示。

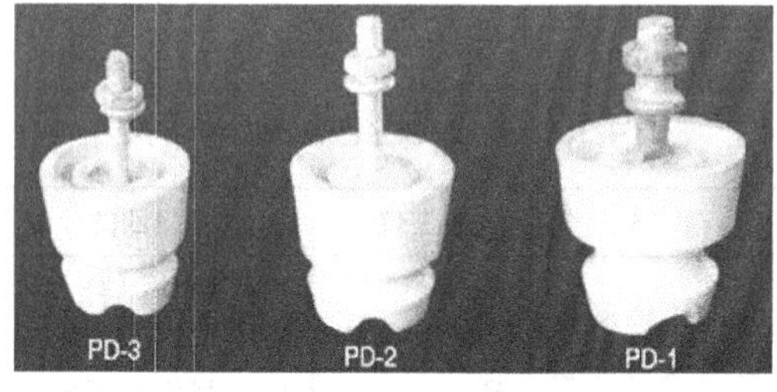

图 4-10　低压线路绝缘子的外形

低压线路绝缘子型号含义如表 4-21 所示，其型号字母含义如下。

① 针式：PD——低压线路针式绝缘子；“—”后数字为形状尺寸序数，“1”为尺寸最大的一种；T、M、W——安装连接形式代号，T 表示铁担直脚，M 表示木担直脚，W 表示弯脚。

② 蝶式：ED——低压线路蝶式绝缘子；“—”后数字为形状尺寸序数，“1”为尺寸最大的一种。

③ 线轴式：EX——低压线轴式绝缘子；“—”后数字为形状尺寸序数，“1”为尺寸最大的一种。

表 4-21　低压线路绝缘子型号含义

第一位	第二位	第三位
产品型号	设计顺序号	形状尺寸序数，“1”为最大的一种

产品代号序数中的前二位数字为产品种类代号，16 代表低压线路绝缘子；第三、四位数字为蝶式绝缘子；第五、六位数字为产品的顺序号，从 01 开始按照自然数的顺序排列。

低压线路绝缘子的主要尺寸和性能标准如表 4-22、表 4-23、表 4-24、表 4-25 所示。

表 4-22 低压针式绝缘子的主要尺寸和性能标准

产品型号	主要尺寸/mm										瓷件机械破坏强度/kN	工频电压/kV		质量/kg
	H	H_1	h	h_1	h_2	D	d_1	d_2	R	R_1		干闪	湿闪	
PD—1T	145	80	80	50	35	80	50	16	10	10	8	35	15	0.8
PD—1M	220	80	80	50	110	80	50	16	10	10	8	35	15	0.92
PD—2T	125	69	66	45	35	70	44	12	8	8	5	30	12	
PD—2M	195	69	66	45	105	70	44	12	8	8	5	30	12	
PD—2W	155	72	66	45	55	70	44	12	8	8	5	30	12	

表 4-23 低压蝶式绝缘子的主要尺寸和性能标准

产品型号	主要尺寸/mm							瓷件机械破坏强度/kN	工频电压/kV		质量/kg
	H	h	D	d	d_1	d_2	R		干闪	湿闪	
ED—1	90	46	100	95	50	22	12	12	22	10	0.8
ED—2	75	38	80	75	42	20	10	10	18	9	0.5
ED—3	65	34	70	65	36	16	8	8	16	7	0.25
ED—4	50	26	60	55	30	16	6	5	14	6	

表 4-24 低压线轴式绝缘子的主要尺寸和性能标准

产品型号	主要尺寸/mm						瓷件机械破坏强度/kN	工频电压/kV		质量/kg
	H	h	D	d_1	d_2	R		干闪	湿闪	
EX—1	90	45	85	55	22	12	15	22	9	
EX—2	75	37.5	70	45	20	10	12	18	8	
EX—3	65	32.5	65	40	16	8	10	16	6	
EX—4	50	25	55	35	16	6	7	14	5	

表 4-25 低压鼓形（瓷珠）绝缘子的主要尺寸和性能标准 （单位：mm）

型　号	H	h	h_1	D	d_1	d_2	R
G—25	25	15	3	22	16	7	3
G—38	38	25	3	30	20	8	5
G—50	50	35	4	36	24	9	6
G—60	60	40	5	45	30	10	7.5
GK—50	50	35	—	35	24	—	6

4.1.2 绝缘子的参数及结构特点

1．绝缘子的参数

① 产品型号：如针式绝缘子、蝶式绝缘子、悬式绝缘子、瓷横担、棒式绝缘子和拉紧绝缘子等。

② 额定电压（kV）：指绝缘子正常工作时能承受的最大电压有效值。

③ 额定机械弯曲负荷（kN）：指绝缘子正常工作时能承受最大的抗弯曲能力。

④ 结构高度（mm）：指绝缘子的垂直高度。

⑤ 最小电弧距离（mm）：在正常运行电压下，绝缘子的两个金属附件之间外部空气间的最短距离。

⑥ 最小公称爬电距离（mm）：浮尘等污秽在绝缘子表面附着形成通路而被绝缘子两端电压击穿，称为爬电。沿绝缘表面放电的距离即泄漏距离称为爬距，爬距=表面距离/系统最高电压。根据污秽程度不同，重污秽地区一般采用爬距为31mm/kV。

⑦ 雷电全波冲击耐受电压（V）：通过人工模拟雷电流波形和峰值以检验设备绝缘耐受雷电冲击电压的能力。

⑧ 工频一分钟耐湿受电压（V）：把工业普遍应用的50Hz的交流电压（有效值是指峰值的0.707倍）施加在试验器件的两个须要绝缘的电接点上，一分钟泄漏电流不超标，就可以通过这个耐压试验了。

2．绝缘子的结构特点

（1）合成绝缘子的优点

合成绝缘子外形结构近似悬式绝缘子，由端部金具、绝缘伞形波纹、护套和绝套心棒构成。

① 机械性能优越：心棒由环氧玻璃纤维制成，其扩张强度为普通钢1.5倍，是高强瓷3～4倍，轴向拉力特别强，并具有较强吸震能力，抗震阻尼性能很高（为瓷绝缘子的1/7～1/10）。

② 抗污闪性能好：合成绝缘子具有憎水性，下雨时合成绝缘子伞形波纹表面不会沾湿形成水膜，呈水珠状滴落，不易构成导电通道，其污闪电压较高，为同电压等级瓷绝缘子的3倍。

③ 耐电蚀性优异：绝缘子表面漏电闪络形成不可逆性裂变起痕现象，一般标准为不低于4.5级（即4.5kV），而合成绝缘子为6～7级。

④ 抗老化性能好：经十年实践检测表明，合成绝缘子除颜色略有变深，且介电常数和介质损失角稍有增加外，对表面不沾湿性及耐电蚀起痕性均无变化，说明抗老化性能良好。

⑤ 结构稳定性好：一般瓷悬式绝缘子是内胶装配结构，电化腐蚀，运行中会产生低零值绝缘电阻，而合成绝缘子为外胶装配结构，其内心为实心棒绝缘材料，不存在劣化和击穿，不会出现零值绝缘子。

⑥ 线路运行效率高：合成绝缘子风雨自洁性好，又不产生零值绝缘子，故清扫检查工作可改为每4～5年一次，缩短检修、停电时间。

⑦ 重量轻：合成绝缘子自身重量轻，运输、施工作业中，可大大减轻工作人员劳动强度。

（2）高压悬式玻璃绝缘子的结构

高压悬式玻璃绝缘子的结构主要由绝缘材料、金具、黏合剂三部分组成。

1）绝缘材料

高压电瓷是目前应用最广泛的绝缘材料，由石英、长石和土作为原料烧结而成，表面上涂釉后具有良好的电气、机械、耐电弧、抗污闪等化学稳定及抗老化性能。玻璃是除电瓷以外的另一种绝缘材料。

2）金具

金具附件材料主要由铸铁组成。盘式绝缘子的金具是由铁帽、钢脚构成。组合成绝缘子串时，钢脚的球接头插入铁帽的球窝中，成为球绞链软连接。

3）黏合剂

将瓷料及附件胶合连接的材料，一般利用500号的硅酸盐水泥，配合瓷粉瓷砂作为填充材料。

4.2 绝缘子的选择与安装

学习目标

① 掌握绝缘子的选择与安装要求。

② 学会按要求选择绝缘子。

③ 学会绝缘子的安装方式。

4.2.1 绝缘子的选择

1. 选用绝缘子应满足的要求

① 要有良好的绝缘性能，使其在干燥和阴雨的情况下，都能承受标准规定的电压。

② 绝缘子不但承受导线的垂直荷重和水平荷重，还要承受导线所受的风压和覆冰等外加荷重，因此要求绝缘子必须有足够的机械强度。

③ 架空线路处于野外，受环境温度影响较大，要求绝缘子能耐受较大的温度变化而不破裂。

④ 绝缘子长期承受高电压和机械力的作用，要求其绝缘性能的老化速度要比较慢，有较长的使用寿命。

⑤ 空气中的腐蚀气体会使绝缘子绝缘性能下降，要求绝缘子应有足够的防污秽和抵御化学气体侵蚀的能力。

⑥ 绝缘子在工作中受各种大气环境的影响，并可能受到工作电压、内部过电压和大气过电压的作用。因而要求在这三种电压作用以及相关的环境之下，绝缘子能够正常工作或保持一定的绝缘水平。

2．按正常工作电压决定每串绝缘子的片数

三种电压以工作电压数值为最低。但是，工作电压一年四季长期作用于绝缘子，当绝缘子表面被污染，特别是积了导电污秽又受潮时，在工作电压长时间作用下绝缘子可能因表面污秽不均匀发热、局部烘干后烘干带被击穿、泄漏电流加大导致热游离而发生污闪。污闪电压和污秽性质、污秽程度、受潮状况等因素有关，它具有统计规律。

为了防止污闪的发生，目前采用的主要方法是保持绝缘子串有一定的泄漏距离。根据污染程度、污染性质的不同，把污秽地区分成等级，按不同的污秽区规定不同的泄漏距离。单位泄漏距离也叫泄漏比距，它表示线路绝缘或设备外绝缘泄漏距离与线路额定线电压的比值。

我国规定的不同污秽等级的泄漏比距如表 4-26 所示。

表 4-26　不同污秽等级的泄漏比距

污秽等级	污秽情况	泄漏比距（cm/kV）
0 级	一般地区，无污染源	1.6
1 级	空气污秽的工业区附近，盐碱污秽，炉烟污秽	2.0～2.5
2 级	空气污秽较严重地区，沿海地带以及盐场附近，重盐碱污秽，空气污秽又有重雾的地带，距化学性污染源 300m 以外的污秽较严重地区	2.6～3.2
3 级	电导率很高的空气污秽地区，发电厂的烟囱附近且附近有水塔，严重的盐雾地区，距化学性污染源 300m 以内的地区	≥3.8

绝缘子串的泄漏距离应满足下式：

$$D \geqslant Ud \tag{4-1}$$

式中　D——绝缘子串的泄漏距离，单位为 cm；

U——线路额定电压，单位为 kV；

d——泄漏比距，单位为 cm/kV。

知道每片绝缘子的泄漏电流距离，即可决定绝缘子的片数 n。绝缘子的泄漏电流距离指两极间沿绝缘件外表面轮廓的最短距离。

直线杆塔每串绝缘子片数为

$$n=D/S \tag{4-2}$$

式中　D——绝缘子串应有的泄漏距离，单位为 cm；

S——每片绝缘子的泄漏距离，单位为 cm；

n——直线杆绝缘子串的绝缘子片数。

3．根据内部过电压决定绝缘子片数

绝缘子串在内部过电压下不应发生闪络，因此要求绝缘子串的操作冲击湿闪电压大于操作过电压的数值。

如果绝缘子手册或产品目录上设有操作冲击湿闪电压，或对于 220kV 及以下线路，可以用于工频湿闪电压换算成操作冲击湿闪电压。这时，绝缘子串的工频湿闪电压应满足下式：

$$U_s \geqslant \frac{K_0 U_{pm}}{K_1 K_2 K_3 K_4 K_5 K_6 K_7} \tag{4-3}$$

式中 U_s——绝缘子串工频湿闪电压有效值，单位为kV；

K_0——内部过电压倍数；

U_{pm}——最大工作电压有效值，单位为kV；

K_1——耐受电压和闪络电压的比值，取K_1=0.9；

K_2——作用时间换算系数，取K_2=1.1，即把绝缘子工频湿闪电压换算成操作冲击湿闪电压；

K_3——空气密度校正系数，考虑运行条件下大气压力不同于标准大气压力，取K_3=0.925；

K_4——雨量系数，考虑实际雨量极少达到标准实验条件3mm/min，取K_4=1.05；

K_5——瓷表面污秽系数，考虑实际运行的绝缘子表面比实验条件脏污，取K_5=0.95；

K_6——水阻系数，考虑天然雨水的电阻率大于试验条件下的电阻率，取K_6=1.1；

K_7——其他不利因素系数，取K_7=0.9。

事实上，K_1和K_7是为了保证绝缘子在内部过电压下不发生闪络的安全系数。

4. 大气过电压下线路的绝缘

在大气过电压下，并不要求线路绝缘不发生闪络，而是要求线路绝缘具有一定的耐雷水平。这样，可以把线路的跳闸率限制到较低的数值。耐雷水平除了和绝缘水平有关外，还和杆塔接地电阻、杆塔电感、避雷线根数等因素有关。

在一般情况下，不采取增加绝缘子片数的方法满足耐雷水平的要求。但对于高杆塔则应考虑防雷的要求，适当增加绝缘子片数。全高超过40m有避雷线的杆塔，高度每增加10m应增加一片绝缘子。全高超过100m的杆塔，绝缘子数可以结合运行经验来确定。

耐张杆塔绝缘子串的绝缘子数量应比悬垂绝缘子的同型号绝缘子多一个。

4.2.2 绝缘子的安装

1. 绝缘子的安装要求

① 安装牢固，连接可靠。

② 安装时应清除表面灰垢、泥沙等附着物及不应有的涂料。

2. 绝缘子的安装方式（见图4-11）

绝缘子的安装方式常见的有悬垂串、水平串、V形串三种，在悬垂串与水平串的安装中还有双串及多串并列的情况。我国的运行经验表明，电力系统的污闪事故大多发生在垂直安装的设备上，而水平串和V形串的设备污闪事故虽时有发生，但总的来说较少。1990年初，全国性大面积的污闪事故中，水平串与V形串的设备几乎没有发生污闪事故，分析原因如下。

① 水平串、V形串的绝缘子自清洗作用好，积尘量少。若产生局部电弧则电离气体易于扩散。

② 水平串、V形串的绝缘子在数量上远不及悬垂串的绝缘子多，闪络的机会少。

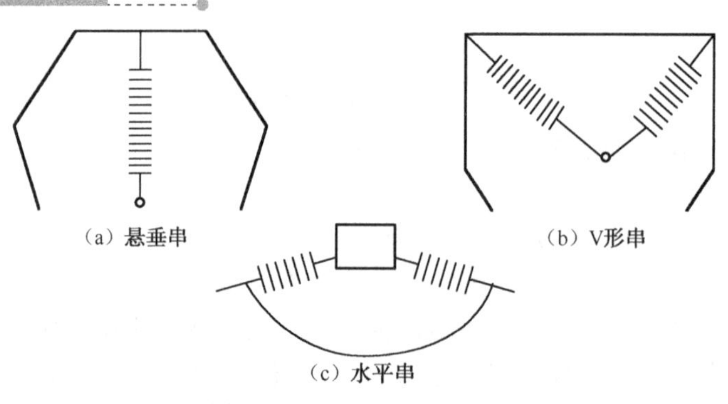

图 4-11　绝缘子的安装方式

③ 在一般的情况下，水平绝缘子串比悬垂绝缘子串多一片绝缘子，即水平绝缘子串的绝缘强度稍高，闪络的可能性减小。

在同一地点、同样数量、同样绝缘强度的水平绝缘子串和悬垂绝缘子串，在抗污闪方面哪一个性能更优越一些呢？

绝缘子串安装方式对交流污闪电压的影响如图 4-12 所示。当悬垂绝缘子串发生污闪时，首先在钢脚处产生局部电弧，电弧虽紧贴绝缘子的下表面，使爬电距离得以充分利用，如图 4-12（a）所示，但电离气体不易自由扩散，如图 4-12（b）所示，且伞裙边缘水滴下落，污物却不易被雨水冲掉；水平绝缘子串污闪时，在钢脚处最初产生的局部电弧因热作用上升，从而短接了部分爬电距离，使局部电弧易于发展，如图 4-12（c）所示；这是不利的，但电离气体能够自由扩散，如图 4-12（d）所示，又可抑制电弧的发展，且水平绝缘子串污物易被雨水冲掉。

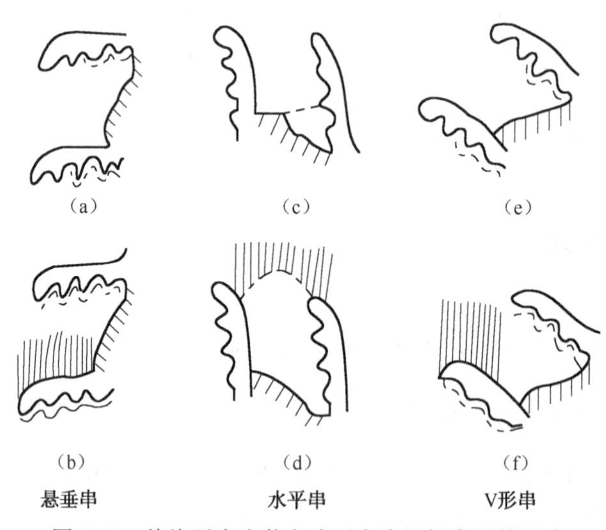

图 4-12　绝缘子串安装方式对交流污闪电压的影响

基于上述理论，有人分析认为：绝缘子串水平、垂直安装各有利弊，二者的污闪电压相差并不大，唯有 V 形绝缘子串兼有水平及垂直安装二者的优点，污闪电压最高。国外也有些试验证明，水平绝缘子串和悬垂绝缘子串的耐污强度几乎相等，或水平绝缘子串稍高。还有一些人工污秽试验表明，在相同的等值盐密度下，悬垂绝缘子串的污闪电压高于水平绝缘子串。

但是，水平绝缘子串的自清洗作用好，几乎是毋庸置疑的。国外有一些试验进一步证明，各种绝缘子串沉积污秽盐密值随着积污时间的增加而降低。一般情况下，水平绝缘子串的盐密值是悬垂绝缘子串的 50%，V 形绝缘子串是悬垂绝缘子串盐密值的 80%。我国某电厂的实测结果也证明了水平绝缘子串的自清洗效果好，水平绝缘子串的盐密值仅为悬垂绝缘子串的 21.6%。华北电力科学研究院在化工污秽区，对 500kV 用绝缘子串（XP—160X5，XWP—160X5）的积污情况实测了 3 年。其结果表明，水平绝缘子串与悬垂绝缘子串的积污程度与绝缘子的造形结构有关，但水平绝缘子串的积污在相同的情况下均少于悬垂绝缘子串，具体情况如下。

XP—160 型绝缘子（5 片串），水平绝缘子串的积污盐密值是悬垂绝缘子串的 53.4%。XP3—160 型绝缘子（5 片串），水平绝缘子串的积污盐密值是悬垂绝缘子串的 67.1%。XWPZ—160 型绝缘子（5 片串），水平绝缘子串的积污盐密值是悬垂绝缘子串的 73.1%。

然而，在绝缘子形式相近，表面污秽物相同的情况下，三种安装方式对放电电压的实测结果有何影响呢？在三种绝缘子、两种污染方法下，安装方式对污闪电压影响的试验结果表明，V 形绝缘子串的耐污水平优于水平绝缘子串和悬垂绝缘子串，而悬垂绝缘子串一般也优于水平绝缘子串。

V 形安装的绝缘子串优越性前面已论述了，且污闪电压的提高与绝缘子的造型和 V 形夹角有关。

试验表明：普通标准型悬式绝缘子串组成的 V 形绝缘子串，其污闪电压比同一污秽度下的悬垂绝缘子串提高 25%～30%，如图 4-13 所示，而某些耐污型绝缘子组成的 V 形绝缘子串，污闪电压提高的幅度比普通型小些。

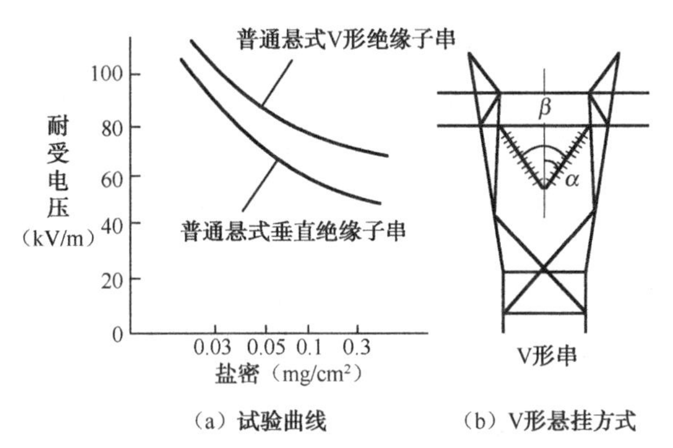

图 4-13 普通标准型 V 形绝缘子串污秽耐受电压试验和 V 形悬挂方式

V 形夹角β的大小对污闪电压有影响。当绝缘子串在垂直位置时（β=0），在潮湿天气中落下的污水总是围绕着整个伞裙范围分布，在每个伞周围各种位置上形成的水线相互混合，潮湿表面同时连通。当β比较小时，例如，在 5° 以内，滴下的污水通常流向一侧的表面，一部分经由许多伞间隔形成相关联的污水线，使闪络电压急剧下降。当绝缘子串轴线与垂直线的倾斜角超过 5° 以上时，从各个伞上落下的水不再成相关联的污水线。随着倾斜角口增大到 45° 以上时，污水点的路径平行于垂直线落下，因此污闪电压增高。国外大量采用 V 形串安装方式作为防污措施之一，在实践中认为 V 形串的夹角β取 80° ～100° ，使瓷瓶串的倾斜角（$a=\beta/2$）等于或大于导线最大偏转角为宜。前苏联在 500kV 输电线路上采用 V 形绝缘子串，按风速 v=40m/s 计算，取β=110° 。

在输电线路上采用 V 形绝缘子串还有如下优点：它在侧面风速作用下不易偏转，从而可减少导线与杆塔之间空气间隙距离，也减少了相间距离、减少了杆塔的重量，还可以缩小线路走廊的宽度。

V 形绝缘子串的缺点是绝缘子的需用量增加一倍，在边相上悬挂 V 形串绝缘子必须增加横担的长度。

3．金具及绝缘子组装步骤

① 用绝缘摇表检查各支绝缘子的绝缘电阻值是否合格，伞裙是否完整良好。

② 查验各金具材料的规格、镀锌防腐等是否合格。

③ 将金具、绝缘子等分散运到杆位。并对照图纸核查金具、绝缘子等的规格和质量情况。

④ 在地面将绝缘子串按照施工图设计要求的顺序组装好。

⑤ 用支架垫起杆身的中部及上部，按照设计要求，在电杆上量出横担上平面安装位置，用记号笔画上印记。

⑥ 然后套上抱箍，穿好垫铁及横担，垫好平垫圈、弹簧垫圈，用螺母紧固。紧固时，注意找平、找正。

⑦ 然后安装连板、杆顶支座抱箍、拉线抱箍、拉线线夹等。

⑧ 将组装好的绝缘子串连接安装到相应金具。

4．金具及绝缘子组装注意事项

① 绝缘子在安装前须进行外观检查，不合格者不得使用。

② 各部尺寸符合要求，装配合适。

③ 瓷件与铁件组合无歪斜现象，且结合紧密、铁件镀锌良好。

④ 瓷釉表面光滑，无裂纹、掉渣、缺釉、斑点、烧痕、气泡或瓷釉烧坏等现象。

⑤ 有机复合绝缘子伞裙的表面不允许有开裂、脱落、破损等现象，绝缘子的芯棒与端部附件不应有明显的歪斜。

⑥ 弹簧销镀锌良好，弹力合适，厚度符合规定。

⑦ 绝缘子在安装前逐个以干布擦拭干净，并逐个用 2500V 摇表进行绝缘测定，其绝缘电阻值不得小于 500MΩ。

⑧ 高压绝缘子的交流耐压试验结果必须符合施工规范的规定。

⑨ 金具上各种连接螺栓均应有防止震动而自行松扣的措施，如加弹簧垫圈，用双螺母，或在露出丝扣部分涂以铅油。

⑩ 碗头挂板、平行挂板、直角挂板、U 形挂环、球头挂环、拉板、连扳、曲形垫等金具，表面应光洁、无裂纹、毛刺、飞边、砂眼、气泡等缺陷。

⑪ 线夹转动灵活，与导线接触面符合要求。

⑫ 螺栓表面不应有裂纹、砂眼、锌皮剥落及锈蚀现象。

⑬ 螺杆与螺母的配合应良好，加大尺寸的内螺纹与有镀层的外螺纹配合，其公差应符合现行国家标准《普通螺纹直径 1～300mm 公差》的粗牙三级标准。

⑭ 螺栓宜有防松装置，防松装置弹力应适宜，厚度应符合规定。

4.3 绝缘子的维护及常见故障检修

学习目标

① 掌握绝缘子的维护方法。
② 学会绝缘子的电气性故障的判断与检修。
③ 零值绝缘子的危害。
④ 学会绝缘子常见故障处理。
⑤ 绝缘子常见故障处理实例。

4.4.1 绝缘子的维护及常见故障

1. 维护

在潮湿天气情况下，脏污的绝缘子易发生闪络放电，所以必须清扫干净，恢复原有绝缘水平。一般地区一年清扫一次，污秽区每年清扫两次（雾季前进行一次）。

（1）停电清扫

停电清扫就是在线路停电以后工人登杆用抹布擦拭。如擦不净时，可用湿布擦，也可以用洗涤剂擦洗，如果还擦洗不净时，则应更换绝缘子或换合成绝缘子。

（2）不停电清扫

一般是利用装有毛刷或绑着棉纱的绝缘杆，在运行线路上擦绝缘子。所使用绝缘杆的电气性能及有效长度、人与带电部分的距离，都应符合相应电压等级的规定，操作时必须有专人监护。

（3）带电水冲洗

有大水冲和小水冲两种方法。冲洗用的水、操作杆有效长度、人与带电部距离等必须符合行业规程要求。

2. 绝缘子的电气性故障

绝缘子的电气性故障有闪络和击穿两种。

① 闪络：发生在绝缘子表面，可见到烧伤痕迹，但通常不丧失绝缘性能。

② 击穿：发生在绝缘子的内部，通过铁帽与铁脚间瓷体放电，外表可能不见痕迹，但已失去绝缘性能，也可能因产生电弧使绝缘子完全破坏。对于击穿，应注重检查铁脚的放电痕迹和烧伤情况。

3. 零值绝缘子

零值绝缘子是指在运行中绝缘子两端的电势分布接近零或等于零的绝缘子。

零值或低值绝缘子的影响：线路导线的绝缘依赖于绝缘子串，由于制造缺陷或外界的作用，绝缘子的绝缘性能会不断劣化，当绝缘电阻降低或为零时称为低值或零值绝缘子。我们曾对线路进行检测，零值或低值绝缘子的比例竟高达9%左右，这是线路雷击跳闸率高的另一主要原因。绝缘子是光滑的，这样可以减少电线之间的容抗作用，以减少电流的流失。

4.4.2 绝缘子常见故障处理

绝缘子承受着导线的重量、拉力和高电压。绝缘子将受到温度骤变及雷电的作用，加上表面的污秽和自身的劣化，较易发生故障。绝缘子因受到较大的震动、撞击、过度的拉力或因制造的缺陷而造成瓷体或金属部分破碎，都会导致电力性故障，一经发现应迅速更换。

1. 绝缘子发生闪络事故处理

由于灰尘落在绝缘子上造成绝缘子脏污，脏污的性质不同，则对电气设备绝缘水平的影响也不同。一般灰尘容易被雨水冲掉，所以对绝缘性能影响不大。可是工业粉尘则不然，这些污物附在绝缘于表面上能构成一层薄膜，就不容易被雨水冲掉。经过对污物进行定量、定性分析，发现在工业粉尘中，大多数含有硅、钙的氧化物、硫、氯化钠等。这些物质附在绝缘子表面上，当空气湿度很大或下毛毛雨时，就能够导电，使泄漏电流增大，结果绝缘子发生闪络事故。

在一个电力系统中，如果有多处发生污秽闪络事故，就会使整个电力系统瓦解，造成大面积停电事故。因此，为了防止这类事故的发生，应采取下列措施。

① 定期清扫绝缘子。清扫周期一般每年进行一次，但也应根据绝缘子的实际脏污情况及对污样的分析结果，适当增加清扫次数。清扫的方法有停电清扫、不停电清扫、不停电水冲洗三种方法。

② 提高绝缘水平，增加爬弧距离。具体措施是增加悬垂串绝缘子的片数，提高绝缘子的电压等级。

③ 采用防污绝缘子。悬垂式防污绝缘子瓷裙较大，有较强的隔电能力，不易漏电，可减少绝缘子闪络的机会。在一般悬垂式绝缘子上涂上一层防尘剂，当雨水和防尘剂接触时，会形成水珠顺着绝缘子表面滚下来，不易使绝缘子表面潮湿，因而也就不易使绝缘性能变差而造成闪络事故。另外，还可采取半导体釉绝缘子，这种绝缘子的表面涂有含半导体材料的釉，当表面被脏污后，在潮湿的天气里，就会有较大的泄漏电流，使绝缘子表面温度升高，促使半导体电导率增加，泄漏电流就更大，温度就更高。这样循环下去就会将污垢层烘干，使水汽不易凝结，以减少污闪。

2. 龟裂原因及处理

在发现瓷绝缘子、绝缘套管及环氧树脂制品上有龟裂的情况，无论从电气性能还是机械性能方面说来都是危险的，必须尽快更换。局部的裙边缺损或凸缘缺损，虽然不一定会引起事故，但由于以后会扩展成龟裂，所以应尽早更换。

对于瓷制的和高分子材料制的绝缘子和绝缘套管来说，发生龟裂的原因有下列几方面。

（1）瓷绝缘子、绝缘套管龟裂的原因

① 瓷件表面和内部存在着制造过程中产生的微小缺陷，因反复承受外力等，使其受到机械应力，然后发展成龟裂、裙边断裂等。

② 过电压或污损引起的闪络，使瓷件受到电弧、局部过热而引起破坏。

③ 绝缘子涂上硅脂一般是作为防污损的措施。当长时间不重涂硅脂而继续使用时，会因硅脂的老化产生漏电流和局部放电，以及发生瓷绝缘子表面釉剂的剥落，裙边缺损和裂缝。

④ 由于紧固金具过分紧，使瓷件的某些部位受到过大的应力。

⑤ 由于操作时的疏忽，使绝缘子受到意外的外力打击等而引起损伤。

⑥ 设备上的瓷套如内部设备配合不好，有时会引起瓷套间接性的破坏。

（2）高分子材料的绝缘子、套管龟裂的原因

① 制造过程中材料固化收缩时产生的残留内应力会引起龟裂。

② 设备在反复运行、停运的过程中造成的热循环，会因不同材料热膨胀系数的差别而使制品受到循环热应力，从而引起埋入树脂中的金属剥离和发生龟裂。

③ 由于长期运行中绝缘材料机械强度下降或是反复应力引起的疲劳，也会引起龟裂。

④ 紧固部位过分紧固而产生机械应力过大，从而引起龟裂。

3．爬电痕迹处理

当有机绝缘材料表面被污损而且湿润时，表面流过泄漏电流会形成绝缘电阻较高的局部干燥带，此部分上的电压会升高，从而产生微小放电。结果绝缘表面被炭化形成了导电通路，这就是爬电痕迹。如果对已产生爬电痕迹的绝缘子原样放置而不顾，就会逐渐发展，最后因闪络而引起接地短路事故。在更换有爬电痕迹的绝缘子的同时，必须设法加强对污损及受潮之类问题的管理。设法采用耐爬电性能优良的材料等，力求防止爬电痕迹再次发生。

4．漏油处理

内部装有绝缘油的绝缘套管，会由于瓷管龟裂、过大的弯曲负载引起瓷管错位，或因密封材料老化等引起漏油。当漏油严重时，不仅会引起套管绝缘击穿而且还可能对装有套管的设备本身（如变压器、电抗器、油断路器等）造成很大的损失。因此，在一旦发现漏油时，应立即调查其严重程度，根据情况采用必要的措施，如停止运行或更换器件等。

通过观察油面位置及检查套管安装部位四周的情况就能监视漏油。监视油面位置的方法随不同的制造厂而略有差别，当油面低于油位计的可见范围时应引起注意。

还有套管的密封材料是采用丁腈共聚物软木和合成橡胶等有机材料，所以不可避免地会发生随使用时间增长而老化。因此应定期检查，每隔适当的期限要更换密封材料。

5．电晕声音处理

端子金具上突出部分的电晕放电、被污损的绝缘表面产生的沿面放电会发生可听得见的声音。但是绝缘子、套管的龟裂和内部缺陷等也会成为发出电晕声音的原因，听到电晕声音时必须及早查明原因，采取适当的措施。另外，此类电晕放电产生的杂散电波会对无线电、电视产生干扰。

6．端子过热处理

绝缘套管的中心部位贯穿着通电电流的导体，此导体经过套管头部的端子金具与母线等相连接。当这种端子的连接不良时，就会发生过热而造成端子变色、绝缘子的寿命缩短等。

因此，在用示温涂料或示温片等对导体连接部位进行温度监视的同时，应定期地检查此处各种螺栓的紧固状态。

4.4.3 绝缘子常见故障处理实例

1. 支柱绝缘子闪络击穿故障处理

（1）事故现象

某日傍晚，天空下着毛毛细雨，变电所值班人员听到配电室外“轰”的一声巨响，随即全停电。到配电室外检查，发现变电所内一组高压隔离开关（GW4-35/600）中的 A、C 两相支柱绝缘子损坏严重，瓷片散落于地。同时与供电部门联系，得知 35kV 输电线路中的 C 相导线断落于地，该线路的高压油断路器过流跳闸。

（2）事故原因分析

拆下损坏的隔离开关仔细检查，发现 A、C 两相支柱绝缘子闪络现象最为严重。其最上面一层伞裙有严重的裂纹并有电弧灼伤的白斑。最下面一层伞裙有一半以上的瓷片被击碎散落于地。B 相绝缘子也有明显的放电痕迹。同时，检查发现 A、C 两相隔离开关上的铁帽、底座及与之相关的支柱绝缘子比较粗糙，用干毛巾蘸汽油用力擦拭才能见到本来面目，即支柱绝缘子表面附着大量的污秽物（上次清扫时间是上一年的 12 月）。该地区主要生产磷肥、磷胺、硫酸，在生产过程中排放出来的烟尘和废气都是具有一定的导电性。这些工业污秽物长期在隔离开关支柱绝缘子表面积聚，会形成一层污秽薄膜，而且不易被雨水冲刷掉。当遇到空气温度很高时，支柱绝缘子的绝缘水平明显降低。在工频电压的作用下，泄漏电流增大很多倍。这次事故时，天空正好下着毛毛细雨，使得支柱绝缘子的绝缘水平进一步降低。于是，35kV 的工频电压经隔离开关的铁帽—支柱绝缘子污秽、潮湿的表面—隔离开关底座—角钢支架—隔离开关接地扁铁—接地体，与大地连接，即 A、C 两相发生了高压对地短路，巨大的短路电流热效应和很大的电动力使得支柱绝缘子产生裂纹和破碎。

由于 35kV 供电系统中性点是不接地的，现 A、C 两相相间短路，产生巨大的短路电流使得供电部门 35kV 变电所的高压油断路器过流跳闸。另外，在上一年 8 月时，曾发生过一次雷击事故，即在供电部门 35kV 变电所的出线杆线夹处发生了 B 相导线断线事故。当时抢修 B 相导线时，也发现 C 相导线线夹处有点损伤，但对 C 相导线未做任何处理，因此这次 C 相导线才会在线夹处损伤。

（3）预防措施

① 每年秋末、冬初来临之前，必须定期对绝缘子进行一次普遍清扫，尤其污染严重的生产单位更应增加清扫次数。在清扫干净以后，可以给绝缘子表面涂上一层防污涂料，利用防污涂料的绝缘性和憎水性提高绝缘子的绝缘性能。对于线路绝缘子可增加绝缘子片数和采用防尘绝缘子来增大爬电距离，防止在线路上发生污闪事故。

② 要求值班人员加强对变电所内和线路的夜间巡视。特别是在湿度较大、没有月光的夜晚，更应加强巡视。一旦发现绝缘子等瓷件有电晕或刷状放电等现象，要及时汇报，尽快处理。

③ 要定期对绝缘子进行测试，发现不良绝缘子，要及时更换。在电气检修过程中，若发现运行的线路有缺陷，要及时解决，以免发生严重的事故。

2. 瓷瓶绝缘性能降低造成的事故处理

（1）事故情况

某日 20 时左右，某电力线路所在地段，遭受雷雨袭击。21 时 53 分，一出线断路器跳闸，中断供电。事后巡线发现，该线 7#杆（耐张）两串 8 片 X—4.5 型瓷瓶闪络，8#杆（直线）3 串 9 片 X—4.5 型瓷瓶闪络。次日，更换了全部闪络瓷瓶恢复了供电。

该线路自投运 12 年间，未发生任何事故（包括雷电事故），也未发现瓷瓶闪络。近两年发生了一次绝缘子串击穿事故，原因是接地过电压所致。一次线路所在地段遭受雷雨袭击，造成 4#杆（耐张）一串 X-4.5 型瓷瓶击穿。当时认为是外部（雷电）过电压超过线路耐雷水平所致。

（2）事故原因分析

为了准确分析事故发生原因，生产技术部门做了大量的工作。对闪络瓷瓶进行了试验摇测，检查了部分运行中的瓷瓶，访问了气象地质部门，得到的结果是零值瓷瓶（X—4.5 型〕占 16.7%，国家列为报废的瓷瓶占 13.4%。由上述数据不难看出，线路的绝缘水平已明显降低，线路的耐雷水平下降。当外部（雷电）过电压施加线路上时，会发生绝缘子串闪络。零值和低值瓷瓶的存在，实际上等于减少了原瓷瓶串的瓷瓶数量，使良好瓷瓶上的电场强度、瓷瓶串的电势梯度明显升高。在雷电波衰减至工频电压以下时，工频电压仍可在雷电闪络的瓷瓶串上建立稳定的工频短路电弧，不能熄灭而造成事故。

该线路两边的山上多为风化石，地质构造复杂，地下埋藏着易导电的煤炭。当雷击先导通道向地面延伸过程中，由于受导电差的岩石与导电良好的矿物接触面处畸形电场的影响，先导通道会逐渐转向此畸形电场并击中它。该线路的 2～18#基杆处在一条迎风山冈上，是个风口，地质和地形构成了引雷的有利条件。因此，两次外部（雷电）过电压事故均发生在距离不到 1km 的 4#、7#、8#杆上。

（3）防止措施

① 更换零值、低值和国家已列为报废的瓷瓶，恢复线路本来的绝缘水平。

② 对 2～18#杆地段的第 17 基杆，在原有基础上再增加一片 X—4.5 型瓷瓶，加大绝缘爬距，使耐雷电压由原设计的 350kV 增加到 438kV。

③ 定期检查校验线路断路器的保护和重合闸机构，以保证落雷后能可靠动作。

④ 在每年的雷雨季节前对线路接地网进行检查并测量接地电阻，不合格的要求进行改造，使之达到合格要求。接地电阻应保持在 30Ω以下。

3. 绝缘子污闪故障处理

（1）线路跳闸情况

某一线路变电所出口跳闸次数频繁，调度下令查线，为此组织两次登杆检查未果。一日早晨，起了一场大雾。全线各段均有部分绝缘子闪络放电，在绝缘子的瓷釉表面上，轻者出现了不规则的线状烧痕，稍重者有不规则的带状或片状烧痕，严重者悬垂式绝缘子的瓷裙全部因弧光放电发热而爆炸碎裂，导致线路不能送电，被迫退出运行，进行抢修。

（2）脏污原因分析

① 思想上的麻痹大意。在电力生产中，10kV 架空线路从设计到安装，大都按国家规定的

关于空气污秽地区分级标准去选定安装绝缘子的，并且绝缘子的泄漏比距也是按高值起用的。所以正常情况下绝缘子绝缘击穿在线路运行中是少见的，也正因如此，人们对绝缘子脏污问题不够重视，以为绝缘子即使挂点污垢遇到一场大雨也就冲洗干净了。

② 防范措施未到位。每年春秋两季登杆检修是供电部门的例行公事。而每次检修中都有清扫绝缘子一项。但由于部分领导与职工在思想上对绝缘子脏污缺乏认识，所以清扫措施落实不力。

③ 时久质变。线路绝缘子从投入运行几年或几十年，由于烟尘雨雪及有害气体侵蚀等，污秽物已从浮附发展到实附，由粉尘演变到硬化，有的甚至已是刀刮难下。严重的污秽最终导致了闪络放电。

（3）防止措施

① 主管生产的领导必须掌握线路绝缘子的实际脏污程度，做到有的放矢，以利于反脏污工作的安排。反脏污工作要做到有布置有检查，一丝不苟认真负责。

② 新建线路，从第一个检修季节开始就必须认真进行绝缘子清扫工作。每年春秋两季清扫不得间断或跨季。

③ 对运行年限较短，污秽物在绝缘子表面没有硬化的线路可以用水冲洗。

④ 对于绝缘子脏污的，宜采用干软布或毛巾等逐一擦拭。

⑤ 对于运行年限较长，表面污秽物已经硬化，则必须用清洁剂或洗衣粉兑水进行逐片擦拭。方法是先用浸水（指含清洁剂或洗衣粉的水）的湿布将污秽物抹净，然后再以干布反复擦拭。

4．合成绝缘子串闪络故障处理

（1）事故经过

某局一条 35kV 线路发生雷击闪络，后经调查故障点为装有三相合成绝缘子的 43#杆，三相绝缘子串均有闪络烧伤痕迹。同时，C 相导线断落地面，A、B 两相导线烧损截面约占总截面的 50%。

这条线路导线型号为 LGJ70，43#为直线杆，悬挂导线用的是老式的支柱螺栓型悬垂线夹。经检测此杆的接地电阻为 30Ω，土壤电阻率为 1507.2Ω/m。人工接地装置采用 4 根 30m 长的圆钢（ϕ8mm）。合成绝缘子型号为 XSH—70/35。这个基杆原来用的是瓷质 X—4.5 型绝缘子，后来更换为合成绝缘子，运行时间仅 1 年几个月。

C 相导线的断线点在悬垂线夹里面，断头有烧熔状。A、B 两相导线的烧损点也在线夹里面。导线烧损时，外包的铝带也同时烧损。闪络后的合成绝缘子串整体完整，说明硅橡胶伞裙的耐弧性能良好，没有因工频电弧的高温作用而烧损。仔细观察伞裙的表面，仅有电弧烧蚀后的许多不连续的黑斑块，外表显得很是脏污。上下两端头的铁附件处，有明显的电弧闪络白斑。这与一般瓷绝缘子闪络后在铁附件上留下的闪络痕迹一模一样。

（2）事故原因分析

合成绝缘子发生闪络后引起了断线事故。但这种断线事故不是合成绝缘子的原因引起的。现场查线证明，C 相 4 线的断线点正好在悬垂线夹里面。A、B 两相导线的烧伤点也在线夹里面。这种老式过时的悬垂线夹，因用支柱螺拴固定导线，在线路运行过程中由于震动等原因，常使支柱螺拴松动，致使线夹对导线的紧固力减小，这不但使导线容易在线夹内滑动，而且使导线和线夹间的接触电阻增大。导线和线夹间，平时是没有电流流过的。金具设计时，也

未考虑这个问题。但当连接此悬垂线夹的绝缘子串发生闪络故障时，工频性的电容电流或短路电流就从导线通过线夹，经绝缘子串发生闪络通道入地。由于 35kV 系统为中性点不接地系统，故发生单相接地时，流过的将是电容电流。若同时二相闪络接地，那么流过的将是相间短路电流。这两种情况系统里均可能发生。这次故障据调度称，发生时该线两侧变电站均有单相接地，开关未跳闸。后来才发现这次故障仅是单相接地，故障点流过的仅是接地电容电流。这个电容电流估计数值不会太小。当时系统上接有 140km 的架空线路，系统发生单相接地时，开关不跳闸，让其运行了一个相当长的时间。一般来说，规程规定可允许继续运行 2h，实际在现场已超过 2h。另外，这条线路的导线截面太小，仅为 70mm^2，热容量不够也是导致断线的一个原因。可见，这次断线故障的原因是悬垂线夹性能不良、故障时间太长、导线截面太小造成的，不是合成绝缘子本身的原因。

这次故障现场发现三相绝缘子串均闪络。因变电站所未发生相间故障跳闸，故说明三相闪络不是同时发生的，单相接地起码发生过三次。

（3）总结

① 发生工频闪络故障后，合成绝缘子仅是硅胶裙外表面有损伤，整体不会烧裂、烧毁，可见硅胶裙的耐弧性能尚可。

② 发生闪络故障后，合成绝缘子有时引起铁帽炸裂、导线落地的现象，这次事故证实了这一点。

③ 发生闪络故障后，合成绝缘子整体外形未破坏，仅是表面增加了一些污脏，若导线不断，一般情况下可继续运行一段时间。与普通的瓷绝缘子相比，继续运行的时间可更长些。

5．瓷套管破裂引起的故障处理

（1）事故情况

某日，一台 160kVA/10kV 变压器高压侧熔丝熔断，电气维修人员赴现场检查，各路负荷均无短路现象，熔断器熔丝烧断一相，变压器低压侧 B 相瓷套管有裂纹，且高压三相绕组对地绝缘击穿。对该变压器检查，发现高压绕组匝间多处烧断。

（2）事故原因分析

据电工反映，低压侧 B 相桩头瓷套管破裂已有十多天，当时无套管备件，采用绝缘带捆绑进行应急处理。开始十来天，气温持续偏高，空气干燥，对桩头绝缘无多大影响。但后来气温急剧下降，空气潮湿伴有细雨，使套管裂纹中充满潮湿的空气且介电常数较小，致使裂纹中电场强度增大，到达一定数值时，空气被游离引起瓷套局部放电，这样使瓷套管绝缘进一步损坏，最后导致全部击穿造成短路，引起变压器绕组损坏，高压侧熔丝烧断。

（3）事后处理

① 更换合格的瓷套管。

② 对烧坏的高压绕组重新绕制，更换变压器油，试验合格后再投入运行。

习　题

1．什么是绝缘子？其作用是什么？

2．绝缘子是如何分类的？

3．说明下列绝缘子的型号含义：P—20T、PQ2—10BL、S—280Z、PS—105/3Z、PSN—

125/12.5ZS、E—6、XP—70/C、XWP—100、XP—100、XDP—70CN、J—2、ZA—10Y、PD—2T、ED—3、EX—4、GK—50。

4．绝缘子的参数包括哪些？

5．如何选择绝缘子？

6．合成绝缘子有何优点？

7．绝缘子的安装有几种形式？特点如何？

8．绝缘子的维护分哪几个方面？如何维护？

9．名词解释：零值绝缘子；雷电全波冲击耐受电压（V）；工频 1min 耐湿受电压（V）；最小公称爬电距离（mm）；最小电弧距离（mm）。

10．绝缘子常见故障有哪些？

Chapter 5

第5章 低压断路器

5.1 认识断路器

学习目标

① 理解掌握低压断路器的作用、结构和工作原理。
② 掌握低压断路器的分类。
③ 掌握低压断路器型号含义。
④ 掌握低压断路器的主要技术特性参数。

5.1.1 低压断路器的工作原理

1. 低压断路器的作用

低压断路器也称为自动空气开关，可用来接通和分断负载电路，也可用来控制不频繁启动的电动机。它的功能相当于刀开关、过电流继电器、失压继电器、热继电器及漏电保护器等电器的部分或全部功能，是低压配电网中一种重要的保护电器。

低压断路器具有多种保护功能（过载、短路、欠电压保护等）、动作值可调、分断能力高、操纵方便、安全等优点，所以目前被广泛应用。

2. 低压断路器的结构和工作原理

低压断路器由操纵机构、触点、保护装置（各种脱扣器）、灭弧系统等组成，其工作原理如图5-1所示。

（1）触点

触点在低压断路器中用来实现电路接通或分断的，分为静触点和动触点。

触点的基本要求如下。

① 能安全可靠地接通和分断极限短路电流。

② 能安全可靠地接通和分断长期工作制的工作电流。

③ 在规定的电寿命次数内，接通和分断以上电流后不会严重磨损。

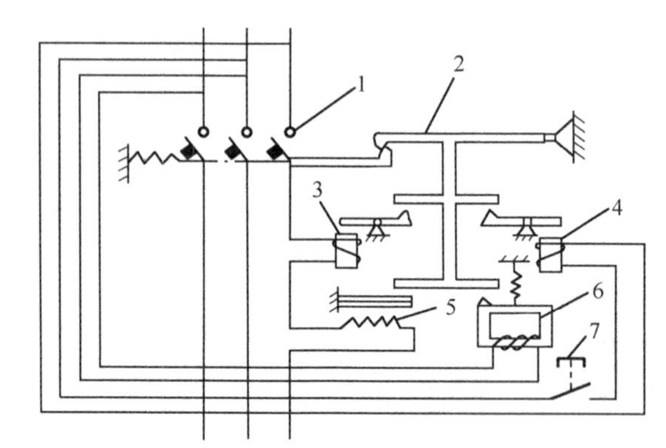

1—主触点；2—自由脱扣机构；3—过电流脱扣器；4—分励脱扣器；
5—热脱扣器；6—欠电压脱扣器；7—停止按钮触点系统

图 5-1 低压断路器的工作原理

常用低压断路器的触点类型有对接式触点、桥式触点和插入式触点。对接式和桥式触点多为面接触或线接触，在触点上都焊有银基合金镶块。大型低压断路器每相除主触点外，还有副触点和弧触点。

低压断路器触点的动作顺序是：低压断路器闭合时，弧触点先闭合，然后是副触点闭合，最后才是主触点闭合；低压断路器分断时却相反，主触点承载负载电流，副触点的作用是保护主触点，弧触点是用来承担切断电流时的电弧烧灼，电弧只在弧触点上形成，从而保证了主触点不被电弧烧蚀而长期稳定的工作。

（2）灭弧系统

灭弧系统用来熄灭触点间在断开电路时产生的电弧。灭弧系统包括两个部分：一是强力弹簧机构，使断路器触点快速分开；二是在触点上方设置的灭弧室。

（3）操动机构

低压断路器操动机构包括传动机构和脱扣机构两大部分。

1）传动机构

按低压断路器操作方式不同可分为手动传动、杠杆传动、电磁铁传动、电动机传动。

按闭合方式可分为储能闭合和非储能闭合。

2）自由脱扣机构

自由脱扣机构的功能是实现传动机构和触点系统之间的联系。

（4）保护装置

低压断路器的保护装置由各种脱扣器来实现。断路器的脱扣器类型有：欠压脱扣器、过电流脱扣器、分励脱扣器等。过电流脱扣器还可分为过载脱扣器和短路脱扣器。

欠压脱扣器用来监视工作电压的波动，当电网电压降低至 70%～35%额定电压或电网发生故障时，低压断路器可立即分断，在电源电压低于 35%额定电压时，能防止低压断路器闭合。带延时动作的欠压脱扣器，可防止因负荷陡升引起的电压波动，而造成低压断路器不适当地分断，延时时间可为 1s、3s 和 5s。分励脱扣器用于远距离遥控分断断路器。过电流脱扣器用

于防止过载和负载侧短路。一般低压断路器还具有短路锁定功能，用来防止低压断路器因短路故障分断后，故障未排除前再合闸。在短路条件下，低压断路器分断，锁定机构动作，使低压断路器机构保持在分断位置，锁定机构未复位前，低压断路器合闸机构不能动作，无法接通电路。

低压断路器除上述四类装置外，还具有辅助触点、框架（万能式低压断路器）、塑料底座和外壳（塑壳式、断路器）。辅助触点一般有常开触点和常闭触点，供信号装置和智能式控制装置使用。

低压断路器的主触点是靠手动操纵或电动合闸的。主触点闭合后，自由脱扣机构将主触点锁在合闸位置上。过电流脱扣器的线圈和热脱扣器的热元件与主电路串联，欠电压脱扣器的线圈和电源并联。当电路发生短路或严重过载时，过电流脱扣器的衔铁吸合，使自由脱扣机构动作，主触点断开主电路。当电路过载时，热脱扣器的热元件发热使双金属片向上弯曲，推动自由脱扣机构动作。当电路欠电压时，欠电压脱扣器的衔铁被释放，使自由脱扣机构动作。分励脱扣器在正常工作时，其线圈是断电的，在需要间隔控制时，按下启动按钮，使线圈通电，衔铁带动自由脱扣机构动作，使主触点断开。

5.1.2 常用低压断路器

低压断路器的分类方式很多，按使用类别分为选择型（保护装置参数可调）和非选择型（保护装置参数不可调）；按结构类型分为万能式（又称框架式）和塑壳式低压断路器；按灭弧介质分为空气式和真空式（目前国产多为空气式）；按操作方式分为手动操作、电动操作和弹簧储能机械操作；按极数分为单极式、二极式、三极式和四极式；按安装方式分为固定式、插入式、抽屉式和嵌入式等；按性能分为普通式和限流式两种。

限流式低压断路器一般具有特殊结构的触点系统，当短路电流通过时，触点在电动力作用下排斥打开而提前呈现电弧，利用电弧电阻来限制短路电流的增长。限流式断路器比普通式断路器有较大的开断能力，并能限制短路电流对被保护线路的电动力和热效应的作用。低压断路器断流范围很大，最小为4A，而最大可达5000A。低压断路器有较强的分断和接通短路电流的能力，额定电流为100A的塑料外壳式断路器，短路通断能力约为12kA，而限流式断路器则可达30kA。

低压断路器装置广泛应用于低压配电系统各级馈出线、各种机械设备的电源控制、用电终端的控制和保护。低压断路器适用于发电厂、石油、化工、冶金、纺织、高层建筑等行业的配电系统。在大型发电厂、石化系统等自动化程度高，且要求与计算机接口的场所，可作为发、供电系统中配电、电动机集中控制、无功功率补偿使用的低压成套配电装置。

1. 万能式低压断路器（标准型式为DW）（见图5-2）

万能式低压断路器容量较大，可装设多种脱扣器，辅助触点的数量也多，不同的脱扣器组合可形成不同的保护特性，故可作为选择性或非选择性或具有反时限动作特性的电动机保护。它通过辅助触点可实现远方遥控和智能化控制，其额定电流为630～5000A。一般用于变压器400V侧出线总开关、母线联络开关或大容量馈线开关和大型电动机控制开关。

我国自行开发的万能式低压断路器系列有DW15、DW16、CW系列。引进技术的产品有德国 AEG 公司的 ME 系列、日本寺崎公司的 AH 系列、日本三菱公司的 AE 系列、西门子公司的 3WE 系列等，以及国内各生产厂以各自产品命名的高新技术开关。

图 5-2　万能式断路器

2. 塑壳式低压断路器（标准型式为 DZ）（见图 5-3）

图 5-3　塑壳式低压断路器

塑壳式低压断路器的主要特征是所有部件都安装在一个塑料外壳中，没有裸露的带电部分，提高了使用的安全性。新型的塑壳断路器也可制成选择型。小容量的断路器（50A 以下）采用非储能式闭合，手动操作；大容量断路器的操作机构采用储能式闭合，可以手动操作，也可由电动机操作。塑壳式断路器可实现远方遥控操作，额定电流一般为 6～630A，有单极式、二极式、三极式和四极式。目前已有额定电流为 800A～3000A 的大型塑壳式低压断路器。

塑壳式低压断路器一般用于配电馈线控制和保护、小型配电变压器的低压侧出线总开关、动力配电终端控制和保护、住宅配电终端控制和保护，也可用于各种生产机械的电源开关。

我国自行开发的塑壳式低压断路器系列有：DZ20 系列、DZ25 系列、DZ15 系列，引进技术生产的有日本寺崎公司的 TO、TG 和 TH—5 系列、西门子公司的 3VE 系列、日本三菱公司的 M 系列、ABB 公司的 M611（DZ106）和 SO60 系列、施耐德公司的 C45N（DZ47）系列等，以及生产厂以各自产品命名的高新技术塑壳式低压断路器。

其派生产品有 DZX 系列限流低压断路器、带剩余电流保护功能（漏电保护功能）的剩余电流动作保护低压断路器、缺相保护低压断路器等。

5.1.3 低压断路器的型号含义及参数

1. 低压断路器的型号含义

目前，我国断路器型号根据国家技术标准的规定，一般由文字符号和数字按以下方式组成。

（1）产品字母代号

S——少油断路器；D——多油断路器；K——空气断路器；L——六氟化硫断路器；Z——真空断路器；Q——产气断路器；C——磁吹断路器。

（2）装置地点代号

N——户内；W——户外。

（3）设计系列顺序号

以数字 1、2、3……表示。

（4）额定电压（kV）。

（5）其他补充工作特性标志

G——改进型；F——分相操作。

（6）额定电流（A）

（7）额定开断电流（kA）

（8）特殊环境代号

1）GW—110（Ⅲ）W—630

G——隔离开关；W——户外使用；110——适用于额定电压为 110kV 的系统中；（Ⅲ）——Ⅲ型（设计序号）；630——适用于额定电流在 630A 以下的系统中。

2）GN22—10/2000

G——隔离开关；N——户内使用；22——设计序号；10——适用于额定电压为 10kV 的系统中；2000——适用于额定电流在 2000A 以下的系统中。

（3）SW2—110Ⅱ

S——少油断路器；W——户外使用；2——设计序号；110——适用于额定电压为 110kV 的系统中；Ⅱ——本系列开关中的Ⅱ型开关。

（4）HUM18—63C32/1

HU——企业代号（环宇）；M18——产品型号；63——壳架等级；C——使用类别为照明电路（或者一般电路）；32——额定电流；1——1P（1 极）。

（5）DW17—400/3

DW——万能自动空气断路器；17——设计代号；400——额定电流（A）；3——3 极。

2. 低压断路器的主要技术特性参数

我国低压电器标准规定低压断路器应有下列特性参数。

（1）型式

低压断路器型式包括相数、极数、额定频率、灭弧介质、闭合方式和分断方式。

（2）主电路额定值

主电路额定值有额定工作电压、额定电流、额定短时接通能力、额定短时耐受电流。

万能式低压断路器的额定电流还分为主电路的额定电流和框架等级的额定电流。

（3）额定工作制

低压断路器的额定工作制可分为 8h 工作制和长期工作制两种。

（4）辅助电路参数

低压断路器辅助电路参数主要为辅助触点特性参数。万能式低压断路器一般具有常开触点、常闭触点各 3 对，供信号装置及控制回路用。塑壳式低压断路器一般不具备辅助触点。

（5）其他

低压断路器特性参数除上述各项外，还包括脱扣器类型、特性、使用类别等。

5.2 低压断路器的选用

学习目标

① 掌握低压断路器的选用原则。

② 学会按负载要求选择低压断路器。

③ 掌握低压断路器的使用注意事项。

5.2.1 低压断路器的选用原则

额定电流在 600A 以下，且短路电流不大时，可选用塑壳断路器；额定电流较大，短路电流也较大时，应选用万能式断路器。

1. 选用低压断路器的一般原则

① 低压断路器额定电流大于或等于负载工作电流。

② 低压断路器额定电压大于或等于电源和负载的额定电压。

③ 低压断路器脱扣器额定电流大于或等于负载工作电流。

④ 低压断路器极限通断电流大于或等于电路最大短路电流。

⑤ 线路末端单相对地短路电流/低压断路器瞬时（或短路时）脱扣器整定电流大于或等于 1.25。

⑥ 低压断路器欠电压脱扣器额定电压等于线路额定电压

由线路的计算电流来决定低压断路器的额定电流；低压断路器的短路整定电流应躲过线路的正常工作启动电流。按线路的最大短路电流来校验低压断路器的分断能力；按照线路的最小短路电流来校验低压断路器动作的灵敏性，即线路最小短路电流应不小于低压断路器短路整定电流的 1.3 倍；按照线路上的短路冲击电流（即短路全电流最大瞬时值）来校验低压断路器的额定短路接通能力（最大电流预期峰值），即最大电流预期峰值应大于短路全电流最大瞬时值。

2. 配电用低压断路器的选择

① 长延时动作电流整定值等于 0.8～1 倍导线允许载流量。

② 3 倍长延时动作电流整定值的可返回时间大于或等于线路中最大启动电流的电动机启动时间。

③ 短延时动作电流整定值大于或等于 $1.1(I_{jx}+1.35KI_{dem})$。其中，I_{jx} 为线路计算负载电流；K 为电动机的启动电流倍数；I_{dem} 为最大一台电动机额定电流。

④ 短延时的延时时间按被保护对象的热稳定校核。

⑤ 无短延时时，瞬时电流整定值大于或等于 $1.1(I_{jx}+K_1KI_{dem})$。其中，K_1 为电动机启动电流的冲击系数，可取 1.7～2。

⑥ 有短延时时，瞬时电流整定值大于或等于 1.1 倍下级开关进线端计算短路电流值。

3. 电动机保护用低压断路器的选择

① 长延时电流整定值等于电动机的额定电流。

② 6 倍长延时电流整定值的可返回时间大于或等于电动机的实际启动时间。

按启动时负载的轻重，可选用可返回时间为 1s、3s、5s、8s、15s 中的某一挡。

③ 瞬时整定电流：笼型异步电动机时，瞬时整定电流为 8～15 倍脱扣器额定电流；绕线转子异步电动机时，瞬时整定电流为 3～6 倍脱扣器额定电流。

4. 照明用低压断路器的选择

① 长延时整定值大于或等于线路计算负载电流。

② 瞬时动作整定值等于 6～20 倍线路计算负载电流。

5. 智能化低压断路器（见图 5-4）

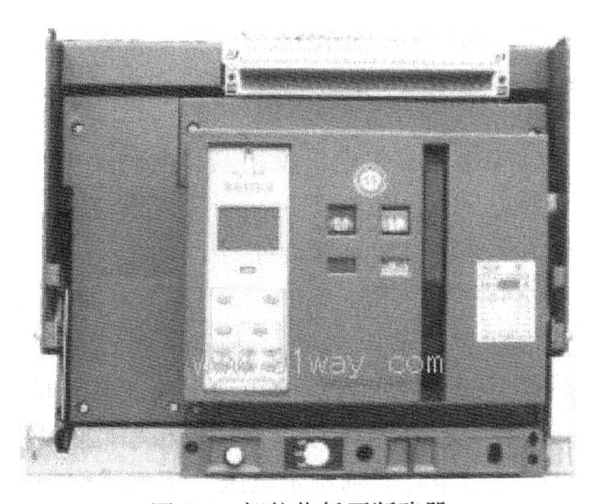

图 5-4 智能化低压断路器

计算机技术引入低压电器，一方面使低压开关电器具有智能化功能，另一方面使低压开关电器通过中央控制系统，进入计算机网络系统。微处理器引入低压断路器，使低压断路器的保护功能大大增强，它的三段保护特性中的短延时可设置成 I^2t 特性，以便与后一级保护更好匹配，并可实现接地故障保护。带微处理器的智能化脱扣器的保护特性可方便地调节，还可设置预警特性。智能化低压断路器可反映负载电流的有效值，消除输入信号中的高次谐波，避免高次谐波造成的误动作。采用微处理器还能提高低压断路器的自身诊断和监视功能，可监视检测电压、电流和保护特性，并可用液晶显示。当低压断路器内部温升超过允许值，或触点磨损量超过限定值时能发出警报。

智能化低压断路器能保护各种启动条件的电动机，并具有很高的动作准确性，整定调节范围宽，可以保护电动机的过载、断相、三相不平衡、接地等故障。智能化低压断路器通过与控制计算机组成网络还可自动记录断路器运行情况和实现遥测、遥控和遥信。智能化低压断路器是传统低压断路器改造、提高、发展的方向。近年来，我国的低压断路器生产厂也已开发生产了各种类型的智能化控制的低压断路器，智能化低压断路器在我国一定会有更大地发展。

5.2.2 低压断路器的使用注意事项

1. 过载和短路保护

（1）过载长延时保护

采用热动式（双金属元件）做过载长延时保护时，其动作源为I^2R，交流的电流有效值与直流的平均值相等，因此不用任何改制即可使用。但对大电流规格，采取电流互感器的二次电流加热者，则因互感器无法使用于直流电路而不能使用。如果过载长延时脱扣器是采用全电磁式（液压式，即油杯式），则延时脱扣特性要变化，最小动作电流要变大110%～140%，因此，交流全电磁式脱扣器不能用于直流电路（如要用则要重新设计）。

（2）短路保护

热动电磁型交流低压断路器的短路保护采用磁铁系统，它用于经滤波后的整流电路（直流）。全电磁型的短路保护与热动电磁型相同。

2. 低压断路器的附件

低压断路器的附件如分励脱扣器、欠电压脱扣器、电动操作机构等。分励脱扣器、欠电压脱扣器均为电压线圈，只要电压值一致，则可用于交流系统和直流系统。辅助、报警触点交直流通用。电动操作机构用于直流时要重新设计。

3. 欠电压脱扣器

由于直流不像交流有过零点的特性，直流的短路电流（甚至倍数不大的故障电流）的开断时的电弧的熄灭都有困难，因此接线应采用二极或三极串联的办法，增加断口，使各断口承担一部分电弧能量。如果线路电压降低到额定电压的70%（称为崩溃电压），将使电动机无法启动，照明器具暗淡无光，电阻炉发热不足。而运行中的电动机，当其工作电压降低至50%左右（称为临界电压），就要发生堵转（拖不动负载，电动机停转），电动机的电流急剧上升达6倍的额定电流，时间略长，电动机将被烧毁。

为了避免上述情况的产生，就要求在低压断路器上装设欠电压脱扣器。欠电压脱扣器的

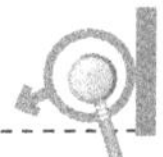

动作电压整定在35%～70%额定电压。欠电压脱扣器有瞬动式和延时式（有1s、3s、5s……）两种。延时式欠电压脱扣器使用于主干线或重要支路，而瞬动式则常用于一般支路。对于供电质量较差的地区，电压本身波动较大，且接近欠电压脱扣器动作电压上限值，这种情况不适宜使用欠电压脱扣器。

5.3 低压断路器的安装

学习目标

① 学会低压断路器的安装。
② 掌握低压断路器的安装注意事项。

1. 万能式低压断路器的安装分类

低压万能式断路器的安装分为抽屉式和固定式。另外，插入式和抽屉式是同一种类别，框架式低压断路器是固定式的一种。

2. 塑壳式低压断路器与万能式低压断路器的区别：

① 额定电流不同，框架更大。
② 分断能力及保护曲线不同，框架更大。
③ 操作不同，框架一般电动储能电动操作，塑壳电动价格较贵。
④ 从安装来说，框架动稳定也好些。

3. 安装前的检查

① 断路器的规格是否符合要求，机构的运作是否灵活、可靠。
② 测量低压断路器的绝缘电阻，其阻值不得小于10MΩ，否则应进行干燥处理。
③ 低压断路器的衔铁工作面上的油污应擦净。
④ 低压断路器的触点闭合、断开过程中，可动部分与灭弧室的零件不应有卡阻现象。
⑤ 低压断路器的各触点的接触平面应平整；开合顺序、动静触点分闸距离等应符合设计要求或产品技术文件的规定。
⑥ 受潮的灭弧室，安装前应烘干，烘干时应监测温度。

4. 安装时的注意事项

① 必需按照规定的方向（如垂直）安装，否则会影响脱扣器动作的准确性及通断能力。
② 安装要平稳，否则塑料式低压断路器会影响脱扣动作，而抽屉式低压断路器则可能影响二次回路连接的可靠性。
③ 安装时应按规定在灭弧罩上部留有一定的飞弧空间，以免产生飞弧。对于塑料式低压断路器，进线端的母片应包200mm长的绝缘物，有时还应在进线端的各相间加装隔弧板。

④ 电源进线应接在灭弧室一侧的接线端（上母线）上，接至负载的出线应接在脱扣器一侧的接线端（下母线）上，并选择合适的连接导线截面，以免影响过流脱扣器的保护特性。

⑤ 若安装塑料式低压断路器，其操作机构在出厂时已调试好，拆开盖子时操作机构不得随意调整。

⑥ 带插入式端子的塑壳式低压断路器，应装在右金属箱内（只有操作手柄外露），以免操作人员触及接线端子而发生事故。

⑦ 凡没有接地螺钉的断路器，均应可靠接地。

5. 低压断路器的安装

① 低压断路器的安装，应符合产品技术文件的规定；当无明确规定时，宜垂直安装，其倾斜度不应大于 5°。

② 低压断路器与熔断器配合使用时，熔断器应安装在电源侧。

6. 低压断路器操作机构的安装

① 操作手柄或传动杠杆的开、合位置应正确；操作力不应大于产品的规定值。

② 电动操作机构接线应正确；在合闸过程中，开关不应跳跃；开关合闸后，限制电动机或电磁铁通电时间的连锁装置应及时动作；电动机或电磁铁通电时间不应超过产品的规定值。

③ 开关辅助触点动作应正确可靠，接触应良好。

④ 抽屉式低压断路器的工作、试验、隔离三个位置的定位应明显，并应符合产品技术文件的规定。

⑤ 抽屉式低压断路器空载时，进行抽、拉数次应无卡阻，机械连锁应可靠。

7. 低压断路器的接线

① 裸露在箱体外部且易触及的导线端子应加绝缘保护。

② 有半导体脱扣装置的低压断路器，其接线应符合相序要求，脱扣装置的动作应可靠。

8. 直流快速低压断路器的安装、调整和试验

① 安装时应防止直流快速低压断路器倾倒、碰撞和激烈震动。

② 基础槽钢与底座间，应按设计要求采取防震措施。

③ 直流快速低压断路器极间中心距离及与相邻设备或建筑物的距离，不应小于 500mm。当不能满足要求时，应加装高度不小于单极开关总高度的隔弧板。

④ 在灭弧室上方应留有不小于 1000mm 的空间；当不能满足要求时，在开关电流 3000A 以下低压断路器的灭弧室上方 200mm 处应加装隔弧板；在开关电流 3000A 及以上低压断路器的灭弧室上方 500mm 处应加装隔弧板。灭弧室内绝缘衬件应完好，电弧通道应畅通。

⑤ 触点的压力、开距、分断时间、主触点调整后的灭弧室支持螺杆与触点间的绝缘电阻，应符合产品技术文件要求。

9. 直流快速断路器的接线

① 直流快速低压断路器与母线连接时，出线端子不应承受附加应力；母线支点与直流快

速低压断路器之间的距离，不应小于 1000mm。

② 当触点及线圈标有正、负极性时，其接线应与主回路极性一致。

③ 配线时应使控制线与主回路分开。

10. 直流快速低压断路器调整和试验

① 轴承转动应灵活，并应涂以润滑剂。

② 衔铁的吸、合动作应均匀。

③ 灭弧触点与主触点的动作顺序应正确。

④ 安装后应按产品技术文件要求进行交流工频耐压试验，不得有击穿、闪络现象。

⑤ 脱扣装置应按设计要求进行整定值校验，在短路或模拟短路情况下合闸时，脱扣装置应能立即脱扣。

5.4 低压断路器的维护

学习目标

① 掌握低压断路器的操作要点。

② 学会万能式断路器的运行维护。

③ 学会塑壳式断路器的运行维护。

④ 低压断路器的故障处理实例。

5.4.1 低压断路器的操作要点

根据低压断路器的结构形式分为万能型（框架式）低压断路器和塑壳型（装置式）低压断路器两种。低压断路器以其结构紧凑、性能可靠、使用安全等优点，在各类建筑施工现场作为配电、线缆、电动机及电焊机等开关装置被广泛应用。断路器在使用中应进行精心的维护，其具体操作要点如下。

① 低压断路器在投入运行前，应将磁铁工作面的防锈油脂除净，以免影响工作的可靠性。

② 低压断路器在投入运行前，应检查其安装是否牢固，所有螺栓是否拧紧，电路连接是否可靠，外壳有无尘垢。

③ 低压断路器在投入运行前，应检查脱扣器的整定电流和整定时间是否满足电路要求，出厂整定值是否改变。

④ 运行中的低压断路器应定期进行清扫和检修，要注意有无异常声响和气味。

⑤ 运行中的低压断路器触点表面不应有毛刺和烧蚀痕迹，当触点磨损到小于原厚度的 1/3 时，应更换新触点。

⑥ 运行中的低压断路器在分断短路电流后或运行很长时间时，应清除灭弧室内壁和栅片上的金属颗粒，灭弧室不应有破损现象。

⑦ 带有双金属片式的脱扣器，因过载分断断路器后，不得立即“再扣”，应冷却几分钟使双金属片复位后，才能“再扣”。

⑧ 运行中的传动机构应定期加润滑油。

⑨ 定期检修后，应在不带电的情况下对低压断路器进行数次分合闸试验，以检查其可靠性。

⑩ 定期检查低压断路器各脱扣器的电流整定值和延时，特别是半导体脱扣器，应定期用试验按钮检查其工作情况。

⑪ 运行中还应检查引线及导电部分有无过热现象。

总之，只有做到认真维护，才能确保低压断路器的性能可靠和使用安全。

5.4.2 万能式低压断路器的运行维护

1. 运行中的检查

① 负荷电流是否符合低压断路器的额定值。

② 过载的整定值与负载电流是否配合。

③ 连接线的接触处有无过热现象。

④ 灭弧栅有无破损和松动现象。

⑤ 灭弧栅内是否有因触点接触不良而发出放电响声。

⑥ 辅助触点有无烧蚀现象。

⑦ 信号指示与电路分、合状态是否相符。

⑧ 失压脱扣线圈有无过热现象和异常声音。

⑨ 磁铁上的短路环绝缘连杆有无损伤现象。

⑩ 传动机构中连杆部位开口销子和弹簧是否完好。

⑪ 电动机和电磁铁合闸机构是否处于正常状态。

2. 使用维护事项

① 在使用前应将电磁铁工作面的锈油抹净。

② 机构的摩擦部分应定期涂以润滑油。

③ 低压断路器在分断短路电流后，应检查触点（必须将电源断开），并将低压断路器上的烟痕抹净。

在检查触点时应注意如下。

- 如果在触点接触面上有小的金属粒时，应用锉刀将其清除并保持触点原有形状不变。
- 如果触点的厚度小于 1mm（银钨合金的厚度），必须更换和进行调整，并保持压力符合要求。
- 清理灭弧室两壁烟痕，如灭弧片烧坏严重，应予更换，甚至更换整个灭弧室。
- 在触点检查及调整完毕后，应对低压断路器的其他部分进行检查。

检查传动机构动作的灵活性；检查低压断路器的自由脱扣装置（传动机构与触点之间的联系装置）。当自由脱扣机构扣上时，传动机构应带动触点系统一起动作，使触点闭合。当脱

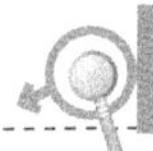

扣后，使传动机构与触点系统解脱联系。检查各种脱扣器装置，如过流脱扣器、欠压脱扣器、分励脱扣器等。

5.4.3 塑壳式断路器的运行维护

1. 运行中的检查

① 检查负荷电流是否符合低压断路器的额定值。
② 信号指示与电路分、合状态是否相符。
③ 过载热元件的容量与过负荷额定值是否相符。
④ 连接线的接触处有无过热现象。
⑤ 操作手柄和绝缘外壳有无破损现象。
⑥ 内部有无放电响声。
⑦ 电动合闸机构润滑是否良好，机件有无破损情况。

2. 使用维护事项

① 断开低压断路器时，必须将手柄拉向“分”字处，闭合时将手柄推向“合”字处。若将自动脱扣的断路器重新闭合，应先将手柄拉向“分”字处，使断路器再脱扣，然后将手柄推向“合”字处，即断路器闭合。

② 装在低压断路器中的电磁脱扣器，用于调整牵引杆与双金属片间距离的调节螺钉不得任意调整，以免影响脱扣器动作而发生事故。

③ 当低压断路器电磁脱扣器的整定电流与使用场所设备电流不相符时，应检验设备，重新调整后，低压断路器才能投入使用。

④ 低压断路器在正常情况下应定期维护，转动部分不灵活，可适当加滴润滑油。

⑤ 低压断路器断开短路电流后，应立即进行以下检查。

- 上下触点是否良好，螺钉、螺母是否拧紧，绝缘部分是否清洁，发现有金属粒子残渣时应清除干净。
- 灭弧室的栅片间是否短路，若被金属粒子短路，应用锉刀将其清除，以免再次遇到短路时，影响低压断路器可靠分断。
- 电磁脱扣器的衔铁，是否可靠地支撑在铁芯上，若衔铁滑出支点，应重新放入，并检查是否灵活。
- 当开关螺钉松动，造成分合不灵活，应打开进行检查维护。
- 过载脱扣整定电流值可进行调节，热脱扣器出厂整定后不可改动。
- 断路器因过载脱扣后，经1～3min的冷却，可重新闭合合闸按钮继续工作。

因选配不当，采用了过低额定电流热脱扣器的低压断路器而引起经常脱扣的，应更换额定电流较大的热脱扣器的低压断路器，切不可将热脱扣器同步螺钉旋松。低压断路器热脱扣在超过规定的额定值下使用时，将因温升过高而使低压断路器损坏。

5.4.4 低压断路器的故障处理实例

1. 低压断路器不跳闸故障处理

某厂接连发生两次380V供电线路单相接地，低压断路器却没有跳闸，造成重大经济损失和人身触电事故。第一次是在连续下了几天雨，该厂架空电话电缆突然多处起火，造成全厂通信线路中断72h，直接和间接经济损失达百万元以上。起火原因是因为有一条供电线路的一相绝缘损坏，与穿线铁管相接。架设电话电缆的钢纹线和穿线铁管安装在同一条金属横担上，于是钢绞线带电，加上电话电缆受潮，造成电话电缆击穿。第二次是电工误把相线当成中性线接在配电箱金属外壳上，造成工人操作时触电受伤。

奇怪的是，在这两次供电线路单相接地时，该厂配电室有关供电线路上用的DW10低压断路器都没有跳闸，这是怎么回事呢？

在第一次事故里，供电线路的低压断路器为400A，过电流瞬时脱扣器的整定电流调在1.5倍负载电流。分析不能跳闸原因：在三相四线制变压器中性点直接接地的电网中，根据规定变压器工作接地电阻不超过4Ω。现假设供电线和电话线电缆击穿后，变压器接地电阻和电话电缆接地电阻均为4Ω，那么，在这种情况下，当略去变压器的零序阻抗影响后，接地电流I=220÷(4+4)=2.75（A），远小于低压断路器脱扣的动作电流（400A×1.5=600A），低压断路器不会动作。因此，对于变压器中性点直接接地的380V三相四线侧供电系统，电气设备接地并不能保证安全，而应该采用TN—C（保护接零）的接地方式。

在第二次事故中，DW10低压断路器是淘汰产品。早期产品只在A、C两相装有过电流瞬时脱扣器，B相没有。因此，DW10低压断路器使用时应该采取一些补充措施，如增加热元件脱扣环节和熔断器等。根本的解决办法是应更换为三相都带过电流脱扣器的DW15等新型低压断路器。

2. DW10低压断路器脱扣器使用不当引起的误动作处理

DW10低压断路器广泛应用于交流电压为380V、不频繁操作的电气装置内。某1#厂的变压器低压侧进线开关就采用了DW10—1500/3型低压断路器。半年以来，该低压断路器已误动作两次，给安全生产带来了很大危害。低压断路器两次误动时，低压侧配置的继电保护装置（信号继电器）均未动作。对继电保护装置进行了模拟试验，结果说明保护装置没有动作。经分析问题就出在低压断路器本身，该低压断路器带过电流脱扣器，过负荷和短路均瞬时动作。厂内0.4kV母线上的电动机均采用直接启动方式，遇有多台容量较大的电动机同时启动时，电流达到该脱扣器的整定值（在2000A左右），低压断路器瞬时跳闸，厂用电中断。

原因查明后，调节了脱扣器的电流整定到最大位置（4000A），使用至今，未再发生误动作。

因此，在使用DW10低压断路器的场所，若配有其他的继电保护装置，最好将该低压断路器的过电流脱扣器拆除（即把动作连杆去掉，或者调节电流整定值至合适位置，以免误动作）。

3. 低压断路器触点接触不良故障处理

（1）事故情况

某农机厂配电室内火光映红了窗户玻璃，刺鼻的浓烟直往外冒（该厂单班生产，晚上配电室无人值班）。电工闻讯赶来，迅速切断电源，用灭火器将明火扑灭。

事后检查，发现由电源总熔断器至DZ10低压断路器的输入电缆线绝缘层全部烧光，低压断路器输出线绝缘层烧损长度5cm。低压断路器的胶木外壳全部炭化。木质配电盘、三相四线有功电能表基本烧毁。但是输入、输出电源线上串联配合的熔断器熔丝全部完好。

（2）事故原因分析

分析事故现象，可以判定事故原因如下：DZ10低压断路器使用一定时间后，触点部分由于机械磨损及弹簧老化，压力不断减小，动触点与静触点之间接触电阻不断增大，通过负荷电流时发热程度不断提高。白天生活用电及其他方面用电少，通过的电流小，触点部分发热程度较低。晚上生活用电增加，通过低压断路器触点的电流增大，接触不良处温度显著升高（电流引起的发热与电流平方成正比）。当发热达到一定程度时就引起断路器胶木底座与木质配电盘燃烧，继而使三相四线有功电能表及相连电器起火燃烧。

根据低压断路器输出侧电线绝缘烧坏的程度，可以推定负荷电流没有严重超过电线的安全续流量，同时线路中也不存在短路现象（熔断器熔丝全部完好）。因此，可以推定事故原因是因为低压断路器触点接触不良、接触电阻增大产生高温而引起。

（3）预防措施

① 配电室应采取严格的防火措施。室内电气设备附近不得堆放可燃性杂物，砖木结构房屋一律不得作为电工房。

② 电气设备的安装必须注意各接头处接触良好，要符合施工工艺规定，并不得使用不合格产品。

③ 建立经常性的维护保养制度，定期检查触点是否良好，接线螺钉是否松动，平时运行中应注意连接点是否变色或温度过高，在容易发热部位使用测温贴片。

④ 无值班人员的配电室应有定期巡视制度，特别在负荷最高时要巡视一次。

4. 开关灭弧不全引起的事故处理

（1）事故经过

某日10点30分，制冰机操作工准备就绪，正常启动1＃电动机。刚按下启动按钮，只听电动机“嗡”地响了一下，还来不及转起来，连运行中的3#制冰机也自停了下来，紧接着全厂断电。同时，变电站里值班电工听到1#制冰机配电柜里“啪”的响了一下，紧接着邻近的配电柜内弧光耀眼，“劈劈啪啪”响声大作。闻声立即冲向变压器保护柜，将3台运行中的变压器断电。爆炸声停止，但站内浓烟弥漫，已造成全厂停产。经检查6台配电柜被烧坏，其中12只DZ10—500/330型开关烧毁，35根40mm×4mm铝母线烧断，8只1T1—A型电流表报废。

（2）事故原因分析

事故是启动1#制冰机引起的，该电动机为JSI18—8型、95kV低压电动机，保护开关为DZ10—600/330型，瞬时脱扣器整定电流为3000A，大于正常启动电流，使用两年还没有跳闸的先例。事故后，检查电动机及线路仍正常。所以，1#制冰机开关只是一次偶然性跳闸，该开关断流能力为 50kA，远大于该电动机启动电流，正常情况下断开不应引起事故。仔细检查1#开关，其上部全被烧焦炭化，下部完好。打开上部接线连接，母线与开关端头接触面光亮无放电痕迹，故接触不良引起电弧短路的可能性不存在。开关近旁也找不到异物短路迹象。打开开关盖检查，发现唯有 C 相灭弧罩上部少了一块隔电弧的红钢纸板，罩内有电弧灼伤的痕迹，显然，短路电弧是从这里发出的。当开关跳闸时，断开电动机启动时的大电流产生了较强的电弧。残余电弧穿过灭弧罩，冲出引线出口，使 B、C 相间发生严重短路。短路产生的强烈电弧殃及邻近开关，使事故扩大，造成严重损失。

（3）防止措施

灭弧罩不完全引起了这场大事故，所以没有灭弧罩的开关是不准使用的。但在很多情况下（运输、保管或使用）会使灭弧罩破损，有时一时找不到好的，就将不完整的凑合使用，平时一般不易发现问题，如上述开关使用了两年没有问题。但一跳闸就造成了重大损失。所以，使用灭弧罩不完全的开关，等于埋下了一颗定时炸弹。

① 每个开关必须装有完好的灭弧罩方可使用。

② 相间距离较近的开关上部的 B 相母线应加玻璃丝黄腊带绝缘，以防电弧或异物短路。

③ 柜与柜之间加耐火隔板，以防事故扩大。

5．低压断路器频跳故障处理

（1）事故经过

某厂 2#配电室的低压断路器频繁跳闸，并伴有部分单台电动机的低压断路器也跳闸。进一步观察发现，在少数几台电动机运转电流较小时，低压断路器不跳闸，在多台电动机运转电流较大时，低压断路器就跳闸。后经值班电工仔细检查发现，2#配电室的低压断路器中间相静触点间接触不良。将低压断路器换掉后，故障消失。

（2）故障原因分析

2#配电室低压断路器接触不良的那一相相当于在其动静触点间存在着一个电阻。当断路器有电流通过时，在这个电阻上就要产生电压降 $U=I_{L2}\times R_0$。随着负荷电流的增加，U 随之增大，当电流增大到一定程度，断路器中间相上的电压几乎全降落在电阻 R 上，使 2#配电室内控制的电动机接近于缺相运行状态。由于设备的有功功率不变化，势必造成 I_{L1}、I_{L3} 增加，超出额定电流值。2#配电室的低压断路器为 DW10 系列，车间控制单台电动机的低压断路器为 DZ10 系列。这两种低压断路器都具有一相电流超过额定值时即跳闸的功能。因此，当负荷电流增加到一定程度时，造成配电室的低压断路器以及部分单台电动机的低压断路器跳闸的现象。

从这一故障可看出，对控制负荷较大、电动机台数较多的低压断路器，必须经常检查触点、接线端等是否处于良好状态，发现问题，必须及时处理，这对于车间维修电工来说是非常重要的。

1．填空题：

1）低压断路器由________、________、________、________等组成。

2）常用断路器的触点类型有________、________和________。

3）断路器触点的动作顺序是，断路器闭合时，________先闭合，然后是________闭合，

最后才是________闭合；断路器分断时却________。

4）按断路器操作方式不同可分为________传动、________传动、________传动、______传动；按闭合方式可分为________闭合和________闭合。

5）断路器的脱扣器类型有_________脱扣器、_________扣器、_________和_________脱扣器等。

6）断路器类型包括________、________、________、________、________和________。

7）主电路额定值有________；________；________；________。

2．说明下列断路器的型号含义：GW—110（III）W—630；SW2—110II。

3．低压断路器的一般选用原则包括哪些？

4．如何选择配电用低压断路器、电动机保护用低压断路器、照明用低压断路器？

5．低压断路器使用应注意哪些事项？

6．低压断路器的安装应注意哪些事项？

7．低压断路器的维护包括哪些项目？

8．万能式断路器的运行维护包括哪些项目？

9．塑壳式断路器的运行维护包括哪些项目？

10．低压断路器的故障处理实例。

Chapter 6

第6章 高压断路器

6.1 认识高压断路器

学习目标

① 掌握高压断路器的作用、分类。
② 掌握高压断路器的型号含义和结构。
③ 掌握高压断路器的参数。

6.1.1 高压断路器的作用及分类

1. 高压断路器的作用

（1）控制作用

根据电力系统运行的需要，通过高压断路器将部分或全部电气设备、线路投入或退出运行。

（2）保护作用

当电力系统某一部分发生故障时，它和保护装置、自动装置相配合，将该故障部分从系统中迅速切除，减少停电范围，防止事故扩大，保护系统中各类电气设备不受损坏，保证系统无故障部分安全运行。

2. 高压断路器的分类

高压断路器如图6-1所示，其主要类型如下。

按灭弧介质分为油断路器、空气断路器、真空断路器、六氟化硫断路器、固体产气断路器、磁吹断路器。

按操作性质可分为电动机构、气动机构、液压机构、弹簧储能机构、手动机构。

（1）油断路器

油断路器利用变压器油作为灭弧介质，分为多油和少油两种类型。高压多油断路器如

图 6-2 所示。

图 6-1　高压断路器

图 6-2　高压多油断路器

（2）SF_6 断路器

SF_6 断路器采用惰性气体 SF_6 来灭弧，并利用 SF_6 很高的绝缘性能来增强触点间的绝缘。SF_6 断路器如图 6-3 所示。

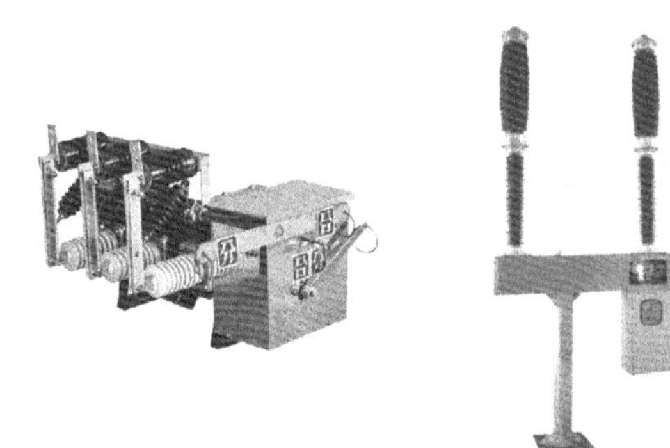

图 6-3　SF_6 断路器

（3）真空断路器

真空断路器的触点密封在高真空的灭弧室内，利用真空的高绝缘性能来灭弧。真空断路器如图 6-4 所示。

图 6-4　真空断路器

（4）空气断路器

空气断路器是利用高速流动的压缩空气来灭弧。空气断路器如图 6-5 所示。

（5）固体产气断路器

固体产气断路器是利用固体产气物质在电弧高温作用下分解出来的气体来灭弧。固体产气断路器如图 6-6 所示。

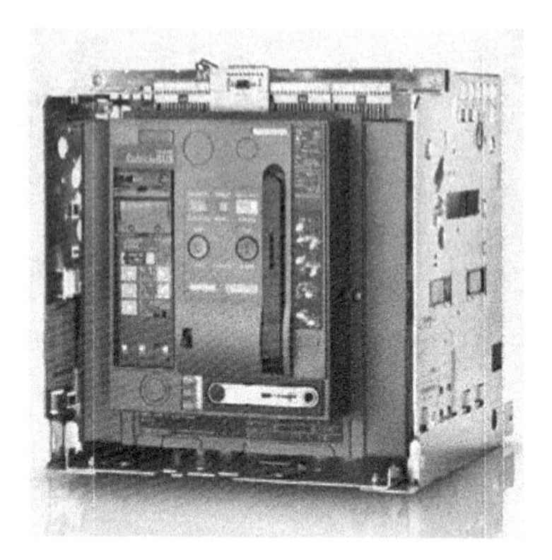

图 6-5　空气断路器

图 6-6　固体产气断路器

（6）磁吹断路器

磁吹断路器断路时，利用本身流过的大电流产生的电磁力将电弧迅速拉长而吸入磁性灭弧室内冷却熄灭。

6.1.2　高压断路器的结构及型号含义

1．高压断路器的结构

高压断路器的主要结构大体分为导流部分、灭弧部分、绝缘部分、操作机构部分。高压断路器的内部结构如图 6-7 所示。

2．高压断路器的型号含义

- 第一位：D——多油式；S——少油式；K——（压缩）空气；L——SF_6；Z——真空；Q——产气断路器；C——磁吹断路器。
- 第二位：N——户内式；W——户外式。
- 第三或第四位：数字——设计序号或额定电压（kV）。
- 第四或第五位：C——手车式；G——改进型。
- “/”后：数字——额定电流（A）。

高压断路器的型号有：DW 系列高压户外安装多油断路器、SW 系列高压户外安装少油断路器、SN 系列高压户内安装少油断路器、ZW 系列高压户外安装真空断路器、ZN 系列高压户内安装真空断路器、LW 系列高压户外安装 SF_6 断路器、LN 系列高压户内安装 SF_6 断路器。

注意，这里的部分型号现已停产，但还有在装的；外国引进、合资型号等未列入。

例如，SN4—20G/8000 3000，S——少油断路器；N——代表安装场所（户内式）；4——代表设计序号；20——代表额定电压（kV）；G——代表补充工作特性（改进型）；8000——代表额定电流（A）；3000——代表额定断流容量（MVA）。

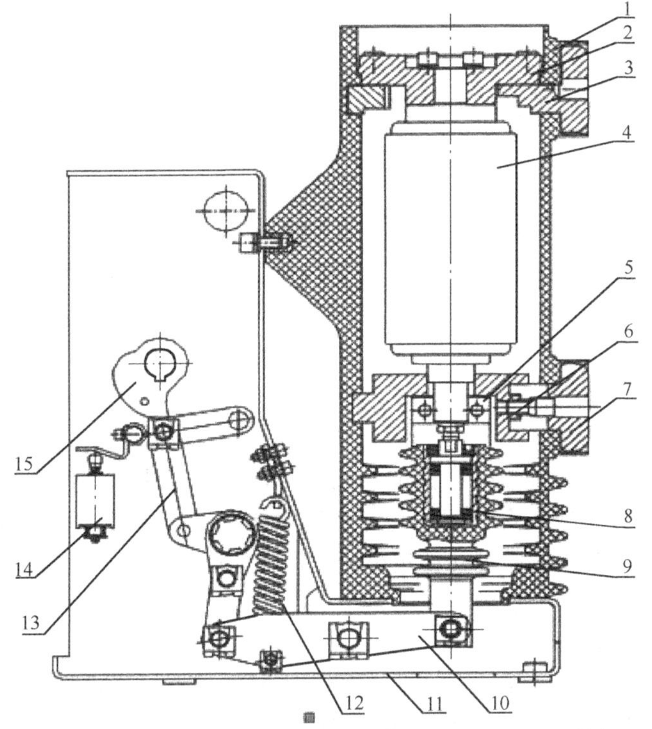

1—绝缘筒；2—上支架；3—上出线座；4—真空灭弧室；5—软连接；6—下支架；7—下出线座；8—碟簧；9—绝缘拉杆；10—四连杆机构；11—断路器壳体；12—分闸弹簧；13—四连杆机构；14—分闸电磁铁；15—合闸凸轮

图 6-7 高压断路器的内部结构

6.1.3 高压断路器的技术参数

1．额定电压

它是表征高压断路器绝缘强度的参数，它是高压断路器长期工作的标准电压。额定电压不仅决定了高压断路器的绝缘要求，而且在相当程度上决定了高压断路器的总体尺寸和灭弧条件。额定电压指的是线电压，电压等级有 10kV、20kV、35kV、60kV、110kV、220kV、330kV、500kV 各级。

为了适应电力系统工作的要求，高压断路器又规定了与各级额定电压相应的最高工作电压。对于 3～220kV 各级高压断路器，其最高工作电压较额定电压高 15%左右；对于 330kV 及以上各级高压断路器，最高工作电压较额定电压约高 10%。高压断路器在最高工作电压下，应能长期可靠地工作。

2．额定绝缘水平

额定绝缘水平用雷电冲击电压（U_p）来表示，操作冲击电压（U_s）和工频电压（U_d）的额定耐受电压值应根据 U_p 选择同一水平值。绝缘水平有对地、相间和断路器断口三个值。

3．额定电流

它是表征高压断路器通过长期电流能力的参数，即断路器允许连续长期通过的最大电流。

4．额定开断电流

它是表征高压断路器开断能力的参数。在额定电压下，高压断路器能保证可靠开断的最大电流，称为额定开断电流，其单位用高压断路器触点分离瞬间短路电流有效值的千安数表示。当高压断路器在低于其额定电压的电网中工作时，其开断电流可以增大。但受灭弧室机械强度的限制，开断电流有一最大值，称为极限开断电流。

5．动稳定电流

它是表征高压断路器通过短时电流能力的参数，反映高压断路器承受短路电流的能力。高压断路器在合闸状态下或关合瞬间，允许通过的电流最大峰值，称为电动稳定电流，又称为极限通过电流。高压断路器通过动稳定电流时，不能因电力作用而损坏。

6．额定关合电流

它是表征断路器关合电流能力的参数。因为它断路器在接通电路时，电路中可能预伏有短路故障，此时高压断路器将关合很大的短路电流。这样，一方面由于短路电流的作用减弱了合闸的操作力，另一方面由于触点尚未接触前发生击穿而产生电弧，可能使触点熔焊，从而使高压断路器造成损伤。高压断路器能够可靠关合的电流最大峰值，称为额定关合电流。额定关合电流和动稳定电流在数值上是相等的，两者都等于额定开断电流的 2.5 倍。

7．热稳定电流和热稳定电流的持续时间

热稳定电流也是表征高压断路器通过短时电流能力的参数，但它反映高压断路器承受短路电流热效应的能力。热稳定电流是指高压断路器处于合闸状态下，在一定的持续时间内，所允许通过电流的最大周期分量有效值，此时高压断路器不应因短时发热而损坏。

国家标准规定：高压断路器的额定热稳定电流等于额定开断电流。额定热稳定电流的持续时间为 2s，须要大于 2s 时，推荐为 4s。

8．额定短时耐受电流

额定短时耐受电流是高压断路器在合闸状态下能够承载的电流有效值。高压断路器的额定短时耐受电流等于其额定开断电流。

9．额定短路持续时间

额定短路持续时间是高压断路器在合闸状态下能够承载的短时耐受电流的时间间隔，350～800kV 为 2s，252～363kV 为 3s，126kV 及以下为 4s。

10．额定峰值耐受电流

在规定的使用和性能条件下，高压断路器设备在合闸状态下能够承载的额定短时耐受电

流第一个电流峰值，称为额定峰值耐受电流。额定峰值耐受电流等于额定关合电流，等于2.5倍额定短时耐受电流。

11. 额定短路开断电流

额定短路开断电流是在规定的使用和性能条件下，断路器能开断的最大短路电流。额定短路开断电流有两个值来表征：交流分量有效值和直流分量百分数。高压断路器应能开断额定短路开断电流以下任一短路电流。

12. 额定短路关合电流

在规定的使用条件下，高压断路器关合操作时，在电流出现后的瞬态过程中，流过高压断路器电流的第一个大半波的峰值称为额定短路关合电流。

13. 近区故障开断能力

对于设计用于额定电压72.5kV以上、额定短路开断电流大于12.5kA、直接与架空输电线路连接的三相高压断路器，要求具有近区故障开断能力。

14. 额定失步开断电流

额定失步开断电流是指高压断路器在规定使用和性能条件下，应能开断的最大失步电流。除非另有规定，额定失步开断电流为额定电流的25%；工频恢复电压为2～3倍的额定电压（对于中性点直接接地系统），或为2.5～3倍的额定电压（对于其他系统）。

15. 额定容性开断电流

额定容性开断电流包括额定线路充电开断电流、额定电缆充电开断电流、额定单个电容器组开断电流、额定背对背电容器组开断电流、额定单个电容器组关合涌流、额定背对背电容器组关合涌流。

容性电流开断的恢复电压取决于系统接地；容性负载的接地，如屏蔽线、电容器组、输电线路等；容性负载相邻的相互影响，如铠装电缆、敞开的空气中的线路；同一线路中相邻架空线系统的相互影响，存在单相或两相接地故障。

（1）额定线路充电开断电流

额定线路充电开断电流是指在规定的使用和性能条件下，高压断路器在额定电压下能开断的最大线路充电电流，开断时不得被击穿。额定线路充电开断电流的规定对于额定电压在72.5kV以上的高压断路器是强制性的；对于40.5kV以下的高压断路器有要求时才采用。

（2）额定电缆充电开断电流

额定电缆充电开断电流是指规定的使用和性能条件下，高压断路器在额定电压下能开断的最大电缆充电电流，开断时不得被击穿。额定电缆充电开断电流的规定对于额定电压在72.5kV以上的高压断路器是强制性的；对于40.5kV以下的高压断路器有要求时才采用。

（3）额定单个电容器组开断电流

额定单个电容器组开断电流是指在规定的使用和性能条件下，高压断路器在额定电压下能开断的最大电容电流，开断时不得被击穿。此开断电流是指在高压断路器的电源侧没有并联电容器时开合一组并联电容组的开断电流。额定单个电容器组开断电流的规定对于 12kV、40kA 以下的高压断路器是强制性的。

（4）额定背对背电容器组开断电流

额定背对背电容器组开断电流是指在规定的使用和性能条件下，高压断路器在额定电压下能开断的最大电容电流，开断时不得被击穿。额定单个电容器组开断电流的规定对于 12kV、40kA 以下的高压断路器是强制性的。

（5）额定单个电容器组关合涌流

额定单个电容器组关合涌流是指在规定的使用和性能条件下，高压断路器在额定电压以及与使用条件相应的涌流频率下应能关合的电流峰值。

（6）额定背对背电容器组关合涌流

额定背对背电容器组关合涌流是指高压断路器在额定电压以及与使用条件相应的涌流频率下应能关合的电流峰值。

16. 额定感性开断电流

额定感性开断电流是指高压断路器在规定的使用和性能条件下，按指定的操作顺序所能开断的相应容量的小感性电流，如并联电抗器、异步电动机。开断这些小感性电流后，高压断路器本身不得损坏，内外绝缘不得被击穿，不得引起相间闪络，由此产生的过电压应小于指定的水平。

17. 额定异相接地故障开断电流

对中性点绝缘系统中的高压断路器应具备开、合异相接地故障的能力，额定异相接地故障开断电流为额定短路开断电流的 86.6%，工频恢复电压为额定电压。

18. 额定机械特性参数

（1）额定开断时间

高压断路器在辅助电源电压的额定电压和额定频率、气动或液压额定压力下、周围空气温度为 15～25℃下操作时，最大开断时间不超过额定开断时间。

（2）合分时间

126kV 级以上高压断路器合分时间不大于 60ms，推荐不大于 50ms。由于高压断路器合分时间加长时，对系统的稳定起着不利影响；合分时间过短时，又不利于高压断路器重合闸时第二个可靠开断能力。

（3）真空断路器的合闸弹跳和分闸反弹

真空断路器的合闸弹跳影响到其合闸能力和电寿命，而分闸反弹影响到其弧后绝缘性能，因此真空断路器合闸弹跳和分闸反弹越小越好。7.2～12kV 真空断路器合闸弹跳不应超过 2ms，分闸反弹幅值不应超过规定开距的 20%；对于 40.5kV 级以上真空断路器合闸弹跳不应超过 3ms，分闸反弹幅值不应超过规定开距的 20%。

（4）各级的同期性要求

各级的同期性未规定时，合闸不同期不应大于 5ms，分闸不同期不应大于 3ms。

19. 合闸电阻

合闸电阻的阻值偏差范围为标称值的上下 5%，合闸电阻的提前接入时间一般为 7～12ms。

20. 并联电容器

高压断路器的并联电容器应能耐受 2 倍高压断路器的额定相电压 2h，其绝缘水平应能与高压断路器端口间的耐压水平相同。耐压试验后，其局部放电水平如下：在 1.1 倍额定相电压下应小于 10pC。制造厂应指明并联电容器的数值及公差值范围。并联电容器的使用环境和使用寿命应与高压断路器一致。

21. 合闸时间与分闸时间

这是表征高压断路器操作性能的参数。各种不同类型的高压断路器的分、合闸时间不同，但都要求动作迅速。合闸时间是指从断路器操动机构合闸线圈接通到主触点接触这段时间。高压断路器的分闸时间包括固有分闸时间和熄弧时间两部分。固有分闸时间是指从操动机构分闸线圈接通到触点分离这段时间。熄弧时间是指从触点分离到各相电弧熄灭为止这段时间。所以，分闸时间也称为全分闸时间。

22. 操作循环

这也是表征断路器操作性能的指标。架空线路的短路故障大多是暂时性的，短路电流切断后，故障即迅速消失。因此，为了提高供电的可靠性和系统运行的稳定性，高压断路器应能承受一次或两次以上的关合、开断、或关合后立即开断的动作能力。这种按一定时间间隔进行多次分、合的操作称为操作循环。

我国规定高压断路器的额定操作循环如下：

自动重合闸操作循环：分→t' →合分→t→合分。

非自动重合闸操作循环：分→t→合分→t→合分。

其中，分表示分闸动作；合分表示合闸后立即分闸的动作；t' 表示无电流间隔时间，即断路器断开故障电路，从电弧熄灭起到电路重新自动接通的时间，标准时间为 0.3s 或 0.5s，也即重合闸动作时间；t 表示运行人员强送电时间，标准时间为 180s。

6.2 高压断路器的选择与安装

学习目标

① 掌握高压断路器选择的一般原则。

② 学会按工作条件选择高压断路器。

③ 掌握高压断路器施工安装要点。

④ 掌握真空断路器、SF_6 断路器的安装要求。

⑤ 学会高压断路器的安装。

6.2.1 高压断路器的选择

1. 高压断路器选择的一般原则

为保证高压断路器在正常运行、检修、短路和过电压情况下的安全，高压断路器应按下列条件进行选择。

① 按正常工作条件包括电压、电流、频率、机械等进行选择。

② 按短路条件包括短时耐受电流、峰值耐受电流、关合和开断电流等进行选择。

③ 按环境条件包括温度、湿度、海拔、地震等进行选择。

④ 按承受过电压能力包括绝缘水平等进行选择。

⑤ 按各类高压断路器的不同特点进行选择。

2. 按正常工作条件选择高压电器

① 按工作电压选用的高压断路器，其额定电压应符合所在回路的系统标称电压，其允许最高工作电压 U_{max} 不应小于所在回路的最高运行电压 U_y，即 $U_{max} \geqslant U_y$。

② 按工作电流选择高压断路器的额定电流 I_N 不应小于该回路在各种可能运行方式下的持续工作电流 I_g，即 $I_N \geqslant I_g$。

3. 应用举例

① 架空线路和电缆：当用于切断和保护架空线配电网时，真空断路器和 SF_6 断路器均要满足要求。

② 变压器：真空断路器和 SF_6 断路器适合切断空载变压器的励磁电流，且过电压倍数低于 3.0。在某些特殊场合，如用真空断路器来切断工业设备中的干式变压器时，则推荐装设避雷器。

③ 电动机：当高压断路器用于切断电动机时，必须对操作过电压的问题给予充分的注意。当真空断路器用来切断小电动机时（启动电流小于 600A），由于电弧多次重燃的缘故，可能要采取限制过电压的措施，而这种现象出现的概率很低。

④ 电容器组：当成组切换时，可能需要装设电抗器，以便限制冲击电流，高压断路器的同步控制技术是解决这个问题的一种有效方案。特别推荐 SF_6 断路器应用于额定电压高于 27kV 的场合。

⑤ 电弧炉：切换电弧炉的特点是操作频繁、大电流、短间隔，真空断路器特别适用于这种场合。

⑥ 并联电抗器：SF_6 断路器适用于切换并联电抗器，通常其过电压倍数低于 2.5。当使用真空断路器时，在某些情况下可能要外加限制过电压的措施。

⑦ 电气化铁路牵引：真空断路器和 SF_6 断路器均可采用，但在某些低频电源的场合（如 16.67Hz），则推荐采用真空断路器。

6.2.2 高压断路器的安装

1. 高压断路器的施工安装要点

（1）电力系统的细节

电力系统的细节包括系统标称电压、最高运行电压、频率、相数和中性点接地的详情。

（2）运行条件

运行条件包括最低和最高周围空气温度，最高周围空气温度是否高于额定值；海拔是否超过 1000m；以及可能存在或出现的任何特殊条件，如过度地暴露在水蒸气、湿气、烟雾、爆炸性气体、过量的灰尘或含盐的空气中。

（3）断路器的特性

断路器的特性包括极数、户内或户外、额定电压、额定绝缘水平、额定频率、额定电流、额定线路充电开断电流（如果采用）、额定电缆充电开断电流（如果采用）、额定单个电容器组开断电流（如果采用）、额定背对背电容器组开断电流（如果采用）、额定电容器组关合涌流（如果采用）、额定小感性开断电流（如果采用）、额定短路开断电流和电寿命、首开极因数、额定出线端故障瞬态恢复电压、额定近区故障特性、额定短路关合电流、额定操作顺序、额定短路持续时间、额定失步开断电流（如果采用）、额定开断时间。

（4）在特殊要求下规定的试验

在特殊要求下规定的试验包括人工污秽和无线电干扰试验等。

（5）断路器操动机构及其专用附属装置的特性

① 操作方式：手力或动力的。

② 备用的辅助开关的数量和类型。

③ 额定电源电压和额定电源频率。

2. 真空断路器的安装要求

（1）安装要求

① 安装前，要对真空断路器应进行外观及内部检查，真空灭弧室、各零部件、组件要完整、合格、无损、无异物。

② 严格执行安装工艺规程要求，各元件安装的紧固件规格必须按照设计规定选用。

③ 检查极间距离，上下出线的位置距离必须符合相关的专业技术规程要求。

④ 所使用的工具必须清洁，并满足装配的要求，在灭弧室附近紧固螺钉，不得使用活扳手。

⑤ 各转动、滑动件应运动自如，运动摩擦处应涂抹润滑油脂。

⑥ 整体安装调试合格后，应清洁抹净，各零部件的可调连接部位均应用红漆打点标记，出线端接线处应涂抹有防腐油脂。

（2）使用中真空断路器机械特性的调整

通常真空断路器在出厂调试时，对于其机械性能（如开距、行程、接触行程、三相同期、分合闸时间、速度等）都进行了比较完整的调试，并随机附有调试记录。一般在使用现场只要对三相同期、分合闸速度和合闸弹跳调整合格之后，即具备了投运条件。

1）三相同期的调整

针对测试中分合闸开距差异最大的一相，如该极合闸过早或过迟，将该极的开距调大或者调小点，只要把该极绝缘拉杆的可调活接头旋入或者旋出半圈，一般可使分合闸不同期性达到 1mm 以内，获得比较理想的同期参数最佳值。

2）分合闸速度的调整

分合闸速度受到多方面因素的影响，而在使用现场可调整的部位仅是分闸弹簧和接触行程。分闸弹簧松紧程度，对分合闸速度产生直接的影响，而接触行程（指触点压力弹簧的压缩量），仅对分闸速度产生主要的影响。如果合闸速度偏高而分闸速度偏低时，可以将接触行程增大一点，或者将分闸弹簧拉紧一点即可；反之调松一些。如果合闸速度比较合适，而分闸速度偏低，则可调整总行程，使其增大 0.1～0.2mm，此时各级的接触行程均增大了 0.1～0.2mm 左右，其分闸速度也会上升；反之分闸速度过高时，也可将接触行程调小 0.1～0.2mm，分闸速度也会降低。

当完成三相同期与分合闸速度的调整之后，切记要重新对各极的开距和接触行程进行测量修正，并应符合真空断路器产品的相关规定。

3）合闸弹跳的消除

真空断路器普遍存在着合闸过程中触点的弹跳问题。分析其产生的主要原因，有以下四个方面。

① 合闸冲击刚性过大，致使动触点发生轴向反弹。

② 动触杆导向不良，晃动过大。

③ 传动环节间隙过大。

④ 触点平面与中心轴垂直度不好，碰合时产生横向滑动等所致。

对于已经形成的产品，整机结构刚性已成定局，现场一般无法改变。对于动触杆导向不良，在同轴式结构中，触点压簧与导电杆是直接相连，无中间传动件，所以也就无间隙。对于异轴式结构的真空断路器，触点弹簧与动触杆之间有一个转向用的三角拐臂，用三个销钉连接，这就存在三个间隙，容易出现合闸过程中的弹跳，这是消除弹跳的重点。同时还应重视触点弹簧始压端到导电杆之间传动间隙的调整，使传动环节尽可能紧凑，无缓冲间隙；如果因为灭弧室触点端面垂直度不好而产生弹跳，则可以将灭弧室分别转动 90°、180°、270°安装，寻找上下接触面吻合位置，实在不行时则须要更换灭弧室。

在处理合闸弹跳过程中，切记将所有的螺钉都应拧紧，以免受到震颤的干扰。

3．SF_6 断路器的安装要求

（1）安装

① 安装人员必须仔细阅读安装说明书。

② 重视现场交接试验，必须按照《电力设备预防性试验规程》的规定执行。对于厂方提出现场不做的项目，应要求其提供书面说明并做出质量承诺。

③ 坚持设备开箱制度。设备运输过程中可能会造成损坏，若不开箱，可能会造成今后索赔困难。

④ 断路器安装后现场必须进行局部包扎检漏。

⑤ 新设备充气后应稳定 12h 再进行测水分，24h 后方能进行预防性试验。

⑥ 厂方必须提供现场安装服务。

⑦ 使用部门必须考虑到断路器分合闸线圈电流与继电保护的配合问题。

（2）运行

① SF_6 气体中的水分会使绝缘件的绝缘强度降低，也会间接造成设备的腐蚀。设备投运后，检测水分含量，须在气室的湿度稳定后进行，一般每三个月测一次，一段时间后湿度才保持稳定，此时可一年测一次。

② 因为气体中水分含量随气温的升高而增加，所以应该尽量在夏季进行水分含量检测，同时由于不同仪器的测量结果分散性较大，为保证数据的可比性以利于水分变化趋势的分析，必须用同一台仪器进行测量。

③ 规定值班人员每天抄录压力表读数作为日常巡视内容，并对照温度—湿度曲线进行换算，当发现在同一温度前后两次读数差值达到 9.8～29.4kPa 时，及时汇报主管部门，进行全面检漏。

（3）SF_6 气体

① 制造厂提供的分析报告中应包括八项指标：四氟化碳、空气、水分、游离酸、可水解氟化物、矿物油、纯度和毒性生物试验。

② SF_6 新气到货后，必须进行抽样检查，抽检率为 30%，气瓶存放超过 6 个月，应进行复检。

③ SF_6 气瓶不能暴晒、受潮，不允许靠近热源和油污，装卸时应轻放、轻装，严禁相互碰撞。

（4）人员防护

由于 SF_6 气体相对密度大，易造成人员窒息，且经过电弧开断后会产生有毒或损伤人体的分解物，所以在检修工作中，检修人员必须配备防毒口罩、面具、眼镜、手套、工作服，室内断路器发生紧急事故时，应立即开启全部通风系统，并处理固体分解物。

6.3 高压断路器的故障检修

学习目标

① 掌握高压断路器常见故障。

② 学会高压断路器常见故障的检修方法。

6.3.1 高压断路器的常见故障

按发生频率排列，高压断路器的常见故障如下。

① 密封件失效故障。

② 动作失灵故障。

③ 绝缘损坏或不良。

④ 灭弧件触点的故障。

高压断路器用于交流电压 1200V、直流 1500V 及以下电压范围的断路器。在正常情况下，可通过高压断路器人为地闭合或断开供电电路，而在电路发生过载、短路等故障时又可自动切断电路。

10kV 断路器的操作机构采用 CD10 电磁操作机构为主。电磁操作机构的优点是结构简单，零部件数量少（约为 120 个）。工作可靠，制造成本低；其缺点是合闸线圈消耗的功率太大，操作机构的故障率也相对较高，且断路器操作机构时常出现突发性故障。

6.3.2 高压断路器的故障分析

1．机构拒绝合闸的故障现象分析

（1）电气故障

① 首先应检查操作电源的电压值，如不符合要求，则应先调整，然后进行合闸。

当控制开关的把手置于合闸，而信号灯不变化合不上闸，此时应认为合闸电路没有电压，可能是由于合闸电路断线或熔丝熔断等原因所致。绿灯熄灭后又重新点亮，可能是电压不足，以致操作机构未能将断路器的提升杆正常提起，或是操作机构机械部分有故障和调整不正确。绿灯已灭，红灯亮后又灭，则说明断路器合上后，因机械故障，维持机构未能保持。应注意，在操作电压过高时也会发生这种现象，即操作机构在合闸时发生强烈的冲击而不能保持。

② 合闸接触器不启动。

其原因可能是操作熔断器熔丝熔断、接点接触不良或未接通、合闸接触器的线圈断线、二次回路断线等。如遇此种情况，可用万用表迅速测量，并通过分析、判断，找出故障点进行处理。

③ 合闸接触器启动，而断路器未动作。

其原因可能是操作熔断器熔丝熔断、合闸接触器触点被消弧罩卡住、合闸线圈断线、合闸熔断器熔丝熔断。

④ 合闸接触器启动，断路器动作而未合上。

除机械原因外，还可能是直流电压低，二次回路混线（不该接通的却接通了）把跳闸回路接通、或操作不当（把手返回太早）等原因造成的。

（2）主要的机械故障

① 由于调整不当，跳闸后机械传动装置的各轴不能复归原位。

② 合闸铁芯钢套卡涩、铁芯顶杆太低冲力不足、铁芯顶杆太长，合闸终期吸力不足等。

③ 断路器提升机构有卡涩扭动现象。

④ 断路器辅助连接点打开过早，造成机构跳跃。若断路器合闸后又立即跳闸，除电气故障外，可能是跳闸铁芯卡住，使机构没有复位。跳闸铁芯卡住的原因是由于钢套变形、顶盖弯曲或缺少隔磁垫，也可能是有剩磁使铁芯不能复位。

2．机构拒绝分闸的故障现象及分析

① 断路器在合闸位置，红灯不亮，断路器不跳闸。

此时认为操作电压接点断线或是熔丝熔断，此时应更换熔断器，恢复断线。

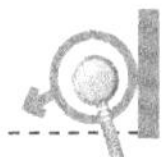

② 断路器在合闸位置，红灯亮，断路器不跳闸。

检查跳闸回路是否完好，跳闸线圈是否完好，若断线应及时更换处理。

③ 发生事故时继电保护动作，跳闸线圈动作，断路器拒跳。

除机械原因外，可能是操作电源电压低，分闸线圈电阻增加，如遇此种情况应迅速进行相应处理。

④ 主要的机械故障：分闸顶杆变形，分闸时存在卡涩现象，分闸力降低；分闸顶杆变形严重，分闸时卡死。

3. 在运行中，保护没有动作，而机构自动脱扣跳闸

此种故障一般是由于操作机构的机械部分故障造成的，故障原因如下。

（1）机械部分

指定位置高，维持机构的支架与滚轮扣合太少，或支架前脚未落实，脱扣板或脱扣小滚轮扣入太浅。

（2）电气部分

二次回路混线或红灯回路短路，如回路中的电缆绝缘损坏短路。

习题

1．高压断路器的作用包括哪些？

2．高压断路器按灭弧介质分为哪几类？按操作性质可分为哪几类？

3．高压断路器的主要结构大体分为哪些部分？

4．高压断路器的重要参数有哪些？

5．如何选择高压断路器？

6．高压断路器的安装要点有哪些？

7．真空断路器的安装要求、SF_6断路器的安装要求包括哪些方面？

8．高压断路器常见故障有哪些？

9．机构拒绝合闸电气回路故障如何检修？机械故障主要有几种情况？

10．在运行中，保护没有动作，而机构自动脱扣跳闸如何检修？

第7章 高压隔离开关

7.1 认识高压隔离开关

学习目标

① 掌握高压隔离开关的作用分类和型号含义。
② 掌握高压隔离开关的结构、使用环境条件。
③ 掌握高压隔离开关的主要技术参数。

7.1.1 高压隔离开关的结构及作用

高压隔离开关是发电厂和变电站电气系统中重要的开关电器，如图7-1所示，高压隔离开关要与高压断路器配套使用。

图7-1 高压隔离开关

高压隔离开关按安装地点不同分为屋内式和屋外式，按绝缘支柱数目分为单柱式、双柱式和三柱式，各电压等级都有可选设备。

1. 高压隔离开关的结构

常用的高压隔离开关有GN19—10、GN19—10C，与之对应的类似的老产品有GN6—10、

GN8—10。现以 GN19—10 为例，如图 7-2 所示，主要包括下述部分。

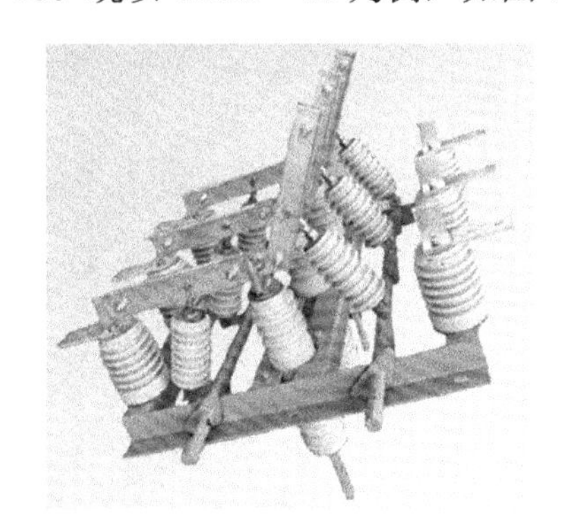

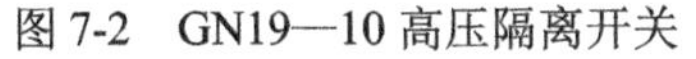
图 7-2 GN19—10 高压隔离开关

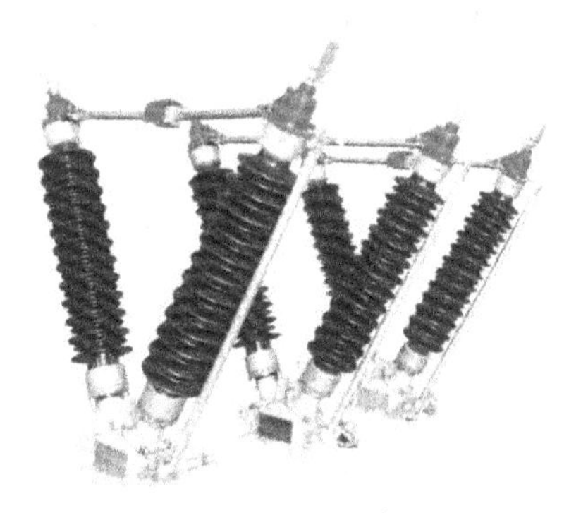

图 7-3 GW5—110D 高压隔离开关

（1）导电部分

导电部分由一条弯成直角的铜板构成静触点，其有孔的一端可通过螺钉与母线相连接；另一端较短，合闸时它与动刀片（动触点）相接触。

两条铜板组成接触条，又称为动触点，可绕轴转动一定角度，合闸时它夹持住静触点。两条铜板之间有夹紧弹簧，用以调节动静触点间的接触压力，同时两条铜板在流过相同方向的电流时，它们之间产生相互吸引的电动势，这就增大了接触压力，提高了运行可靠性。在接触条两端安装有镀锌钢片，称为磁锁，它保证在流过短路故障电流时，产生相互吸引的力量，加强触点的接触压力，从而提高了隔离开关的动、热稳定性。

（2）绝缘部分

动静触点分别固定在两套支持瓷瓶上。对型号中带 C 的，动触点固定在套管瓷瓶上。为了使动触点与接地的金属传动部分绝缘，采用了瓷质绝缘的拉杆绝缘子。

（3）传动部分

传动部分有主轴、拐臂、拉杆绝缘子等。

（4）底座部分

底座部分由钢架组成。支持瓷瓶、套管瓷瓶、传动主轴都固定在底座上，底座应接地。

总之，隔离开关结构简单，无灭弧装置，处于断开位置时有明显的断开点，其分合状态很直观。

2．高压隔离开关的作用

高压隔离开关保证了高压电器及装置在检修工作时的安全，起隔离电压的作用，不能用于切断、投入负荷电流和开断短路电流，仅可用于不产生强大电弧的某些切换操作，即它不具有灭弧功能。高压隔离开关还可将高压配电装置中需要停电的部分与带电部分可靠地隔离，以保证检修工作的安全。高压隔离开关的触点全部敞露在空气中，具有明显的断开点，隔离开关没有灭弧装置，因此不能用来切断负荷电流或短路电流，否则在高压作用下，断开点将产生强烈电弧，并很难自行熄灭，甚至可能造成飞弧（相对地或相间短路），烧损设备，危及人身安全，这就是所谓“带负荷拉隔离开关”的严重事故。

高压隔离开关还可以用来进行某些电路的切换操作，以改变系统的运行方式。例如，在双母线电路中，可以用高压隔离开关将运行中的电路从一条母线切换到另一条母线上。

7.1.2 高压隔离开关的型号及参数

1. 型号

① 第一位，用G表示隔离开关。
② 第二位，使用场所W表示户外、N表示户内。
③ 第三位，设计序号。
④ 第四位，额定工作电压（kV）。
⑤ 第五位，额定工作电流（A）。

例如，GN9-3.6/S200-5户内单向隔离开关，适用于3600V等级的电器控制柜中，起到隔离电路的作用，主要用于石油、化工等领域；SGN9-3.6/S200-5户内双向隔离开关，用于3600V等级的电器控制柜中，起到隔离电路、电路接地或电路换相的作用；GN910-7.2/400-20户内高压隔离开关，仅用于额定电压为7.2kV及以下、频率为50Hz/60Hz、额定电流为400A的三相交流电力系统中，起到隔离电路的作用，只能在空载情况下操作。

2. 使用环境条件

① 海拔：不超过1000m。
② 周围空气温度：-30～+40℃。
③ 周围环境相对湿度：日平均值不大于95%；月平均值不大于90%。
④ 地震强度不超过8级。
⑤ 安全场所：没有火灾、易燃、易爆、严重污秽、化学腐蚀及剧烈震动场所。

3. 主要技术参数（见表7-1）

表7-1 高压隔离开关的主要技术参数

项 目	单 位	数 据	
额定电压	kV	12	
额定功率	Hz	50	
额定电流	A	1600	2500
额定短路耐受电流	kA	40	50
额定峰值耐受电流	kA	100	125
额定短时持续时间	s	4	

4. 高压隔离开关的技术性能

隔离开关没有灭弧装置，不能带负荷进行操作。对于10kV的隔离开关，在正常情况下，它允许的操作范围是：分合电压互感器和避雷器；分合母线的充电电流；分合励磁电流不超过2A的空载变压器和电容电流不超过5A的空载线路。

过去老式的变压器，空载电流表大，因此那时规定：户外型隔离开关只能分合 560kVA 及以下的变压器的空载电流，户内型隔离开关由于相间距离小，只能分合 320kVA 及以下的变压器空载电流。后来 S7 系列及 S9 系列的变压器空载电流比老式的变压器有明显的下降，但没有新的规程对隔离开关操作变压器空载容量提出明确的限定范围，因此可按不超过 2A 来考虑；至于 5A 的电容电流的具体所指是这样的：户外型隔离开关可分合长度不超过 10kM 的架空线路的空载电流。对于空载的电缆线路，其电容电流远大于同长度的架空线路，且受电缆的芯数、截面等影响，所以难以用一个长度来限定。

7.1.3 正确选择高压隔离开关

1. 高压隔离开关的选择原则

① 隔离开关的额定电压与额定电流都应满足回路的参数要求。
② 隔离开关的空载合闸允许电流大于回路的空载电容电流。
③ 隔离开关的动稳定电流大于回路最大短路电流峰值。
④ 隔离开关的热稳定电流大于回路短路故障时在保护动作前产生的故障电流热稳定值。

2. 高压隔离开关的选择

① 按额定电压选择：隔离开关额定电压（kV）为 1.2（或 1.1）倍的回路标称电压。
② 按额定电流选择：额定电流标准值应大于最大负载电流的 150%。
③ 按额定热稳定电流选择：选择大于系统短路电流的额定热稳定电流值。

7.2 高压隔离开关的安装、操作与运行

学习目标

① 学会高压隔离开关的安装方法。
② 学会高压隔离开关的操作与运行。
③ 掌握高压隔离开关操作顺序。

1. 高压隔离开关的安装

户外型的高压隔离开关，露天安装时应水平安装，使带有瓷裙的支持瓷瓶确实能起到防雨作用；户内型的高压隔离开关，在垂直安装时，静触点在上方，带有套管的可以倾斜一定角度安装。一般情况下，静触点接电源，动触点接负荷，但安装在受电柜里的高压隔离开关，采用电缆进线时，则电源在动触点侧，这种接法俗称“倒进火”。隔离开关两侧与母线及电缆地连接应牢固，遇有铜、铝导体接触时，应采用铜铝过渡接头，以防电化腐蚀。

高压隔离开关的动静触点应对准，否则合闸时就会出现旁击现象，使合闸后动静触点接触面压力不均匀，造成接触不良。

高压隔离开关的操作机构的传动机械应调整好，使分合闸操作能正常进行。高压隔离开关还要满足三相同期的要求，即分合闸时三相动触点同时动作，不同期的偏差应小于 3mm。此外，处于合闸位置时，动触点要有足够的切入深度，以保证接触面积符合要求，但又不允许合过头，要求动触点距静触点底座有 3～5mm 的空隙，否则合闸过猛时，将敲碎静触点的支持瓷瓶。处于拉开位置时，动静触点间要有足够的拉开距离，以便有效地隔离带电部分，这个距离应不小于 160mm，或者动触点与静触点之间拉开角度不应小于 65°。

2. 高压隔离开关的操作与运行

高压隔离开关都配有手力操动机构，一般采用 CS6-1 型。操作时要先拔出定位销，分合闸动作要果断、迅速，终了时注意不可用力过猛，操作完毕一定要用定位销销住，并目测其动触点位置是否符合要求。用绝缘杆操作单极隔离开关时，合闸应先合两边相，后合中间相；分闸时，顺序与此相反。

必须强调，不管合闸还是分闸的操作，都应在不带负荷或负荷在隔离开关允许的操作范围之内时才能进行。为此，操作高压隔离开关之前，必须先检查与之串联的断路器，应确认其处于断开位置。如高压隔离开关带的负荷是规定容量范围内的变压器，则必须先停掉变压器的全部低压负荷，令其空载之后再拉开该高压隔离开关。送电时，先检查变压器低压侧主开关确实在断开位置，方可合高压隔离开关。

如果发生了带负荷分或合隔离开关的误操作，则应冷静地避免可能发生另一种反方向的误操作，即已发现带负荷误合闸后，不得再立即拉开；当发现带负荷分闸时，若已拉开，不得再合（若拉开一点，发觉有火花产生时，可立即合上）。对运行中的高压隔离开关应进行巡视，在有人值班的配电所中应每班一次，在无人值班的配电所中，每周至少一次。

日常巡视的内容主要是观察有关的电流表，其运行电流应在正常范围内；其次根据隔离开关的结构，检查其导电部分接触良好，无过热变色，绝缘部分应完好，以及无闪络放电痕迹；再就是传动部分应无异常（无扭曲变形、销轴脱落等）。

3. 高压隔离开关的操作顺序

在操作隔离开关时，应该注意操作顺序，停电时先拉线路侧高压隔离开关，送电时先合母线高压隔离开关，而且在操作高压隔离开关前，先注意检查断路器确实在断路位置后才能操作高压隔离开关。

（1）合上高压隔离开关时的操作

① 无论用手动传动装置还是用绝缘操作杆操作，均必须迅速而果断，但在合闸终了时用力不可过猛，以免损坏设备，使机构变形，瓷瓶破裂等。

② 高压隔离开关操作完毕后，应检查是否合上。合好后，高压隔离开关应该完全进入固定触点，并检查接触的严密性。

（2）拉开高压隔离开关时的操作

① 开始时应该慢而谨慎，当刀片刚要离开固定触点时应迅速，特别是切断变压器的空载电流、架空线路和电缆的充电电流、架空线路小负载电流以及环路电流时，拉开高压隔离开关更应迅速果断，以便能迅速消弧。

② 拉开高压隔离开关后，应检查高压隔离开关每相确实已在断开位置并应使刀片尽量拉到头。

（3）误拉误合高压隔离开关

① 操作中误合隔离开关时，即使合错，甚至在合闸中发生电弧，也不准将高压隔离开关再拉开。因为带负荷拉开高压隔离开关，将造成三相弧光短路事故。

② 误拉高压隔离开关时，在刀片刚要离开固定触点时，便发生电弧，这时，应立即合上可以消灭电弧，避免事故。如果高压隔离开关已经全部拉开，则绝不允许将误拉的高压隔离开关再合上。

如果是单极高压隔离开关，操作一相后发现误拉，对其他两项则不允许继续操作。

7.3 高压隔离开关的调整及故障检修

学习目标

① 掌握高压隔离开关的调整。

② 学会高压隔离开关的常见故障处理。

③ 掌握典型故障及分析方法。

7.3.1 高压隔离开关的调整

① 隔离开关连接板的连接点过热变色，说明接触不良，接触电阻大，检修时应打开连接点，将接触面锉平再用砂纸打光（但开关连接板上镀的锌不要去除），然后将螺钉拧紧，并要用弹簧垫片防松。若动触点存在旁击现象，可旋转固定触点的螺钉，或稍微移动支持绝缘子的位置，以消除旁击；三相合闸不同期时，则可通过调整拉杆绝缘子两端的螺钉，借以改变其有效长度来克服三相合闸不同期现象。

② 触点间的接触压力可通过调整夹紧弹簧来实现，而夹紧的程度可用塞尺来检查。触点间一般可涂凡士林以减少摩擦阻力，延长使用寿命，还可防止触点氧化。

③ 高压隔离开关处于断开位置时，触点间拉开的角度或拉开距离不符合规定时，应通过拉杆绝缘子来调整。

7.3.2 高压隔离开关的常见故障处理

高压隔离开关是在无载情况下断开或接通高压线路的输电设备，也是对被检修的高压母线、断路器等电气设备与带电的高压线路进行电气隔离的设备。一直以来，高压隔离开关都是电力系统中使用量最大、应用范围最广的高压电器设备之一。然而，由于生产工艺、超期维护等因素的影响，高压隔离开关在运行中也出现了操作卡涩、拉合失灵、三相合闸不同期、接触部位发热等各种故障现象，这些故障现象若处理不好，将严重威胁电网的安全生产。

1. 高压隔离开关的机构故障

（1）机构及传动系统造成的拒分拒合

机构箱进水，各部轴销、连杆、拐臂、底架甚至底座轴承锈蚀，造成拒分拒合或分合不到位；连杆、传动连接部位、闸刀触点架支撑件等强度不足断裂，造成分合闸不到位；轴承锈蚀卡死。

处理措施：对机构及锈蚀部件进行解体检修，更换不合格元件。加强防锈措施，采用二硫化钼润滑，加装防雨罩。机构问题严重或有先天性缺陷时，应更换为新型机构。

（2）电气问题造成的拒分拒合

电气问题包括三相电源闸刀未合上，控制电源断线，电源保险丝熔断，热继电器动作切断电源，二次元件老化损坏使电气回路异常而拒动，电动机故障。

上述原因都会造成机构分合闸时电动机不启动，高压隔离开关拒动。

处理措施：电气二次回路串联的控制保护元器件较多，包括微型断路器、熔断器、转换开关、交流接触器、限位开关及连锁开关、热继电器以及辅助开关等。任一元件故障都会导致高压隔离开关拒动。当按分合闸按钮不启动时，要首先检查操作电源是否完好，熔断器是否熔断，然后检查各相关元件。发现元件损坏时应更换，并查明原因。二次回路的关键是各个元件的可靠性，必须选择质量可靠的二次元件。

（3）传动不到位

高压隔离开关分合闸不到位、三相合闸不同期、分合闸定位螺钉调整不当、辅助开关及限位开关行程调整不当、连杆弯曲变形使其长度改变，都会造成传动不到位。

处理措施：检查定位螺钉和辅助开关等元件，发现异常进行调整，对有变形的连杆，应查明原因及时消除。此外，在操作现场，当出现高压隔离开关合不到位或三相合闸不同期时，应拉开重合，反复合几次，操作时应符合要求，用力适当。如果还未完全合到位，不能达到三相完全同期，应戴绝缘手套，使用绝缘棒，将高压隔离开关的三相触点顶到位，同时安排计划停电检修。

2. 高压隔离开关过热的故障

（1）在检修和安装时使用过多导电膏造成隔离开关触点过热

在检修工作中，发现在导电回路动触点接触部分，使用过多导电膏的高压隔离开关过热性缺陷比较集中。因此在检修时，一定要清除掉动静触点上的积污，用棉纱擦拭干净，然后再按规范标准涂上导电膏。

（2）高压隔离开关触点表面氧化，使接触电阻增加造成隔离开关过热

高压隔离开关接触面在电流和电弧的热作用下，会产生氧化铜膜和烧伤痕迹，这样就增大了高压隔离开关的接触电阻造成触点过热。所以在检修刀闸时，一定要用锉刀和砂布对动静触点进行清除和加工，使接触面平整并具有金属光泽，然后涂上一层电力复合脂，并测量高压隔离开关的接触电阻。

（3）固定连接接触不良，引起隔离开关过热

固定接触部位螺栓未压紧、接触面不光滑有赃物、镀层脱落或者接触面渗进雨水潮气和尘土使其氧化、铜铝接触处理不当产生电化腐蚀，都会引起隔离开关过热。所以，要求在安

装和检修时应对固定螺栓进行压紧，并在接触部分应涂一层电力复合脂，以增加导电性能，防止接触部分腐蚀和氧化。

3．瓷瓶断裂的故障

发生这种故障的高压隔离开关尤以 220kV 等级为多，有的发展成重大事故，所以影响极大，支柱绝缘子和旋转瓷瓶断裂问题历年来都有发生，有的是运行多年的老产品，也有是刚投运才一年多的新产品。绝缘子断裂与电瓷厂产品质量有关，也与高压隔离开关整体质量有关。对瓷绝缘子断裂问题，必须要综合进行治理，首先从源头上抓起，绝缘子制造厂要严格工艺，稳定生产过程，每个绝缘子都应经过认真检验，保证合格品才能出厂，高压隔离开关制造厂要把好外购件关，加强检验，提高高压隔离开关整体质量。

4．锈蚀

运行中高压隔离开关从锈迹斑斑的外观就可知其锈蚀的严重性，而产生锈蚀的主要原因是设计、材质选择、表面处理和涂敷工艺等多方面因素造成的。

（1）结构设计

转动轴承内部锈蚀，除采用的润滑脂原因外，关键是没有采用可靠的密封措施；折叠式开关平衡弹簧的锈蚀也是设计上未采用密封结构，而导电管和传动管内部积水生锈则是在设计上没有考虑放水所致。

（2）部件选材

金属部件的选材不当是造成锈蚀的一个主要原因。如轴销、弹簧、螺栓、螺母、机构箱等可以使用抗腐蚀能力强的不锈钢材料，机构箱外壳也可以选用铸铝整体结构等，虽然选这些材质可能会增加成本，但却能大大提高零部件的抗腐蚀性能。防腐防锈是高压隔离开关运行可靠性的关键，制造厂应该加大成本做好这项工作。

（3）检修维护

高压隔离开关不按时检修维护，甚至长期不修是造成锈蚀故障的原因之一。产品的防护再好，材料抗腐蚀性能再高，也不等于永远不发生锈蚀，必须要定期进行维护，以免发生严重锈蚀。运行单位对设备进行必要的维护和检修，不但可以减少因锈蚀而引发的故障，同时还可以大量减少因其他原因可能引发的故障。所以做好高压隔离开关检修维护工作是保证设备安全运行的关键。

随着电网自动化程度的越来越高和无人值班站的广泛推行，对高压隔离开关的安全运行要求也越来越高，只有充分了解了高压隔离开关在运行中可能出现的各种故障现象及其故障原因，给予足够的重视，并加强工艺质量管理，根据设备自身结构灵活处理，对于日常的巡视和检查应做好记录，掌握设备的运行状况，才能保障变电站的安全可靠运行。

7.3.3 高压隔离开关的故障处理实例

1．高压隔离开关未锁定造成的故障处理

某日上午 9 点 50 分，某厂在检修油断路器的过程中，高压隔离开关刀闸受力突然合闸，造成 6kV 母线三相接地短路，引起电弧，将高压柜烧毁，并将在柜内检修的一名电工烧成重伤。

事故经过：电工王某按工作票的要求，做好停电、汇电、接地、挂指示牌等停电检修的安全技术措施后，进入 GG—1A 高压柜中，对 6kV 油断路器（SN10—I）进行检修。当他右手握住六角扳手，左手握住高压隔离开关的操作连杆时，刀闸突然合上，使 6kV 母线三相接地短路。王某在遭受电击时，电源虽立即断开，但强大的电弧使他严重灼伤。

事故原因分析：这起事故的直接原因是操作人员在断开高压隔离开关时，未将其机械连锁装置的销子插入孔内，也未将断开的隔离开关置于锁定位置。当王某在检修工作中碰撞到连杆时，刀闸突然合上，接通 6kV 母线，并通过装设的携带型接地线形成对地短路。

防范措施：强化安全责任制，严格执行工作票、操作票制度。要认真执行监护制度，对工作人员要详细交代工作安全注意事项，检查安全措施是否贯彻执行。特别要交代清楚带电部位和可能的危险。对油断路器和高压隔离开关的电气和机械连锁装置要确保有效、无缺陷。发现连锁装置失灵，要及时修理。检修工作服、安全帽等劳保用品要符合有关安全规定，不得用可燃的化纤用品。

2. 用高压隔离开关拉高压电容器造成的事故处理

某日上午，电工用隔离开关拉高压电容器，造成重大事故。当时印染分厂打来电话说丝光机跳闸，电工胡某接到电话后，拿起钥匙就去印染分厂低压室进行处理。处理好低压室的故障再顺便到高压室抄表。发现电表显示无功补偿超前（当日印染分厂大休，但高压电容器仍在运行）。胡某见此情况，用电话请示班长是否将高压电容器退出运行。班长接到电话后，没考虑操作高压设备要执行工作票制度，即在电话内同意将电容器退出。胡某一人就在未断开断路器情况下，带负荷用隔离开关拉电容器。结果引起相间拉弧短路，隔离开关烧坏。气流将胡某和大铁门的铁销冲开，高压站进户线烧坏，高压断路器跳闸，导致停产。

造成这次事故的原因如下。

① 进行高压操作不遵守操作制度。

② 拉电容器时，不先断开断路器，而直接用隔离开关去拉开。

③ 断路器与隔离开关间连锁装置失灵，不起防止误操作的作用。

④ 这只高压开关柜买来时就发现设计方面存在缺陷。连锁装置的销子时有失灵，但没有及时修理。

根据以上情况，防止此类事故要做好以下几点。

① 要经常组织值班人员学习《电业安全工作规程》的有关部分，提高安全意识，加强安全技术培训。未经培训考试合格后的电工不得单独进行电气操作。

② 要强化配电间的岗位责任制，严格执行操作票和工作票制度。对高压装置的停电、送电操作一定要两个人进行。一人操作，一人监护。

③ 要定期检查连锁装置，发现失灵要及时处理。

3. 刀闸操作连杆扭曲引起的事故处理

某厂是一家双电源用户，由县供电局变电所 10kV 城区线和 10kV 工业线供电。在该厂专杆边，配电变压器两侧的两根水泥杆上端装有两组刀闸，电杆下部各装一组刀闸操作把手，通过 7m 长的连杆（1 寸镀锌钢管）进行倒闸操作。在刀闸操作把手上装有防止误操作的锁。使两把刀闸只能有一把处于合闸位置，如图 7-4 所示，以防止两路电源合环倒送。

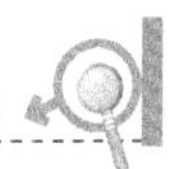

尽管防误操作的锁对防止误操作很有效，但在一日晚的一次倒闸操作中，发生了两把刀闸同时处于合闸位置的现象。引起变电所开关跳闸，造成用户影响系统的事故。

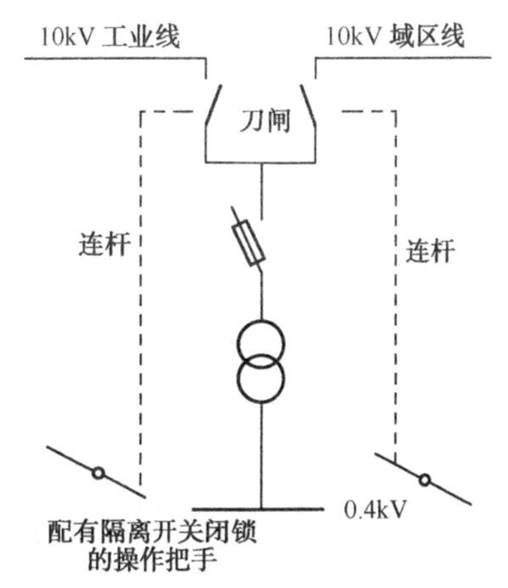

图 7-4　双电源切换装置

现场检查，发现该厂 10kV 工业线供电刀闸操作把手处于断开位置，而刀闸却未断开，仍处于合闸位置，其操作连杆已扭曲。经分析，发生刀闸操作把手位置与刀闸实际位置不对应的原因：一是由于连杆较长且中间无支撑点，强度不够。二是连杆安装倾斜，发力点与受力点不在一条直线上，使操作连杆扭曲，不能将刀闸打开。

防止措施如下。

① 不要认为双电源用户装了防止误操作装置就万事大吉了，不能放过可能发生问题的每一个环节。

② 对该类型的双电源切换装置必须加以整改。连杆较长的要加装适当数量的支撑点，对连杆安装倾斜的要调整到垂直位置上，以防止发生连杆弯曲，顶不开刀闸的现象。

③ 对双电源用户电源切换的连锁装置的验收必须坚持高标准，不符合要求的坚决不投运。对运行中的连锁装置要定期进行检查，发现问题及时整改，力争将事故消灭在萌芽状态。

习题

1. 高压隔离开关的作用是什么？
2. 说明 SGN9—3.6/S200—5、GN910—7.2/400—20 的含义。
3. 高压隔离开关结构包括哪些？
4. 如何选择高压隔离开关？
5. 高压隔离开关的操作顺序是什么？
6. 如何调整高压隔离开关？
7. 高压隔离开关机构的故障如何检修？
8. 高压隔离开关过热的原因及处理方法是什么？
9. 瓷瓶断裂故障如何检修？
10. 高压隔离开关产生锈蚀的原因是什么？
11. 高压隔离开关的常见故障有哪些？
12. 高压隔离开关电动操作失灵应如何检查处理？

Chapter 8

第8章 低压隔离电器

8.1 认识低压隔离电器

学习目标

① 掌握低压刀开关的用途及分类。
② 掌握低压刀开关的结构和型号含义。
③ 掌握低压刀开关的主要参数。

8.1.1 低压隔离电器的用途及分类

1. 刀开关的用途及分类

电气设备进行维修时，须切断电源，使维修部分与带电部分脱离，并保持有效的隔离距离，要求在其分断口间能承受过电压的耐压水平。刀开关就是作为隔离电源的开关电器，隔离电源的刀开关也称作隔离开关。隔离用刀开关一般属于无载通断电器，只能接通或分断“可忽略的电流”（指带电压的母线、短电缆的电容电流或电压互感器的电流）。也有的刀开关具有一定的通断能力，在其通断能力与所要通断的电流相适应时，可在非故障条件下接通或分断电气设备或成套设备中的一部分。作为隔离电源的刀开关必须满足隔离功能，即开关断口明显，并且断口距离合格。刀开关和熔断器串联组合成一个单元，称为刀开关熔断器组合电器；刀开关的可动部分（动触点）由带熔断体的载熔件组成时，称为熔断器式刀开关。刀开关熔断器组合并增装了辅助元件（如操作杠杆、弹簧及弧刀等）可组合为负荷开关。负荷开关具有在非故障条件下，接通或分断负荷电流的能力和一定的短路保护功能。

2. 负荷开关的用途及分类

低压系统应用的负荷开关是在刀开关的基础上，增加一些辅助部件，如外壳、快速操作机构、灭弧室及电流保护装置（熔断器），因此可以断开、闭合额定电流内的工作电流。熔断器可以控

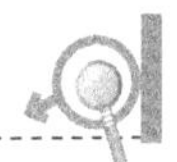

制过负荷，并在短路时起到保护作用。负荷开关可分开启式负荷开关和封闭式负荷开关。

① 开启式负荷开关（俗称胶盖开关、胶盖闸刀）主要用于额定电压在 380V 以下，电流在 60A 以下的交流电路，做一般照明、电器类等电路的控制开关、不频繁地带负荷操作和短路保护用。

② 封闭式负荷开关（又称铁壳开关，现用 HH10、HH11 系列，其他型号均已被淘汰）用于额定电压在 500V 以下，额定电流在 200A 以下的电气装置和配电设备中，做不频繁的操作和短路保护用。也可做异步电动机的不频繁的直接启动及分断用。封闭式负荷开关还具有外壳门机械闭锁功能，开关在合闸状态时，外壳门不能打开。

8.1.2 低压刀开关的结构与型号含义

1. HDI3 型刀开关的外形结构（见图 8-1）

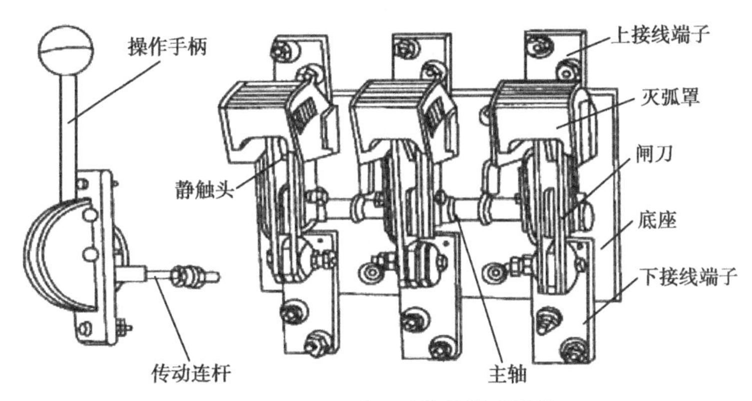

图 8-1 HD13 型刀开关的外形结构

低压刀开关的型号含义如图 8-2 所示。

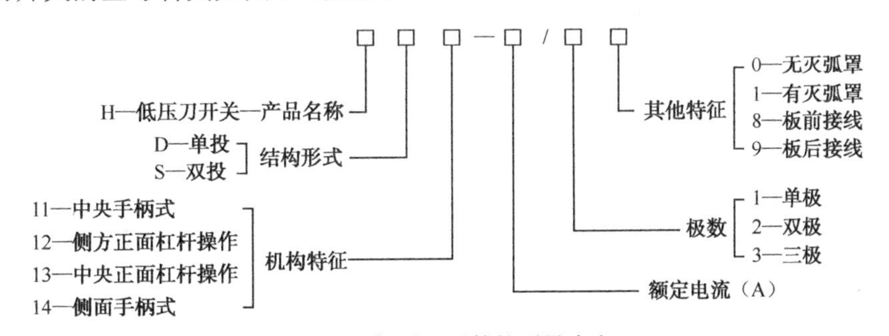

图 8-2 低压刀开关的型号含义

2. 低压刀熔开关

低压刀熔开关又称熔断器式刀开关，俗称刀熔开关，是低压刀开关与低压熔断器组合而成的开关电器。最常见的 HH3 型刀熔开关如图 8-3 所示，此开关是将 HD 型刀开关的闸刀换以 RT0 型熔断器的刀形触点的熔管，具有 JJ 开关和熔断器的双重功能。采用这种组合型开关电器，可以简化配电装置的结构，目前已广泛应用于低压动力配电屏中。

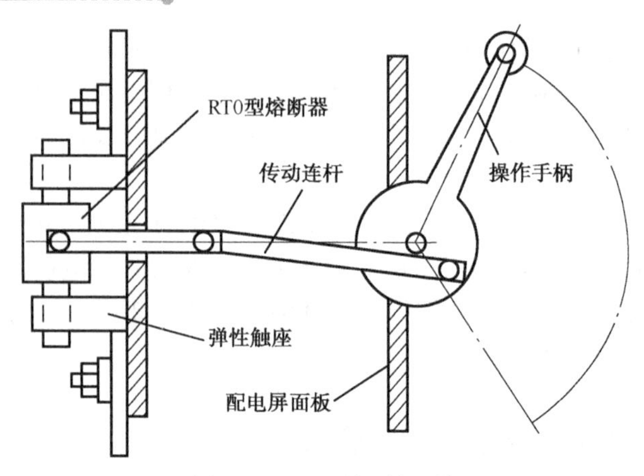

图 8-3　HH3 型刀熔开关

低压刀熔开关的型号含义如图 8-4 所示。

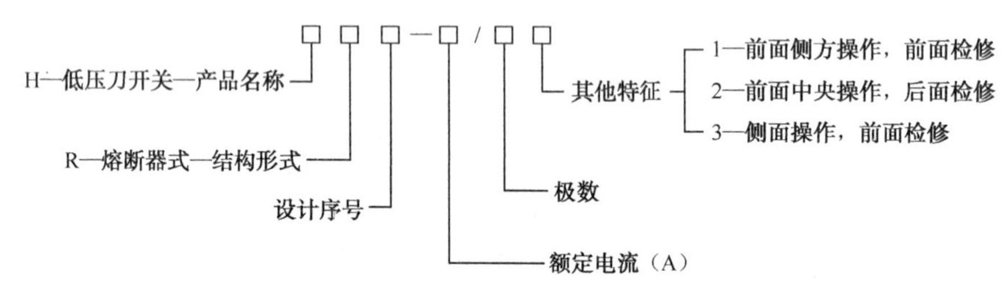

图 8-4　低压刀熔开关的型号含义

3．低压负荷开关

低压负荷开关由带灭弧装置的刀开关与熔断器串联组合而成，外装封闭式铁壳或开肩式胶盖，低压负荷开关具有带灭弧罩的刀开关和熔断器的双重功能，既可带负荷操作，又能进行短路保护，熔体熔断后，更换熔体即可恢复供电。

封闭式负荷开关的结构如图 8-5 所示，开启式负荷开关的结构如图 8-6 所示。

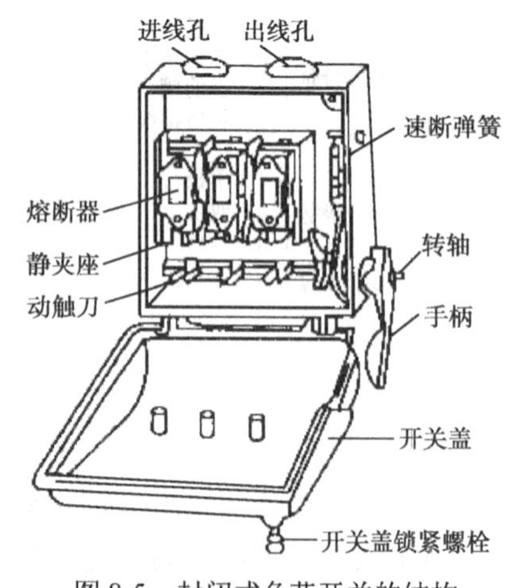

图 8-5　封闭式负荷开关的结构

瓷质手柄
胶盖
动触点
出线座
瓷底座
胶盖紧固螺钉
进线座
静触点
熔体

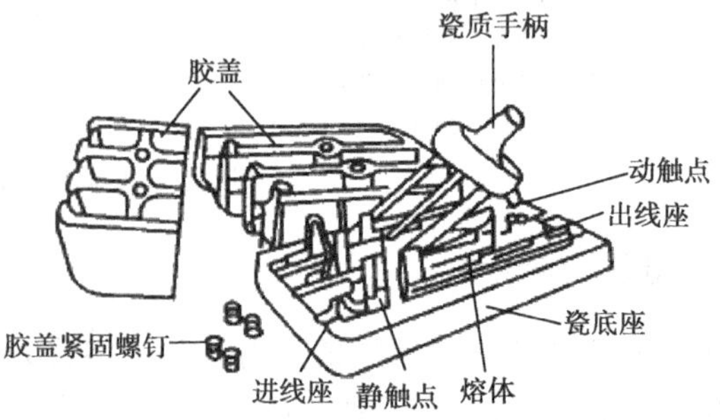

图 8-6　开启式负荷开关的结构

低压负荷开关的型号含义如图 8-7 所示。

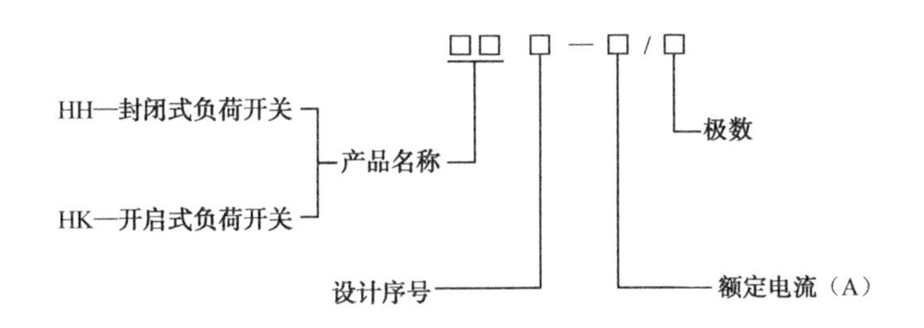

图 8-7 低压负荷开关的型号含义

4. 常用刀开关的类型

刀开关起隔离电源作用，有明显的断开点，以保证检修电气设备时的人员安全。普通的刀开关不能带负荷操作，装有灭弧罩或在动触刀上装有可速断的辅助触刀的开关，可以切断不大于额定电流的负载。

常用隔离刀开关类型有如下几种。

① HD11、HS11 系列，正面手柄操作，仅做隔离开关用。

② HD12、HS12 系列，用于正面两侧操作、前面维修的开关柜中。

③ HD13、HS13 系列，用于正面操作、后面维修的开关柜中。

④ HD14 系列，用于动力配电箱中。

8.1.3 低压刀开关的主要参数

低压刀开关的主要参数如下。

① 额定绝缘电压：即最大额定工作电压。

② 额定工作电流：即能长时间稳定工作的最大电流。

③ 额定工作制：分为 8h 工作制、不间断工作制两种。

④ 使用类别：根据操作负载的性质和操作的频繁程度分类。

- 按操作频繁程度分为 A 类和 B 类，A 类为正常使用的；B 类则为操作次数不多的，如隔离开关。
- 按操作负载性质分类有很多种，如操作空载电路、通断电阻性电路及操作电动机负载等。

⑤ 额定通断能力：是开关电器（有通断能力）的额定通断最大允许电流。

⑥ 额定短时耐受电流：在规定的使用和性能条件下，在额定短路持续时间内，机械开关在关合位置时能承载的电流有效值。

⑦ 额定（限制）短路电流：是指电力系统在运行中相与相之间或相与地（或中性线）之间发生非正常连接（即短路）时流过的最大电流。

⑧ 操作性能：根据不同使用类别，在额定工作电流条件下的操作循环次数。

8.2 低压刀开关的选择

学习目标

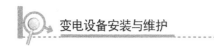

① 掌握低压刀开关的选用原则。
② 学会选择低压刀开关。

1. 低压刀开关的选用原则

① 刀开关的额定电压应等于或大于电源额定电压，额定电流应等于或大于电路工作电流。若用刀开关控制小型电动机，应考虑电动机的启动电流，选用额定电流较大的刀开关。刀开关的通断能力和其他性能均应符合电器的要求。

② 刀开关断开负载电流时，不应大于允许的断开电流值。一般结构的刀开关不允许带负载操作，但装有灭弧室的刀开关，可做不频繁带负载操作。

③ 刀开关所在线路的三相短路电流不应超过规定的动、热稳定值。

2. 低压刀开关的选择

（1）按结构形式选择

根据刀开关在线路中所起的作用或在成套配电装置中的安装位置来确定它的结构形式。

如果只是用于隔离电源时，则只要选用不带灭弧罩的产品；如果用来分断负载时，就应选带灭弧罩的产品，而且是通过杠杆来操作的产品；如果中央手柄式刀开关不能切断负荷电流，而其他形式的刀开关可切断一定的负荷电流，则必须选带灭弧罩的产品。

此外，还应根椐是正面操作还是侧面操作，是直接操作还是杠杆传动，是板前接线还是板后接线来选择结构形式。如 HD11、HS11 主要适用于磁力站，不能切断带有负载的电路，仅作为隔离电流之用；HD12、HS12 主要用于正面侧方操作、前面维修的开关柜中，其中有灭弧装置的刀开关可以切断额定电流以下的负载电路；HD13、HS13 主要用于正面操作、后面维修的开关柜中，其中有灭弧装置的刀开关可以切断额定电流以下的负载电路；HD14 可用于动力配电箱中，其中带有灭弧装置的刀开关可以带负载操作。

（2）按额定电流选择

刀开关的额定电流，一般应不小于所断电路中的各个负载额定电流的总和，即

$$I_N \geqslant I_g \tag{8-1}$$

式中 I_N——刀开关的额定电流；

I_g——刀开关的工作电流，即所控制负载的电流总和。

当控制电动机时，应按下式选择：

$$I_N \geqslant 6I_{ed} \tag{8-2}$$

式中 I_{ed}——电动机额定电流。

若负载是电动机，就必须考虑电路中可能出现的最大短路峰值电流，是否在该额定电流等级所对应的电动稳定性峰值电流以下。如有超过，就应该选择额定电流更大一级的刀开关。

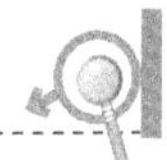

（3）按额定电压选择

$$U_N \geqslant U_g \tag{8-3}$$

式中 U_N——刀开关的额定电压，单位为V；

U_g——刀开关的工作电压，即线路额定电压，单位为V。

（4）按动稳定和热稳定校验

刀开关的动稳定性电流和热稳定性电流，应大于或等于线路中可能出现的最大短路电流。

（5）熔体应根据用电设备来选择

变压器、电热器、照明线路等熔体的额定电流宜等于或稍大于实际负荷电流。配电线路熔体的额定电流宜等于或略小于线路的安全电流。电动机电路中熔体的额定电流可按下式计算：

$$I_{er}=kI_{ed}$$

式中 I_{er}——熔体额定电流；

I_{ed}——电动机额定电流；

k——系数，一般取1.5～2.5。

QA系列、QF系列、QSA（HH15）系列隔离开关用在低压配电中。HY122带有明显断口的数模化隔离开关，广泛用于楼层配电、计量箱、终端组电器中。HR3熔断器式刀开关具有刀开关和熔断器的双重功能，采用这种组合开关电器可以简化配电装置结构，经济实用，越来越广泛地用在低压配电屏上。HK1、HK2系列开启式负荷开关（胶壳刀开关），用于电源开关和小容量电动机非频繁启动的操作开关。HH3、HH4系列封闭式负荷开关（铁壳开关），操作机构具有速断弹簧与机械连锁，用于非频繁启动、28kW以下的三相异步电动机。

8.3 低压刀开关的安装、操作、运行

学习目标

① 学会按安装要求安装低压刀开关。

② 学会低压隔离电器的运行操作方法。

8.3.1 正确安装低压刀开关

1. 低压刀开关的安装要求

① 开关应垂直安装。在不切断电流、有灭弧装置或用于小电流电路等情况下，可水平安装。水平安装时，分闸后可动触点不得自行脱落，其灭弧装置应固定可靠。

② 可动触点与固定触点的接触应良好；大电流的触点或刀片宜涂电力复合脂。

③ 双投刀闸开关在分闸位置时，刀片应可靠固定，不得自行合闸。

④ 安装杠杆操作机构时，应调节杠杆长度，使操作到位且灵活；开关辅助触点指示应正确。

⑤ 开关的动触点与两侧压板距离应调整均匀，合闸后接触面应压紧，刀片与静触点中心

线应在同一平面，且刀片不应摆动。

2．安装和使用铁壳开关应注意的事项

铁壳开关虽然有封闭式的外壳和连锁装置，但其安全问题仍不可忽视。为确保人身安全，在铁壳开关的安装和使用中应注意以下几点。

① 不得随意将铁壳开关置于地上进行操作，或者面对开关操作，以防止一旦发生故障而开关又不能分断时铁壳爆炸伤人。通常应按规定将开关垂直地装在具有一定高度的地点。

② 开关外壳应可靠接地。

③ 应经常修整触点，保持触点光洁，以免因接触不良而烧坏。

④ 检查熔断器底座是否碎裂，弹簧是否生锈，一旦发现缺陷，应立即更换。

⑤ 检查接线是否松动，若发现松动，应重新连接；应经常保持外壳内壁不积聚粉尘。

⑥ 严禁在开关上放置各种金属零件，以免掉入开关内部而造成短路。

3．胶盖开关安装要求

① 胶盖开关必须垂直安装在控制屏或开关板上，不能倒装，即接通状态时手柄朝上，否则有可能在分断状态时闸刀开关松动落下造成误接通。

② 安装接线时，刀闸上桩头接电源，下桩头接负载，接线时进线和出线不能接反，否则在更换熔断器时会发生触电事故。

③ 操作胶盖刀开关时，不能带重负载，因为 HK1 系列瓷底胶盖刀开关不设专门的灭弧装置，它仅利用胶盖的遮护防止电弧灼伤。

④ 如果要带一般负载操作，动作要迅速，使电弧较快熄灭，一方面不易灼伤人手，另一方面也减少电弧对动触点和静夹座的损坏。

8.3.2 低压隔离电器的操作与运行

1．低压隔离开关的正确操作

隔离开关的作用主要是用来隔离电源，应有明显断开点，以便设备进行安全检修。还可以与断路器配合使用，进行倒闸操作，改变系统运行方式。还可以用来接通或者断开电压互感器、一定容量的空载变压器、一定长度的空载线路和母线。隔离开关没有灭弧装置，只允许切断 2A 的感性电流和 5A 的电容电流，否则会产生弧光短路。操作隔离开关必须严格遵守规范，遵循等电位原则。与断路器配合时应先合隔离开关，后合断路器；或者先断断路器，再断隔离开关。倒换母线操作时，应在两端等电势的条件下，才能断、合隔离开关。为防止隔离开关误操作，必须在隔离开关和断路器之间加闭锁装置。

2．刀开关操作的注意事项

① 操作隔离刀开关前，应先检查断路器是否在断开状态。

② 操作单极刀开关时，拉开时应先拉开中间相，再拉两边相，闭合时顺序相反。

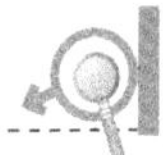

③ 停电操作时，断路器断开后，先拉负荷侧隔离开关，后拉电源侧隔离开关，送电时顺序相反。

④ 一旦发生带负荷断开或闭合隔离开关，应按以下规定处理：错拉开关在刀口发生电弧时，应急速合上；如已拉开，则不许再合上，并及时上报。错合开关时，无论是否造成事故，均不许再拉开，并采取相应措施。

3. 刀开关投运前应检查的项目

① 检查负荷电流是否超过刀开关的额定值。

② 检查刀开关导电部分的动、静触点有无接触不良，动、静触点有无烧损及导线（体）连接情况，遇有不正常情况时，应及时修复。

③ 检查绝缘连杆、底座等绝缘部件有无烧伤和放电现象。

④ 检查开关操作机构各部件是否完好、动作是否灵活，断开、合闸时三相是否同期、准确到位。

4. 隔离开关和母线有以下严重缺陷时必须停用

① 瓷瓶破损或严重脏污，瓷件有放电现象。

② 耐压试验不符合标准。

③ 操作机构不灵活。

④ 严重过负荷，温升过高。

⑤ 刀闸额定电压和形式不符合现场要求。

⑥ 刀闸接触不良，有严重放电现象。

⑦ 母线对地安全距离不够或触碰树枝等。

⑧ 软母线有断股现象。

⑨ 母线的支持绝缘子类型或电压等级不符合现场实际要求。

5. 在刀闸操作中带负荷错合、错拉时应采取的措施

带负荷错合刀闸时，虽然合错了，甚至在合闸时产生电弧，也不得将刀闸再拉开。因为带负荷拉闸，将会引起三相弧光短路事故。

带负荷错拉刀闸时，在刀片刚离开固定触点的一瞬间，将产生电弧，此时应立即合上，以消灭电弧，防止发生事故。

如果刀闸已全部拉开，则不许再合闸。如果是单相刀闸，若操作时拉开一相后发现错拉，则对其他两相不应继续操作，并应采取相应措施予以恢复。

6. 停送电的操作分析

停电时先拉线路侧刀闸，送电时先合母线侧刀闸，都是为了在发生误操作时缩小事故范围。

（1）停电时的误操作

一种情况是断路器尚未断开电源，先拉刀闸，造成带负荷拉刀闸。另一种情况是断路器虽已断开，但电工人员操作刀闸时，因走错间隔而错误地断开不应停电的设备。

当断路器尚未断开电源时，误拉刀闸有两种情况：一种情况是先拉母线侧刀闸，弧光短

路在断路器内，将造成母线短路；另一种情况是先拉线路侧刀闸，弧光短路点在断路器外，断路器的保护装置动作跳闸，能切除故障，缩小了事故范围。所以停电先拉线路侧刀闸。

（2）送电时的误操作

如果断路器在合闸位置上，便去合刀闸有以下两种情况：若先合线路侧刀闸，后合母线侧刀闸，等于用母线侧刀闸带负荷往线路送电，一旦发生弧光短路，便造成母线故障，人为地扩大了事故；若先合母线侧刀闸，后合线路侧刀闸，等于用线路侧刀闸带负荷往线路送电，一旦发生弧光短路，断路器的保护装置动作跳闸，可以切除故障，缩小了事故的范围。所以送电时应先合母线侧刀闸。

7. 使用隔离开关的注意事项

① 当隔离开关与断路器、接地开关配合使用，以及隔离开关本身带有接地刀闸时，必须安装机械或电气连锁装置，以保证正确的操作顺序，即只有在断路器切断电流之后，隔离开关才能分闸；只有在隔离开关合闸之后，断路器才能合闸。配有接地刀闸的隔离开关，在主刀闸未分断前，接地刀闸不得合闸；同样，在接地刀闸未分闸之前，主刀闸也不得合闸。

② 隔离开关的接地线应使用不小于 $50mm^2$ 的铜绞线或接地螺栓连接，以保证可靠接地。

③ 在隔离开关的摩擦部位上应涂电力复合脂加强润滑。

④ 在运行前检查隔离开关的同步性和接触状况。

⑤ 隔离开关的分闸指示信号，应在主刀闸开度达到 80%的断开距离后发出；而合闸指示信号则应在主刀闸已可靠接触后才发出。

8.4 低压隔离电器的故障检修

学习目标

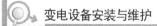

① 掌握低压隔离电器的故障检修方法。

② 能检修低压隔离电器的故障。

③ 学会预防故障产生的措施。

8.4.1 低压隔离电器的检修

1. 负荷开关投运前应检查的项目

① 负荷开关导电部件的检查项目内容与刀开关相应部分相同。

② 检查开关的操作机构的部件是否完好，闭锁装置是否完好。

③ 检查外壳内和底座有无熔丝熔断后造成的金属粉尘，如有金属粉尘应清扫干净，以免降低绝缘性能。

④ 金属外壳应有可靠的保护接地，防止发生触电事故。

⑤ 检查熔断器额定电流是否与开关额定电流相匹配。

2. 刀闸开关发生弧光短路故障的防止措施

为防止刀闸开关发生弧光短路故障，保障设备和人身的安全，首先应考虑刀闸开关的适用性；其次应做好使用过程中的检查和维护工作，并严格按照规程进行操作。具体应注意以下各项。

① 不得将刀闸开关用于它不能分断的电路。

② 在运行前应检查其动作是否灵活，有无卡死现象。

③ 检查灭弧罩是否齐全、牢固，对无灭弧罩的刀闸开关应检查其胶盖是否盖好。

④ 仅用以隔离电源的刀闸开关，其操作顺序应按规定执行，不允许分断负荷电流。

⑤ 无灭弧罩的刀闸开关，一般不允许用来分断负荷。

⑥ 多极刀闸开关，应保证其各极动作的同步性和接触良好。

⑦ 发现灭弧罩有烧伤和炭化现象，应立即更换。

⑧ 无论刀闸开关是否装在箱内，都应经常保持刀闸开关各部分的清洁，避免因积聚灰尘和油污等而引起相间闪络或短路，造成弧光短路故障。

3. 在隔离开关的运行中出现的异常现象及处理

运行中的隔离开关会出现以下异常现象。

① 紧固件松动。

② 绝缘子因外部创伤、胶合剂老化而松动。

③ 绝缘子上严重积垢。

④ 合闸不严或合闸不到位。

⑤ 因接触不良，温升过高。

如果出现上述现象，应迅速加以处理，以免故障扩大。

对隔离开关应加强监视，在有必要和可能时立即降低负荷，直到采取措施消除隐患为止。如果隔离开关装在母线上，则母线应尽可能停止运行。例如，将负荷转移到其他母线，以使该母线退出运行。如果母线停止运行可能造成较大经济损失，则考虑采取带电作业方式进行抢修，如拧紧已松动的紧固件等。通常，只有在万不得已的情况下，才采取将隔离开关临时短接的应急措施。如果出现过电压而发生闪络、放电及对地击穿等严重情况，应立即停电或采取带电作业方式进行处理。

8.4.2 低压隔离电器在应用中存在的问题

低压隔离电器和熔断器在实际工程应用中都存在一些不合理的、甚至是错误的用法，导致运行维护困难、运行故障与事故增多，或留下长期的安全隐患。

我国设计规范规定，当维护、测试及检修设备须要断开电源时，应设置隔离电器。隔离电器应能将所在回路与带电部分有效隔离。国家标准还规定，用做隔离的电器在触点打开位置必须有足够安全的隔离距离，其主触点相对于静触点的分离必须是清楚、显而易见的。显然，任一用户的总电源进线应设置隔离电器，以满足用户电网维修的需要；该用户配电网内任一有维修需要的局部电路或单一电气回路也应设置隔离电器。专用的低压隔离电器产品主要有隔离器、隔离开关、刀开关及兼有保护功能的熔断器组合电器（如熔断器式刀开关、开关熔断器组及隔离器熔断器组等）。

它们的主要用途是隔离功能，本身并无频繁检修的需要，故凡须设置隔离电器的地方，理应首选这种专用隔离电器产品。某些保护电器也可能具有一定的隔离功能（如抽屉式断路器，具有明显可靠断开位置指示的固定式断路器，某些熔断体可抽出式熔断器等），因而也常被用做隔离电器。保护电器的不合理使用及隔离电器产品欠缺，导致的不规范使用是实际工程中较普遍存在的问题。

1．熔断器兼做隔离电器的弊端

设计规范规定：允许采用熔断器做隔离电器使用，这一规定可能源于我国早期的电气检修规程（内容多取自前苏联电气规程）。其中规定工厂电气维修时应将受检电路首端熔断器（主要指专职人员使用的 RM10 及 RT0 熔断器）的熔断体从底座中拔出，以形成明显的断开点。限于我国当时低压电器水平与品种的现实条件，以熔断器代替隔离电器可能是合理的。目前，我国已有了兼具保护与隔离功能的熔断器组合电器系列化产品，这种做法的利弊就值得商榷了。在城镇民用建筑中，常见用熔断器（RC1A、RL1 等）兼做住宅（或店铺等）的总电源进线及馈电支路的隔离电器。

用熔断器作为隔离电器主要存在以下问题。

① 熔断器作为专用的过载与保护电器，产品标准规定它在正常的安装和使用条件下长期平稳地使用，才能保证触点特性不改变。换言之，熔断器除熔体熔断需要卸下进行更换以外，应长期与其支持件连接而不分离的。但作为隔离电器使用的熔断器却要与支持件有较频繁地分离与连接操作，也就难以保证触点的良好导电接触。

② 民用建筑中常使用的熔断器，其使用更换周期（或电寿命）较短。如最常用的 RC1A 瓷插式熔断器，产品允许熔断次数仅为 2～3 次，即熔体发生 2～3 次熔断后，由于熔断过程对瓷件绝缘性能与强度的破坏及对触点导电接触性能的影响，须及时查验并更换瓷插件或底座。这种应用方式因无另外的隔离电器隔离电源，往往导致带电更换底座。这也是导致居民触电事故的原因之一。可见，虽然熔断器当熔断体与支持件处于分离位置时可能具备隔离功能，但将它作为隔离电器使用却弊大于利。

2．隔离电器的非常规使用

造成隔离电器的非常规使用的原因是我国低压隔离电器产品规格不全。自 20 世纪 60 年代至今，我国主要隔离电器（如 HD11）及刀开关（如 HD13）系列产品最大规格仅为额定电流 1500A 左右。由于早期国产保护电器的断流容量水平，我国设计规范曾长期限制中/低压配电变压器容量为 1000kVA（额定电流 1440A）以内，隔离电器水平可满足其需要。

近年来，随着保护电器产品的长足进步及断流能力的提高，工业及民用电网中都较普遍地使用了单台容量为 1250～2500kVA（额定电流为 1800～3600A）的配电变压器，现有低压隔离电器已不能满足要求，于是低压侧总电源进线屏刀开关普遍的每相采用一台 3 极或 2 极开关（如 HD13 型）代替。这种用法带来的主要问题如下。

① 三相刀开关分相操作，增加了因误操作导致断相运行之类故障的概率，故设计规范规定隔离电器宜采用同时断开电源所有极的开关。

② 使进线开关屏庞大笨重，如利用 PGL 屏框架制造的进线屏，单屏宽度可达 1200～1600mm。近年来，部分厂家推出了引进技术生产的 Q 系列（QA、QP）具有滚动触点的隔离开关，额定发热电流最大为 3150A，但对于工业负载最常见的 AC22 及 AC23 使用类别，其额定电流将降低约 1/2。故除产品尺寸缩小、机械寿命有所提高外，其额定电流比国产 HD 系列刀开关并无显著提高，仍未能解决上述问题。因此，我国大容量规格的隔离电器开关产品亟待开发。

3. 刀闸（刀闸开关）和隔离开关的区别

刀闸和隔离开关同属刀型开关，无论外形、结构原理及操作方法都很相似。但它们有截然不同之处，必须严格区分。

刀闸是一种最简单的开关电器，用于开断 500V 以下电路，它只能手动操作。由于电路开断时常有电弧，所以刀闸装有灭弧装置或快断触点。为了增大灭弧能力，其刀一般都较短。隔离开关有高压、低压、单极、三极、室内及室外之分，它没有专门的灭弧装置，不能用来接通、切断负荷电流和短路电流，只能在电气线路切断的情况下，才能进行操作。其主要作用是隔离电源，使电源与停电电气设备之间有一明显的断开点，所以不必考虑灭弧。为了保证可靠地隔离电源，防止过电压击穿或相间闪络，其刀一般做得较长，相间距离也较大。

总之，隔离开关不能当做刀闸使用，而刀闸也只允许在电压不高的情况下用来隔离电路，且必须与熔断器等串联使用。

8.4.3 刀闸开关故障处理实例

1. 刀用胶木盖积灰造成的事故处理

事故经过：某单位暖气锅炉的吹风机正在运行。突然机停、灯灭，房内一片漆黑。经检查配电箱内的三根熔丝烧断，带动鼓风机的额定电压为 0.5kW 的三相电动机和电路均完好。控制电动机的三相胶盖刀闸，胶木盖上端烟尘沉积很厚，动刀片上端有电烧残缺痕迹。查看该刀闸 10A 的熔丝未断，室内照明灯也未见异常。重上控制箱内的熔丝后，复送电，照明、风机运行均正常。时过不久，发现控制风机的刀闸手把下放电。配电箱瓷插熔断器的熔丝又烧断。当仔细查看胶盖闸上半块胶木盖时，发现由于放电烧焦而炭化。经分析认为两次短路鼓风机刀闸的熔丝均未烧断，故判定是由于刀闸上口沉积烟尘而造成短路事故。

故障原因分析：该刀闸安装在距炉火门不远的墙壁上，当加煤后，风机一吹，烟尘喷出碰到墙壁，尘埃便沉到胶木盖的上边。这些导电的颗粒，在较高的温度下，除沉积在胶木盖上外，尚有一部分从胶木盖上端动刀片的槽沟漏进内部。锅炉房内常有热蒸汽，增加了烟尘的导电性能。虽然每次拉、合闸时掉下部分烟尘，但操作人员从未清扫过上边的灰尘。久而久之，绝缘下降，造成短路。由于第一次放电短路后，此处烟尘被电弧吹下一部分，余者干燥。在停电时间温度下降，变成非良导体。待再开机后，又有烟尘沉积，潮气侵袭，故再次造成短路。

防止措施如下。

① 移动刀闸远离炉火门，并把刀闸放在箱内，操作后关闭门防止烟尘侵入。

② 对操作人员进行安全教育，定期检修、清扫烟尘。

2. 刀闸胶盖破损造成短路事故处理

事故经过：某产品加工作坊，用的是380V三相电源。烤箱容量4kW，用额定电流为30A的胶盖刀闸控制，熔丝额定电流为15A。一日合闸时，熔丝熔断。经检查，烤箱内各相热阻丝均完好，没有短路的地方，对地绝缘良好。安上额定电流为15A的熔丝，合闸刀“叭”的一声，熔丝又断。初步分析，一是熔断器本身或因安装时熔体受伤，二是热阻丝在冷状态阻值小，故在合闸时冲击电流很大而烧断熔丝。因此，决定重上熔丝再试一次，结果这次比前两次断的更快且烧得更严重。只好再拆开胶盖仔细检查，发现胶盖内表面因弧光放电呈灰黑色，手触之成焦末，换新盖后，仍装上额定电流为15A的熔丝，合闸成功。

故障原因分折：刀闸的胶盖都是酚醛类材料制成的，这种有机物中含有碳元素。因此，在高温下尤其是电弧的作用下，出现炭化。适逢这天有雨，空气湿度大，使原来已炭化的部分形成“电桥”造成短路。这个刀闸胶盖炭化如此严重，一方面是刀闸和熔丝的容量都选小了，另一方面是因为冷，热阻丝的阻值相差悬殊，合闸有冲击电流，增加了熔丝熔断的次数，加速了炭化的过程。

防止措施如下。

① 加强对刀闸的检查，并保持胶盖内外表面清洁。

② 选择合适的熔丝。负载4kW，电流约8A，熔丝的额定电流应在12～20A范围内选择。因阻丝冷态电阻与热态电阻相差悬殊，在刚合闸时冲击电流大，故应选20A的熔丝，以减少熔断的机会。

③ 安装熔丝时，应使熔丝两头沿顺时针方向围烧固定螺钉一周。以免拧紧螺钉时，把熔丝挤出来，熔丝应和螺钉紧密接触。但不要把熔丝拧得过紧，防止挤伤熔丝。

④ 刀闸的安装位应与烤箱保持一定距离，以降低刀闸和熔丝的运行温度，保证安全正常运行。

3. 石板刀闸绝缘低，漏电引起的故障处理

事故经过：某单位新打了一眼井，安装一台13kW的电动机，用150A的石板刀闸直接启动。但是，在电动机启动后，水井出水很少，达不到出水要求。只好停下来进行检查，寻找原因。

事故原因分析：经过仔细检查、分析，发现石板刀闸本身绝缘不够，有严重漏电现象，随即将石板刀闸进行了更换，再启动时，达到了正常出水量。证实了达不到出水量的原因是因石板刀闸绝缘不好而漏电所致。

防止措施如下。

① 目前使用石板刀闸较多，应吸取这一教训，对石板刀闸每隔一个时期，就应进行一次绝缘试验，防止因老化而导致绝缘下降，发生触电事故。

② 用刀闸直接启动电动机，一般应选用胶盖刀闸。因为胶盖刀闸能防止相间弧光短路，保障人身安全。因此，用石板刀闸启动电动机的地方均应改为胶盖刀闸。

4. 刀闸不同期引起的事故处理

某加工面粉厂，电动机刀闸一合，配电盘总保护器就动作，连续几次都是这样。可能是对地绝缘不良，电动机本身漏电造成的。结果用摇表一侧，电动机对地绝缘良好，并不

存在漏电现象。刀闸至电动机接线盒一段导线也进行了清理，故障仍未排除。于是，又对所有设备进行细致的检查。当检查到电动机刀闸时，发现其中一相触片外面间隙稍大，里面间隙小，其他两相触片间隙均很小。问题是不是出在这里呢？对这一相触片进行了调整，使其三相触片间隙基本均匀，然后合上刀闸，电动机启动了。总保护器也没跳闸，连试了几次均未发现异常。

原来，当合上刀闸启动时（人工的动作并不很迅速），其中两相先接触，另一相稍迟接触。在此瞬间，电动机绕组和外壳间就有较大的电容性电流，于是引起漏电保护器跳闸。对于那些年久失修的刀闸，应细心调整其触片，使三相同时接触。像这例电动机刀闸一合，保护器就跳闸而又查不出接地故障时，调整触片间隙可能就行。

5. 开关接触电阻增大引起的故障处理

故障现象：控制室内的60A铁壳开关连续发生熔体熔断，外壳发热，内部瓷质插件发烫，上下进出导线发热。现场测定：负载的额定工作电流约为42A，小于开关的额定电流。按理在正常情况下该开关是不应当发热或发烫的。但实际情况是：该铁壳开关闭合约10min，它的金属外壳即开始发热乃至发烫。与此同时，与开关上下接线端子相连接的进出导线也很快发热。通电20min左右，开关内的熔体（60A）熔断，从而切断电路。虽多次更换熔体及瓷质插件，甚至更换同样规格的铁壳开关，故障依旧。

故障原因分析：经检查，发现铁壳开关内上下接线端子的孔径为ϕ6mm，而与其相连接的进出电源导线（铝芯橡皮线）的线径为ϕ9.6mm（截面面积为 25mm^2）。由于导线较粗，端子孔径较小，在安装接线时只将电缆线线头的一部分插入接线端子孔内。因此，造成接触不良及端子部分发热以至发烫。又由于开关的接线端子是铜制件，而进出电缆导线均为铝线，当铜、铝两种不同金属接触不紧密，加上水分或潮气侵入时，产生的电解腐蚀作用致使铜铝接触处的电阻值增大，最终导致铜铝连接处严重发热乃至烧坏。

事故处理：通过上述分析，考虑到原电源导线线径较粗，为便于接线，决定改用DZ10—250/330型低压断路器代替原先的铁壳开关，并一律采用铝铜过渡型专用接线进行安装接线。自该断路器安装使用数年来，未再发生过前述故障。

6. 刀闸线接反引起的事故处理

某地一小河边，电力排灌水泵用的闸刀已经拉开，一个 3 岁的小女孩看到闸刀上的铜片亮晶晶的很好玩。伸出手摸了一下，结果因触电而不能自行摆脱，站在附近的父亲也不知所措，只好跑到几百米以外的地方去断开配电箱上的电源，待回来后，女儿已触电身亡。原来，这个刀闸开关是由不懂电气知识的农民自己装的。他把电源接到下方（动刀片方），因此即使拉开刀闸，刀片上仍然带电。

这件触电事故的教训是综合性的。首先，用刀闸来作为电动机控制开关很不安全。作为小容量电动机控制必须果断操作，且不能在启动时立即切断，否则容易造成电弧烧伤事故。若用于控制大电动机，则无论如何都是危险的。其次，刀闸装在 3 岁小孩都能够用手接触的高度也不符合要求。最危险的是直接造成这次触电事故的电源线倒接，这是不允许的。不仅是用刀闸，任何开关的正确接线均应将电缆线接到静止触点上，用可动部分的引出端子去接负载，以免在接通电源前，在操作手柄附近就带电。

防止措施如下。

① 刀闸类开关绝对不允许电源线倒接。

② 刀闸类开关安装高度不能过低。

③ 刀闸类开关一般不宜直接用来控制启动电流较大的电动机。

④ 刀闸胶木壳若有破损应及时更换。

7．负荷重引起刀开关爆炸事故处理

某小水电站运行值班员廖某欲检查该站厂房内安装的防汛专用水泵（配用动力为 7.5kW 的电动机），看是否能正常使用。当去合该水泵电动机的电源启动刀闸开关，刀闸触点即将接触时，只见一束耀眼的弧光伴随着一声巨响，廖某被击出 1m 开外。右手肘关节以下严重烧伤，住院治疗数月。

事后检查事故原因，发现水泵已经卡死，电动机根本无法转动。据其他值班人员反映，该水泵数月前曾使用过，后因轴承损坏而停用。由于枯水季节水泵长期未再启动，没有及时维修更换损坏的轴承。时间一长，损坏的轴承生锈将水泵轴卡死。值班员廖某没有详细检查水泵是否能灵活转动，电动机是否完好，又没有采取相应的安全措施，就去合启动闸刀开关，导致了这起本不该发生的烧伤事故。

一台 7.5kW 电动机的正常启动电流约等于正常工作电流的 4～7 倍，其数值接近 100A。该电动机水泵已经生锈转轴卡死，合闸瞬间的电流远大于正常启动电流。这样大的电流在刀闸触点似接非接的合闸瞬间，必然会产生很大的电弧，而刀闸开关又没有灭弧能力，因此造成这次电源相间弧光短路事故，使刀闸损坏并把人烧伤。

要杜绝类似事故再次发生，必须做到以下几点。

① 要严格执行规章制度和操作规程，对设备缺陷及时检修，保证设备完好率。

② 对停用时间较长的设备，使用前要进行全面检查，对转动部件应进行手动操作，看是否转动灵活。

③ 操作用于直接启动的刀闸开关时，应戴绝缘手套，穿绝缘鞋（或者站在干燥的木板上），身体站在开关一侧。合闸动作迅速并用力适当，使刀闸触点接触良好。切忌合闸时用力过轻，刀闸触点不到位而造成电源缺相使电动机烧毁。

④ 要定期检查用电设备的控制刀闸开关，如发现损坏、松动或有炭化现象要及时修复或更换。

⑤ 按设备容量正确选用熔断器，不能随意加大熔断器，更不能盲目用铜线或铝线代替熔断器使用。

⑥ 对于较大容量（5.5kW 以上）的电动机，应当采用磁力启动器或者交流接触器启动，尽量避免用刀闸开关直接启动，以免因启动电流过大而造成弧光短路事故。

1．在电路中低压刀开关、负荷开关的作用是什么？

2．说明下列低压刀开关的型号含义：HR20—0.5、HD13B—1000/31、HH15/400。

3．低压刀开关的主要参数包括哪些？

4．选用刀开关应遵守哪些原则？

5．如何选择低压刀开关？

6．低压刀开关的安装要求是什么？

7．安装和使用铁壳开关应注意的事项有哪些？

8．胶盖开关安装要求包括哪些？

9．低压隔离开关应如何操作？

10．刀开关操作应注意哪些事项？

11．刀开关投运前应检查哪些项目？

12．隔离开关和母线有哪些严重缺陷时必须停用？

13．在刀闸操作中，带负荷错合、错拉时应采取哪些措施？

14．刀开关停送电如何操作？

15．使用隔离开关应注意哪些事项？

16．刀闸开关发生弧光短路故障的防止措施有哪些？

17．运行中的隔离开关会出现哪些异常现象？

18．负荷开关投运前应检查哪些项目？

19．熔断器兼做隔离电器有哪些弊端?

20．隔离电器的非常规使用有哪些弊端?

21．刀闸（刀闸开关）和隔离开关有哪些区别？

22．刀闸开关故障处理实例有哪些？如何检修？

Chapter 9

第9章 熔断器

9.1 认识熔断器

学习目标

① 掌握熔断器的作用分类。
② 掌握熔断器的结构原理、主要参数。
③ 能根据型号判断熔断器的使用场所。

9.1.1 熔断器的作用和分类

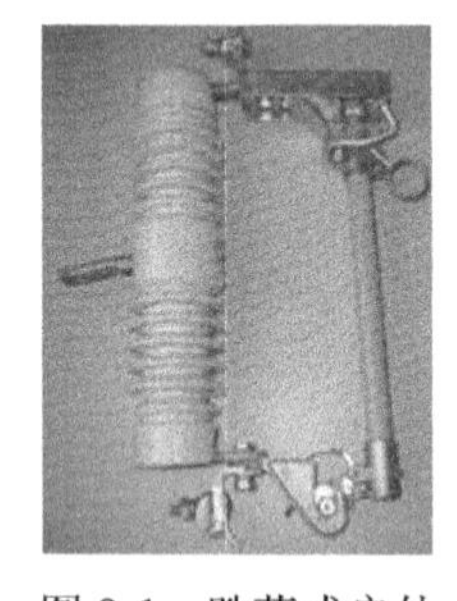
图 9-1 跌落式户外高压熔断器

1. 作用

熔断器是最简单的保护电器，它用来保护电气设备免受过载和短路电流的损害。

2. 分类

高压熔断器可分为户内型和户外型，用于户内或户外的又有不同型号。电压等级有 3kV、6kV、10kV、35kV、60kV、110kV 等。按是否有限流作用又分为限流式和无限流式熔断器。跌落式户外高压熔断器如图 9-1 所示。

3. 用途

熔断器主要用于高压输电线路、电力变压器、电压互感器等电气设备的过载和短路保护。

9.1.2 熔断器的结构原理

熔断器一般包括熔管、接触导电部分、支持绝缘子和底座等部分，熔丝管中填充用于灭

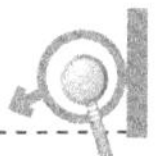

弧的石英砂细粒。熔丝是利用熔点较低的金属材料制成的金属丝或金属片，串联在被保护电路中，当电路或电路中的设备过载或发生故障时，熔丝发热而熔化，从而切断电路，达到保护电路或设备的目的。

1. 户内高压熔断器（见图 9-2）

当过负荷时，熔丝先在焊有小锡球处熔断，随之电弧使熔丝沿全长熔化，电弧在电流为零时熄灭。当短路电流通过时，细熔丝几乎全长熔化并蒸发，沟道压力增加，金属蒸气向四周喷出，渗入石英砂凝结，同时由于狭缝灭弧原理而使电弧熄灭，此种熔断器属限流熔断器。

2. 户外高压熔断器

（1）RW3—10 型熔断器（见图 9-3）

RW3—10 型熔断器主要用于 6～10kV 配电变压器，其熔丝焊在编织导线上，并穿过熔件管用螺钉固定在上部、下部的触点上，此时编织导线处于拉紧状态。当熔丝熔断时，编织导线失去拉力，使熔件管活动管节释放，熔管由其本身重量自动绕轴跌落，电弧被拉长熄灭。此类型熔断器要经过几个电流周期才能熔断，所以称为无限流作用熔断器。

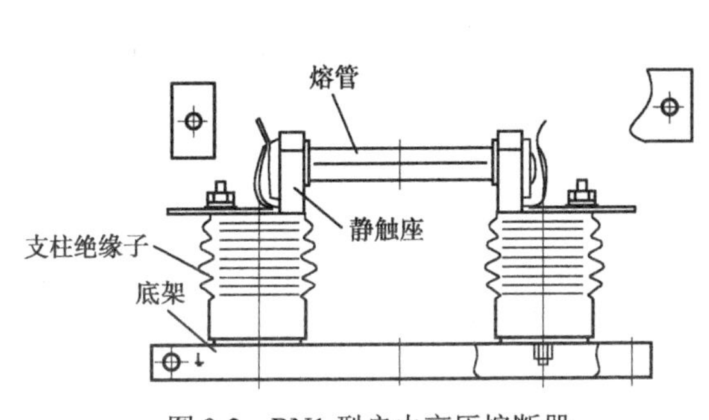

图 9-2 RN1 型户内高压熔断器

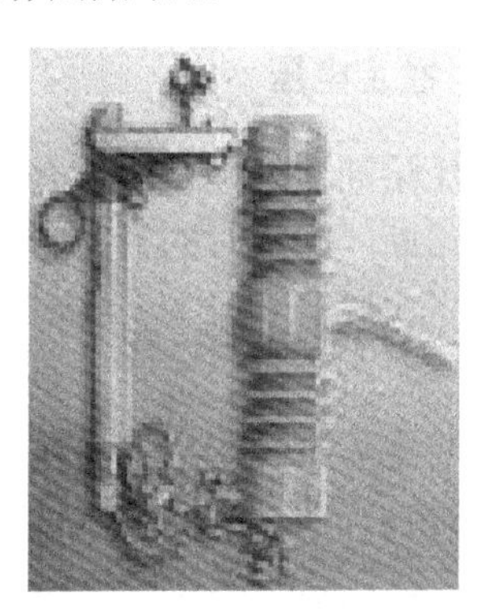

图 9-3 RW3-10 型熔断器

（2）RW9-35 型熔断器（见图 9-4）

RW9-35 型熔断器内装满石英砂填料，具有体积小、重量轻、灭弧性能好、限流能力强、断流容量大等优点，大大地提高了可靠性。

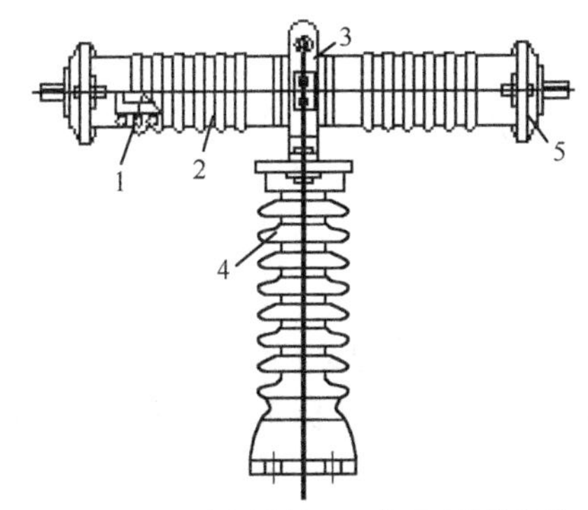

1—熔管；2—瓷套；3—紧固法兰；4—棒形支持绝缘子；5—接线立帽

图 9-4 RW9-35 型熔断器

9.1.3 熔断器的型号含义

熔断器的型号含义如图 9-5 所示。

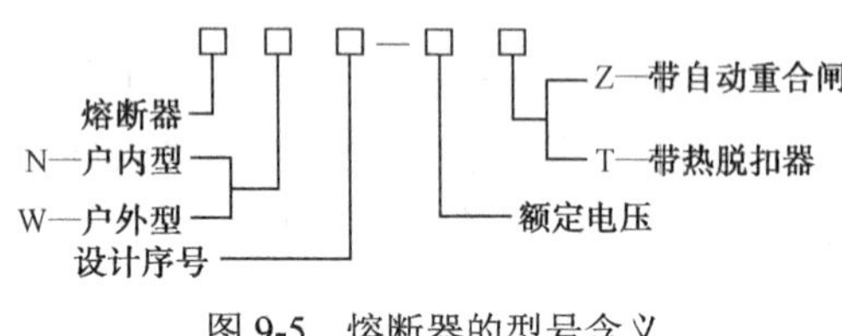

图 9-5 熔断器的型号含义

例如，RW2—35 型熔断器，R 表示熔断器，W 表示户外型，Z 是设计序号，35 表示额定电压为 35kV；RN1 型熔断器，户内管式，供电力系统短路和过流保护用，充石英砂；RN2 型熔断器，户内管式，供电压互感器短路保护用，充石英砂；RW1 型熔断器，户外式，与负荷开关配合可代替断路器；RW3～RW6 型熔断器，户外自动跌落式，可作为电气设备、输电线路和电力变压器的短路和过负荷保护；RW9～RW35 型熔断器，新型产品。

9.1.4 熔断器的主要参数

1. 额定电压

高压熔断器必须在额定电压下工作，因此，高压熔断器工作电压要依照其最大额定电压。考虑到熔断器起弧时的开关电压，熔断器不能无限制地在低于额定电压下使用。

2. 分辨能力

分辨能力通常也称为额定最大分断电流，这种定义很清楚地显示了能被熔断器切断的最大电流。该电流必须要比通过熔断器的最大短路电流要大。

3. 最小分断电流

最小分断电流通常也称为额定最小分断电流，该值对于后备高压穿墙套管必须定义，只要故障电流大于等于该电流，熔断器就能够切断此故障电流。

4. 功率损耗

高压熔断器的功率损耗是根据其额定电流而定的，使用高压熔断器保护时，工作电流一般只是额定电流的 1/2，根据物理学原理，实际的功率损耗小于技术参数表中后备高压熔断器的功率损耗值的 1/4。

5. 电流限制

短路电流很高时，高压熔断器能在几毫秒之内切断电流。这说明电流在未达到正弦曲线的峰值之前就被切断了，这是一个显著的优势，高压负荷机械开关则要更长的时间来开启并切断电流。

6. 操作电压

由于高压熔断器起到限流作用，短路电流在上升时就应该被限制并且减弱，这就要求一个高于系统电压的操作电压来迫使电流归零。该操作电压须在允许的范围内，不超过最大额定电压峰值的 2.2 倍。

7. 额定电流

额定电流指熔断器在长期工作制下，各部件温升不超过规定值时所能承载的电流。

8. 保护特性

保护特性是指熔断器的熔断时间与流过电流的关系曲线，也称熔断特性或安秒特性。

9. 极限分断能力

熔断器在规定的工作条件（电压和功率因数）下能分断的最大电流值。

10. 限流系数

实际分断电流 I_k 与预期短路电流 I_m（交流电路为预期短路电流峰值）之比称为限流系数 K_i，即 $K_i=I_k/I_m$。

9.2 熔断器的选择

学习目标

① 掌握熔断器类型和规格的选择。
② 能按负载选择熔断器。

9.2.1 正确选择熔断器

1. 熔断器类型的选择

应根据使用场合选择熔断器的类型。电网配电一般用刀型触点熔断器；电动机保护一般用螺旋式熔断器；照明电路一般用圆筒帽形熔断器；保护晶闸管元件则应选择半导体保护用快速式熔断器。

在 3～66kV 的电站和变电所常用的高压熔断器有两大类：一类是户内高压限流熔断器，额定电压等级分为 3kV、6kV、10kV、20kV、35kV、66kV，常用的型号有 RN1、RN3、RN5、XRNM1、XRNT1、XRNT2、XRNT3 型，主要用于保护电力线路、电力变压器和电力电容器等设备的过载和短路；RN2 和 RN4 型额定电流均为 0.5～10A，是保护电压互感器的专用熔断器。另一类是户外高压喷射式熔断器，此类熔断器在熔体熔断产生电弧时，弧感抗改变相位，正好电流过零时，才能开断电路，限流作用不明显。常用的为跌落式熔断器，型号有 RW3、RW4、RW7、RW9、RW10、RW11、RW12、RW13 和 PRW 系列等，其作用除与 RN1 型相同外，在一定条件下还可以分断和关合空载架空线路、空载变压器和小负荷电流。户外瓷套式限流熔断器 RW10—35/0.5～1—2000MVA 为保护 35kV 电压互感器专用的户外产品。

2. 熔断器规格的选择

（1）熔体额定电流的选择

① 对于变压器、电炉和照明等负载，熔体的额定电流应略大于或等于负载电流。

② 对于输、配电线路，熔体的额定电流应略大于或等于线路的安全电流。

③ 在电动机回路中用作短路保护时，应考虑电动机的启动条件，按电动机启动时间的长短来选择熔体的额定电流。

对启动时间不长的电动机，可按下式决定熔体的额定电流：

$$I_{N\text{熔体}}=I_{st}/(2.5\sim3) \tag{9-1}$$

式中 I_{st}——电动机的启动电流，单位为 A。

对启动时间较长或启动频繁的电动机，按下式决定熔体的额定电流：

$$I_{N\text{熔体}}=I_{st}/(1.6\sim2) \tag{9-2}$$

对于多台电动机供电的主干母线处的熔断器的额定电流可按下式计算：

$$I_N=(2.0\sim2.5)I_{memax}+\sum I_{me} \tag{9-3}$$

式中 I_N——熔断器的额定电流；

I_{me}——电动机的额定电流；

I_{memax}——多台电动机中容量最大的一台电动机的额定电流；

$\sum I_{me}$——其余电动机的额定电流之和。

电动机末端回路的保护，选用 aM 型熔断器，熔断体的额定电流 I_N 稍大于电动机的额定电流。

④ 电容补偿柜主回路的保护，如选用 gG 型熔断器，熔断体的额定电流 I_N 约等于线路计算电流的 1.8～2.5 倍；如选用 aM 型熔断器，熔断体的额定电流 I_N 约等于线路电流的 1～2.5 倍。

⑤ 线路上下级间的选择性保护，上级熔断器与下级熔断器的额定电流 I_N 的比等于或大于 1.6，就能满足防止发生越级动作而扩大故障停电范围的需要。

⑥ 保护半导体器件用的熔断器，熔断器与半导体器件串联，而熔断器熔体的额定电流用有效值表示，半导体器件的额定电流用正向平均电流表示，因此，应按下式计算熔体的额定电流：

$$I_{RN}\geqslant1.57I_{RN}\approx1.6I_{RN} \tag{9-4}$$

式中 I_{RN}——半导体器件的正向平均电流。

⑦ 降容使用，在 20℃环境温度下，我们推荐熔断体的实际工作电流不应超过额定电流值。选用熔断体时应考虑到环境及工作条件，如封闭程度、空气流动、连接电缆尺寸（长度及截面）、瞬时峰值等方面的变化。熔断体的电流承载能力试验是在 20℃环境温度下进行的，实际使用时受环境温度变化的影响。环境温度越高，熔断体的工作温度就越高，其寿命也就越短。相反，在较低的温度下运行将延长熔断体的寿命。

⑧ 在配电线路中，一般要求前一级熔体比后一级熔体的额定电流大 2～3 倍，以防止发生越级动作而扩大故障停电范围。

（2）按工作电压选择

① 一般条件

$$U_e\geqslant U_{we} \tag{9-5}$$

式中 U_e——熔断器额定电压；

U_{we}——安装处电网额定电压。

熔断器的额定电压（kV）应不小于熔断器安装处的电网额定电压（kV）。

② 以石英砂作为熔断器填充物的限流型熔断器只能按 $U_e=U_{we}$ 的条件选择，此类熔断器熔断产生的最大过电压限制在规定的2.5倍相电压之内，此值并未超过同一电压等级电器的绝缘水平。如果熔断器使用在工作电压低于其额定电压的电网中，过电压倍数可能增大为3.5～4倍。

（3）电流及保护特性选择

1）一般条件

$$I_e \geqslant I_{je} \geqslant I_{g \cdot zd} \tag{9-6}$$

式中 I_e——熔断器熔管的额定电流；

I_{je}——熔断器熔体的额定电流；

$I_{g \cdot zd}$——回路最大持续工作电流。

此条件为选择熔断器额定电流的总体要求，其中熔体额定电流的选择最为重要，它的选择与其熔断特性有关，应能满足保护的可靠性、选择性和灵敏度要求。

2）对于保护配电设备（即35kV及以下电力变压器）

$$I_{je}=KI_e \tag{9-7}$$

式中 I_e——变压器回路额定工作电流；

K——可靠系数，不考虑电机自启动时，取1.1～1.3；考虑电机自启动时，取1.5～2.0。

按此条件选择，可确保变压器在通过最大持续工作电流和励磁涌流、电动机自启动电流、保护范围以外短路产生的冲击电流时熔丝不熔断，而且能保证前后级保护动作的选择性以及本范围内短路能以最短时间切除故障。

3）对于保护电力电容器

$$I_{je}=KI_{c \cdot e} \tag{9-8}$$

式中 $I_{c \cdot e}$——电容器回路的额定电流；

K——可靠系数，对于喷射式熔断器，取1.35～1.5；对于限流型熔断器，当一台电容器时，系数取1.5～2.0；当一组电容器时，系数取1.3～1.8。

4）保护电力线路

按一般条件进行选择，即满足 $I_e \geqslant I_{je} \geqslant I_{g \cdot zd}$。

（4）按开断电流选择

1）一般条件

$$I_{ke} \geqslant I_{dt}(S_{ke} \geqslant S_{dt}) \tag{9-9}$$

式中 I_{ke}（或 S_{ke}）——熔断器的额定开断电流（或额定开断容量MVA）；

I_{dt}——短路全电流（安装地点）。

对于限流型熔断器取 $I_{dt} \geqslant I$（次暂态电流幅值）；对于非限流型熔断器取 $I_{dt} \geqslant I_{ch}$（稳态短路电流最大有效值）。

2）对于跌落式熔断器

跌落式熔断器的开断能力应分别按上、下限值来验算，在验算上限值时要应用系统的最大运行方式；验算下限值时，应用最小运行方式。

9.2.2 熔断器的选择举例

熔断器在工矿企业的生产过程和日常生活中主要用于保护低压电器设备，由于使用于不同的电气设备，其容量、大小的选择原则差别很大，所以在实践中，必须严格按照规程规定选择熔断器。否则，将失去其应有的保护作用。

1．应用于家用电器

通常，家庭用电没有独立设置的过载保护，仅设置熔断器代替之。用于家用电器过流或过负荷保护的熔断器的配置原则：按家用电器全部使用时总电流的 1.05～1.15 倍来配置。

2．应用于高、低压断路器合闸回路

根据熔断器的电流反时限特性曲线：通入电流越大、其熔断时间越短，通入很大电流（数值在反时限特性曲线以上）的瞬间即刻熔断；通入电流越小，其熔断时间越长，或者不会熔断。用于高、低压断路器电磁型合闸机构回路的熔断器，通常按断路器合闸电流的 1/3 来配置。

3．用于低压电动机的瞬时型短路保护

对于启动时间短或轻负荷启动（如启动时间小于 3s 或风扇电动机），熔断器大小按电动机额定电流的 4～5 倍来配置；对于启动时间为 4～8s 或重负荷启动（如水泵等）的电动机，由于其启动电流高达额定电流的 6 倍左右，故其配置的熔断器大小按电动机额定电流的 5～6 倍来配置；对于启动过程超过 8s 或频繁启动的电动机，熔断器大小按电动机额定电流的 5～7 倍来配置。

4．对于多台小容量电动机共用线路的短路保护

对于多台小容量电动机共用线路，熔断器大小按其中一台最大容量的电动机额定电流的 1.5～2.5 倍与余下的所有电动机额定电流之和来整定。

5．并联电容器组

熔体额定电流=(1.3～1.8)×电容器组额定电流。

6．电焊机

熔体额定电流=(1.5～2.5)×负荷电流。

7．电子整流元件

快速熔断体额定电流≥1.57×整流元件额定电流。

8．用高压熔断器保护电动机线路

电动机线路的保护是用后备式高压熔断器，其设计满足电动机保护的特殊需要。此熔断器的功能是保护电动机的开关，防止不能允许的大过载电流，否则会造成触点焊。此外，短

路时，必须在数毫秒内分断电路，以保护线路不受这种电流的动态影响。

选择熔断器保护电动机，不仅考虑电动机的额定电流，如电动机启动电流、每小时启动次数以及启动持续时间等指标都应考虑。另外，还建议用熔断器保护启动电流不大的电动机，熔断器的额定电流至少两倍于电动机的满载电流。

考虑电动机启动电流、启动时间和启动次数来选择高压熔断器的额定电流。

9. 用高压熔断器保护电压互感器

虽然高压熔断器不能在故障时有效保护电压互感器，但按 VDE0101 要求必须安装高压熔断器，当发生故障时应尽可能快地切断电压互感器的电源，以便限制故障的影响。建议高压熔断器采用尽可能小的额定电流，一般为 6.3A 的高压熔断器。

10. 用高压熔断器保护电容器

当电容器或电容器组接到电网时，就有高短路峰值电流流过，其大小和持续时间取决于电容器容量、电网的频率和电感量、操作闭合角。

为了考虑短路电流的冲击负荷，高压熔断器的额定电流至少应是电容器组额定电流的两倍。

9.3 熔断器的安装、操作与维护

学习目标

① 学会熔断器的安装。
② 学会熔断器操作的步骤。
③ 学会熔断器的维护、检修。
④ 学会熔断器常见故障的处理方法。

9.3.1 熔断器的安装

1. 熔断器的安装注意事项

① 熔断器的额定电压与电网电压相符，限流熔断器一般不宜降低电压使用，以避免熔体截断电流时，产生的过电压超过电网允许的 2.5 倍工作电压，熔体的额定电流应为负载长期工作电流的 1.25 倍。熔断器安装在三相封闭的柜体中，或单只装在绝缘浇注的筒内，或三相装在不封闭的柜体中。

② 安装熔断器时，应紧固所有的零部件，防止接触部分在正常运行时过热。

③ 对于三相均安装了熔体，即使一相熔体动作（熔断），其他两相的熔体均应更换，因为其他两相的熔体虽未损坏，但已接近动作点，已到了易损坏的程度。用于三相中性点直接接地或经阻抗中性点接地系统时，按最高线电压选择熔体，熔断器的额定电流应大于或等于熔体的额定电流。

④ 对摔落过的或受震动的熔断器在使用前应进行检验看其直流电阻、零部件是否完好；放置久的熔断器，出厂或出库时应再次检查熔断器的电阻值。

⑤ 熔断器装在靠近供电设备或带电导体附近时，应满足安全条例的规定。熔断器不能安装在有严重震动、灰尘、污染、潮湿的场所。

⑥ 在更换动作过的熔体时，应在动作 10min 后更换。如果在熔体动作后发现管内有烟雾泄出或有噪声现象时，不应更换熔体，须将熔体与电源隔离后才允许更换。

⑦ 根据熔断器的保护作用，其最大开断电流应不小于被保护电器电路的最大短路电流；最小熔化电流应不大于被保护电路的最小短路电流。

⑧ 熔断器应储存在干燥合适的场所。

⑨ 用于单相系统的熔断器，其额定电压按最高相电压的 115%选择。

用于三相中性点绝缘系统或谐振接地系统时，因系统可能发生所谓双接地故障（即一个故障点在电源侧而另一个故障点在负载侧，且不同相），此时，熔断器的额定电压应按最高线电压选择。

2．熔断器的安装

① 熔断器安装前，应检查熔断器的额定电压、额定电流及极限分断能力是否与要求的一致。

② 熔断器安装前，应核对所保护电气设备的容量与熔体容量是否相匹配；对后备保护、限流、自复、半导体器件保护等有专用功能的熔断器严禁替代。

③ 安装熔断器时，应保证熔体和触刀及触刀和刀座接触良好，以免熔体温度过高而误动作。同时还要注意不要使熔体受到机械损伤。

④ 熔断器安装位置及相互间的距离应便于更换熔体，应注意熔断器周围介质的温度与电动机周围介质的温度要尽可能一致，以免保护特性产生误差。

⑤ 有熔断指示器的熔断器，其指示器应装在便于观察的一侧。

⑥ 瓷质熔断器在金属底板上安装时，其底座应垫软绝缘衬垫。

⑦ 安装具有几种规格的熔断器，应在底座旁标明规格。同时，安装必须可靠，以免有一相接触不良，出现相当于一相断路的情况，致使电动机断相运行而烧毁。

⑧ 有触及带电部分危险的熔断器，应配齐绝缘抓手；带有接线标志的熔断器，电源线应按标志进行接线。

⑨ 螺旋式熔断器的安装，底座严禁松动，电源接在熔芯引出的端子上。

3．跌落式熔断器的安装

① 安装跌落式熔断器时，应将熔体拉紧（使熔体受到 24.5N 左右的拉力），否则容易引起触点发热。

② 跌落式熔断器安装在横担（构架）上应牢固可靠，不能有任何的晃动现象。

③ 熔管应有向下 25°±2°的倾角，以利于熔体熔断时熔管能依靠自身重量迅速跌落。

④ 跌落式熔断器应安装在离地面垂直距离不小于 4m 的横担（构架）上，若安装在配电变压器上方，应与配变的最外轮廓边界保持 0.5m 以上的水平距离，以防熔管掉落引发其他事故。

⑤ 熔管的长度应调整适中，要求合闸后鸭嘴舌头能扣住触点长度的 2/3 以上，以免在运

行中发生自行跌落的误动作，熔管也不可顶死鸭嘴，以防止熔体熔断后熔管不能及时跌落。

⑥ 所使用的熔体必须是正规厂家的标准产品，并具有一定的机械强度，一般要求熔体最少能承受 147N 以上的拉力。

⑦ 10kV 跌落式熔断器安装在户外，要求相间距离大于 70cm。

9.3.2 熔断器的操作与日常维护

1. 熔断器的维护

(1) 运行维护管理中的注意事项

为使熔断器能更可靠、安全地运行，除按规程要求严格地选择正规厂家生产的合格产品及配件（包括熔体等）外，在运行维护管理中应特别注意以下事项。

① 熔断器额定电流与熔体及负荷电流值是否匹配合适，若配合不当必须进行调整。

② 熔断器的每次操作须仔细认真，不可粗心大意，特别是合闸操作，必须使动、静触点接触良好。

③ 熔管内必须使用标准熔体，禁止用铜丝、铝丝代替熔体，更不准用铜丝、铝丝及铁丝将触点绑扎住使用。

④ 对新安装或更换的熔断器，要严格验收工序，必须满足规程质量要求。

⑤ 熔体熔断后应更换新的同规格熔体，不可将熔断后的熔体连接起来再装入熔管继续使用。

⑥ 应定期对熔断器进行巡视，每月不少于一次夜间巡视，查看有无放电火花和接触不良现象。有放电，会伴有嘶嘶的响声，要尽早安排处理。

(2) 停电检修时的检查内容

在停电检修时，应对熔断器做如下内容的检查。

① 动、静触点接触是否吻合、紧密完好，是否有烧伤痕迹。

② 熔断器转动部位是否灵活，是否有锈蚀、转动不灵等异常，如零部件是否损坏、弹簧是否锈蚀。

③ 熔体本身是否受到损伤，经长期通电后有无发热伸长过多而变得松弛无力。

④ 熔管经多次动作，管内产生气体，消弧管是否烧伤及日晒雨淋、是否损伤变形、长度是否缩短。

⑤ 清扫绝缘子并检查有无损伤、裂纹或放电痕迹，拆开上、下引线后，用 2500V 摇表测试绝缘电阻应大于 300MΩ。

⑥ 检查熔断器上下连接引线有无松动、放电、过热现象。

2. 熔断器操作的步骤

① 接受操作任务，正确填写操作票。

② 操作申请经批准后，组织相关人员勘察作业现场，研究安全措施、技术措施、危险点分析及预控措施。

③ 现场核对设备名称、编号和位置，并装设安全遮拦，悬挂“止步，高压危险！”的标示牌。

④ 监护人应对临近带电部位、现场危险点及控制措施进行交代。

⑤ 登杆前检查的主要内容有：检查杆根、拉线、杆塔埋深是否符合要求；线杆外观表面是否光洁平整、壁厚均匀、无偏心、露筋、跑浆、蜂窝等现象；杆身不得有纵向裂缝，横向裂缝宽度不超过 0.1mm，长度不超过 1/3 周长，且 1m 内横向裂纹不得超过 3 处；杆身弯曲度不超过 1/500；检查高压熔断器的实际位置、高压熔断器瓷柱裂纹情况。

⑥ 要佩戴合格的劳保用品进行操作。必须使用试验合格的脚扣、安全带、绝缘手套、绝缘靴、护目眼镜，使用电压等级相匹配的合格绝缘棒操作，在雷电或大雨的气候下禁止操作。

⑦ 操作结束，完成操作票终结手续。

3. 熔断器操作的注意事项

（1）配变停送电操作时的原则

停送电时，均应先拉开负荷侧的低压开关，再拉合电源侧的高压跌落式熔断器。这样做的好处是：在多电源的情况下，按上述顺序停电，可以防止变压器反送电。

从电源侧逐级进行送电操作，可以减少冲击启动电流（负荷），减少电压波动，保证设备安全运行。如遇有故障，可立即跳闸或停止操作，便于按送电范围检查、判断和处理。

停电时先停负荷侧，从低压到高压的逐级停电操作顺序，可以避免开关切断较大的电流量，减少操作过电压的幅值、次数。操作中尽量避免带负荷拉合跌落式熔断器，如果发生操作中带负荷错合熔断器，即使合错，甚至发生电弧，也不准将熔断器再拉开。如果发生带负荷错拉熔断器，在动触点刚离开固定触点时，便发生电弧，这时应立即合上，可以消灭电弧，避免事故扩大。但如熔断器已全部拉开，则不许将误拉的熔断器再合上。

（2）拉合熔断器的操作顺序

停电操作时，应先拉中间相，后拉两边相。送电时则先合两边相，后合中间相。停电时先拉中相的原因主要是考虑到中相切断时的电流要小于边相（电路一部分负荷转由两相承担），因而电弧小，对两边相无危险。操作第二相（边相）跌落式熔断器时，电流较大，而此时中相已拉开，另两个跌落式熔断器相距较远，可防止电弧拉长造成相间短路。

遇到三级以上的风时，要按先拉中间相，再拉背风相，最后拉迎风相的顺序进行停电。送电时则先合迎风相，再合背风相，最后合中间相，这样可以防止风吹电弧造成短路。送电操作与上相反。

（3）操作时，动作规范，力度合适

工作人员在对跌落式熔断器分、合操作时，千万不要用力过猛，发生冲击，以免损坏跌落式熔断器，且分、合跌落式熔断器必须到位。合跌落式熔断器的过程用力是慢（开始）→快（当动触点临近静触点时）→慢（当动触点临近合闸终了时）。拉跌落式熔断器的过程用力是慢（开始）→快（当动触点临近静触点时）→慢（动触点临近拉闸终了时）。快是为了防止电弧造成电气短路和灼伤触点，慢是为了防止操作冲击力，造成跌落式熔断器机械损伤。

（4）操作时发现疑问或发生异常故障

此时应停止操作，待问题查清后，方可继续进行操作。停止操作的目的是不允许在有疑问的情况下盲目进行操作。故障比较明显，一般均应停止操作。例如，设备异常；变压器出现严重故障的征兆（声音异常、喷油等）；设备异常响声、光亮（火花）；指示仪表或继电器异常指示；闻到异常气味等。遇到这些情况时，均应停止对熔断器进行操作，查找原因。

9.3.3 熔断器的常见故障

1. 熔断器熔体过早熔断

① 熔体容量选得太小。特别是在电动机启动过程中发生过早熔断，使电动机不能正常启动。

② 熔体变色或变形，说明该熔体已过热。熔体的形状直接影响熔体的熔断特性，人为改变熔体形状会使熔体过早熔断。

2. 熔断器熔体不能熔断

熔体容量选得过大，特别是在更换熔体时，增大了熔体的电流等级或用其他金属丝（如铜丝）代替。当线路发生短路时，熔体不能熔断，即不能对线路或电动机起保护作用。严重时，甚至烧坏线路或电动机。

3. 维修中的注意事项

① 应根据各种电器设备用电情况（电压等级、电流等级、负载变化情况等）正确选择熔体（丝）。在更换熔体时，应按规定换上相同型号、材料、尺寸、电流等级的熔体。

② 安装和维修中，特别是更换熔体时，装在熔管内熔体的额定电流不准大于熔断管的额定电流。

③ 熔丝两端的固定螺钉应完好、无滑扣现象，以保证固定熔体时，接触良好、配合牢固。否则会造成接触处温度升高，烧坏熔体。安装熔体（丝）时，应按顺时针方向弯曲熔体（丝），这样紧固螺钉时熔体（丝）不会被挤出来。安装熔体（丝）时，不要划伤、碰伤熔体（丝），更不要随意改变熔体（丝）的外形尺寸。

④ 更换熔体时，必须切断电流，不允许带电（特别是带负荷）拔出熔体，以防止发生人身事故。

⑤ 安装熔断器时，先放好弹簧垫或钢纸垫后，再紧固螺钉。不要用力过猛，否则会损坏陶瓷底座。

⑥ 不能随便改变熔断器的工作方式。在熔体熔断后，应根据熔断管端头上所标明的规格，换上相应的新熔断管。不能用一根熔体（丝）搭在熔管的两端，装入熔断器内继续使用。

⑦ 作为电动机保护的熔断器，应按要求选择熔体，而熔断器只能作为电动机主回路的短路保护使用，不能作为过载保护使用。

⑧ 在安装 RL1 型螺旋熔断器时，应将连接底座触点的接线端安装于上方，并与电源线连接。将连接瓷帽、螺纹壳的接线端安装于下方（下线），并与用电设备导线连接。这样，就能在更换熔体（丝）旋出瓷帽后，螺纹壳上不会带电，确保人身安全。

⑨ 在维修短路保护线时，应注意以下几点。

- 对变压器中性点接地的三相三线制或三相四线制供电线路，电动机主回路必须采用短路保护。

- 对不同性质的负载（如主回路、控制回路、照明回路、指示回路等）应分别保护。小容量电动机的控制回路可使用主电路的熔断器作为短路保护。
- 对容量较小且容量相差不大的两台或三台电动机，可采用一组共用的熔断器作为短路保护，而对容量较大且容量相差较大的几台电动机的分支电路，应分别进行短路保护。

末端支路共用一组熔断器进行短路保护时，应符合：末端支路馈电线路的最大额定电流应不大于100A；每台电动机要有单独的过载保护装置；在有分支电路中，熔体的熔断动作应有选择性，前一级的熔体的额定电流必须大于分支电路的熔体额定电流。

1．熔断器的作用是什么？如何分类？
2．熔断器有哪些部分组成的？
3．说明下例熔断器的含义：RN1 型、RW3 型、RW3-10 型。
4．熔断器的主要参数包括哪些？
5．从哪些方面选择熔断器？如何选择？
6．如何选择应用于家用电器的熔断器？
7．如何选择应用于高低压断路器合闸回路的熔断器？
8．如何选择用于低压电动机瞬时短路保护的熔断器？
9．如何选择多台小容量电动机共用线路短路保护的熔断器？
10．熔断器的安装应注意哪些事项？
11．如何安装熔断器？
12．跌落式熔断器如何安装？
13．熔断器的运行维护应注意哪些事项？
14．在停电检修时，应对熔断器做哪些检查？
15．说明熔断器的操作步骤。
16．熔断器的常见故障有哪些？如何检修？

第10章 开关柜

10.1 认识开关柜

学习目标

① 掌握开关柜的组成。
② 学会开关柜的分类方法。
③ 看懂开关柜的型号含义。
④ 掌握各系列开关柜的结构特点和用途。

10.1.1 开关柜的组成及分类

1. 开关柜的组成

（1）柜内常用的一次元器件（即主回路设备）
① 电流互感器简称CT，如LZZBJ9—10。
② 电压互感器简称PT，如JDZJ—10。
③ 接地开关，如JN15—12。
④ 避雷器（阻容吸收器），如HY5WS单相型；TBP、JBP组合型。
⑤ 隔离开关，如GN19—12、GN30—12、GN25—12。
⑥ 高压断路器，如少油型（S）、真空型（Z）、SF_6型（L）。
⑦ 高压接触器，如JCZ3—10D/400A型。
⑧ 高压熔断器，如RN2—12、XRNP—12、RN1—12。
⑨ 变压器，如SC（L）系列干变、S系列油变。
⑩ 高压带电显示器，如DXN—Q型、DXN—T型。
⑪ 绝缘件，如穿墙套管、触点盒、绝缘子、绝缘热缩（冷缩）护套。
⑫ 主母线和分支母线。

⑬ 高压电抗器，如串联型（CKSC）、启动电机型（QKSG）。

⑭ 负荷开关，如 FN26—12（L）、FN16—12（Z）。

⑮ 高压单相并联电容器，如 BFF12—30—1。

（2）柜内常用的二次元器件（即二次设备或辅助设备）

它是指对一次设备进行监察、控制、测量、调整和保护的低压设备，常见的有继电器、电能表、电流表、电压表、功率表、功率因数表、频率表、熔断器、空气开关、转换开关、信号灯、电阻、按钮、微机综合保护装置等。

2．开关柜的分类

（1）按产品名称分类

1）铠装式交流金属封闭开关设备

铠装式交流金属封闭开关设备是将某些组成部件分别装在接地的、用金属隔板隔开的隔室中。

2）间隔式交流金属封闭开关设备

间隔式交流金属封闭开关设备与铠装式交流金属封闭开关设备一样，将某些元件也分设在单独隔室内，但具有一个或多个非金属隔板。

3）箱式交流金属封闭开关设备

除铠装式交流金属封闭开关设备、间隔式交流金属封闭开关设备以外的金属封闭开关设备。

（2）按结构特征分类

1）固定式开关柜

SF_6 负荷开关、真空负荷开关、压气负荷开关等均采用固定安装方式，能满足各元器件可靠地固定于柜体中确定的位置。固定式柜体的内部是完全安装死的，更换元器件等要用专用工具，并对相连的部件进行拆卸。固定式柜体的外形一般为立方体，如屏式、箱式等；也有棱台体，如台式等。

固定式开关柜的特点：运行可靠，维修不方便。

2）抽出式开关柜

断路器手车、PT 手车、计量手车、隔离手车等均采用抽出式安装方式。把开关等主要元器件装在柜体的可移动装置部件。抽出式开关柜满足机械和电器以及安全要求，可移动部分移换时要轻便，移入后定位要可靠，高压要满足五防连锁的相关要求，并且相同类型和规格的抽屉能准确互换。由于互换的要求，抽出式柜体的精度必须提高，结构的相关部分要有足够的调整量，要有较高的机械强度和较高的精度。

抽出式开关柜的特点：检修方便，梅花触点容易发生故障。

（3）按使用场所分类

1）户内型开关柜

2）户外型开关柜

（4）按柜体加工方法形式分类

1）焊接式开关柜

采用传统的焊接工艺，把相互关联的零部件采用焊接的方式连接牢固。它的优点是加工方便、坚固可靠；缺点是误差大、易变形、难调整、欠美观，且后期的修整不方便，镀涂较大柜体时比较困难，对焊接工艺以及柜体加工人员的基本技能要求高。

2）紧固件拼装连接式开关柜

它的优点是适于工件常规加工、预镀，易变化调节，易美化处理，零部件可标准化设计，并可预生产库存，构架外形尺寸误差小，占地小。缺点是不如焊接式开关柜坚固，要求零部件的精度高，加工成本相对上升。

3）焊接和紧固混合连接式开关柜

它可以集中焊接式开关柜和紧固件拼装连接式开关柜的优点，一般在柜体的连接处采用电焊，可变或可调部分则以紧固件连接。

10.1.2 开关柜的型号含义

1. 箱型固定式环网开关柜产品型号及含义（见图10-1）

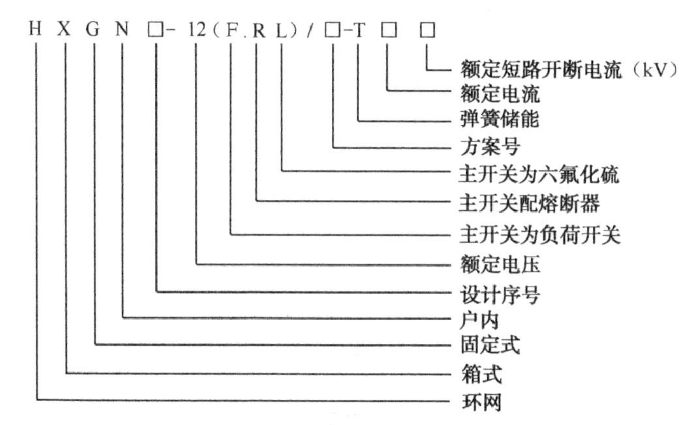

图10-1 箱型固定式环网开关柜产品型号及含义

2. 箱型固定式金属封闭开关柜产品型号及含义（见图10-2）

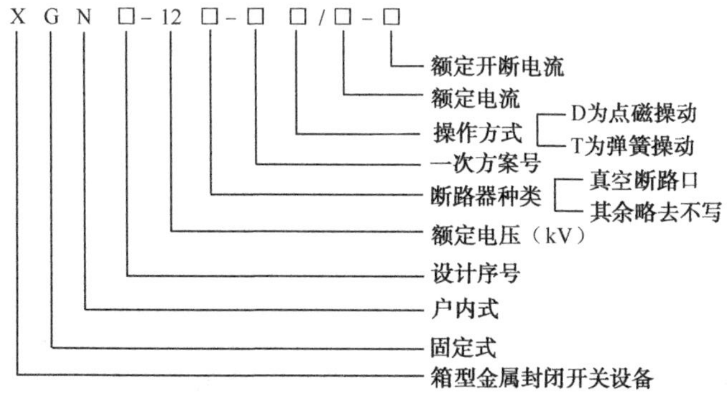

图10-2 箱型固定式金属封闭开关柜产品型号及含义

3. 铠装移开式交流金属封闭开关柜产品型号及含义（见图 10-3）

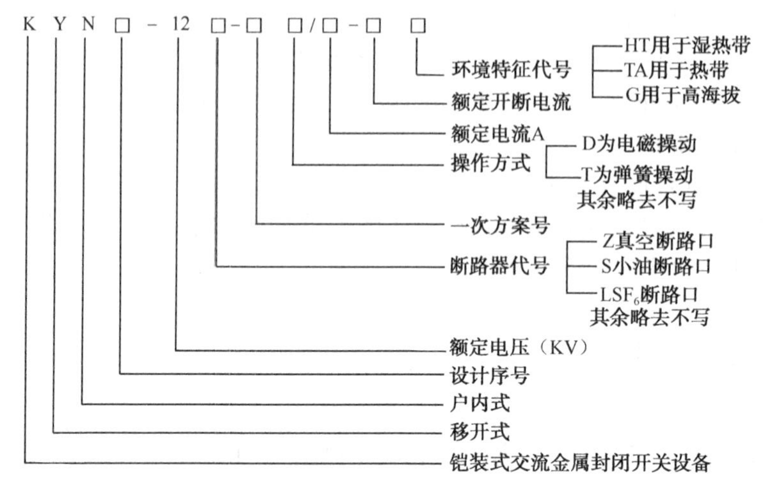

图 10-3 铠装移开式交流金属封闭开关柜产品型号及含义

4. 户内金属铠装抽出式开关设备（见图 10-4）

G——高压铠装开关设备
Z——中置式组装型
S——森源电气系统
1——设计系列序号
□——一次电路方案编号
□——环境特征代号：用于湿热带为TH、用于干热带为TA、用于高海拔为G

图 10-4 户内金属铠装抽出式开关设备

5. 低压抽出式开关柜产品型号及含义（见图 10-5）

6. GGD 交流低压配电柜产品型号及含义（见图 10-6）

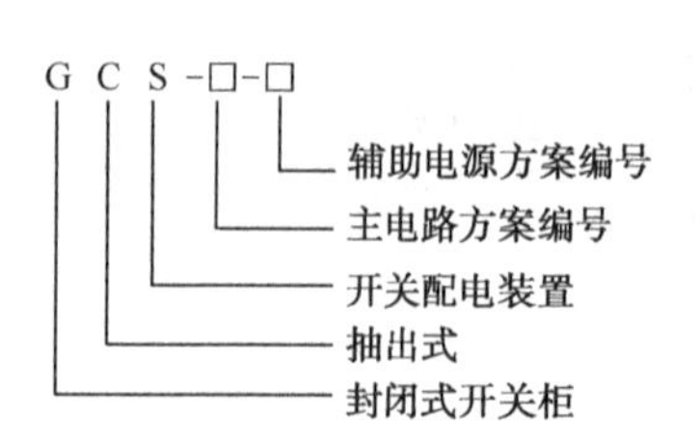

图 10-5 低压抽出式开关柜产品型号及含义

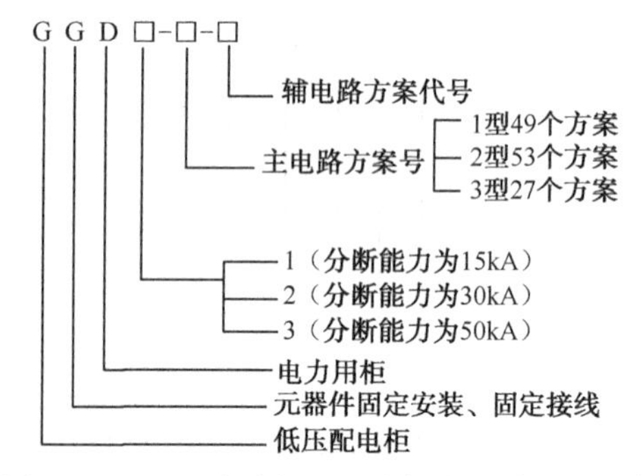

图 10-6 GGD 交流低压配电柜产品型号及含义

10.1.3 开关柜的结构特点

1. GGD系列开关柜

GGD系列开关柜的外形如图10-7所示。GGD系列开关柜的内部如图10-8所示。

图10-7 GGD系列开关柜的外形

图10-8 GGD系列开关柜的内部

（1）用途

GGD型交流低压配电柜适用于变电站、发电厂、厂矿企业等电力用户（交流50Hz），额定工作电压为380V，额定工作电流为1000～3150A的配电系统，作为动力、照明及发配电设备的电能转换、分配与控制之用。

GGD型交流低压配电柜是根据广大电力用户及设计部门的要求，按照安全、经济、合理、可靠的原则设计的新型低压配电柜。产品具有分断能力高，动热稳定性好，电气方案灵活，组合方便，系列性，实用性强，结构新颖，防护等级高等特点，可作为低压成套开关设备的更新换代产品使用。

（2）结构特点

GGD型交流低压配电柜的柜体采用通用柜形式，构架用8MF冷弯型钢局部焊接组装而成，并有20模的安装孔，通用系数高。

GGD柜充分考虑散热问题。在柜体上下两端均有不同数量的散热槽孔，当柜内元器件发热后，热量上升，通过上端槽孔排出，而冷风不断地由下端槽孔补充进柜，使密封的柜体自下而上形成一个自然通风道，达到散热的目的。

GGD柜按照现代化工业产品造型设计的要求，采用黄金分割比的方法设计柜体外形和各部分的分割尺寸，使整柜美观大方，面目一新。柜体的顶盖在必要时可拆除，便于现场主母线的装配和调整，柜顶的四角装有吊环，用于起吊和装运。柜体的防护等级为IP30，用户也可根据环境的要求在IP20～IP40之间选择。

2. GCK系列开关柜

GCK系列开关柜如图10-9所示。GCK开关柜的内部如图10-10所示。

图 10-9 GCK 开关柜的外形

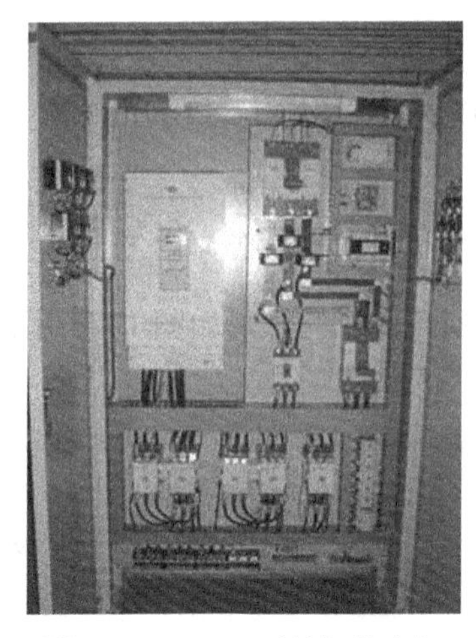

图 10-10 GCK 开关柜的内部

（1）用途

GCK 开关柜由动力配电中心（PC）柜和电动机控制中心（MCC）两部分组成。该装置适用于交流 50（60）Hz，额定工作电压不大于 660V，额定电流为 4000A 及以下的控配电系统。GCK 开关柜作为动力配电，如电动机控制及照明等配电设备。

GCK 开关柜符合企业的生产标准，且具有分断能力高、动热稳定性好、结构先进合理、电气方案灵活、系列性、通用性强、各种方案单元任意组合的优点。另外，它还具有所容纳的回路数较多、节省占地面积、防护等级高、安全可靠、维修方便等优点。

（2）结构特点

整柜采用拼装式组合结构，模数孔安装，零部件通用性强，适用性好，标准化程度高。柜体上部为母线室，前部为电器室，后部为电缆进出线室，各室间有钢板或绝缘板作为隔离，以保证安全。

MCC 柜抽屉小室的门与断路器或隔离开关的操作手柄设有机械连锁，只有手柄在分断位置时门才能开启。受电开关、联络开关及 MCC 柜的抽屉具有三个位置：接通位置、试验位置、断开位置。开关柜的顶部根据受电需要可装母线桥。

3. GCS 系列开关柜

GCS 系列开关柜的外形如图 10-11 所示。

图 10-11 GCS 型开关柜的外形

（1）用途

GCS 系列开关柜使用于三相交流频率为 50Hz，额定工作电压为 400V（690V），额定电流为 4000A 及以下的发、供电系统中，作为动力、配电和电动机集中控制及电容补偿之用。它被广泛应用于发电厂、石油、化工、冶金、纺织、高层建筑等场所，也可用在大型发电厂、石化系统等自动化程度高、要求与计算机接口的场所。

（2）结构特点

GCS 系列开关柜的框架采用 8MF 型开口型钢，主构架上安装模数为 20mm（100mm）的 ϕ9.2mm 的安装孔，使得框架组装灵活方便。

开关柜的各功能室相互隔离，其隔室分为功能单元室、母线室和电缆室，各室的作用相对独立。水平母线采用柜后平置式排列方式，以增强母线抗电动力的能力，使主电路具备高短路强度能力。电缆隔室的设计使电缆上、下进出均十分方便。抽屉高度的模数为 160mm。抽屉仅在高度尺寸上变化，其宽度、深度尺寸不变。相同功能单元的抽屉具有良好的互换性。单元回路额定电流为 400A 及以下。

抽屉面板具有分、合、试验、抽出等位置的明显标志，抽屉单元设有机械连锁装置。以抽屉单元为主体，同时具有抽出式和固定性，可以混合组合，任意使用。柜体的防护等级为 IP30（IP40），还可以按用户需要选用。

4．MNS 系列开关柜

MNS 系列开关柜的外形如图 10-12 所示。

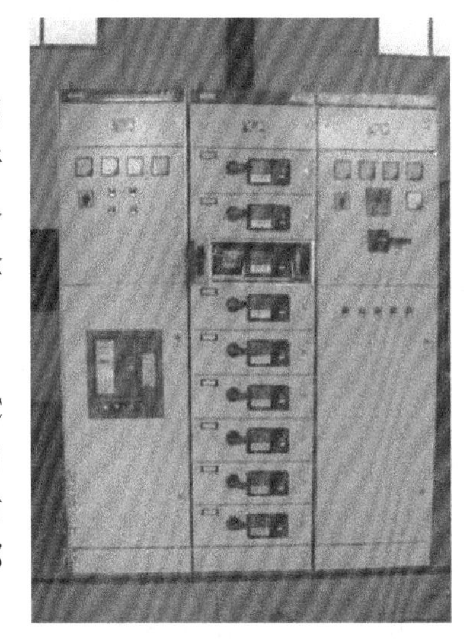
图 10-12　MNS 系列开关柜的外形

（1）用途

MNS 系列开关柜是为适应电力工业发展的需求，参考国外 MNS 系列低压开关柜设计，并加以改进开发的高级低压开关柜，该产品符合国家标准的规定。MNS 系列开关柜适应各种供电、配电的需要，能广泛用于发电厂、变电站、工矿企业、大楼宾馆、市政建设等各种低压配电系统。

（2）结构特点

MNS 系列开关柜的框架为组合式结构，基本骨架由 C 型钢材组装而成。柜架的全部结构件经过镀锌处理，通过自攻锁紧螺钉或 8.8 级六角螺栓坚固连接成基本柜架，加上对应于方案变化的门、隔板、安装支架以及母线功能单元等部件组装成完整的开关柜。开关柜的内部尺寸、零部件尺寸、隔室尺寸均按照模数化（E=25mm）变化。

MNS 系列开关柜的每一个柜体分隔为三个室，即水平母线室（在柜后部）、抽屉小室　（在柜前部）、电缆室（在柜下部或柜前右边）。室与室之间用钢板或高强度阻燃塑料功能板相互隔开，上下层抽屉之间有带通风孔的金属板隔离，以有效防止开关元件因故障引起的飞弧或母线与其他线路短路造成的事故。

MNS 系列开关柜的结构设计可满足各种进出线的方案要求：上进上出，上进下出，下进上出，下进下出。设计紧凑，以较小的空间容纳较多的功能单元。结构件通用性强，组装灵活，以 25mm 为模数，结构及抽出式单元可以任意组合，以满足系统设计的需要。母线用高强度阻燃型、高绝缘强度的塑料功能板保护，具有抗故障电弧性能，使运行维修安全可靠。各种大小抽屉的机械连锁机构符合标准规定，有连接、试验、分离三个明显的位置，安全可靠。采用标准模块设计：分别可组成保护、操作、转换、控制、调节、测定、指示等标准单元，可以根据要求任意组装。采用高强度阻燃型工程塑料，有效加强了防护安全性能。通用化、标准化程度高，装配方便，具有可靠的质量保证。柜体可按工作环境的不同要求选用相应的防护等级。设备保护连续性和可靠性较高。

5．MCS 系列开关柜

MCS 系列开关柜的外形如图 10-13 所示。

图 10-13　MCS 系列开关柜的外形

（1）用途

MCS 系列开关柜是一种智能型低压抽出式开关柜，它是融合了其他低压产品的优点而开发的高级型产品，适用于电厂、石油化工、冶金、电信、轻工、纺织、高层建筑、其他民用和工矿企业的三相交流 50Hz 或 60Hz，额定电压为 380V，额定电流为 4000A 及以下的三相四（五）线制电力配电系统。在大型发电厂、石化、电信系统等自动化程度高，要求与计算机接口的场所，它可作为发、供电系统配电使用，实现电动机的集中控制和系统的无功功率补偿。

（2）结构特点

MCS 系列开关柜的基本框架采用 C 型（或 8MF 型）开口型钢组装而成，外形统一，精度高，抽屉互换性好。MCC 柜宽度只有 600mm，使用空间大，可容纳更多的功能单元，节约建设用地。柜内元件可根据用户不同需求，配置各种型号的开关，更好的保证产品的可靠性。装置可预留自动化接口，也可把智能模块安装在开关柜上，实现遥信、遥测、遥控等功能。

抽屉功能单元可分为 MCCⅠ、MCCⅡ、MCCⅢ三种。

MCCⅠ型：抽屉宽 600mm，高度分 180mm、360mm、540mm 三种，每柜可安装高度为 1800mm，按所需抽屉大小进行组合，最多可装 10 个单元，适用于较大电流的电动机控制中心和馈电回路。

MCCⅡ型：抽屉宽 600/2mm，高度为 200mm，可安装高度为 1800mm，按所需抽屉大小进行组合，最多可装 18 个单元，适用于 100A 以下的单元。

MCCⅢ型：抽屉宽 600/2mm，高度分 180mm、360mm、540mm 三种，可安装高度为 1800mm，

按所需抽屉大小进行组合，最多可装20个回路，适用于100A以下的单元。

操作机构：每个抽屉上均装有一专门设计的操作机构，用于分断和闭合开关，并具备机械连锁等多种防误操作功能，MCCⅠ型抽屉有一套“断开”、“试验”、“工作”、“移出”四个位置的定位装置，抽屉为摇进结构，MCCⅡ型、MCCⅢ型抽屉单元为推拉式，设置有定位装置，并有防误操作功能。

10.2 开关柜的选择

学习目标

① 学会开关柜的选择，能按要求选择开关柜。

② 掌握高压开关柜设备主要技术条件。

③ 掌握开关柜总体要求。

④ 掌握各种型号开关柜优缺点。

10.2.1 正确选择开关柜

1. 选择要点

（1）明确项目定位

高压开关柜是成套的组合产品，目前国内虽有数百家生产厂商，但其核心部件仍采用进口的产品为主，如果遇到技术问题，设备维护和更换都比较麻烦。因此，在预算充裕的情况下，应尽量选择知名的品牌，由于其备货充足，遇到问题时的解决效率比较高。

（2）检验资质

选购前要向生产厂家索取开关柜出厂试验大纲（或要求），一般正规生产厂家都会有的，应该搞清楚主要元器件是否按图纸要求配置并选择了指定品牌，如西门子、施奈德等。

（3）柜体材料

高压开关柜体积较大，因此，柜体材料对价格影响很大，一般情况下，部件支架等都采用进口敷铝锌板，而门板则采用300系列优质钢板。

（4）整组柜排列

柜体排列次序及操作面位置是制造厂考虑制作柜内隔板、终端护板、母线分段支架等的施工依据，平面布置图要与现场进出线实际位置吻合，尤其是要正确表示出柜体操作面方向，才能使高压柜到达现场后能顺利进行安装。往往一开始不予重视，设备到达现场后，发觉与现场要求不符合，最后导致返工。

（5）进出线方式

开关柜上常规进出线基本有以下两种连接方式。

① 进出线电缆在电缆室的连接。

② 进出线由柜顶穿墙套管引出，并与母线桥架相连母线桥架再经穿墙套管与架空线连接。

也有少数用户，电缆、电缆架由柜顶引入，柜内连接，柜顶连接，另设安全网架。用户订货时提供了一次系统图和标准方案，但进出线方式不可能完全表达十分清楚，用户应该按现场实际安装要求在技术协议中加以说明，以免到现场安装时发生困难。

（6）母线出线大小

主母线材料和规格应在一次系统图上表明，但有些用户一次系统图缺少主母线规格，或以宽代窄。母线的选择应满足在长期额定工作电流时，其温升在允许的范围内；同时，当系统发生短路故障时，母线能经受动热稳定考验。该项计算工作，应由设计单位设计一次系统图时一并进行。主母线一次插头均用梅花触点。

（7）断路器开断容量正确选择

一次系统图上所选用的断路器，要表明断路器型号、额定工作电压、额定工作电流外，还必须选定断路器开断容量。有用户图纸，断路器开断容量不选定，给制造厂进行工程设计时带来困难，开断容量选择要依据系统短路参数来选定，若制造厂不了解系统短路参数是很难正确选择的。还有些用户图纸，不考虑系统短路参数情况，盲目选择高开断参数，造成不必要的资金浪费。正确选择开断容量是很重要的，既要保证安全运行，又要考虑到降低产品成本。

2. 高压开关柜的选择

为保证高压开关柜中高压元器件在正常运行、检修、短路和过电压情况下的安全，高压开关柜应按下列条件选择。

（1）按环境条件选择

按温度、湿度、海拔、地震强度等进行选择。

（2）按正常工作条件选择

按电压、电流、频率、机械荷载等进行选择。

（3）按短路条件选择

按短时耐受电流、峰值耐受电流、额定短路关合和开断电流等进行选择。

（4）按承受过电压能力选择

按绝缘水平等进行选择。

（5）按各类高压电器的不同特点

按开关的操作性能、熔断器的保护特性配合、互感器的负载及准确等级等进行选择。

（6）金属封闭开关柜类型的选择

根据具体工程使用条件选择金属封闭开关柜的类型，如铠装式金属封闭开关柜、间隔式金属封闭开关柜和箱式金属封闭开关柜。

（7）金属封闭开关柜断路器的选择

根据具体工程使用条件选择金属封闭开关柜中断路器类型，如真空断路器、SF_6断路器等。

（8）一次线路方案的选择

根据具体工程主接线选择金属封闭开关柜的一次线路方案。

（9）继电保护和二次线路接线方式的选择

根据具体工程接线方案选择金属封闭开关柜的继电保护和二次线路接线方式。

3．高压开关柜设备主要技术条件

（1）环境条件

主要包括海拔高度；环境温度；最大日温差；相对湿度；抗震能力，包括水平加速度、垂直加速度、安全系数；安装地点等。

（2）运行条件

主要包括额定运行电压；最高运行电压；额定电流；雷电冲击电压；额定频率；工频耐压；短时耐受电流；额定动稳定电流；中性点接地方式等。

4．高压开关柜柜内主要元器件的技术要求

（1）断路器

断路器的技术要求包括断路器类型、额定电压、运行电压、额定频率、额定电流、真空度、额定开断电流（有效值）、额定关合电流（峰值）、额定稳定电流（有效值）、短时耐受电流（有效值）、工频耐压、雷电冲击电压、最大允许载流、合闸时间、固有分闸时间、燃弧时间、开断时间、电气寿命、机械寿命、插头机械寿命、触点磨损寿命、运行寿命、操作顺序、备用辅助触点、最小截流值、弹跳时间等。

（2）操作机构

操作机构的技术要求包括：操作机构的类型、操作电动机电源、操作电源电压变动范围、辅助触点数量、同等规格操作机构各辅助开关的接线要满足手车的互换性。

（3）保护继电器

保护继电器的技术要求包括：继电器的类型、额定工作电压、额定工作电流、额定工作频率、辅助电压、对通信接口的要求。

（4）电流互感器

电流互感器的技术要求包括：电流互感器类型、额定变比、额定短时电流、额定峰值电流、准确等级、工频耐压、冲击耐压、每相二次线圈数量、局部放电等。

（5）电压互感器

电压互感器的技术要求包括：电压互感器类型、额定电压、冲击耐压、工频耐压、额定电流、最高运行电压、额定变比、绝缘等级、接线组别、负载及准确等级、最大热负载、局部放电等。

（6）接地开关

接地开关的技术要求包括：动稳定电流、热稳定电流、在最大关合电流时的允许合闸次数、机械寿命、操作机构类型、手动操作应有连锁。

（7）避雷器

避雷器的技术要求包括：避雷器类型、额定电压、最小直流参考电压、5kA 时最大放电电压、工频电压、冲击电压、瓷套绝缘水平、外绝缘材质、爬距等。

5．开关柜总体要求

① 开关柜连锁要求，主要指配备必要的机械和电气连锁装置。

② 开关柜的进出线形式。

③ 开关柜内所有二次绝缘组件（如端子、辅助开关、插件等）的要求。

④ 对测量、显示仪表的要求。
⑤ 进线电压互感器、计量用电压、电流互感器的安装形式的要求。
⑥ 带电显示器、接地开关的形式及安装位置的要求。

6. 各种型号开关柜的区别

GCS 系列、GCK 系列、MNS 系列、GGD 系列开关柜的区别如下。
① GGD 系列开关柜是固定柜，GCK 系列、GCS 系列、MNS 系列开关柜是抽屉柜。
② GCK 系列开关柜和 GCS 系列、MNS 系列开关柜的抽屉推进机构不同。
③ GCS 系列开关柜只能做单面操作柜，柜深 800mm。
④ MNS 系列开关柜可以做双面操作柜，柜深 1000mm。

10.2.2 各种型号开关柜的优缺点

抽出式开关柜较省地方、维护方便、出线回路多、但造价贵；而固定式开关柜的相对出线回路少，占地较多。如果客户提供的地点太少，做不了固定式开关柜的要改为做成抽出式开关柜。

1. GGD 系列开关柜

该开关柜具有机构合理，安装维护方便，防护性能好，分断能力高等优点，同时它的容量大，分段能力强，动稳定性强，电器方案适用性广，可作为换代产品使用。

缺点：回路少，单元之间不能任意组合且占地面积大，不能与计算机联络。

2. GCK 系列开关柜

该开关柜具有分断能力高，动热稳定性好，结构先进合理，电气方案灵活，系列性、通用性强，各种方案单元任意组合，一台柜体，容纳的回路数较多，节省占地面积，防护等级高，安全可靠，维修方便等优点。

缺点：水平母线设在柜顶垂直母线，没有阻燃型塑料功能板，不能与计算机联络。

3. GCS 系列开关柜

该开关柜具有较高技术性能指标，能够适应电力市场发展需要，并可与现有引进的产品竞争。根据安全、经济、合理、可靠的原则设计的新型低压抽出式开关柜，还具有分断、接通能力高，动热稳定性好，电气方案灵活，组合方便，系列性，实用性强，结构新颖，防护等级高等特点。

4. MNS 系列开关柜

该开关柜具有设计紧凑，以较小的空间能容纳较多的功能单元，结构通用性强，组装灵活的特点。以 25mm 为模数的 C 型钢材能满足各种结构形式、防护等级及使用环境的要求；采用标准模块设计，分别可组成保护、操作、转换、控制、调节、指示等标准单元，用户可根据需要任意选用组装。技术性能高，主要参数达到国际先进技术水平，压缩场地；三化程度高，可大大压缩储存和运输预制作的场地，装配方便，不需要特殊复杂性。

5. MCS 系列开关柜

该开关柜柜体采用 C 型钢材组装而成，外形统一，精度高，抽屉互换性好； MCC 柜宽度只有 600mm，而且使用容量很大，可容纳更多的功能单元，节约建设用地；柜内元件可根据用户不同需求，配置各种型号的开关，更好地保证产品可靠运行；本装置可预留自动化接口，也可把模块安装于开关柜上，实现遥信、遥测、遥控等功能和控制。

缺点：造价高，对于中小型用户有一定难度。

6. GG—1A（F）系列开关柜

GG—1A 型高压开关柜为固定式，GG—1A（F）型为防误型高压开关柜，具有防误装置。

GG—1A 型高压开关柜，主要用于工矿企业变、配电站的交流 50Hz、3～10kV 的三相单母线系统中，接受和分配电能之用。

GG—1A（F）型防误型高压开关柜适用于交流 50Hz，额定电压为 3.6kV、10kV，额定电流最大至 1000A，额定开断电流最大至 31.5kA 的单母线系统中，作为接受或分配电能的户内成套配电高压设备。

本柜柜体宽敞，内部空间大，间隙合理、安全，具有安装、维修方便，运行可靠等特点。主回路方案完整，可以满足各种供配电系统的需要。

GG—1A 型高压开关柜系开启式，基本骨架结构用角钢焊接而成，前面板用薄钢板压制而成，柜后无保护板，柜内用薄钢板隔开，柜的上部为断路器室，下部为隔离开关室，具有程序封锁功能，使用安全可靠。具有以下五种防止误操作的功能。

① 防止带负荷分合隔离开关。

② 防止误入带电间隔。

③ 防止误分、合断路器。

④ 防止带电挂接地线。

⑤ 防止带接地线合闸。

7. XGN 系列开关柜

XGN 箱型固定式金属封闭开关设备主要用于电压为 3kV、6kV、10kV，频率为 50Hz 的三相交流电力系统中，完成电能的接受与分配。本系列开关柜具有可靠的“五防”闭锁功能，性能可靠，可广泛用于高压电动机的启动、投切运行等场合。

XGN15—12 型环网柜采用金属封闭箱式结构，主开关与柜体为固定安装，主回路系统的各隔室均有压力释放装置和通道，各隔室均可靠接地，而且封闭完善，外壳防护等级达到 IP3X。开关室内装有 FL(R)N36—12D 型三工位负荷开关，该负荷开关的外壳为环氧树脂浇注而成，内充 SF_6 气体。

XGN2—10 箱型固定式交流金属封闭开关设备用于 3kV、6kV、10kV 三相交流 50Hz 系统中，作为接受和分配电能之用的户内成套配电设备，具有对电路控制保护和监测等功能。其母线系统为单母线及单母线带旁路母线，并可派生出双母线结构。

本开关柜符合国家标准及国际标准的要求，并具有一套完善的性能可靠、功能齐全、结构简单、操作方便的机械式防误闭锁装置，简便而有效地达到“五防”闭锁功能。

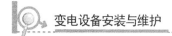

开关柜的主开关采用 SNl0—10 型系列少油断路器及 ZN28A—10 型系列真空断路器。断路器配用 CD10 系列电磁操动机构或 CT8 弹簧操动机构。真空断路器也可配用 CD17 系列电磁操动机构，CT17 或 CT19B 弹簧操动机构。隔离开关采用 GN30—10 旋转式隔离开关系列产品。

8. HXGN 系列开关柜

HXGN—10 型高压开关柜（简称环网柜）是三相交流额定电压为 10kV、额定频率为 50Hz 的户内箱式交流金属封闭开关设备。它适用于工厂、车间、小区住宅、高层建筑等场所的配电系统、环网供电或双电源辐射供电系统，起接受、分配和保护作用，也适用于箱式变电站中。

9. JYN 系列开关柜

（1）JYN1—40.5 型间隔式交流金属封闭式开关设备

本开关柜是户内保护型成套装置，由柜体和手车两部分组成。柜体由角钢及钢板弯制而成，并分割为手车室、母线室、隔离触点室、电缆室、继电室及端子室等。手车室与隔离触点室、电缆室之间隔以绝缘材料制成的隔板，并在其上设有绝缘活门，其他各室均以接地的金属隔开，属于间隔封闭式开关柜。

JYN1—40.5 型间隔式交流金属封闭式开关设备是三相交流 50Hz 单母线系统的户内成套装置，作为接受和分配 40.5kV 的网络电能之用。本开关柜具有防止误操作断路器、防止带负荷推拉手车、防止带电挂接地线、防止带接地送电和防止误入带电间隔（简称“五防”）的功能。

（2）JYN2C10 型移开式交流金属封闭开关设备

整个设备包括固定的壳体和可移开部件（简称手车）两部分，全由弯制的钢板焊接而成。壳体由钢板分成手车间隔、电缆间隔等若干个间隔；隔板为可拆卸式，检修方便。

主回路隔离触点有触点盒，实现了三相隔离触点之间的封闭。

手车分为断路器手车、电压互感器手车、电压互感器与避雷器手车、电容器与避雷器手车、隔离手车、熔断器手车、接地手车及所用变手车几种。手车进入和退出工作位置灵活可靠、定位准确。整个设备装设了一系列完整的防止误动作的连锁机构。

开关柜外形尺寸为 2200mm（高）×840mm（宽）×1500mm（深）。装有 SN10-10III（C）少油断路器开关柜外形尺寸为 2200mm（高）×1000mm（宽）×1500mm（深）。所用变手车柜外形尺寸为 2200mm（高）×1000mm（宽）×1500mm（深）。

JYN2—10 型移开式交流金属开关设备用于交流 50Hz、额定电压为 3～10kV 单母线系统。其额定电流最大为 2500A，额定开断电流以及厂内用电至 31.5kA。作为发电厂、变电站中控至发电机，变电站受电，馈电以及厂内用电的主要用柜，也适用于各工矿企业为大型交流高压电动机的启动和保护之用。

（3）JYNC3(F)、6(F)型双层手车式高压开关柜

此开关柜分为馈电柜和受电柜。馈电柜整个柜体由固定的双层壳体和装有滚轮的可移动部件（手车）组成；受电柜内装有高压隔离开关和测量保护用的 PT 手车，本柜具有良好的防误功能。开关柜内设计了一系列连锁机构，以确保安全和正确的操作。其外形尺寸为 800mm（高）×1900mm（深）×2300（400）mm（高）。

JYNC3(F)、6(F)型双层手车式高压开关柜具有结构设计合理、保护性能好、分断能力强、动热稳定性好、互换性强、使用维护安全方便等优点，适用于发电厂、变电站、厂矿企业电

气室、高层建筑等户内场所。本产品的辅助电路一一对应，用户只要根据负载选择主电路方案即可。主电路方案有79种供选择。

10. 配电箱和开关柜

通俗地讲，分配电能的箱体就叫配电箱。主要用做对用电设备的控制、配电，以及对线路过载、短路、漏电起保护作用。配电箱安装在各种场所，如学校、机关、医院、工厂、车间、家庭等，如照明配电箱、动力配电箱等。

开关柜是一种成套开关设备和控制设备。它作为动力中心和主配电装置，主要用做对电力线路、主要用电设备的控制、监视、测量与保护。它常设置在变电站、配电室等处。

开关柜材料配电箱和开关柜除了功能、安装环境、内部构造、受控对象等不同外，显著的特点是外形尺寸不同，配电箱体积小，可暗设在墙内，可矗立在地面；而开关柜体积大，只能装置在变电站、配电室内。

10.3 开关柜的安装、操作、维护

学习目标

① 熟悉开关柜安装所需的设备和工具。
② 学会按规范装配开关柜。
③ 学会高压开关柜安全操作方法。
④ 熟悉高压开关柜的运行维护注意事项。
⑤ 学会高压开关柜常见故障和处理方法。
⑥ 熟悉低压开关柜维护要求。
⑦ 学会低压开关柜常见故障及处理方法。

10.3.1 开关柜的安装

1. 安装所需的设备和工具

① 设备：弯排机、50kVA试验变压器、平衡电桥、搪锡炉、台钻等。
② 工具：螺丝刀、尖嘴钳、剥线钳、压线钳、万用表、兆欧表、扳手、钢卷尺、钢直尺、游标卡尺、塞尺、涂层测厚仪等。

2. 装配规范

(1) 装配前的检查

在产品装配前，应对下列各项逐一进行检查，做好工艺准备。

① 产品结构应该符合该型号产品的结构要求，产品应有固定的安装孔。
② 门应能在大于90° 的范围内灵活转动，门在转动过程中不应损坏漆膜，不应使元器件

受到冲击，门锁不应有明显的晃动。检验方法：手执门锁轻轻推拉，移动量不超过 2mm。

③ 门与门、门与框架之间的缝隙检验：门与门之间的缝隙均匀差小于 1000mm 为 1mm，大于 1000mm 为 1.5mm；门与门框之间缝隙均匀差小于 1000mm 为 2mm，大于 1000mm 为 2.5mm。

④ 壳体焊接应牢固，焊缝应光洁均匀，不应有焊穿、裂缝、咬边、溅渣、气孔等现象，焊药皮应清除干净。

⑤ 壳体表面处理后，漆膜表面应丰满、色彩鲜明、色泽均匀、平整光滑，用肉眼看不到刷痕、皱痕、针孔、起泡、伤痕、斑痕、手印、修整痕迹及粘附的机械杂质等。

⑥ 产品上所有电镀件的镀层（包括元器件本身电镀件的镀层及紧固件）不得有起皮、脱落、发黑、生锈等现象。

（2）元器件的选择及安装

1）通用原则

① 产品内选择的元器件和材料，必须符合认证产品要求和顾客图纸的要求，在不影响产品内在质量要求的前提下，可以征得顾客同意，并得到相关批准，可以进行认证规定范围内的代替使用。

② 元器件必须采用取得强制性产品认证的厂家生产的合格产品，非认证产品不得使用。

③ 产品上的所有指示灯和按钮颜色应符合 GB/T 4025—2003 的规定，或符合原理图或接线图的规定。

④ 所有元器件应按照规定的安装使用条件进行安装使用，其倾斜度不大于 5°，必须保证开关的电弧对操作者不产生危害。手动操作的元器件，操作机构应灵活，无卡阻现象。

⑤ 所有元器件均应牢固的固定在骨架或支架上，每个元器件应标注醒目的符号，使用的符号或代号必须与原理图或接线图一致。

⑥ 辅助电路导线的端头与元器件连接时，必须穿导线号码管，标号应正确清楚、完善牢固、有永久的附着力，标号必须与接线图标号一致。

⑦ 安装的元器件应操作方便，操作时不受到空间的妨碍，不能触及到带电体。

⑧ 安装在同一支架（安装板、安装框架）上的元器件、单元和外接导线端子的布置应在安装、接线、维修和更换时易于接近。尤其是外部接线端子，应位于安装成套设备基础面上方至少 0.2m，并且端子的安装应使电缆易于连接。必须在成套设备内进行调整和复位的元器件更应该易于接近。由操作人员观察的指示仪表不应安装在高于成套设备基础面 2m 处。操作器件，如手柄、按钮等，应安装在易于操作的高度上，其中心线一般不应高于成套设备基础面 2m。

⑨ 开关元器件应按照制造商说明书（使用条件、飞弧距离、隔弧板的移动距离等）进行安装，要满足元器件产品说明书的要求，如满足飞弧距离、电气间隙和爬电距离的要求。

⑩ 保证一、二次线的制作、安装距离，发热元件应置于开关柜的上方，且应与绝缘导线保持一定的距离。

⑪ 同一批次的相同产品，装配应一致。

⑫ 元器件或附件应安装在相应的支架或安装板上，再将支架或安装板装在箱体上，或直接安装在箱体上。准确测量、调整安装位置后将其紧固，调整时不得重击零部件和元器件。

⑬ 组装所用紧固件、金属件的防护层不得脱落、生锈。螺钉选择要与元器件上的孔相配。紧固后的螺钉应露出螺母 3～5 个螺距，其螺栓的拧紧力矩如表 10-1 所示。

表 10-1 螺栓的拧紧力矩

螺纹直径/mm	拧紧力矩/N · m		
	Ⅰ	Ⅱ	Ⅲ
4	0.7	1.2	1.2
5	0.8	2.0	2.0
6	1.2	2.5	3.0
8	2.5	3.5	6.0
10	—	4.0	10.0
12	—	—	14.0
14	—	—	19.0
16	—	—	25.0
20	—	—	36.0
24	—	—	50.0

注：1．第Ⅰ列：适用于拧紧时不突出孔外的无头螺钉，以及不能用刀口宽度大于螺钉根部直径的螺刀拧紧的其他螺钉。

2．第Ⅱ列：适用于用螺丝刀拧紧的螺钉和螺母。

3．第Ⅲ列：适用于用比螺丝刀更好的工具来拧紧的螺钉和螺母。

⑭ 组装时要充分考虑接地连续性。箱体内任意两个金属部件通过螺栓连接时，如有绝缘层均应采用相应规格的接地垫圈，并注意将接地垫圈齿面接触零部件表面，以免划破绝缘层。

⑮ 安装因震动易损坏的元器件时，应在元器件和安装板之间加装橡胶垫减震。

⑯ 对于有操作手柄的元器件应将其调整到位，不得有卡阻现象。

⑰ 装配后，将元器件上拆下的紧固件、熔丝、开关盖、把手、灭弧罩等全部安装好。将母线、元器件上预留给顾客接线用的螺栓拧紧。

⑱ 各种防护板应安装到位。

⑲ 元器件装配后电气间隙和爬电距离应如表 10-2 所示。

表 10-2 元器件装配后电气间隙和爬电距离

额定绝缘电压 U_i/V	电器间隙/mm		爬电距离/mm	
	63A 及以下	大于 63A	63A 及以下	大于 63A
$U_i \leqslant 60$	3	5	3	5
$60 < U_i \leqslant 300$	5	6	6	8
$300 < U_i \leqslant 660$	8	10	10	12.5

2）各类元器件的具体安装要求

① 框架式低压断路器。

- 框架式低压断路器相对比较重，一般宜安于开关柜的后下部，并应采用机械强度较大的角钢作为安装板。
- 将开关体按使用说明书的要求装置在开关柜底座里，摇动操作手柄使本体能在导轨中前后滑动，开关的三相主触点及辅助电路的滑动触点能随之接通与断开，使接通、试验、断开三个位置符合说明书要求。

- 应通电检查各脱扣器是否灵活，合、分闸是否灵活可靠。

② 塑料外壳式低压断路器。

- 塑料外壳式低压断路器打开外壳才能进行安装，要防止外壳的机械损坏，它的接线通过接线螺杆实现，应注意其接线螺杆与屏板孔的爬电距离，避免造成绝缘强度不够而短路。
- 断路器上端留有足够的飞弧距离，具体参照各型号规格产品的使用说明书。
- 塑料外壳式断路器进线端的相间隔弧板必须装牢固，以免在合闸或承受短路电流时造成相间飞弧故障。
- 低压断路器的静触点（上进线端）应与电源引进的导线或母线相连，而接到用电设备的导线或母线应接到下出线端上。

③ 接触器类。

- 检查产品的铭牌及线圈上的技术数据是否符合图纸要求。
- 接触器触点部分应平整，不应有金属碎屑烧伤的痕迹，触点的接触应紧密，各触点分合闸顺序应正确，触点表面不应有油污。
- 大中容量接触器动作时吸合力较大，将对周围怕震的电器产生不利影响，安装时必须考虑，一般将其安装在开关柜的后下部。
- 中小容量接触器采用瓦片型接触片压紧导线，接线时一定要把导线压紧。
- 接触器灭弧罩与金属器件距离应符合规定要求。

④ 熔断器类。

- 用相同电压等级兆欧表测量熔断器底座的绝缘电阻，阻值不小于 1MΩ。
- 选择与孔径相符合的螺钉，紧固时不要用力过大，熔断器底座垫用橡胶衬垫或弹性纸衬垫。
- 为保证更换熔断体时旋出瓷帽后螺纹不带电，RL1 型熔断器在接线时，电源线应接于下接线端即 1 号端子，用电设备应接于上接线即 2 号接线端子。
- 接线时一个端子两根导线间应采用铜片隔离并将弹簧垫压平，以减少接触电阻，使其导电性能良好。

⑤ 热继电器安装。

热继电器应垂直安装，调整和复位的热继电器元件安装在易于接近的地方，盖板向上，严禁倒装。热继电器的整定电流选择要与被保护电路的电流相匹配。

⑥ 电力电容器。

- 检查电容器外壳质量，瓷瓶不应有裂纹和缺口，引出线端连接用的垫圈、螺母齐全，充油电容器箱不应有膨胀和漏油现象。
- 电容器分层安装，层间距离不小于 50mm。制造厂无规定时，处在同一水平的电容器间距不小于 100mm。
- 电容器必须采用多股软导线连接，且不应使电容器绝缘瓷瓶受力。
- 电容器的外壳必须可靠接地。

⑦ 端子的安装。

- 端子排应无损坏，固定牢固，绝缘良好，便于更换且方便接线，离地距离宜大于 350mm。
- 强、弱电端子应分开布置，当有困难时，应有明显标志并设空端子隔开或设加强绝缘的隔板。

- 电流回路应经过试验端子，其他要断开的回路宜经特殊端子或试验端子，试验端子应接触良好。
- 接线端子应与导线截面匹配，不允许小端子配大截面导线。

⑧ 电流互感器安装。

- 用相同电压等级兆欧表测量互感器绝缘电阻，阻值不小于 1MΩ。
- 用万用表检查二次绕组是否完好，二次绕组不得开路，互感器外壳及二次绕组一端必须接地。
- 各相电流互感器的中心线一般应安装在同一平面上，并与开关出线在同一垂直线上，穿心式电流互感器母线应位于孔中心的位置，不应使互感器受到外力，且注意互感器安装方向，不得装反。

（3）紧固件的使用

① 用以固定元器件及压线的紧固螺钉应拧紧，无打滑及损坏镀层现象，并有防松措施，拧紧后螺纹露出螺母或套扣的固定板 2～5 牙。不接线的螺钉也应拧紧。

② 用以与壳体连接的元器件应采用爪型垫片，以保证与壳体接触良好，符合保护电路连续性的要求。

（4）一次绝缘软母线

① 一次绝缘软母线的选择应满足回路额定电流的要求，其绝缘等级应大于各配电装置的绝缘等级，一般采用黑色铜芯导线。

② 软母线在配线时应拉紧挺直，行线应平直齐牢，整齐美观，尽量减少重叠交叉。

③ 软母线可以在硬母线平弯机上进行弯曲，其弯曲半径不得小于软母线绝缘直径的三倍，但导线线芯和绝缘都不能损坏。

④ 根据铜芯绝缘导线的线芯截面来选择相应的接线鼻，独股线直接连接，不用接线鼻，$4mm^2$ 以下的 BVR 线也可以采用线头搪锡的方法而不采用接线鼻。

⑤ 根据接线鼻的尺寸，用电工刀削去导线两头的绝缘层，误差不超过 1.5～2mm。导线削除绝缘层后，在导线芯表面不得有明显的划痕，以免弯曲时导线断裂，削去绝缘层后，应将线芯表面的污物和氧化层除去，以保证接触良好。

⑥ 将导线线芯插入接线鼻的圆管中，用压模或冷压钳压接，压接应牢固，但线芯与接线鼻接触处不得有明显的变形，然后进行搪锡。整个导线电阻不大于同样规格长度导线电阻值的 110%～120%。

⑦ 多根绝缘导线并列在接线鼻铜管中压接时，伸入铜管的裸露部分应尽可能短，绝缘处不整齐度小于 1mm。导线芯伸出铜管部分的长度为 1～2mm 之间，且不应有明显的不整齐现象。

⑧ 软母线在元器件的接线端连接时，不应使接点受到任何附加应力。

⑨ 一次软母线一般采用绑扎线进行绑扎固定，特殊情况也可采用缠绕管绕扎，控制屏（柜）则一律采用行线槽固定线束。

⑩ 绑扎线的每扎距离保持在 150mm 左右，拐弯处可适当加密，但不能在弯曲部分绑扎。绑扎线的圈数，以扎线与导线成正方形为基准，且最少不低于三股，绑扎线扎成后，接头应留在不可见的部位。

⑪ 注意事项：导线在穿越金属板孔时，必须在金属板孔上套上大小适宜的保护套，如橡皮圈，保证导线外层不磨损；线束应尽量远离发热元件（如电阻母排等），并应避免敷设于发热元件的上方。

（5）一次母排

① 按认证产品规定要求的元器件电流等级选用母排；回路中有多个一次元件时，按电流值大的选用一次母排。

② 按电路选择导线颜色，其规定如表 10-3 所示。

表 10-3　导线颜色的规定

序　号	电　路	颜　色
1	交流三相电路	A 相为黄线 、B 相为绿线、C 相为红色、零线或中性线为淡蓝色、安全用接地线为黄绿双色
2	直流电路	正极棕色、负极蓝色、接地中间线淡蓝色

注：母排表面应涂刷黑色漆或用相应颜色的套管或贴上规定的相序色标。

③ 母排的排列应符合表 10-4 的规定要求。

表 10-4　母排的排列

相　别	垂直排列	水平排列	引上线
A	上	后	左
B	中	中	中
C	下	前	右
中性线	最下	最前	最右
正极	上	后	左
负极	下	前	右

注：方向定位以控制屏的正视方位准。

④ 母排规格按载流量选择，应符合认证产品检测报告中规定的要求。其宽度应不小于元器件引出端头的宽度，以保证连接部分的温升不超过极限。

⑤ 连接孔尺寸应与元器件端头相同，连接部位接触面积应不小于两个母排宽度的乘积。

⑥ 制作母排的材料表面应平整洁净，不得有划痕、气孔、裂纹和起皮等缺陷，对于有变形的母排应先行校正。

⑦ 根据所需长度下料、打弯、钻孔，并去毛刺及油污等杂物，然后母排接触面经压花模校平（压出麻点）进行搪锡处理，搪锡宽度应比搭接部位多 15mm 以上。

⑧ 母排安装连接前，应刷去接触面的氧化层，并立即涂上导电膏进行安装连接。母排连接时螺栓贯穿方向应是由下向上、由后向前、由左向右，特殊情况下螺母处于维护侧。

⑨ 母排连接处的任何侧面都要用厚度 0.05mm、宽度 10mm 的塞尺检查其塞入深度，对于母排宽 60mm 以上者，其塞入深度不得超过 6mm；对于母排宽 60mm 以下者，其塞入深度不得超过 4mm。

⑩ 一次母排应横平竖直，同一方向的打弯应一致，保持在同一平面内。

⑪ 母排应包裹不同颜色的绝缘套管或涂黑漆，并按规定贴色标以分辨不同相位。母排四面涂漆应均匀，连接处两侧相距 10mm 不涂漆，起点和终点应保持整齐一致，三相之间不允

许超过±5mm，并无脱漆现象。

⑫ 一次电器设备与母线及其他带电导体的最小电气间隙和爬电距离应不小于表10-5的规定。

表10-5 一次电器设备与母线及其他带电导体的最小电气间隙和爬电距离

电压等级/kV	电气间隙/mm	爬电距离/mm
0.4及以下	10	12.5

⑬ 注意事项：切割母排应用机械方法，严禁使用气焊或电焊。母排在校正、校平时，不得使用铁锤直接敲打。

（6）二次配线工艺

① 根据过门线、接地线和固定压板安装位置确定导线总走向，固定线束采用BV系列导线，活动线束采用BVR系列导线，颜色一般采用黑色，应选用认证合格的产品。

② 电压回路导线截面选用1.5m^2，电流回路选用2.55m^{2}的导线，特殊情况按要求选用，但应符合认证相关要求。

③ 放线时，必须根据实际需要长短来落料，一端根据实际需要留有一弹性弯头，另一端要有100～150mm的余量。活动线束应考虑最大极限位置所需用的长度，放线时尽量利用短、零线头，以免浪费。

④ 二次导线不允许有中间接头、强力拉伸导线及绝缘被破坏的情况。导线排列应尽量减少弯曲和交叉，弯曲时对其弯曲半径应不小于3倍的导线外径，并弯成弧形。导线交叉时，则应以"少数导线跨越多根导线，细导线跨越粗导线"为原则。

⑤ 布线时每根导线要拉紧挺直，行线做到平直整齐、式样美观。导线穿越金属板孔时，必须在金属板孔上套上合适的保护物，如橡皮护圈。

⑥ 导线束要用阻燃缠绕管绕扎，这是为了达到导电时的散热要求。缠绕管每绕一周应有3～10mm的空隙，同时也可分段缠绕，分段缠绕的间距为150～180mm，缠绕长度为100mm。分段缠绕的线束，分段也应整齐，不允许参差不齐，导线应在行线槽内。

⑦ 活动线束多于10根时，允许分束捆扎，但线束在最大、小极限范围内活动时，不允许出现线束松动、拉伸和损坏绝缘等现象。

⑧ 二次线束用螺钉压板固定，固定点间距不得大于200mm，垂直时的固定点间距不得大于300mm，压板和线束之间必须有保护层，可以采用塑料套管或者缠绕管密接缠绕，保护导线不受损坏。

⑨ 活动线束的活动部位两端固定时，应考虑减少活动部位的长度和减少活动时线束的弯曲程度。

⑩ 每一个接点接线最多不超过两根，当要连接两根以上导线时，应采用过渡端子，以确保连接可靠性。

⑪ 当接线端子为压接式端子时，独股线直接插入，导线绝缘外皮至端子压板距离为1.0～2.0mm，多股线采用相应规格的冷压接头，导线绝缘外皮至接头管之间距离为1.0～2.0mm。

⑫ 各类压接式端子必须用螺钉将插入导线压紧，不得有松动现象。

⑬ 当接线端子为螺钉连接时，多股导线必须采用相应规格的冷压接头。独股线弯曲成羊

眼圈时，应按顺时针方向弯曲，内径比端子接线螺钉外径大 0.5～1.0mm，羊眼圈导线不能重叠，连接后导线至绝缘层之间距离为 1.0～2.0mm。

⑭ 二次导线用螺钉、螺母、平垫、弹垫压接紧固，插入部件后，弹垫应压平，螺母紧固后螺栓外露长度为 2～5 牙。

⑮ 二次线与母线相接时，应在母线相接处钻ϕ5mm 的孔，用 M4 螺栓、螺母、平垫、弹垫紧固。

⑯ 号码套管连接后应同元器件安装平面平行，标号字迹的方向符合国家制图标准线性尺寸的数字注法。

⑰ 号码套管字迹应按国家机械制图规定标准字体用打字机打印，字迹内容同二次接线图一致。

⑱ 当导线连接后，号码套管距接线端子的距离应为 1.0～2.0mm，当无外力处于垂直位置时，应不存在滑动现象。

⑲ 注意事项。

- 线束应尽可能远离发热元件（如电阻、母排、指示灯、变压器等）敷设，并应避免敷设于发热元件的上方。
- 线束接入发热元件时，发热元件在 15W 以上（含 15W），线束应剥去 40～50mm 绝缘层，并套上瓷珠。
- 在同一合同号中，二次接线相同、元器件布置相同、共用一、二次接线图时，其导线走向和颜色应一致。

10.3.2 开关柜的操作

1. 高压开关柜安全操作规程

（1）投运前的检查

① 检查绝缘子、绝缘套管、穿墙套管等绝缘是否清洁，有无破损、裂纹及放电痕迹。

② 检查母线连接外接触是否良好，以及支架是否坚固。

③ 检查熔断器和隔离开关的机械部分是否灵活可靠。

④ 检查各操作机构是否灵活可靠。

⑤ 检查变压器：有无异常声音及震动；有无局部过热；有无有害气体腐蚀等使绝缘表面爬电痕迹和碳化现象等造成的变色；变压器的风冷装置运转是否正常；高、低压接头应无过热；电缆头应无漏电、爬电现象；绕组的温升应根据变压器采用的绝缘材料等级，监视温升不得超过规定值；支持瓷瓶应无裂纹、放电痕迹；检查绕组压件是否松动；室内通风道、铁芯风道应无灰尘及杂物堵塞；铁芯无生锈或腐蚀现象等。

（2）操作规程

① 穿绝缘鞋，带绝缘手套。

② 送电操作时，先合电源侧隔离开关，后合负荷侧隔离开关，最后合真空断路器。

③ 停电操作时，应先将低压部分依次分闸，再可进行高压部分操作，不可带负荷操作。先分真空断路器，再分负荷侧隔离开关，最后分电源侧隔离开关。

④ 操作完毕检查机构分合是否正确、到位。

⑤ 在操作工程中动作要迅速、果断。

（3）运行中的检查

① 母线和各连接点是否有过热变色现象。

② 开关柜中各元器件在运行中有无异常气味和声响。

③ 仪表、信号、指示灯等是否正常。

④ 变压器的响声、温度是否正常。

⑤ 高低压配电室的通风、照明及安全防火装置是否正常。

2．高压开关柜的“五防”

① 高压开关柜内的真空断路器小车在试验位置合闸后，小车断路器无法进入工作位置（防止带负荷合闸）。

② 高压开关柜内的接地刀在合位时，小车断路器无法进行合闸（防止带接地线合闸）。

③ 高压开关柜内的真空断路器在合闸工作时，盘柜后门用的接地刀上的机械与柜门闭锁（防止误入带电间隔）。

④ 高压开关柜内的真空断路器在工作时合闸，合接地刀无法投入（防止带电挂接地线）。

⑤ 高压开关柜内的真空断路器在工作合闸运行时，无法退出小车断路器的工作位置（防止带负荷拉刀闸）。

3．开关柜送电操作程序

（1）送电操作

① 先装好后封板，再关好前下门。

② 操作接地开关主轴并且使之分闸。

③ 用转运车（平台车）将手车（处于分闸状态）推入柜内（试验位置）。

④ 把二次插头插到静插座上（试验位置指示器亮，关好前中门）。

⑤ 用手柄将手车从试验位置（分闸状态）推入到工作位置（工作位置指示器亮，试验位置指示器灭）。

⑥ 合闸断路器手车。

（2）停电（检修）操作

① 将断路器手车分闸。

② 用手柄将手车从工作位置（分闸状态）退出到试验位置（工作位置指示器灭， 试验位置指示器亮）。

③ 打开前中门。

④ 把二次插头拔出静插座（试验位置指示器灭）。

⑤ 用转运车将手车（处于分闸状态）退出柜外。

⑥ 操作接地开关主轴，并且使之合闸。

⑦ 打开后封板和前下门。

注意：下避雷器手车和中（下）PT 手车可以在母线运行时直接拉出柜外。

4．低压开关柜的安全操作规程

① 操作低压设备时，必须站在绝缘垫上，穿绝缘鞋，戴棉纱手套，避免正向面对操作设备。

② 自动空气开关跳闸或熔断器熔断时，应查明原因并排除故障后，再恢复供电，不允许强行送电，必要时允许试送电一次。

③ 长时间停电后首次供电时，应供、停三次，以警示用户，若有触电者可迅速脱离电源。

5．低压开关柜送电的安全操作

① 在变压器送电前，低压总柜控制面板上的指令开关应置于停止位置，次级分户开关和电容柜开关应处于断开位置。

② 低压总柜的手动操作：变压器送电后，检查低压总柜的电压表指示应在正常范围。将低压总柜控制面板上的指令开关转到手动位置，按下操作面板上的绿色启动按钮，低压总柜将合闸送电。

③ 低压总柜的自动操作：将低压总柜控制面板上的指令开关转到自动位置，在高压环网柜给变压器送电后，低压总柜将自动延时合闸送电。

④ 在紧急情况下，低压总柜合不上闸时，可用手按下万能式断路器的绿色启动按钮合闸供电。

6．低压开关柜停电的安全操作

① 在低压总柜停电前，首先检查所有次级分户开关和电容柜开关应处于断开位置。

② 按下低压总柜控制面板上的红色停止按钮将停止供电，检查指示灯应熄灭，电压表指示应归零。

③ 在紧急情况下，低压总柜分不了闸时，可用手按下万能式断路器的红色停止按钮分闸停电。

④ 联络柜的手动操作：将控制面板上的指令开关转到手动位置，按下控制面板上的绿色启动按钮（或红色停止按钮），联络柜将合闸（或分闸）。在紧急情况下，可按下万能式断路器的绿色启动按钮（或红色停止按钮），联络柜将合闸（或分闸）。

⑤ 联络柜的自动操作：将控制面板上的指令开关转到自动位置，在低压总柜得电后联络柜将延时自动合闸，在低压总柜失电后将自动分闸。

10.3.3 开关柜的运行与维护

1．高压开关柜的运行维护注意事项

① 配电间应防潮、防尘、防止小动物钻入。

② 所有金属器件应防锈蚀（涂上清漆或色漆），运动部件应注意润滑，检查螺钉有否松动，积灰须及时清除。

③ 观察各元器件的状态，是否有过热变色、发了响声、接触不良等现象。

④ 真空断路器运行维护注意事项。

有条件时应进行工频耐压试验，可间接检查真空度；对于玻璃泡灭弧室，应观察其内部金属表面有无发乌，有无辉光放电等现象；更换灭弧室时，应将导电杆卡住，不能让波纹管

承受扭转力矩，导电夹与导电杆应夹紧连接；合闸回路熔断器规格不能用得过大，熔断器的熔化特性须可靠。

合闸失灵时，须检查故障：电气方面可能是电源电压过低（压降太大或电源容量不够），合闸线圈受潮致使匝间短路，熔丝已断；机构方面可能是合闸锁扣扣接量过小，辅助开关调得角度不好，断电过早。

分闸失灵时，须检查故障：电气方面可能是电源电压过低，转换开关接触不良，分闸回路断线；机械方面可能是分闸线圈行程未调好，铁芯被卡滞，锁扣扣接量过大，螺钉松脱；辅助开关接点转换时刻须精心调整，切换过早可能不到底，切换过慢会使分闸线圈长时带电而烧毁。正确位置是在低电压下合闸，刚能合上。

⑤ 隔离开关运行维护注意事项

注意刀片、触点有无扭歪，合闸时是否合闸到位和接触良好；分闸时断口距离是否不小于150mm；支持及推杆瓷瓶有否开裂或胶装件松动；其操动机构与断路器的连锁装置是否正常、可靠。

⑥ 手车隔离运行维护注意事项

插头咬合面应涂敷防护剂（导电膏、凡士林等），注意插头有无明显的偏摆变形；检修时应注意插头咬合面有无熔焊现象。

⑦ 电流互感器运行维护注意事项

注意接头有无过热，有无响声和异味；绝缘部分有无开裂或放电；引线螺钉有无松动，不能使之开路，以免产生感应高压，对操作人员及设备安全造成损害。

⑧ 开关柜长期未投入运行时，投运前主要的一次元件间隔（如手车室及电缆室）应进行加热除湿，以防止产生凝露而影响设备的外绝缘。

2. 高压开关柜常见故障和处理方法

（1）高压开关柜在运行中突然跳闸故障的判断和处理

故障现象：这种故障原因是保护动作。高压柜上装有过流、速断、瓦斯和温度等保护。如图10-14所示，当线路或变压器出现故障时，保护继电器动作使开关跳闸。跳闸后开关柜绿灯（分闸指示灯）闪亮，转换开关手柄在合闸后位置即竖直向上。高压柜内或中央信号系统有声光报警信号，继电器掉牌指示。微机保护装置有“保护动作”的告警信息。

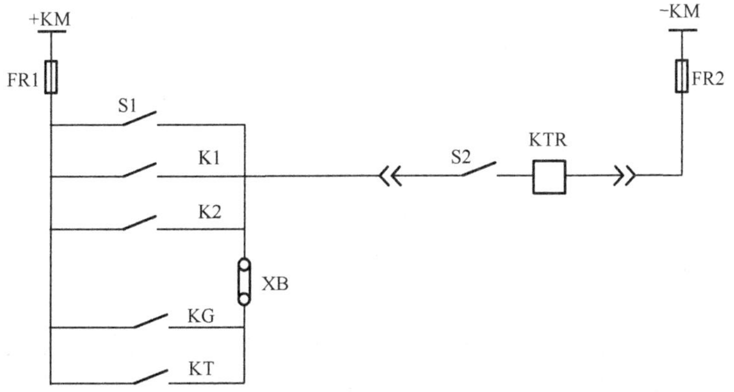

S1—转换开关；K1—速断开关；K2—过流开关；KG—重瓦斯开关；KT—温度开关；S2—辅助开关；KTR—跳闸继电器

图10-14 保护跳闸电路

判断方法：判断故障原因可以根据继电器掉牌、告警信息等情况进行判断。在高压柜中瓦斯、温度保护动作后，都有相应的信号继电器掉牌指示。过流继电器（GL 型）动作时，不能区分是过流动作，还是速断动作。在定时限保护电路中，过流和速断分别由两块（JL 型）电流继电器保护，继电器动作时红色的发光二极管亮，可以明确判断动作原因。

处理方法：过流继电器动作使开关跳闸，是因为线路过负荷。在送电前应当与用户协商减少负荷，防止送电后再次跳闸。速断跳闸时，应当检查母线、变压器、线路，找到短路故障点，将故障排除后方可送电。过流和速断保护动作使开关跳闸后继电器可以复位，利用这一特点可以和温度保护、瓦斯保护区分。变压器发生内部故障或过负荷时，瓦斯保护和温度保护动作。如果是变压器内部故障使重瓦斯动作，必须检修变压器。如果是新移动、加油的变压器发生轻瓦斯动作，可以将内部气体放出后继续投入运行。温度保护动作是因为变压器温度超过整定值。如果设定的整定值正确，必须设法降低变压器的温度。可以通风降低环境温度，也可以减少负荷减低变压器温升。如果整定值偏小，可以将整定值调大。通过以上几个方法使温度触点打开，开关才能送电。

（2）高压开关柜储能故障的判断和处理

如图 10-15 所示，电动不能储能的原因有电机故障控制开关损坏、行程开关调节不当和线路其他部位开路等。表现形式有电机不转、电机不停、储能不到位等。电动不能储能故障的判断和处理如表 10-6 所示。

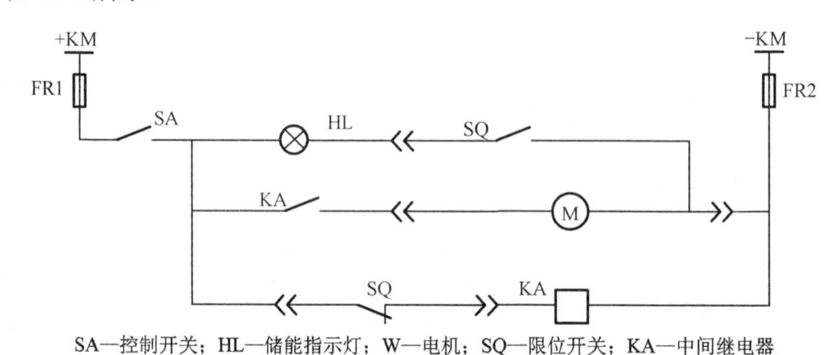

SA—控制开关；HL—储能指示灯；W—电机；SQ—限位开关；KA—中间继电器

图 10-15　储能电路

① 行程开关调节不当：行程开关是控制电机储能位置的限位开关，当电机储能到位时将电机电源切断。如果限位过高时，机构储能已满。故障现象是：电机空转不停机、储能指示灯不亮。只有打开控制开关才能使电机停止。限位调节过低时，电机储能未满提前停机。由于储能不到位开关不能合闸。调节限位的方法是手动慢慢储能找到正确位置，并且紧固。

② 电机故障：如果电机绕组烧毁，将有异味、冒烟、熔断器熔断等现象发生。如果电机两端有电压，电机不转，可能是碳刷脱落或磨损严重等故障。判断是否是电机故障的方法有测量电机两端电压、电阻或用其他好的电机替换进行检查。

③ 控制开关故障或电路开路：控制开关损坏使电路不能闭合及控制回路断线造成开路时，故障表现形式都是电机不转、电机两端没有电压。查找方法是用万用表测量电压或电阻。测量电压法是控制电路通电情况下，万用表调到电压挡，如果有电压（降压元件除外），被测两点间有开路点。用测量电阻法应当注意旁路的通断，如果有旁路并联电路，应将被

测线路一端断开。

表 10-6 电动不能储能故障的判断和处理

故障类型	故障表现	判断方法	处理方法
行程限位过高	电机不停转，储能指示灯不亮	手动储能，储满能后凸轮顶不到限位开关	向下调整行程开关
行程限位过低	储能不满，不能合闸	凸轮过早顶到限位开关	向上调整行程开关
电机故障	冒烟、异味、熔断器熔断	用万用表检查	更换电机
控制回路断线	电机不转	电机没有电压	更换开关或接线

（3）高压开关柜合闸故障的判断和处理

合闸故障可分为电气故障和机械故障。合闸方式有手动和电动两种。手动不能合闸一般是机械故障。手动可以合闸，电动不能合闸是电气故障。如图 10-16 所示，高压开关柜电动不能合闸的原因有保护动作、防护故障、电气连锁、辅助开关故障等。

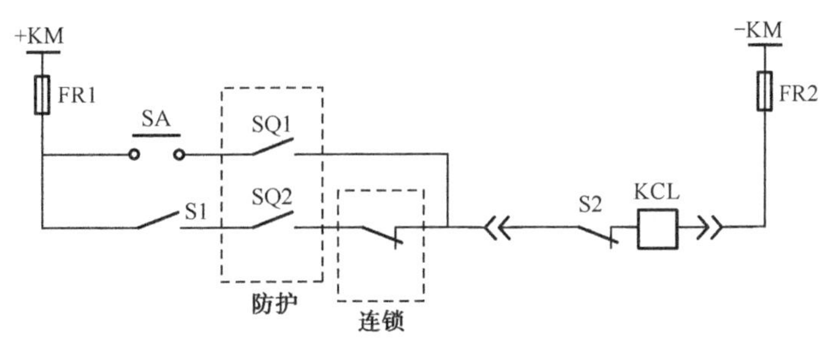

SA—实验按钮；SQ1、SQ2—实验运行位置开关；S2—辅助开关；KCL—合闸继电器

图 10-16 合闸电路

① 保护动作：开关送电前线路有故障，保护回路使防跳继电器作用。合闸后开关立即跳闸，即使转换开关还在合闸位置，开关也不会再次合闸连续跳跃。另外，对于负荷开关中的熔断器，如果一次熔断器烧坏，也可引起开关不能合闸。

② 防护故障：现在高压柜内都设置了五防功能，对于中置柜，要求开关不在运行位置或试验位置不能合闸。也就是位置开关不闭合，电动不能合闸。这种故障在合闸过程中经常遇到。此时运行位置灯或试验位置灯不亮，将开关手车稍微移动使限位开关闭合即可送电。如果限位开关偏移距离太大，应当进行调整。对于环网柜，应检查柜门是否关上，接地开关是否在分闸位置。

③ 电气连锁故障：高压系统中为了系统的可靠运行设置一些电气连锁。例如，在两路电源进线的单母线分段系统中，要求两路进线柜和母联柜这三台开关只能合两台。如果三台都闭合将会有反送电的危险。并且短路参数变化，并列运行短路电流增大。连锁电路的形式如图 10-17 所示。进线柜连锁电路串联母联柜的常闭触点，要求母联柜分闸状态进线柜可以合闸。母联柜的连锁电路是分别用两路进线柜的一个常开和一个常闭串联后再并联，这样就可以保证母联柜在两路进线柜有一个合闸，另一个分闸时方可送电。在高压柜不能电动合闸时，首先应当考虑是否有电气连锁，不能盲目地用手动合闸。电气连锁故障一般都是操作不当，不能满足合闸要求。例如，合母联柜时，虽然进线柜是一分一合，但是分闸柜内手车被拉出，

插头没有插上。如果连锁电路发生故障，可以用万用表检查故障部位。

利用红、绿灯判断辅助开关故障简单方便，但是不太可靠，可以用万用表检查确定。检修辅助开关的方法是调整固定法兰的角度，调整辅助开关连杆的长度等。

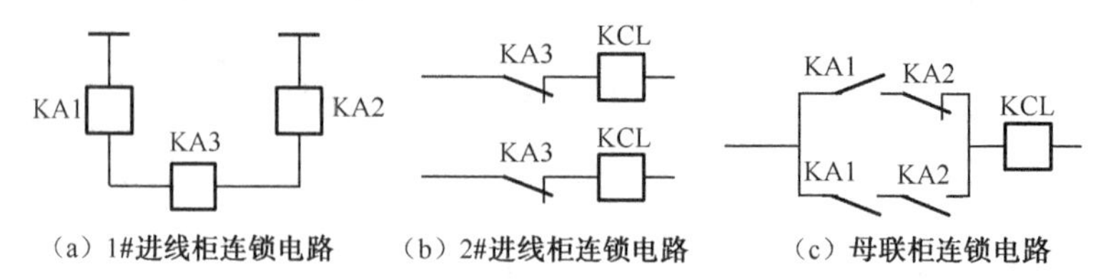

（a）1#进线柜连锁电路　（b）2#进线柜连锁电路　（c）母联柜连锁电路

图 10-17　连锁电路的形式

控制回路开路故障：在控制回路中控制开关损坏、线路断线等都使合闸继电器不能得电，这时候合闸继电器没有动作的声音，测量继电器两端没有电压，检查方法是用万用表检查开路点。

合闸继电器故障：合闸继电器烧毁是短路故障，这时候有异味、冒烟、熔断器熔断等现象发生。合闸继电器设计为短时工作制，通电时间不能太长。合闸失败后应当及时查找原因，不应该多次反复合闸，特别是 CD 型电磁操作机构的合闸继电器，由于通过电流较大多次合闸容易烧坏。

在检修高压柜不能合闸的故障时，经常使用试送电的方法。这种方法可以排除线路故障（变压器温度、瓦斯故障除外）、电气连锁故障、限位开关故障，故障部位基本可以确定在手车内部。所以，在应急处理时可以用试验位置试送电，更换备用手车送电的方法进行处理，这样可以起到事半功倍的效果，并且可以减少停电时间。电动不能合闸故障的判断和处理如表 10-7 所示。

表 10-7　电动不能合闸故障的判断和处理

故障类型	故障表现	判断方法	处理方法
保护动作	合闸后立即跳闸，有告警信号	继电器掉牌	减少负荷，检查线路，降低温度等
防护故障	不能合闸，位置灯不亮	检查位置开关通断	微移手车使开关闭合
连锁故障	不能合闸，实验位置能合	检查连锁电路通断	满足连锁要求
辅助开关故障	不能合闸，绿灯不亮	检查辅助开关通断	调整拉杆长度
控制回路开路	不能合闸	合闸继电器没有电压	接通开路点
合闸继电器故障	异味、冒烟、熔断器熔断	测量继电器电阻	更换继电器

（4）高压开关柜分闸故障的判断和处理

分闸故障可分为机械故障和电气故障。电气故障主要有控制回路开路、继电器故障、辅助开关故障等。

故障现象：当红灯不亮时，电动不能分闸是辅助开关故障，分闸继电器烧坏时有冒烟、异味、熔断器熔断等明显现象发生。控制回路开路故障是指转换开关及其他部位断线，这时跳闸继电器不能得电。

在检查继电器故障时，可以用万用表测量继电器两端电阻。电阻过小或为零时，内部匝间短路；电阻无穷大时，内部开路。查找开路故障的方法是用万用表测量电压、电阻进行判断。开路故障时，开路点有电压，电阻无穷大。

（5）高压开关柜机械故障的判断和处理

高压柜常见的机械故障主要有：机械连锁故障、操作机构故障等。故障部位多是紧固部位松动、传动部件磨损、限位调整不当等。

机械连锁故障：为了保证开关的正确操作，开关柜内设置了一些机械连锁。例如，手车进出柜体时开关必须是分闸，开关合闸时不能操作隔离开关等。这类故障形式多样，应当沿着机械传动途径进行查找。一般防护机构比较简单，与其他机构很少交叉，查找比较方便。例如，中置柜中断路器不能达到工作位置原因，就可能是以下几种情况。

① 检查接地开关是否在分位；检查断路器室航空插头与航空插座是否连接可靠。

② 检查接地开关在断路器室的连锁片是否复位。

③ 检查断路器室内侧的上下活门挡板是否到位，如未到位须调试活门挡板和连杆是否变形或卡滞。

④ 如断路器在试验位置（停用位置）活门挡板已经复位，接地开关的确处于分位，此时须要检查断路器本体两侧的活门挡板滑槽是否处于同一高度，如果没有处于同一高度则须要调节到同一高度。

⑤ 检查断路器本体下端右侧的活舌是否灵活，如有卡滞则须调节灵活。

操作机构故障：操作机构出现故障最多的部位是限位点偏移，调整的方法是改变限位螺栓长度和分闸连杆的长度。

3. 低压开关柜维护要求

（1）端子排维护

端子排应无损坏、固定牢固、绝缘良好，端子应有序号，便于更换且接线方便，离地高度宜大于 350mm。回路电压超过 400V 者，端子板有足够的绝缘并涂以红色标志。强、弱电端子分开布置，当有困难时，应有明显标志并设空端子隔开或设加强绝缘的隔板。正、负电源之间以及经常带电的正电源与合闸或跳闸回路之间，以一个空端子隔开。电流回路应经过试验端子，其他须要断开的回路宜经特殊端子或试验端子。试验端子应接触良好，潮湿环境宜采用防潮端子。接线端子应与导线截面匹配，不使用小端子配大截面导线。

（2）低压配电屏上的小母线维护

小母线两侧要有标明其代号或名称的绝缘标志牌，字迹应清晰、工整，且不易脱色。

（3）二次回路接线维护

按图施工，接线正确。导线与电气元件间采用螺栓连接、插接、焊接或压接等，均应牢固可靠。电缆芯线和所配导线的端部均应标明其回路编号，编号应正确，字迹清晰且不易脱色。

配线应整齐、清晰、美观，导线绝缘应良好，无损伤。每个接线端子的每侧接线宜为 1 根，不得超过两根。插接式端子，不同截面的两根导线不得接在同一端子上，螺栓连接端子，当接两根导线时，中间应加平垫片。

（4）连接门上的电器、控制台板等可动部位的导线维护

采用多股软导线，敷设长度应有适当裕度，线束应有外套塑料管等加强绝缘层，与电器连接时，端部应绞紧，并应加终端附件或搪锡，不得松散、断股，在可动部位两端应用卡子固定。

（5）引入盘、柜内的电缆及其芯线维护

引入盘、柜的电缆要排列整齐、编号清晰，避免交叉，应固定牢固，不得使所接的端子排受到机械应力。铠装电缆在进入盘、柜后，应将钢带切断，切断处的端部应扎紧，并应将钢带接地。使用于静态保护、控制等逻辑回路的控制电缆，应采用屏蔽电缆，其屏蔽层应按设计要求接，橡胶绝缘的芯线应外套绝缘管保护。盘、柜内的电缆芯线，要按垂直或水平有规律地配置，不得任意歪斜交叉连接。强、弱电回路不应使用同一束，并应分别成束分开排列。

（6）各部位连接点维护

查看连接点有无过热，螺母有无松动或脱落、发黑现象。

（7）绝缘子维护

查看绝缘子有无损伤、歪斜或放电现象及痕迹，母线固定卡子有无脱落。

低压开关柜常见故障及处理方法如表 10-8 所示。

表 10-8　低压开关柜常见故障及处理方法

故障现象	产生原因	排除方法
框架断路器不能合闸	① 控制回路故障 ② 智能脱扣器动作后，面板上的红色按钮没有复位 ③ 储能机构未储能或储能电路出现故障 ④ 抽出式开关是否摇到位 ⑤ 电气连锁故障 ⑥ 合闸线圈坏	① 用万用表检查开路点 ② 查明脱扣原因，排除故障后按下复位按钮 ③ 手动或电动储能，如不能储能，再用万用表逐级检查电机或开路点 ④ 将抽出式开关摇到位 ⑤ 检查连锁线是否接入 ⑥ 用目测和万用表检查
塑壳断路器不能合闸	① 机构脱扣后，没有复位 ② 断路器带欠压线圈而进线端无电源 ③ 操作机构没有压入	① 查明脱扣原因并排出故障后复位 ② 使进线端带电，将手柄复位后，再合闸 ③ 将操作机构压入后再合闸
断路器经常跳闸	① 断路器过载 ② 断路器过流参数设置偏小	① 适当减小用电负荷 ② 重新设置断路器参数值
断路器合闸就跳	出线回路有短路现象	切不可反复多次合闸，必须查明故障，排除后再合闸
接触器发响	① 接触器受潮，铁芯表面锈蚀或产生污垢 ② 有杂物掉进接触器，阻碍机构正常动作 ③ 操作电源电压不正常	① 清除铁芯表面的锈或污垢 ② 清除杂物 ③ 检查操作电源，恢复正常
不能就地控制操作	① 控制回路有远控操作，而远控线未正确接入 ② 负载侧电流过大，使热元件动作 ③ 热元件整定值设置偏小，使热元件动作	① 正确接入远控操作线 ② 查明负载过电流原因，将热元件复位 ③ 调整热元件整定值并复位
电容柜不能自动补偿	① 控制回路无电源电压 ② 电流信号线未正确连接	① 检查控制回路，恢复电源电压 ② 正确连接信号线

续表

故障现象	产生原因	排除方法
补偿器始终只显示1.00	电流取样信号未送入补偿器	从电源进线总柜的电流互感器上取电流信号至控制仪的电流信号端子上
电网负荷是滞后状态（感性），补偿器却显示超前（容性），或者显示滞后，但投入电容器后功率因数值不是增大，反而减小	电流信号与电压信号相位不正确	① 220V 补偿器电流取样信号应与电压信号（电源）在同一相上取样。例如，电压为 U_{AN}=220V，电流就取A相；380V补偿器电流取样信号应在电压信号不同相上取得。又例，电压为 U_{AC}=380V，电流就取B相 ② 如电流取样相序正确，那可将控制器上电流或电压其中一个的两个接线端互相调换位置即可
电网负荷是滞后，补偿器也显示滞后，但投入电容器后功率因数值不变，其值只随负荷变化而变化	投切电容器产生的电流没有经过电流取样互感器	使电容器的供电主电路取至进线主柜电流互感器的下端，保证电容器的电流经过电流取样互感器

习题

1．开关柜有哪些设备组成的？

2．开关柜是如何分类的？

3．说明下列各开关柜的含义：HXGN19—12型、XGN2—12（Z）型、GZS1型、GCK型。

4．试说明GGD系列、GCK系列、MCS系列、MNS系列、GCS系列开关柜的用途和结构特点。

5．开关柜的选择分哪些方面？如何选择？

6．高压开关柜设备主要技术条件包括哪些？

7．开关柜总体要求有哪些？

8．试说明GGD系列交流低压开关柜、GCK系列开关柜、GCS系列低压抽出式开关柜、MCS型低压抽出式开关柜的优缺点。

9．试说明GG—1A（F）系列、XGN系列、HXGN系列、JYN系列开关柜的优缺点。

10．试分析配电箱和开关柜有什么区别？

11．开关柜的安装所需哪些设备和工具？

12．在开关柜装配前，应对哪些项目逐一进行检查？

13．开关柜内元器件选择及安装包括哪些项目？

14．对一次绝缘软母线有哪些要求？

15．对一次母排有哪些要求？

16．对二次配线工艺有哪些要求？

17．高压开关柜安全操作规程有哪些要求？

18．高压开关柜的“五防”内容指的是什么？

19．开关柜如何送、停电操作？
20．低压开关柜的安全操作规程包括哪些内容？
21．高压开关柜的运行维护注意事项包括哪些？
22．高压开关柜在运行中突然跳闸故障如何判断和处理？
23．高压开关柜储能故障如何判断和处理？
24．高压开关柜合闸故障如何判断和处理？
25．高压开关柜分闸故障如何判断和处理？
26．高压开关柜机械故障如何判断和处理？
27．低压开关柜维护要求有哪些？
28．低压开关柜框架断路器不能合闸故障如何判断和处理？
29．低压开关柜常见故障有哪些?如何处理？

第 11 章 变电站

11.1 认识变电站

学习目标

① 明确变电站的组成及分类，掌握其作用。

② 熟悉变电站的主要设备。

③ 掌握变电站一次回路接线方案和二次回路。

变电站是电力系统的一部分，是用来改变电压的场所。为了把发电厂发出来的电能输送到较远的地方，必须把电压升高，变为高压电；当输送到用户附近时，再按需要把电压降低，这种升、降电压的工作靠变电站来完成。变电站的主要设备是开关和变压器。按规模大小不同，称为变电所、配电室等。

11.1.1 变电站的组成及分类

变电站是把一些电气设备组装起来，用以切断或接通必要的设备，改变或调整电压，满足系统的需要。在电力系统中变电站是输电和配电的集结点。

1. 组成

变电站由主接线、主变压器、高低压配电装置、继电保护和控制系统、站用电和直流系统、远动和通信系统、必要的无功功率补偿装置和主控制室等组成。其中，主接线、主变压器、高（低）压配电装置等属于一次系统；继电保护和控制系统、直流系统、远动和通信系统等属于二次系统。

（1）主接线

主接线是变电站的最重要组成部分。它决定着变电站的功能、建设投资、运行质量、维护条件和供电可靠性。一般分为单母线、双母线、一个半断路器接线和环形接线等几种基本形式。

（2）主变压器

主变压器是变电站最重要的设备，它的性能与配置直接影响到变电站的先进性、经济性和可靠性。一般变电站要装 2～3 台主变压器。主变压器额定电压在 330kV 及以下时，主变压器通常采用三相变压器，其容量按投入 5～10 年的预期负荷选择。此外，对变电站其他设备选择及总体布置也都有具体要求。

（3）变电站继电保护

变电站继电保护分系统保护（包括输电线路和母线保护）和元件保护（包括变压器、电抗器及无功补偿装置保护）两类。变电站的控制方式一般分为直接控制和选控两大类。前者指一对一的按钮控制。对于控制较多的变电站，如采用直接控制方式，则控制盘数量太多，控制监视面太大，不能满足运行要求。此时，须采用选控方式。选控方式具有控制容量大、控制集中、控制屏占地面积较小等优点。选控方式的缺点是直观性较差，中间转换环节多。

2．分类

电力变电站分为输电变电站、配电变电站和变频站。

这些变电站按不同的分类方式有以下几种。

① 按电压等级不同可分为中压变电站（60kV 及以下）、高压变电站（110～220kV）、超高压变电站（330～765kV）和特高压变电站（1000kV 及以上）。

② 按其在电力系统中的地位可分为枢纽变电站、中间变电站和终端变电站。

③ 按电压阶级不同可分为一次变电站、二次变电站 、三次变电站。

④ 按用途不同可分为送电用变电站、配电用变电站、周波数变换站、电气铁道用变电站、直流送电用变电站。

⑤ 按形式不同可分为屋外变电站、屋内变电站、半屋外变电站、地下式变电站、移动式变电站（变压器）。

11.1.2 变电站的主要设备

变电站是电力系统中变换电压、接受和分配电能、控制电能的流向和调整电压的电力设施，它通过变压器将各级电压的电网联系起来。

变电站起变换电压作用的设备是变压器，除此之外，变电站的设备还有开闭电路的开关设备，汇集电流的母线，计量和控制用互感器、仪表、继电保护装置和防雷保护装置、调度通信装置等，有的变电站还有无功补偿设备。变电站的主要设备和连接方式，按其功能不同而有差异。

1．变压器

变压器是变电站的主要设备，分为双绕组变压器、三绕组变压器和自耦变压器。变压器按其作用可分为升压变压器和降压变压器。升压变压器用于电力系统送端变电站，降压变压器用于受端变电站。变压器的电压须与电力系统的电压相适应。为了在不同负荷情况下保持合格的电压，有时须要切换变压器的分接头。按分接头切换方式变压器有带负荷有载调压变压器和无负荷无载调压变压器，有载调压变压器主要用于受端变电站。

2. 电压互感器和电流互感器

它们的工作原理和变压器相似，它们把高电压设备和母线的运行电压、大电流按规定比例变成测量仪表、继电保护及控制设备的低电压和小电流。在额定运行情况下，电压互感器二次电压为100V，电流互感器二次电流为5A或1A。电流互感器的二次绕组与负荷相连接近于短路。电流互感器使用时，绝不能让其二次侧开路，否则将因高电压而危及设备和人身安全，或使电流互感器烧毁。

3. 开关设备

它包括断路器、隔离开关、负荷开关、高压熔断器等，都是断开和合上电路的设备。

断路器在电力系统正常运行情况下，用来合上和断开电路。电力系统故障时，在继电保护装置控制下自动把故障设备和线路断开，还可以有自动重合闸功能。在我国，220kV以上变电站使用较多的是空气断路器和六氟化硫断路器。

隔离开关（刀闸）的主要作用是在设备或线路检修时隔离电压，以保证安全。它不能断开负荷电流和短路电流，应与断路器配合使用。在停电时，应先拉断路器，后拉隔离开关。送电时，应先合隔离开关，后合断路器。如果误操作将引起设备损坏和人身伤亡。

负荷开关没有灭弧能力，不能开断故障电流，只能开断系统正常运行情况下的负荷电流，一般与高压熔断器配合用于10kV及以上电压且不经常操作的变压器或出线上。

为了减少变电站的占地面积，近年来积极发展 SF_6 全封闭组合电器（GIS），其结构如图11-1所示。它把断路器、隔离开关、母线、接地开关、互感器、出线套管或电缆终端头等分别装在各自密封间中，集中组成一个整体外壳，充以六氟化硫气体作为绝缘介质。这种组合电器具有结构紧凑、体积小、重量轻、不受大气条件影响、检修间隔长、无触电事故和电噪声干扰等优点，发展前景很好，已在765kV变电站投入运行。目前，它的缺点是价格贵、制造和检修工艺要求高。

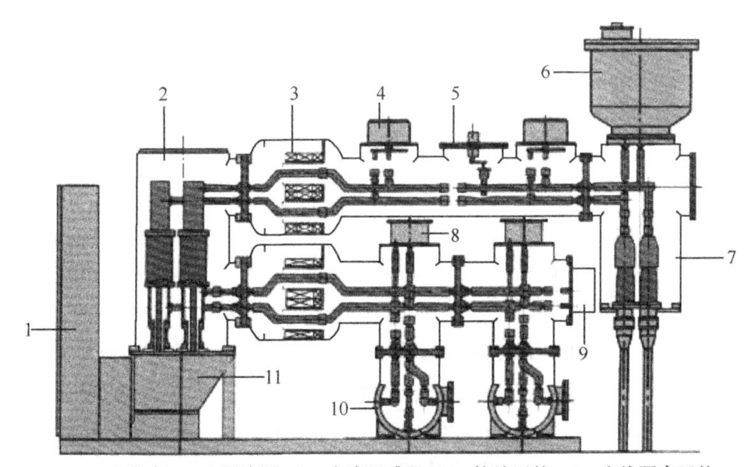

1—汇控柜；2—断路器；3—电流互感器；4—接地开关；5—出线隔离开关；
6—电压互感器；7—电缆终端；8—母线隔离开关；9—接地开关；10—母线；11—操动机构

图11-1 铁壳体GIS的结构

4. 防雷设备

变电站还装有防雷设备，主要有避雷针和避雷器。避雷针是为了防止变电站遭受直接雷击，将雷电对其自身放电的雷电流引入大地。在变电站附近的线路上落雷时，雷电波会沿导线进入变电站，产生过电压。另外，断路器操作等也会引起过电压。避雷器的作用是当过电压超过一定限值时，自动对地放电，降低电压，保护设备，放电后又迅速自动灭弧，保证系统正常运行。目前，使用最多的是氧化锌避雷器，如图 11-2 所示。氧化锌避雷器是具有良好保护性能的避雷器。利用氧化锌良好的非线性伏安特性，使在正常工作电压时流过避雷器的电流极小（微安或毫安级）；当过电压作用时，电阻急剧下降，泄放过电压的能量，达到保护的效果。这种避雷器和传统的避雷器的差异是它没有放电间隙，利用氧化锌的非线性特性起到泄流和开断的作用。

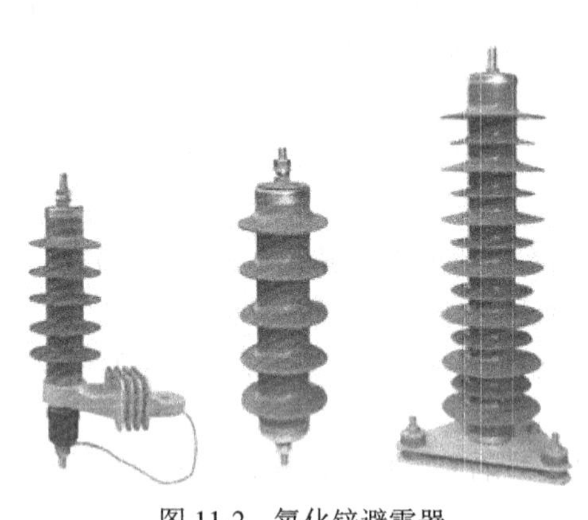

图 11-2　氧化锌避雷器

11.1.3　变电站一次回路接线方案

变电站一次回路接线（又称电气主接线）是指输电线路进入变电站之后，所有电力设备（变压器及进出线开关等）的相互连接方式。对一次回路接线的基本要求是可靠、灵活和经济，即在充分保证供电可靠的同时，还要具有一定的灵活性和方便性，具有发展和扩建的空间，而且要经济实用。

其接线方案分有母线型和无母线型。当进出线数较多（>4 回）时，为了便于电能的汇集和分配，常设置母线作为中间环节，一般有单母线接线、双母线接线、3/2 接线、变压器母线组接线等；当进出线数较少（≤4 回）时，为了节省投资，可不设母线，一般有单元接线、桥形接线、角形接线等。

1. 单母线接线

（1）基本的单母线接线

由线路、变压器回路和一组（汇流）母线所组成的电气主接线。单母线接线的每一回路都通过一台断路器和一组母线隔离开关接到这组母线上，如图 11-3 所示。这种接线方式的优点是简单清晰、设备较少、操作方便和占地少。但这种接线因为所有线路和变压器回路都接在一组母线上，所以当母线或母线隔离开关进行检修或发生故障，或线路、变压器继电保护装置动作而断路器拒绝动作时，都会使整个配电装置停止运行，运行可靠性和灵活性不高，仅适用于线路数量较少、母线短的牵引变电所和铁路变配电所。

（2）单母线分段接线

有两路以上进线、多路出线时，选用单母线分段。两路进线分别接到两段母线上，两段母线用母联开关连接起来，出线分别接到两段母线上，如图 11-4 所示。

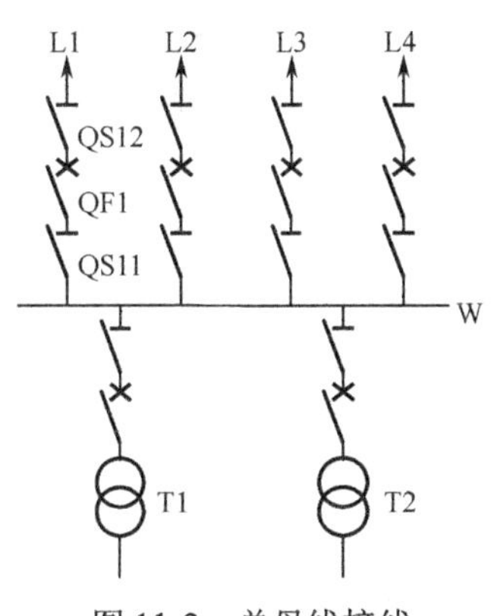

图 11-3 单母线接线

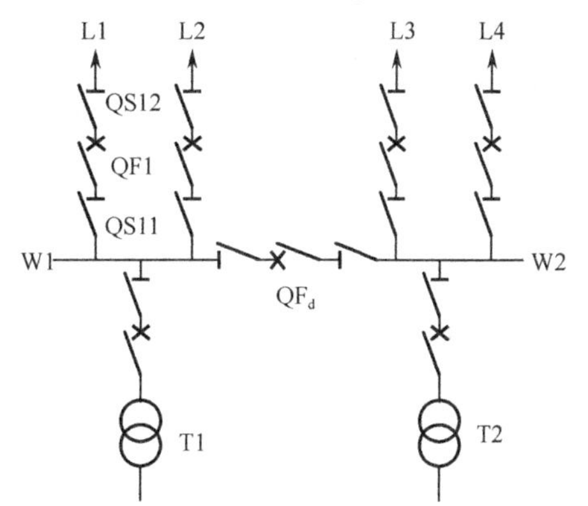

图 11-4 单母线分段接线

单母线分段运行方式比较多。一般为一路主供，一路备用（不合闸）。母联合上，当主供断电时，备用合上，主供、备用与母联互锁。备用电源容量较小时，备用电源合上后，要断开一些出线，这是比较常用的一种运行方式。

对于特别重要的负荷，两路进线均为主供，母联开关断开；当一路进线断电时，母联开关合上，来电后断开母联开关，再合上进线开关。

单母线分段也有利于变电站内部检修，检修时可以停掉一段母线，如果是单母线不分段，检修时就要全站停电，利用旁路母线可以不停电，旁路母线只用于电力系统变电站。

（3）单母线分段带旁路母线接线

单母线分段带旁路母线接线是由一组分段的主母线和一组旁路母线组成的电气主接线，如图 11-5 所示。

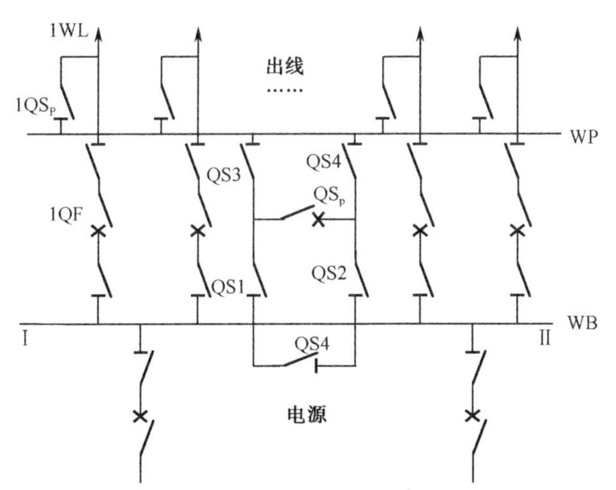

WB—旁路母线；QF—分段断路器（兼作旁路断路器）；QS—旁路隔离开关

图 11-5 单母线分段带旁路母线接线

增设了一组旁路母线 WP 及各出线回路中相应的旁路隔离开关 QS_P，分段断路器 QS_d 兼作旁路断路器 QF_P，并设有分段隔离开关 Q_{SD}。平时，旁路母线不带电，QS1、QS2 及 QF_P 合闸，QS3、QS4 及 QS_d 断开，主接线系统按单母线分段方式运行。当须要检修某一出线断路器（如 QF1）时，可通过闸操作，由分段断路器代替旁路断路器，使旁路断路器经 QS4、QF_P、QS1

接至Ⅰ段母线，或经 QS2、QF_P、QS3 接至Ⅱ段母线而带电运行，并经过被检修断路器所在回路的旁路隔离开关（如 1QF）及其两侧的隔离开关进行检修，而不中断其所在线路的供电。此时，两段工作母线既可通过分段隔离开关 QS_d 并列运行也可分列运行。所以，这种接线方式具有相当高的可靠性和灵活性，广泛应用于出线回路不多，负荷较为重要的中小型发电厂或 35～110kV 变电站中。

2．双母线接线

双母线接线主要用于发电厂及大型变电站，每路线路都由一个断路器经过两个隔离开关分别接到两条母线上，这样在母线检修时，就可以利用隔离开关将线路倒在一条母线上。双母线也有简单双母线接线、双母线分段接线和双母线带旁路母线接线三种形式。

（1）简单双母线接线

如图 11-6 所示，设置有两组母线Ⅰ、Ⅱ，其间通过母线联络断路器 QFL 相连，每回进出线均经一台断路器和两组母线隔离开关分别接至两组母线上。由于每回路设置了两组母线隔离开关，可以换至两组母线，从而大大地改善了其工作性能。

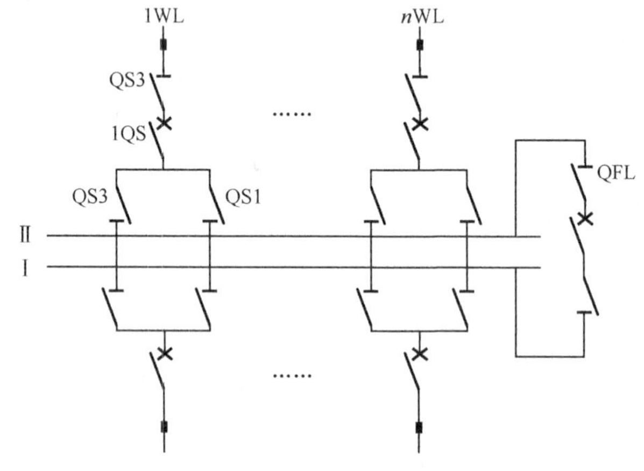

图 11-6　简单双母线接线

这种接线方式的主要优点如下。

① 运行方式灵活。可以采用将电源和出线均衡地分配在两组母线上，母联断路器合闸的双母线同时运行方式；也可以采用任意一组母线工作，另一组母线备用，母联断路器分闸的单母线运行方式，所在回路均不中断工作。

② 检修母线时不中断供电。只须将欲检修母线上的所有回路通过倒闸操作均换接至另一组母线上，即可不中断供电的进行检修。当任一组母线故障时，也只须将接于该母线上的所有回路均换至另一组母线，即可迅速地全面恢复供电。

③ 检修任一回路母线隔离开关时，只中断该回路。这时，可将其他回路均换到另一组母线继续运行，然后停电检修该母线隔离开关。如果允许对隔离开关带电检修，则该回路也可不停电。

④ 检修任一线路断路器时，可用母线联络断路器代替其工作。

这种接线方式存在的缺点如下。

① 变更运行方式时，须利用隔离开关进行倒闸操作，操作步骤较为复杂，容易出现误操作，从而导致设备或人身事故。

② 检修任一回路断路器时，该回路仍须停电或短时停电。

③ 增加了大量的母线隔离开关、母线的长度，装置结构较为复杂，占地面积与投资都增多。

（2）双母线分段接线

如图 11-7 所示，通常将一组母线作为备用母线（如Ⅱ段母线），另一组母线（如Ⅰ段母线）用分断断路器 QF_d 分成两段，并作为工作母线，母联断路器 QF_{L1} 及 QF_{L2} 平时断开。若均用分断断路器分成两段，则可构成双母线四分段接线。

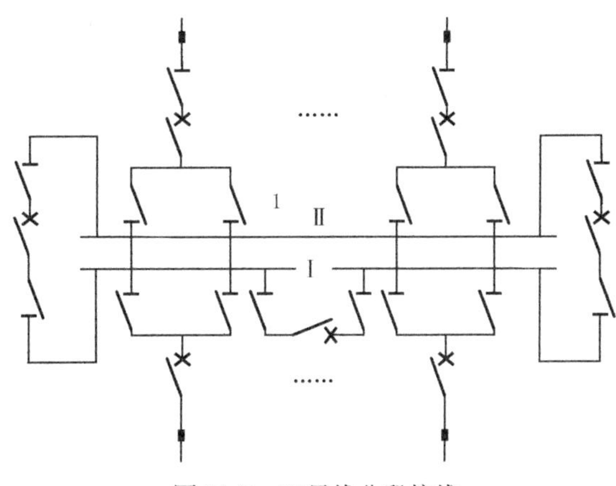

图 11-7 双母线分段接线

在发电厂、变电站中，母线发生故障的影响范围很大。采用单母线或双母线接线时，一段母线故障将造成约半数的回路停电或短时停电。大型发电厂和变电站对运行可靠性和灵活性的要求很高，必须注意避免母线系统故障以及限制母线故障的影响范围，防止全厂停电事故的发生，为此可考虑采用双母线分段接线。双母线分段接线具有相当高的供电可靠性与灵活性。但是这种接线方式所使用的电气设备多，配电装置复杂。

（3）双母线带旁路母线接线

为了在检修任一回路断路器时不中断该回路的工作，除两组主母线Ⅰ、Ⅱ之外，增设了一组旁路母线及专用旁路断路器 QF_p 回路。当出线回数较少时，应尽量采用如图 11-8 所示的以母联断路器兼作旁路断路器的简易接线形式，以节省断路器，减少配电装置间隔，减少投资与占地，改善其经济性。

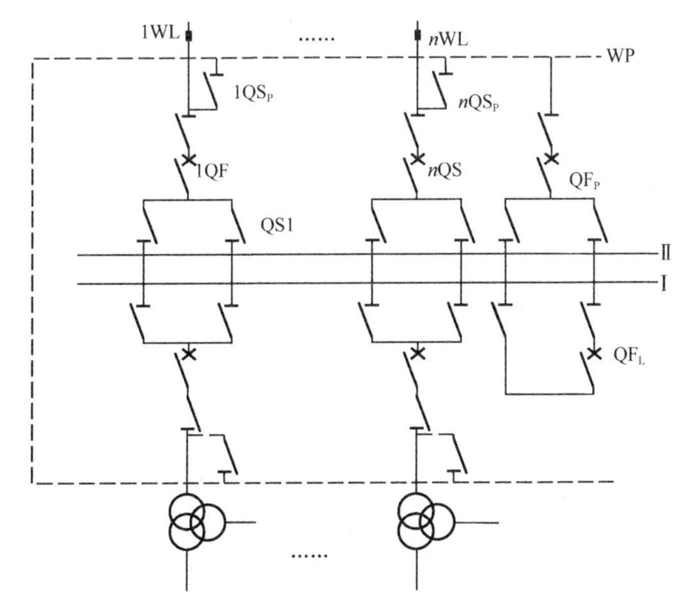

图 11-8 双母线带旁路母线接线

双母线带旁路母线的接线大大提高主接线系统的工作可靠性。尤其是当电压等级较高、线路回数较多时，因每一年中的断路器累计检修时间较长，这一优点就更加突出。但是，这种接线所用的电气设备数量较多，配电装置结构复杂，占地面积较大，经济性较差。

一般规定当220kV线路有5（或4）回及以上出线、110kV线路有7（或6）回以上出线时，可采用有专用旁路断路器带旁路母线接线。

3. 3/2断路器接线

如图11-9所示，两组母线间接有若干串断路器，每一串的三台断路器之间接入两个回路，每串中间部位的断路器称为联络断路 QF_L。由于平均每个回路均装设一台半（3/2）断路器，故称为一个半断路器接线，又称为3/2断路器接线。

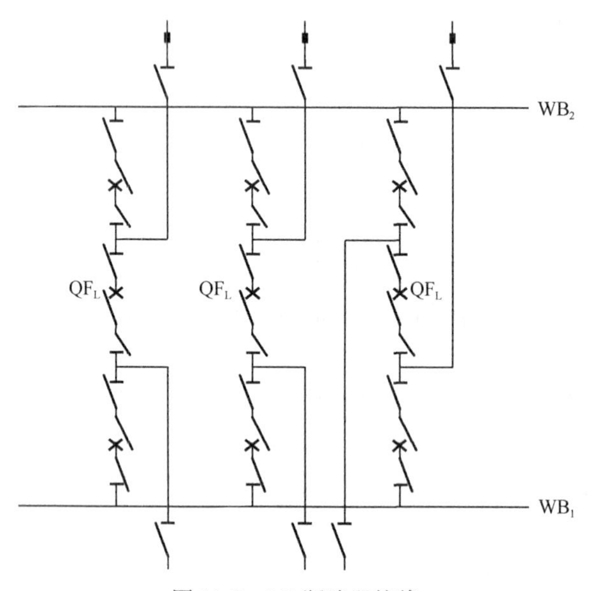

图11-9　3/2断路器接线

这种接线方式具有以下优点。

① 运行灵活性好。正常运行时，两条母线和全部断路器都同时工作，形成多环路供电方式，运行调度十分灵活。

② 工作可靠性高。每回路虽然只平均装设了一台半断路器，但却可经过两台断路器供电，任一断路器检修时，所有回路都不会停止工作。即使是在某一台联络断路器故障、两侧断路器跳闸，以及检修与事故相重叠等严重情况下，停电的回数也不会超过两回，而无全部停电的危险。

③ 操作检修方便。隔离开关只用作检修时隔离电压，免除了更改运行方式时复杂的倒闸操作。

但是这种接线方式所用的断路器、电流互感器等设备较多，投资较高：因为每个回路接至两台断路器，联络断路器连接着两个回路，故使继电保护和二次回路的设计、调整、检修等比较复杂。在大容量、超高压配电装置中得到了广泛的应用。

4. 变压器母线组接线

如图 11-10 所示，各出线回路由两台断路器分别接在两组母线上，而在工作可靠、故障率很低的主变压器的出口不装设断路器，直接通过隔离开关接到母线上，组成变压器母线组接线。这种接线调度灵活，电源和负荷可自由调配，安全可靠，有利于扩建。当变压器故障时，和它连接于同一母线上的断路器跳闸，由隔离开关隔离故障，使变压器退出运行后，该母线即可恢复运行。

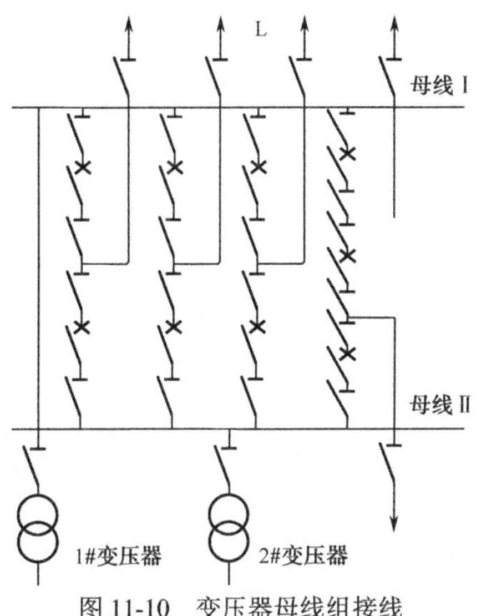

图 11-10　变压器母线组接线

5. 单元接线

发电机与变压器直接连接成一个单元，组成发电机—变压器组，称为单元接线。发电机—变压器单元接线如图 11-11 所示。除图 11-11 所示的单元接线外，还可以接成发电机—自耦变压器单元接线、发电机—变压器—线路单元接线等形式。

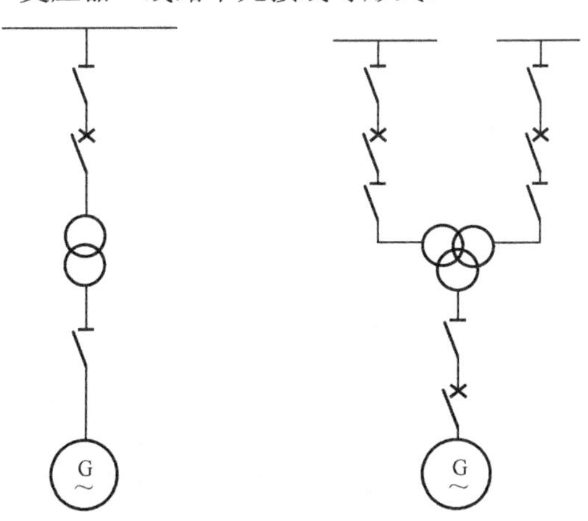

（a）发电机—双绕组变压器单元接线　　（b）发电机—三绕组变压器单元接线

图 11-11　发电机—变压器单元接线

为了减少变压器及其高压侧断路器的台数，节约投资与占地面积，可采用图 11-12 所示的扩大单元接线。扩大单元接线的缺点是运行灵活性较差。

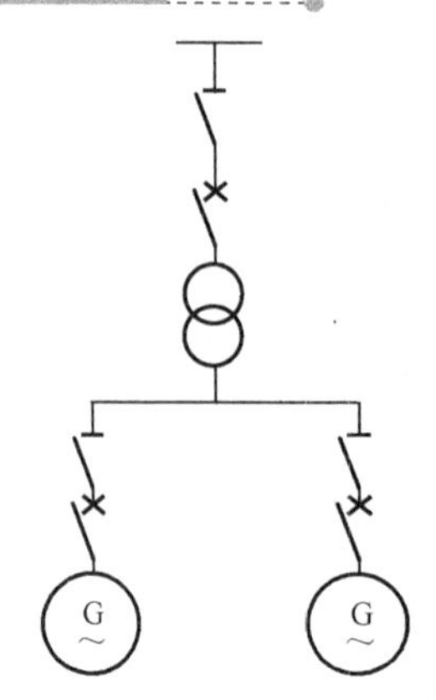

(a) 发电机—变压器扩大单元接线

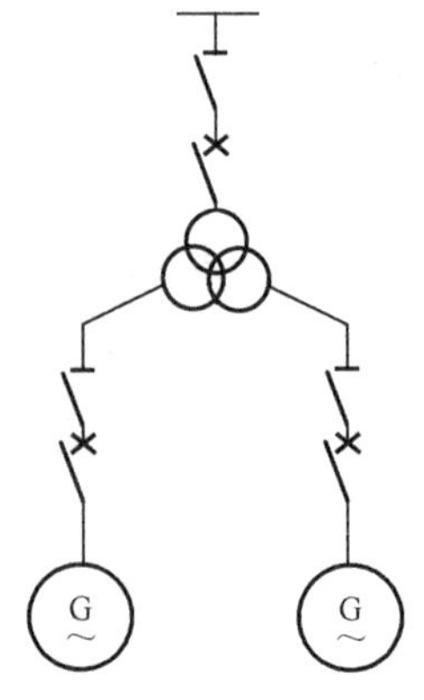

(b) 发电机—分裂绕组变压器扩大单元接线

图 11-12　扩大单元接线

单元接线的优点是接线简单清晰，投资小，占地少，操作方便，经济性好；由于不设发电机电压母线，还减少了发电机电压侧发生短路故障的概率。

6. 桥形接线

当只有两台主变压器和两条电源进线线路时，可以采用如图 11-13 所示的接线方式，这种接线称为桥式接线，可看作是单母线分段接线的变形，即去掉线路侧断路器或主变压器侧断路器后的接线，也可看作是变压器—线路单元接线的变形，即在两组变压器—线路单元接线的升压侧增加一横向连接桥臂后的接线。

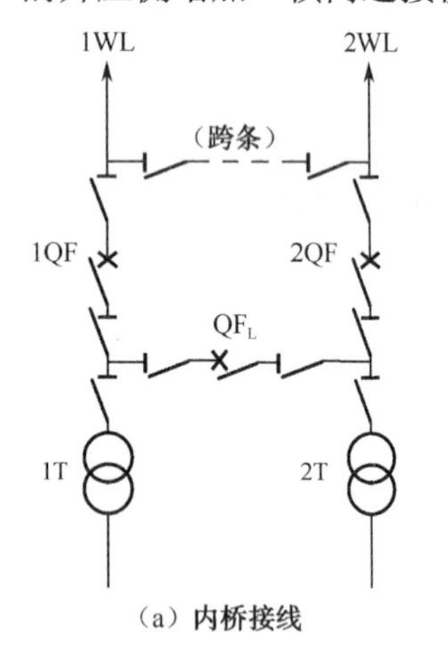

(a) 内桥接线

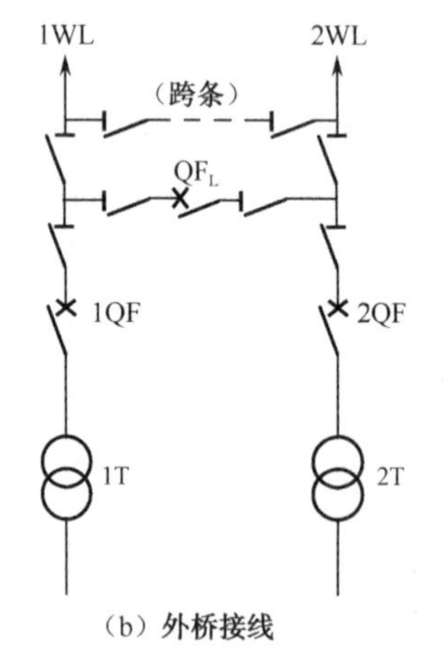

(b) 外桥接线

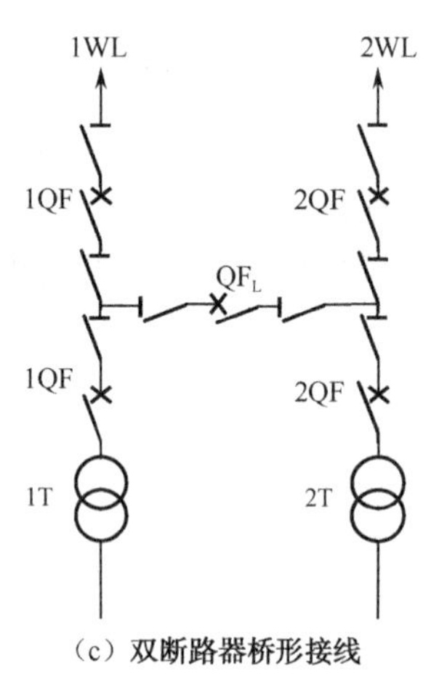

(c) 双断路器桥形接线

图 11-13　桥形接线

桥式接线的桥臂由断路器及其两侧隔离开关组成，正常运行时处于接通状态。根据桥臂的位置又可分为内桥接线、外桥接线和双断路器桥形接线三种形式。

内桥接线如图 11-13（a）所示，桥臂置于线路断路器的内侧，其特点如下。

① 线路发生故障时，仅故障线路的断路器跳闸，其余三条支路可继续工作，并保持相互间的联系。

② 变压器故障时，联络断路器及与故障变压器同侧的线路断路器均自动跳闸，使未故障线路的供电受到影响，须经倒闸操作后，方可恢复对该线路的供电。

③ 线路运行时变压器操作复杂。

内桥接线适用于输电线路较长、线路故障率较高、穿越功率少和变压器不须要经常改变运行方式的场合。

外桥接线如图 11-13（b）所示，桥臂置于线路断路器的外侧，其特点如下。

① 变压器发生故障时，仅跳故障变压器支路的断路器，其余支路可继续工作，并保持相互间的联系。

② 线路发生故障时，联络断路器及与故障线路同侧的变压器支路的断路器均自动跳闸，须经倒闸操作后，方可恢复被切除变压器的工作。

③ 线路投入与切除时，操作复杂，影响变压器的运行。

这种接线适用于线路较短、故障率较低、主变压器须按经济运行要求经常投切、及电力系统有较大的穿越功率通过桥臂回路的场合。

桥式接线属于无母线的接线形式，简单清晰，设备少，造价低，也易于发展过渡为单母线分段或双母线接线。但因内桥接线中变压器的投入与切除要影响到线路的正常运行，外桥接线中线路的投入与切除要影响到变压器的运行，而且更改运行方式时须利用隔离开关作为操作电器，故桥式接线的工作可靠性和灵活性较差。

为了提高供电可靠性，克服内外桥形接线的不足，使运行方式的调度操作更为方便，确保安全可靠供电，可在高压母线与主变压器进线之间增设断路器，其原理接线如图 11-13（c）所示，这种接线方式在 35/10kV 的变电站中大量采用。

7. 角形接线

角形接线又称环形接线，断路器数等于回路数，各回路都与两台断路器相连，即接在“角”上，如图 11-14 所示。

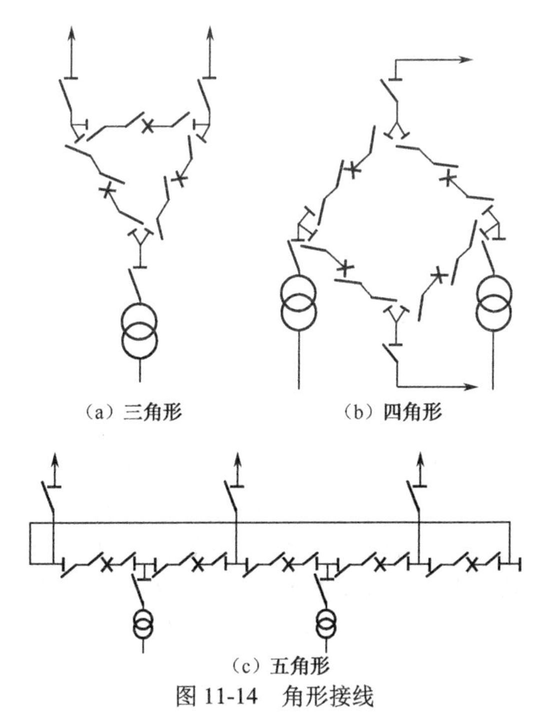

图 11-14　角形接线

这种接线方式经济性较好，工作可靠性与灵活性较高，易于实现自动远程操作。但是，在检修任一断路器时，角形接线变成开环运行，降低可靠性；角形接线在开环和闭环两种运行状态时，各支路所通过的电流差别很大，可能使电器设备的选择出现困难，并使继电保护复杂化；角形接线闭合成环形，其配电装置难于扩建发展。

我国经验表明，在 110kV 及以上配电装置中，当出线回数不多，且发展比较明确时，可以采用角形接线，一般以采用三角或四角形为宜，最多不要超过六角形。

11.1.4 变电站二次回路

变电站的二次设备及其相互间的连接电路称为二次回路或二次接线。二次回路是电力系统安全、经济、稳定运行的重要保障，是变电站电气系统的重要组成部分。二次回路是一个具有多种功能的复杂网络，变电站二次回路一般包括测量、保护、控制与信号回路等部分。

1. 测量回路

测量回路由各种电气测量仪表、监测装置、切换开关及其网络构成，其作用是指示或记录主要电气设备和输电线路的运行参数，主要供运行人员了解和掌握电气设备及动力设备的工作情况，以及电能的输送和分配情况，以便及时调节、控制设备的运行状态，分析和处理事故。

测量回路分为电流回路与电压回路。电流回路各种设备串联于电流互感器二次侧（5A），电流互感器是将原边负荷电流统一变为 5A 测量电流。电气元件常用一个单独的电流回路，当测量仪表与保护装置共用一组电流互感器时，可将它们的电流线圈按相串联。测量仪表、保护装置和自动装置一般由单独的电流互感器或单独的二次绕组供电。当保护和测量仪表共用一组电流互感器时，应防止测量回路开路而引起继电保护的误动作。6～10kV 线路交流电流回路如图 11-15 所示。

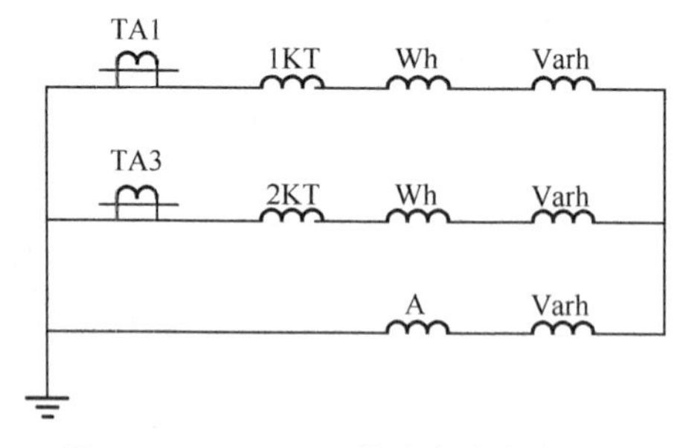

图 11-15　6～10kV 线路交流电流回路

电压测量回路，220/380V 低压系统直接接 220V 或 380V，3kV 以上高压系统全部经过电压互感器将各种等级的高电压变为统一的 100V 电压，在电力系统中，电压互感器是按母线数量设置的，即每一组主母线装设一组电压互感器。接在同一母线上的所有元件上的测量仪表、继电保护和自动装置都由同一组电压互感器的二次侧取得电压。为了减少电缆联系，采用了电压小母线。各电气设备所需要的二次电压可由电压小母线上引接。V 相接地的 35kV 电压互感器二次回路的接线如图 11-16 所示。

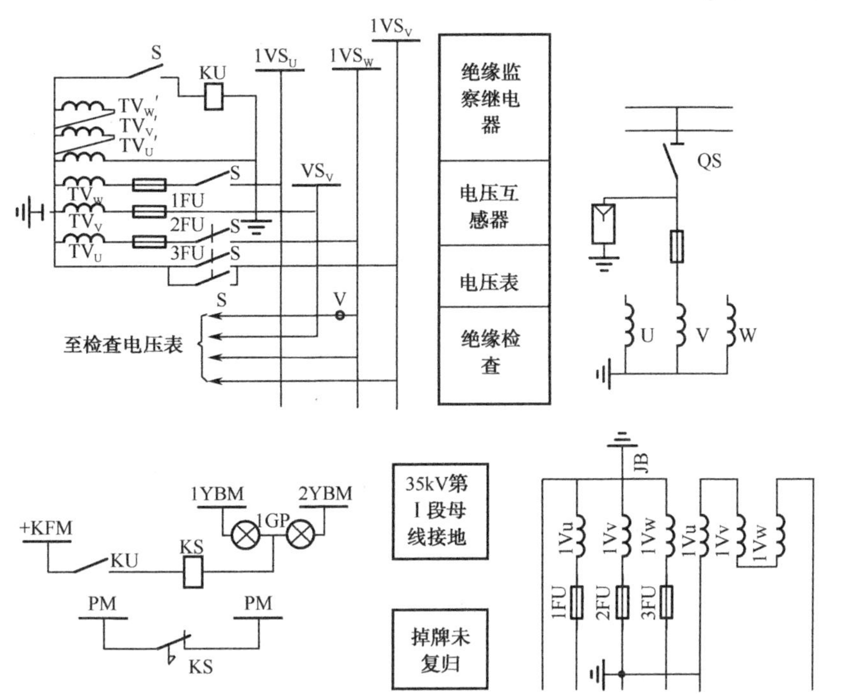

TVu、TVv、TVw—电压互感器二次绕组；TVu'、TVv'、TVw'—电压互感器第三绕组；V—电压表；

1GP—光字牌；KU—电压继电器；KS—信号继电器；1～3FU—熔断器；JB—击穿保险；S—辅助开关

图 11-16 V 相接地的 35kV 电压互感器二次回路的接线

2. 控制回路

变电站的电气设备一般由断路器进行控制，断路器分、合都是利用操作元件通过控制回路对断路器的操动机构发出指令进行操作的。

（1）断路器控制回路的基本要求

① 能够由手动利用控制开关对断路器进行分、合闸的操作。

② 满足自动装置和继电保护装置的要求。被控制设备备用时，能够由自动装置通过断路器将该设备自动投入运行；当设备发生故障时，继电保护装置能将断路器自动跳闸，切除故障。

③ 能够反映断路器的实际位置及监视控制回路的完好。断路器无论在正常工作或故障动作、或控制回路出现断线故障时，能够通过 SA 手柄的位置、信号灯及相应的声光信号反映其工作状态。

④ 分、合闸的操作应在短时间内完成。由于 YC、YT 都是按短时通过工作电流设计的，因此分、合断路器后应立即自动断开，以免烧坏线圈。

⑤ 能够防止断路器短时间内连续多次分、合的跳跃现象发生。

（2）断路器控制回路的组成

断路器控制回路的组成与断路器所用操动机构的不同而异，一般是由控制元件、中间环节、操动机构组成。典型的采用电磁操动机构的组成框图如图 11-17 所示。

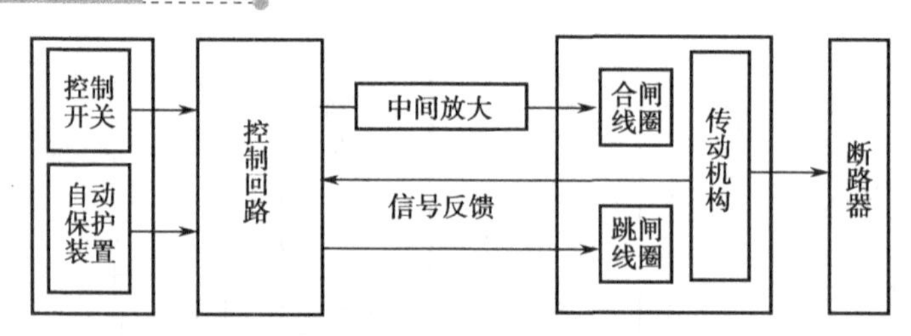

图 11-17 典型的采用电磁操动机构的框图

1）控制元件

控制元件由手动操作的控制开关 SA 和自动操作的自动装置与继电保护装置的相应继电器触点构成。

目前，用于强电控制的通常采用 LW2 系列组合式万能转换开关，又叫控制开关（SA），LW2 型控制开关的结构如图 11-18 所示，运行人员利用 SA 的不同位置发出操作命令，对断路器进行手动合闸和分闸的操作。

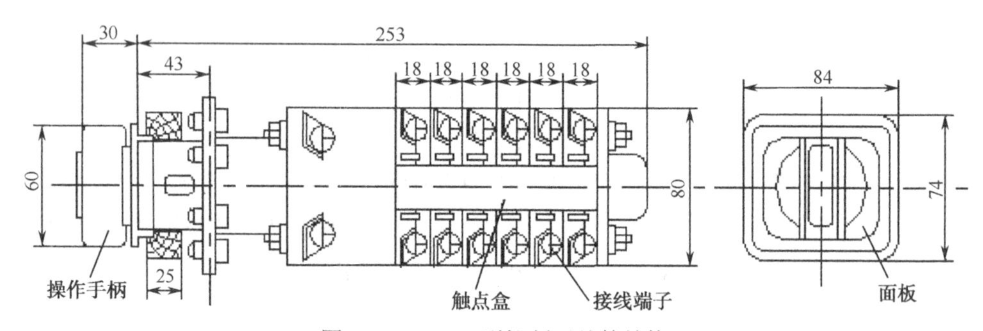

图 11-18 LW2 型控制开关的结构

LW2 型控制开关的实物如图 11-19 所示，控制开关正面是一个面板和操作手柄，安装在控制屏正面，与操作手柄轴相连的有数个触点盒，安装在控制屏后，每个触点盒有 4 个定触点和 2 个动触点。由于动触点的凸轮和簧片形状的不同，手柄转动时，每个触点盒内定触点接通与断开的状态各不相同，每对定触点随手柄转动在不同位置时的工作状态，可用控制开关的触点图表示出来。

图 11-19 LW2 型控制开关的实物

2）中间环节

中间环节指连接控制、信号、保护、自动装置、执行和电源等元件组成的控制电路。根据操动机构和控制距离的不同，控制电路的组成不尽相同。

3）操动机构

操动机构中与控制电路相连的是合闸线圈（YC）和跳闸线圈（YT）。合闸时由于 YC 取用的电流很大（可达数百安培），控制回路电器容量满足不了要求，必须经过中间放大元件（如接触器）进行控制，即用 SA 控制合闸接触器 KM，再由 KM 主触点控制电磁操动机构的 YC。

采用灯光监视具有电磁操作的断路器控制回路如图 11-20 所示，±为直流电源小母线、M100（+）是闪光小母线。当 M100（+）通过某一中间回路与电源的负极接通时，会出现电位高、低的交替变化；M708 通过某一中间回路接到电源的负极时，会启动声音事故信号装置，发出事故音响信号；HL1、HL2（或 RD、GN）为红、绿信号灯；FU1～FU4 为熔断器，R 为附加电阻；KM 为合闸接触器；YC、YT 为合、跳闸线圈；K1、K2 分别为自动装置和继电保护装置的相应触点；SA 采用 LW2—Z—1a、LW2—Z—4、LW2—Z—6a、LW2—Z—40、LW2—Z—20、LW2—Z—20/F8 型的控制开关；QF 为断器的辅助触点。

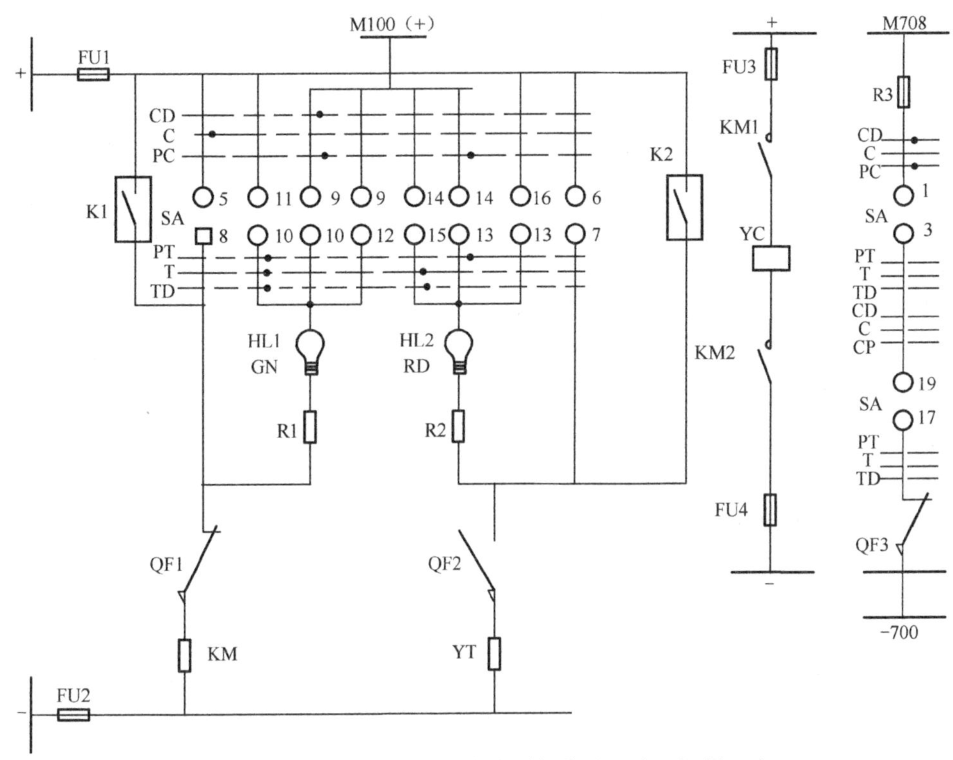

图 11-20 采用灯光监视具有电磁操作的断路器控制回路

回路工作过程包括手动控制、自动控制和防止跳跃（包括机械防跳和电气防跳）。

3. 信号回路

在变电站中，为了监视各电气设备和系统的运行状态，进行事故处理、分析和相互联系，经常采用信号装置。

（1）信号系统的类型

1）按使用的电源分类

可分为强电信号系统和弱电信号系统。电源电压为 110V 或 220V 为强电信号系统；弱电信号系统一般为 48V 及以下电压。

2）按信号的表示方法分类

可分为灯光信号和音响信号，灯光信号又可分为平光信号和闪光信号以及不同颜色和不同闪光频率的灯光信号，音响信号又可分为不同音调或语音的音响信号。计算机集散系统在电力系统应用后，使信号系统发生了很大的变化。

3）按用途分类

① 位置信号：用来指示开关电器、控制电器及其设备位置状态的信号。例如，用灯光表示断路器合、跳闸位置；用专门的位置指示器表示隔离开关位置状态。

② 事故信号：当电气设备发生事故（一般指发生短路），应使故障回路的断路器立即跳闸，并发出事故信号。事故信号由音响和灯光两部分组成。音响信号一般是指蜂鸣器或电喇叭发出强烈的音响，引起值班人员注意；同时，断路器位置指示灯（在断路器控制回路中）发出闪光指明事故对象。

③ 预告信号：当电气设备出现不正常的运行状态时，并不使断路器立即跳闸，但要发出预告信号，帮助值班人员及时地发现故障及隐患，以便采取适当的措施加以处理，以防故障扩大。预告信号也有音响和灯光两部分组成。音响信号一般由警铃发出，同时标有故障性质的光字牌灯光信号点亮。常见的预告信号：变压器过负荷；断路器跳、合闸线圈断线；变压器轻瓦斯保护动作、变压器油温过高、变压器通风故障；电压互感器二次回路断线；交、直流回路绝缘损坏发生一点接地、直流电压过高或过低及其他要求采取措施的不正常情况，如液压操动机构压力异常等。

④ 指挥信号和联系信号：指挥信号是用于主控室向其他控制室发出操作命令的信号。联系信号是用于各控制室之间的联系。

（2）信号系统的基本要求

① 断路器事故跳闸时，能及时发出音响信号，并使相应的位置指示灯闪光，信号继电器掉牌，亮“掉牌未复归”光字牌。

② 发生不正常情况时，能及时发出区别于事故音响的另一种音响（警铃声），并使显示故障性质的光字牌点亮。

③ 对事故信号、预告信号等进行是否完好的试验。

④ 音响信号应能重复动作，并能手动及自动复归，而故障性质的显示灯仍保留。

⑤ 变电站发生事故时，应能通过事故信号的分析，迅速确定事故的性质。

⑥ 对指挥信号、联系信号等，应根据需要装设。其装设原则是应使运行人员迅速、准确地确定所得到信号的性质和地点。

（3）事故信号

中央复归能重复动作的事故信号启动回路如图 11-21 所示，具有中央复归、能重复动作的中央信号电路的主要元件是冲击继电器，它可接收各种事故脉冲。冲击继电器有各种不同的类型，但其共同点都是有接收信号的元件（脉冲变流器或电阻）以及相应的执行元件。

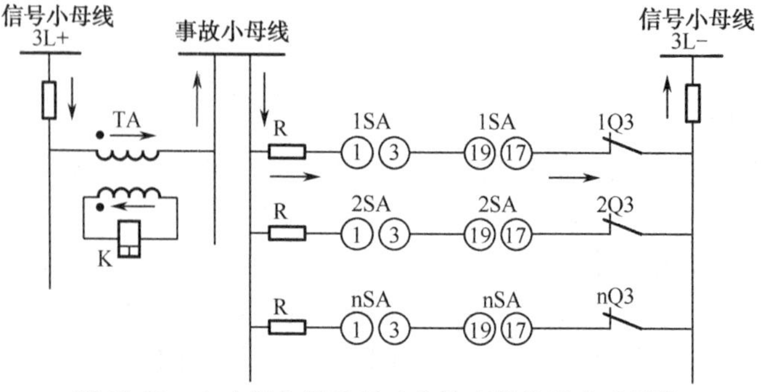

图 11-21　中央复归能重复动作的事故信号启动回路

图 11-21 中，3L+、3L-为信号电源小母线，TA 为脉冲变流器，K 为执行元件脉冲继电器，SA 为控制开关。对于图 11-22 中的事故信号启动回路，当系统发生事故，断路器 QF1 跳闸时，接于事故小母线与 3L-之间的不对应启动回路接通（即事故小母线经电阻 R、1SA 触点 1－3 和 19－17、断路器辅助触点 1Q3 至 3L-），在变流器 TA 的一次侧将流过一个持续的直流电流（矩形脉冲），而在 TA 的二次侧只有一次侧电流从初始值达到稳定值的瞬变过程中才有感应电势产生，对应二次侧电流是一个尖峰脉冲电流。此电流使执行元件的继电器 K 动作。K 动作后再启动中央事故信号回路。当变流器 TA 中直流电流达稳定值后，二次绕组中的感应电势即消失。当这次事故音响已被解除，执行元件的继电器 K 已复归，而相应断路器和控制开关的不对应回路尚未复归，第二台断路器 QF2 又自动跳闸，第二条不对应回路（即事故小母线经电阻 R、2SA 触点 1－3 和 19－17、断路器辅助触点 2Q3 至 3L-）接通，在事故小母线与 3L-之间又并联一支启动回路，从而使脉冲变流器 TA 的一次侧电流发生变化（每一并联支路均串有限流电阻 R），二次侧感应脉冲电动势，使继电器 K 再次启动事故音响装置。所以，该装置能重复动作。

JC-2 型冲击继电器是利用电容充放电启动极化继电器的原理构成的。极化继电器具有双位特性，其结构如图 11-22 所示。

图 11-22 中，线圈 1 为工作线圈，线圈 2 为返回线圈，若线圈 1 按图 11-22 所示极性通入电流时，根据右手螺旋定则，电磁铁 3 及与其连接的可动衔铁 4 的上端呈 N 极，下端呈 S 极，电磁铁产生的磁通与永久磁铁产生的磁通相互作用，产生力矩，使极化继电器动作，触点 6 闭合（图 11-22 中位置）。如果线圈 1 中流过相反方向的电流或在线圈 2 中按图 11-22 所示极性通入电流时，可动衔铁的极性改变，触点 6 复归。

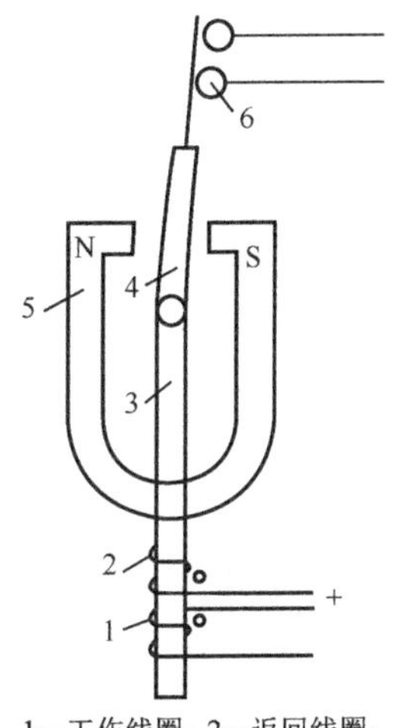

1—工作线圈；2—返回线圈；3—电磁铁；4—可动衔铁；5—永久磁铁；6—触点

图 11-22　极化继电器的结构

JC—2 型冲击继电器的内部电路如图 11-23 所示，KP 是极化继电器，启动回路动作时，产生的脉冲电流自端子 5 流入，在电阻 R1 上产生一个电压增量，该电压增量即通过继电器的两个线圈 L1 和 L2 给电容器 C 充电，充电电流使极化继电器动作（电流从线圈 L1 同名端流入，从线圈 L2 同名端流出）。当充电电流消失后，极化继电器仍保持在动作位置。极化继电器的复归有两种方式，一种为负电源复归，即冲击继电器接于正电源端时，端子 4 和 6 短接，将负电源加到端子 2 来复归，其复归电流从端子 5 流入，经电阻 R1、线圈 L2、电阻 R2 至端子 2 流出。另一种方式为正电源复归，即冲击继电器接于负电源端时，端子 6 和 8 短接，将正电源加到端子 2 来复归，其复归电流从端子 2 流入，经电阻 R2、线圈 L1、电阻 R1 至端子 7 流出。

此外，冲击继电器还具有冲击自动复归特性，即当流过电阻 R1 的冲击电流突然减小或消失时，在电阻 R1 上的电压有一减量，该电压减量使电容器经极化继电器线圈放电，其放电电流使极化继电器冲击返回。

（4）预告信号

预告信号一般由反映该回路参数变化的单独继电器启动。例如，过负荷信号由过负荷信号继电器启动；轻瓦斯动作信号由变压器轻瓦斯继电器启动；绝缘损坏由绝缘监察继电器启动；直流系统电压过高和过低由直流电压监察装置中的相应的过电压继电器和低电压继电器启动等。

预告信号的启动回路如图 11-24 所示，S 为转换开关，HL 为光字牌，K 为保护装置的触点。

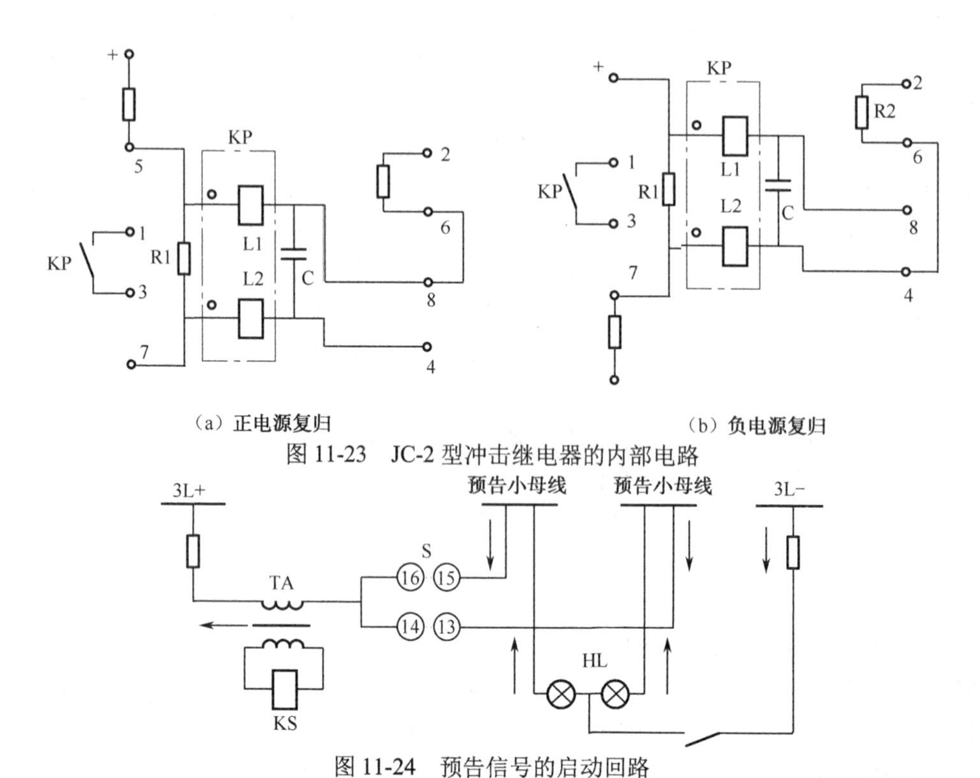

（a）正电源复归　　（b）负电源复归

图 11-23　JC-2 型冲击继电器的内部电路

图 11-24　预告信号的启动回路

对于预告信号启动回路，与事故信号启动回路相比，脉冲变流器 TA 仍能接收故障信号脉冲，并转换为尖峰脉冲使继电器 KS 动作，但启动回路及重复动作的构成元件不同，具体区别有以下几点。

① 事故信号是利用不对应原理，将信号电源与事故音响小母线接通来启动；而预告信号是利用相应的继电保护装置出口继电器动合触点 K 与预告信号小母线接通来启动。此时转换开关 S 在工作位置，其触点 13－14、15－16 接通。当设备发生不正常运行状态（如变压器油温过高）时，相应的保护装置的触点 K 闭合，预告信号的启动回路接通（即 3L+经触点 K，光字牌 HL 接至预告小母线上，再经过 S 的触点 13－14、15－16，变流器 TA 至 3L−），使 KS 动作，并点亮光字牌 HL。

② 事故信号是在每一启动回路中串接一电阻启动的，重复动作则是通过突然并入一启动回路（相当于突然并入一电阻）引起电流突变而实现的；预告信号是在启动回路中用光字牌代替电阻启动，重复动作则是通过启动回路并入光字牌实现的。

预告信号启动回路的光字牌检查回路如图 11-25 所示。

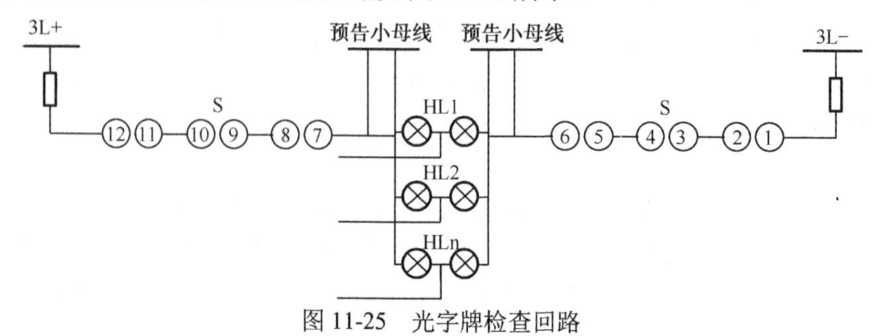

图 11-25　光字牌检查回路

当检查光字牌的灯泡是否完好时，可将转换开关 S 由“工作”位置切换至“试验”位置，通过其触点 1—2、3—4、5—6、7—8、9—10、11—12，将预告信号小母线分别接至 3L+和 3L-，使所有接在预告信号小母线上的光字牌都点亮。任一光字牌不亮，则说明内部灯泡损坏，可及时更换。在发出预告信号时，同一光字牌内的两个灯泡是并联的，在灯泡前面的玻璃框上标注“过负荷”、“瓦斯保护动作”、“油温过高”等表示不正常运行设备及其性质的文字。灯泡上所加的电压是其额定电压，因而发光明亮，而且当其中一只灯泡损坏时，光字牌仍能显示。在检查时，两只灯泡是相互串联的，每只灯泡上所加的电压是其额定电压的一半，灯光较暗，如果其中一只灯泡损坏，则不发光，这样可以及时的发现已损坏的设备。由于灯泡的使用寿命较短，目前已逐步改用发光二极管代替灯泡。

下面以 JC—2 型冲击继电器构成的预告信号电路为例来分析一下预告信号的动作过程，如图 11-26 所示。

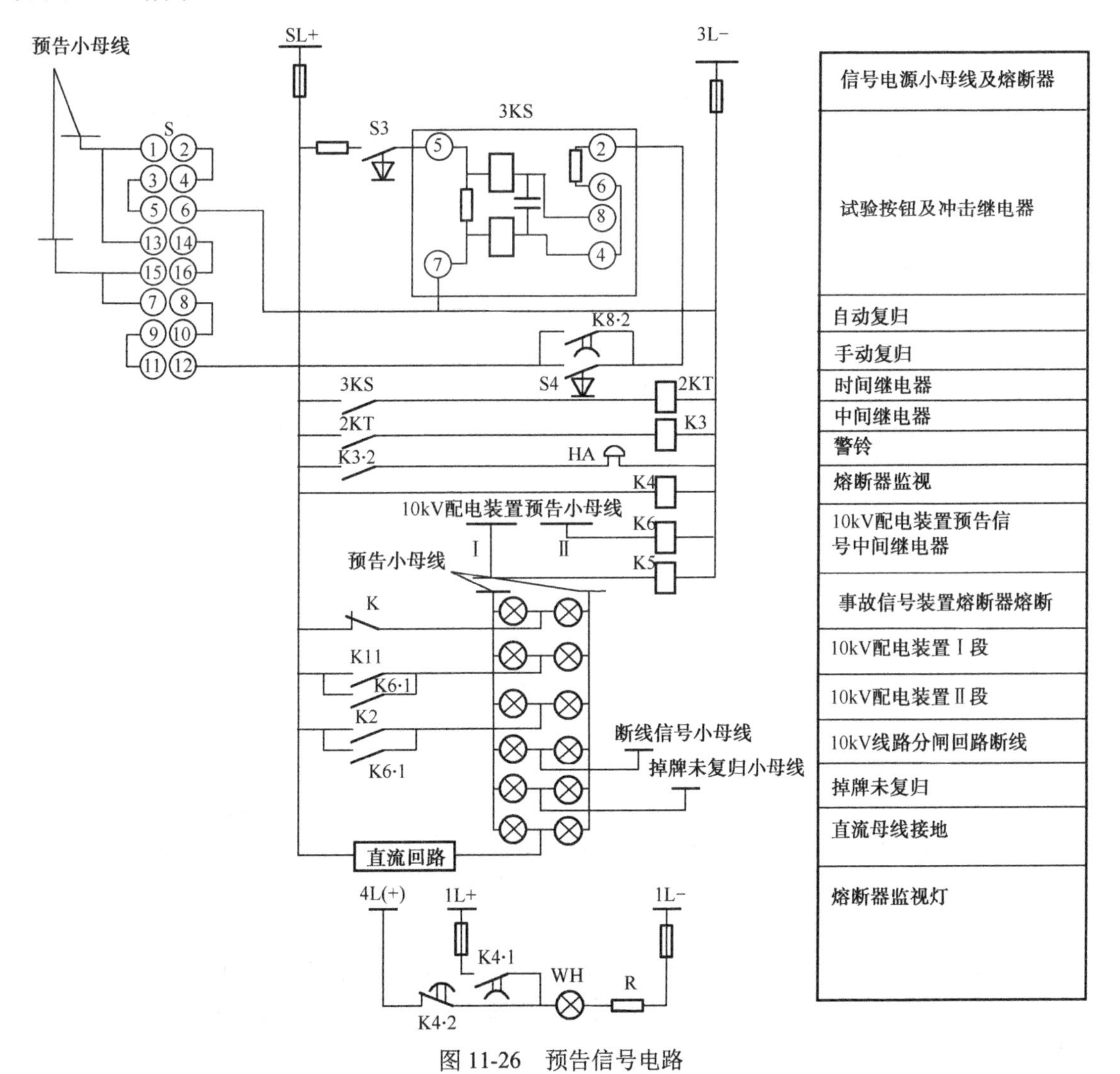

图 11-26 预告信号电路

图 11-26 中，3KS 为预告信号脉冲继电器；S 为预告信号转换开关；S3 为预告信号试验按钮；S4 为预告信号的复归按钮；2KT 为时间继电器；K3 为中间继电器；K4 为熔断器的监视继电器；K5 和 K6 为 10kV 配电装置预告信号中间继电器；HA 为电铃。

① 回路的启动。

正常时转换开关 S 处于“工作”位置，其触点 13－14、15－16 接通，当设备出现不正常的运行状况时，相应的继电保护装置动作，其触点闭合。如事故信号装置断电时，事故信号电源监察继电器 K 失电，即图 11-27 中的动断触点闭合，形成下面的回路：3L+→K→并联双灯信号→预告信号小母线→S 的 13－14 及 15－16 双路触点→冲击继电器 3KS 触点 5→经 3KS 触点 7→3L-形成通路，使相应双灯光字牌点亮，显示“事故信号装置熔断器熔断”。同时 3KS 的动合触点闭合，启动时间继电器 2KT，动合触点 2KT 经 0.2～0.3s 的短延时闭合后，启动中间继电器 K3，触点 K3 • 2 闭合启动警铃 HA，发出音响信号。

② 预告信号的复归。

预告信号是利用事故信号电路的时间继电器 K8 延时复归的。K3 的另一触点 K3 • 1 启动时间继电器 K8，接下来，在图 11-27 中，K8 • 2 延时闭合，将反向电流引入 3KS，使 3KS 复归，自动解除音响，实现了音响信号的延时自动复归。按下音响解除按钮 S4，可实现音响信号的手动复归。当故障在 0.2～0.3s 内消失时，由于冲击继电器 3KS 的电阻 R1 突然出现了一个电压减量，冲击继电器 3KS 冲击自动返回，从而避免了误发信号。3KS 复归后，消除了音响信号，光字牌仍就点亮着，直到不正常现象消失，继电保护复归（如 K 断开），灯才会熄灭。

③ 预告信号回路的监视。

预告信号回路的熔断器由熔断器监视继电器 K4 监视。正常时，K4 线圈带电，其延时断开的动合触点 K4 • 1 闭合，白色的熔断器监视灯 WH 发平光。当预告信号回路中的熔断器熔断或接触不良时，K4 线圈失电，其动断触点 K4 • 2 延时闭合，将 WH 切换至闪光小母线 4L（+）上，使 WH 闪光。

预告信号电路的试验是通过按下试验按钮 S3 来实现的。6～10kV 配电装置设置了两段预告信号小母线，当接于这两段上的预告信号启动回路接通时，预告信号继电器 K5 或 K6 启动，其动合触点闭合接通光字牌，指明异常运行发生在 I 段或 II 段。

（5）新型中央信号装置介绍

微机控制的新型中央信号除具有常用的中央信号装置的功能外，信号系统由单个元件构成积木式结构，接收信号数量没有限制。

信号装置采用微机闪光报警器，除具有普通报警功能外，还具备报警信号的追忆、记忆信号的掉电保护、报警方式的双音双色、报警音响的自动消音等特殊功能。装置的控制部分由微处理器、程序存储器、数据存储器、时钟源、输入输出接口等组成微机专用系统。装置的显示部分（光字牌）采用新型固体发光平面管（冷光源）

该装置具有以下功能。

① 双音双色：光字牌的两种颜色分别对应两种报警音响，从视觉、听觉上可明显区别事故信号和预告信号。报警时，灯光闪光，同时音响发生；确认后，灯光平光，音响停；正常运行为暗屏运行。

② 动合、动断触点可选择：可对 64 点输入信号的动合、动断触点状态以 8 的倍数进行设定，由控制器内的主板上拨码器控制。

③ 自动确认：信号报警器不按确认键，能自动确认，光字牌由闪光转为平光、音响停止，自动消音时间可控制。

④ 通信功能：控制器具有通信线，可与计算机进行通信，将断路器动作情况通过报文形式报告给计算机。当使用多个信号装置时，通信线可并网运行，由一台控制器作为主机，其他控制器分别作子机，且子机计算机地址各不相同，其连接如图 11-27 所示。

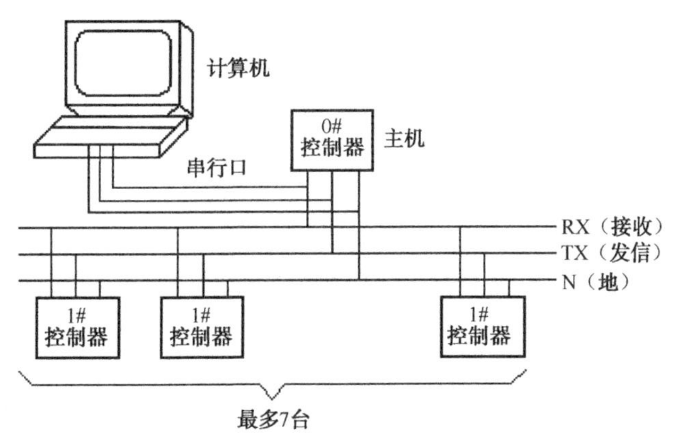

图 11-27　多台控制器的连接

⑤ 追忆功能：报警信号可追忆，按下追忆键，已报警的信号按其报警先后顺序在光字牌上逐个闪亮（1 个/s），最多可追忆 2000 个信号，追忆中报警优先。

⑥ 清除功能：若须要清除报警器内记忆信号，操作清除键即可。

⑦ 掉电保护功能：报警器若在使用过程中断电，记忆信号可保存 60 天。

⑧ 触点输出功能：在报警信号输入的同时，对应输出一动合触点，可起辅助控制的作用。

11.2　变电站继电保护

学习目标

① 明确变电站继电保护的任务，掌握其基本工作原理。

② 明确对继电保护的要求。

③ 掌握各种继电保护。

11.2.1　变电站的继电保护

1．继电保护的定义

变电站电力系统运行过程中，发生故障或不正常运行时，它的电气量会发生非常显著的变化，继电保护装置，就是指能反应电力系统中电气元件发生故障或不正常运行状态，并动作于断路器跳闸或者发出信号的一种自动装置。继电保护装置配置使用不当或不正确动作，必将引起事故或使事故扩大，损坏电气设备，甚至造成整个电力系统崩溃、瓦解。

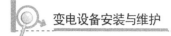

2. 继电保护的任务

① 当被保护的电力系统元件发生故障时，应该由该元件的继电保护装置迅速准确地给距离故障元件最近的断路器发出跳闸命令，使故障元件及时从系统中断开，以最大限度地减少对电力元件本身的损坏，降低对电力系统安全供电的影响。

② 反应电气设备的不正常工作情况，并根据不正常工作情况和设备运行维护条件的不同发出信号，以便值班人员进行处理，或由装置自动进行调整，或将那些继续运行而会引起事故的电气设备予以切除。

3. 对继电保护的要求

动作于跳闸的继电保护，在技术上一般应满足四个基本要求，即选择性、速动性、灵敏性和可靠性。

（1）继电保护装置动作的选择性

继电保护装置动作的选择性是指保护装置动作时，仅将故障元件从电力系统中切除，使停电范围尽量缩小，以保证系统中的无故障部分仍能继续安全运行。要使继电保护装置动作具有选择性，首先要正确地选择继电保护装置的动作原理和接线方式，并选择正确的整定值，使得继电保护装置既有足够的灵敏度，又能在动作时间上相互配合。

（2）继电保护装置具有速动性

当电力系统发生短路故障时，巨大的短路电能释放在故障电流流过的部位和电弧中所产生的高温能使金属熔化、绝缘烧毁。因此，在发生故障时，要求保护装置能迅速快速动作切除故障（在满足选择性的前提下）。故障切除的总时间等于保护装置和断路器动作时间之和。一般的快速保护的动作时间可以达到 0.02～0.03s，最快的可达 0.01～0.03s，最快速的断路器跳闸时间为 0.04～0.06s。所以，最快速切除故障的时间可以达到 0.05～0.08s。

（3）继电保护装置的灵敏性

继电保护装置的灵敏性（又称灵敏度）是指对于其保护范围内发生故障或不正常运行状态的反应能力。以相间短路的保护装置为例，评价其灵敏性，不但要求它在最大运行方式下发生三相金属性短路（短路电流最大）时能够灵敏动作，而且在最小运行方式下发生两相短路或两相接地短路（短路电流最小）时，也能够有足够的灵敏度。

（4）继电保护装置的可靠性

继电保护装置的可靠性是指在规定的保护范围内发生应该动作的故障时，保护装置应能可靠地动作，而在任何不应动作的情况下，保护装置不应误动。

提高继电保护装置可靠性的措施如下。

① 选用结构简单、原理先进、性能良好、动作可靠的继电保护装置。

② 保护二次回路的设计应尽可能简单、合理，使用最少数量的继电器触点，并选用质量可靠的二次回路元器件，严格检验安装质量。

③ 正确地进行整定计算，选取合适的整定值。

④ 新型继电保护投入运行前，应按照继电保护装置检验规程的规定进行严格的检验，投入运行后要加强维护，定期进行校验。

11.2.2 变电站常见的继电保护装置

1. 电流保护

输电线路发生相间短路时，比正常的负荷电流要突然增大许多倍，利用此特点，加之相应的继电器，按照一定的逻辑回路连接起来，构成线路的过电流及速断保护装置。

（1）反时限过流保护装置

反时限过流保护是过流保护装置的一种，它的特点：其动作时间随通过的电流大小的变化而变化；电流大动作时间短，电流小动作时间长。这种特性称之为反时限特性。

反时限过电流保护是利用感应型电流继电器构成的，如图 11-28 所示。

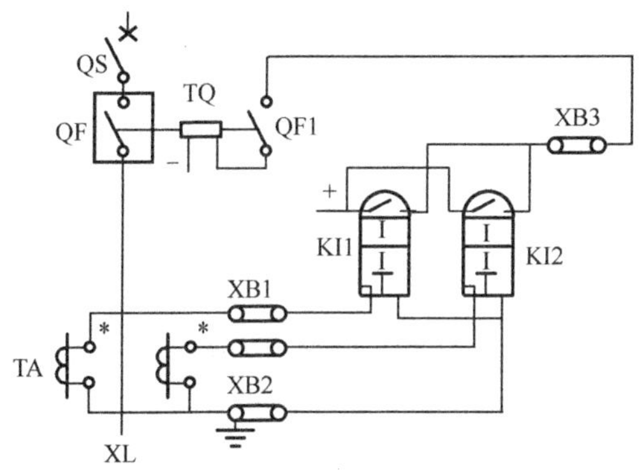

QS—隔离开关；QF—断路器；TQ—跳闸线圈；TA—电流互感器；KI1、KI2—感应型电流继电器；XB1～XB3—连接片

图 11-28 反时限过流保护装置的原理

在这种保护装置中，继电器 KI 既是启动元件，又是时间元件，同时，本身还具有机械掉牌的指示功能。因此，它是在辐射网最后一级得到广泛采用的最简单的一种装置。

从图 11-28 中可知，当线路 XL 发生相间短路时，电流互感器 TA 的二次电流突然增大，并通过连片 XB1（或 XB2）去启动感应型电流继电器 KI1（或 KI2）；当 KI1（或 KI2）动作后，经一定的延时，动合触点闭合，直流正电源经 XB3、QF1、TQ 到直流负极，使跳闸线圈 TQ 带电，将断路器 DL 跳闸，切除故障。

反时限过流保护装置虽然简单，但为了达到有选择性的切除故障，实现起来是很困难的，故一般在辐射网的末端采用。

（2）定时限过流保护装置

定时限的过流保护和反时限相比，其特点：不管电流多大，只要启动起来，动作时间是一定的。此种保护的原理接线图如图 11-29 所示。

从图 11-29 中可知，原理接线图是将交流回路和直流回路绘制在一起，这样整体概念性比较强，直观，并容易看懂回路。但绘制困难，尤其是复杂保护的接线，更不易绘制，有的即使绘制出来，也不易看清。因此，目前在工程中常用的则是二次回路的展开图，如图 11-30 所示。

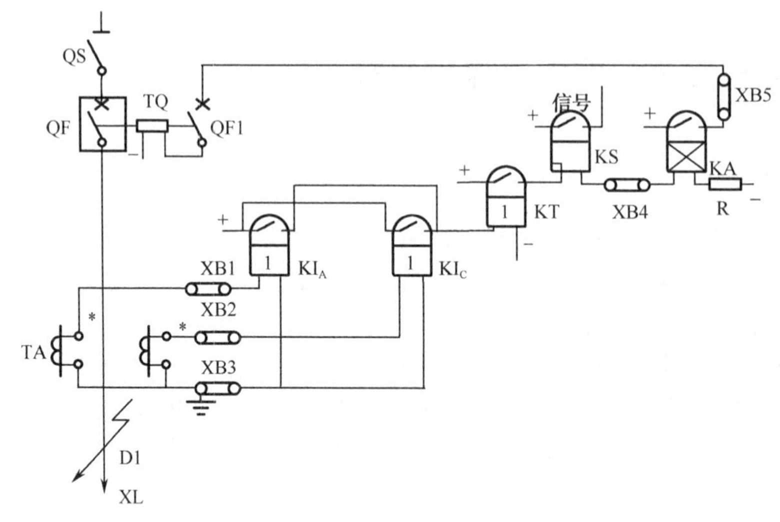

图 11-29　定时限过流保护的原理接线图

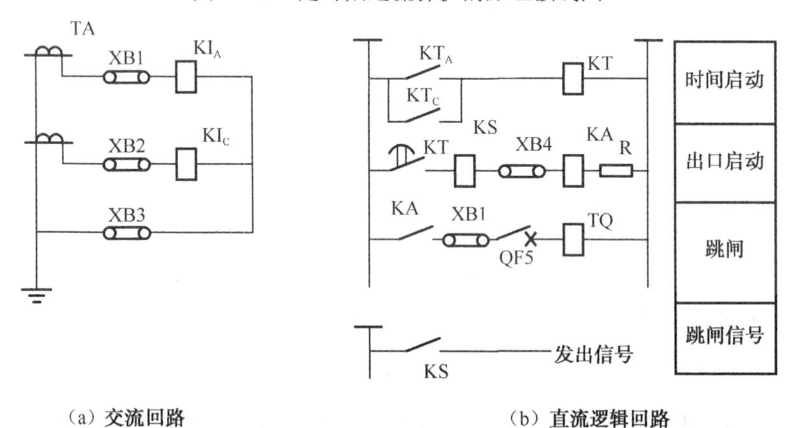

（a）交流回路　　（b）直流逻辑回路

图 11-30　定时限过流保护二次回路展开图

当线路 XL 在 D 处发生相间短路时，短路电流较正常负荷电流大若干倍，使电流继电器 KI 动作，启动时间继电器 KT 经一定的时间（此时间的大小是由继电保护定值计算人员给定的），KT 的延时触点闭合，启动信号继电器 KS 和出口中间继电器 KA，KA 的动合触点闭合，经连片 XB5、断路器辅助触点 QF1 启动断路器的跳闸线圈，将断路器 QF 跳开，切除故障。从电流继电器 KI 动作到切除故障的全过程如下（参见图 11-30）。

① +→KI_A（KI_C）→KT 线圈→时间继电器 KT 启动。

② +→KT 触点→KS 线圈→XB4→KA 圈→R→－，启动信号继电器 KS 和出口线中间继电器 KA。

③ +→KA 触点→XB5→QF1→TQ→－，启动跳闸线圈 TQ，跳开断路器 QF，切除故障。

④ +→KS→发出信号。

（3）电流速断保护

反时限过流保护和定时限过流保护都存在着一个共同的缺点，就是切除故障慢。因为它须要满足选择性的要求后，靠动作的延时来实现。下面要介绍的速断保护则是靠电流定值来满足选择性要求。速断保护展开图如图 11-31 所示。

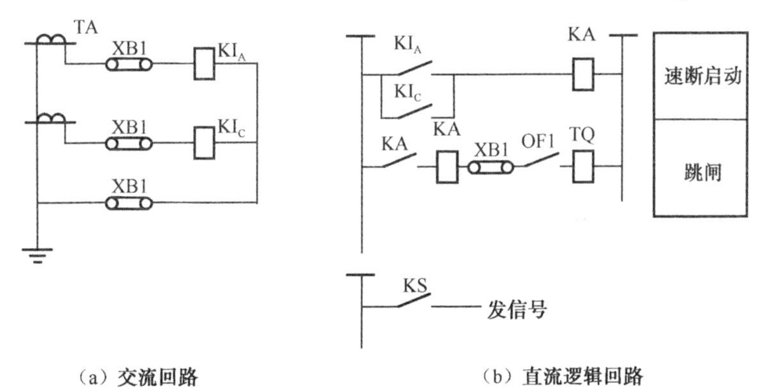

（a）交流回路 （b）直流逻辑回路

图 11-31 速断保护展开图

当发生相间短路时，速断保护装置的动作过程如下。

若短路电流足以使电流继电器 KI_A（或 KI_C）启动，其动合触点闭合，使出口中间继电器 KA 启动，然后，KA 的动合触点闭合，经 KS 信号继电器线圈、XB 连片、QF1 断路器辅助触点、跳闸线圈 TQ 去跳开断路器 QF，切除故障。

① +→XB_A（XB_C）→KA 线圈→－，启动 KA。

② +→KA→KS 线圈→XB4→QF1→TQ 线圈→-，启动跳闸线圈 TQ，使断路器 QF 跳掉。

另外，速断保护动作跳闸信号继电器 KS 发出信号，即+→KS→发出信号。

2．电压保护

电压保护是以保护装置安装处的被测电压作为作用量的继电保护方式。被保护对象上电压突然增大而使保护装置动作的，称为过电压保护；被保护对象上电压突然下降而使保护装置动作的，称为低电压保护。

电压保护测量部分一般使用过电压继电器（或低电压继电器），逻辑部分根据保护动作的需要决定是否使用时间继电器来延迟动作速度，从而满足选择性要求。执行部分采用中间继电器去完成跳闸断路器，信号继电器去接通信号回路，发出相应信号的任务。过电压保护可用于被保护对象不允许在过电压状态下运行的电气设备保护，如发电机、变压器、电动机等，一般灵敏度都满足要求。

（1）低电压闭锁的过电流保护

在单纯的电流保护中，灵敏度最高的就是定时限过电流保护，其动作值是按照“躲开正常运行情况下的最大负荷电流”原则来整定。被保护对象如果是电动机类负载，其启动电流相当大，按此原则计算出来的动作值也比较大，有可能出现灵敏度不满足要求的情况。可以利用此时设备上的电压下降不多（不低于 70%U_N）的特征构成闭锁条件，从而降低保护动作值，提高灵敏度。

低电压闭锁的过电流保护原理接线图如图 11-32 所示。

动作过程如下。

① 对象正常时：通过设备的电流低于 KA 动作值，母线处电压为 U_N，1～3kV 触点均断开，保护不会启动。

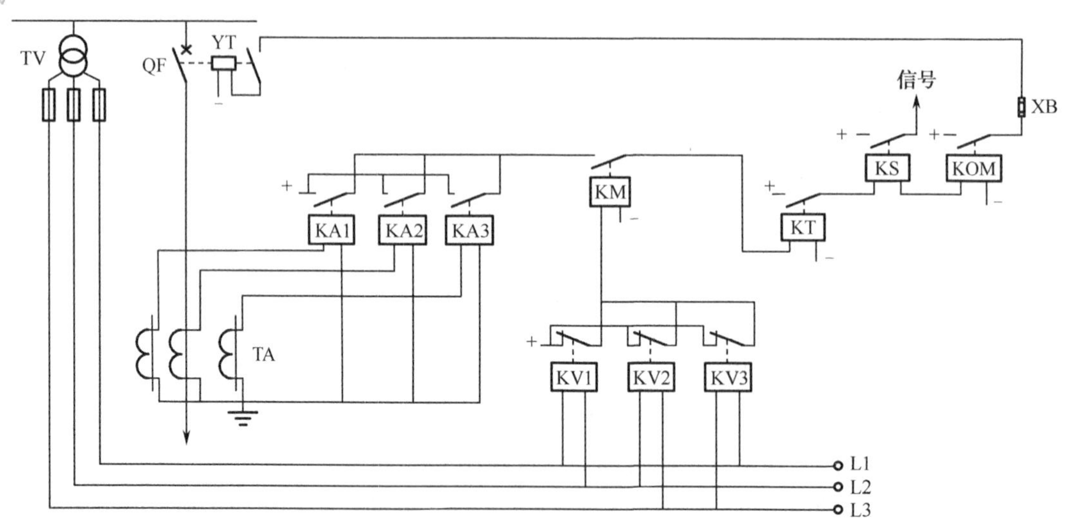

图 11-32　低电压闭锁的过电流保护原理接线图

② 电动机类负载启动时：通过设备的电流大于 KA 动作值，但母线处电压不低于 70%U_N，而低电压继电器 KV 的动作值一般小于 70%U_N，1～3kV 触点均断开，保护不会启动。

③ 对象故障时：通过设备的电流是短路电流，KA 动作；母线处电压下降为残压，一般低于 60%U_N，故障相 KV 动作。经时间继电器延时后，接通 KS 线圈和 YT 线圈，KS 接通信号回路，发出相应信号，YT 完成 QF 跳闸任务。

④ TV 二次侧熔断器熔断时：熔断相 KV 动作，接通 KM 线圈，但因 KA 未动作，保护不会误动，可由 KM 的另外触点发出 TV 二次侧断线信号；如此时设备过负荷，则 KA 动作，保护误动。因此，运行中应密切监视 TV 二次侧断线信号并及时处理，如无法及时排除，则应将保护退出运行，待恢复正常后再投入。

保护退出运行的方法：将该保护布置在保护屏上的连接片 XB 断开。

（2）复合电压启动的过电流保护

电力系统中发生三相不对称短路时，电量参数中会分解出负序分量，而正常运行情况下该分量几乎为零。可以利用该分量的出现构成相应的保护，即复合电压启动的过电流保护，从而提高电压元件的动作灵敏度。复合电压启动的过电流保护的原理接线图如图 11-33 所示。

动作过程如下。

① 被保护对象正常运行时：三相中流动的电流均低于 KA 整定值，KA1～KA3 不动作；三相电压对称，负序滤过器无输出，KVN 触点保持闭合状态，KV 线圈施加额定电压 U_{ac}，其触点断开中间继电器 KM 线圈供电回路，整套保护不启动。

② 被保护对象上发生三相不对称短路故障时：根据故障特征可知，故障相会流动短路电流，KA1～KA3 中至少有 1 只 KA 会动作；母线处三相电压不对称，负序滤过器有输出，KVN 触点断开 KV 线圈供电回路，KV 触点保持闭合状态，接通中间继电器 KM 线圈供电回路，KM 触点闭合，保护启动。经时间继电器延时后，启动信号继电器 KS 和出口中间继电器 KOM，由两者分别完成发信号、跳闸任务。由于负序电压继电器的整定值很小，故该保护对不对称短路故障有极高的灵敏度。

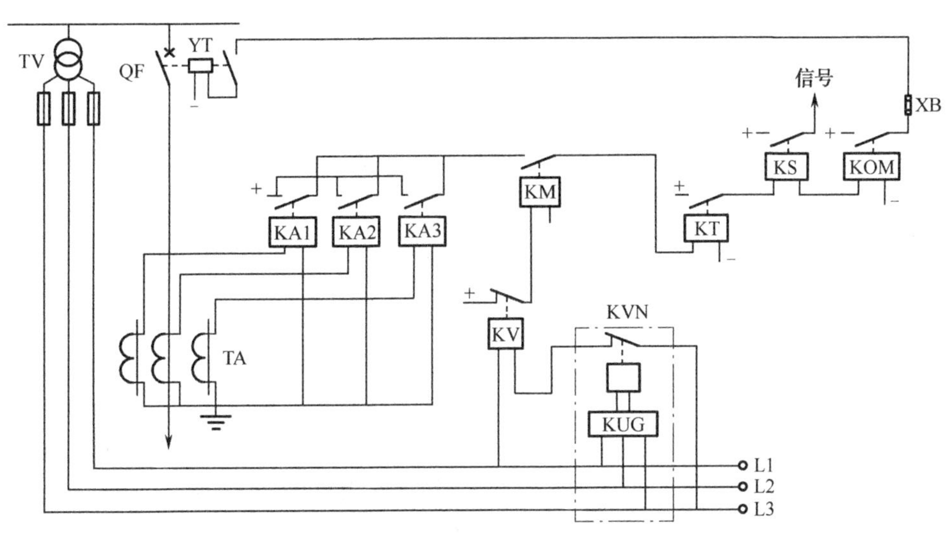

图 11-33 复合电压启动的过电流保护的原理接线图

③ 被保护对象上发生三相对称短路故障时：三相相间短路之初，三相电压是不对称的，动作情况和三相不对称短路故障一致。当短路进入稳态后，三相电压虽然对称，KVN 触点保持闭合状态，KV 线圈施加故障时电压 U_{ac}，只要能保证 KV 触点不返回，保护就会继续处于启动状态，而低电压继电器 KV 的返回电压一般是启动电压的 1.15～1.2 倍，故该情况下保护的灵敏度也提高了 1.15～1.2 倍。

该保护灵敏度较高，投资上有所增加。因此，一般用于贵重电气设备的保护中。

（3）过电压保护

过电压是指超过电气设备最高允许工作电压的危险电压升高。过电压的种类比较多，包括以下几个方面。

① 外部过电压：由于雷云放电在电力系统中引起的过电压叫外部过电压，又称大气过电压或雷电过电压。外部过电压分为直击雷过电压和感应雷过电压。

② 内部过电压：是由电力系统内部操作或故障引起的过电压叫内部过电压。内部过电压分为工频过电压、操作过电压和谐振过电压。

不同类型的过电压对电力系统的影响不同，但都会给系统带来危害。外部过电压的电压值可达到几千到上万千伏，甚至更高，其大小主要与雷电参数有关。雷电产生的过电压对额定电压较低的电网威胁较大，但对超高压电网过电压的数值有可能小于电网额定电压，故威胁不大。内部过电压是在电力系统额定电压的基础上发展的，其幅值大体随电力系统额定电压的升高而按比例增大，通常为最高运行相电压幅值的 2.5～4 倍。

根据运行经验表明，220kV 及以下系统内部过电压的事故率及危险性要比外部过电压小，因此绝缘配合中只考虑外部过电压的影响。而 330kV 及以上超高压系统中，内部过电压的问题比较突出，因此，绝缘配合中应特别注意内部过电压的影响。

过电压的保护一般采用防雷设备，常见的防雷设备的主要类型有避雷针、避雷线、避雷器三种。其中，防止直击雷一般使用避雷针或避雷线；防止感应雷过电压、侵入波以及内部过电压一般使用避雷器。除了以上几种主要设备以外，根据需要还有其他一些防直击雷的设备，如避雷带、避雷网等，其基本原理与避雷针、避雷线完全相同。目前，科学工作者正在试验研制保护性能更为完善的防雷装置，如消雷器等。

3．距离保护

电流、电压保护的保护范围受电力系统运行方式变化影响而不稳定。对长距离、重负荷线路，由于线路的最大负荷电流可能与线路末端短路时的短路电流相差甚微，采用电流、电压保护，其灵敏性也常常不能满足要求。所以，电流、电压保护一般较广泛应用于35kV以下线路的保护，而在110kV及以上电压输电线路中多采用保护性能更优的距离保护作为主保护装置。

（1）定义及保护原理

距离保护是一种反应输电线路故障点至保护安装处之间阻抗变化而动作的继电保护装置，由于线路阻抗的大小变化与线路故障点至保护安装处之间的距离成正比，所以称为距离保护。

如图 11-34 所示，如果 M 处的距离保护 1 的动作整定值为 Z_{set}，其实际保护范围为线路MZ。当 k_1 点故障时，故障点 k_1 至保护装置安装处 M 的阻抗为 Z_{K1}，则 $Z_{K1}>Z_{set}$，距离保护 1 不动作；当 k_2 点故障时，故障点 k_2 至保护装置安装处 M 的阻抗为 Z_{K2}，则 $Z_{K2}<Z_{set}$，距离保护 1 动作。由此可见，在距离保护 1 的保护范围 M—Z 内任何一点发生短路故障时，其短路阻抗总是小于保护装置的动作整定值，保护装置均能够动作；反之，短路故障点发生在保护范围 MZ 外时，其短路阻抗总是大于保护装置的动作整定值，保护装置不动作。总之，距离保护装置是否能够动作，就是根据保护装置检测到的线路短路阻抗与保护装置的动作整定值之间的比较判断结果来决定的。这一比较判断过程一般采用距离保护装置中的核心元件——阻抗继电器来实现。

距离保护装置中的阻抗继电器通常是经过电流互感器TA和电压互感器TV接入电力系统，并通过检测线路的电流和母线的电压来测量阻抗值。阻抗继电器接入电力系统如图 11-35 所示。

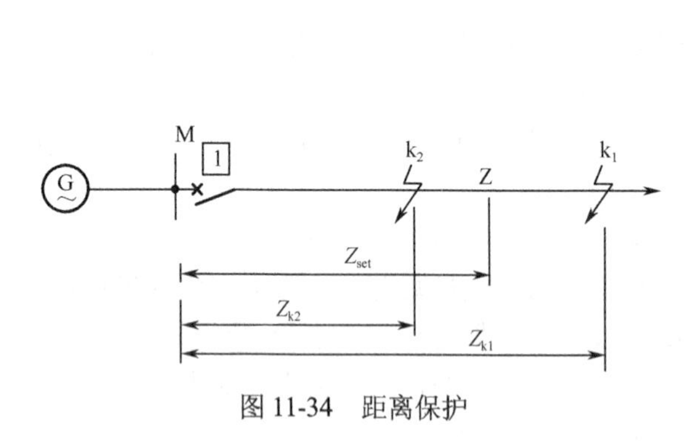

图 11-34　距离保护

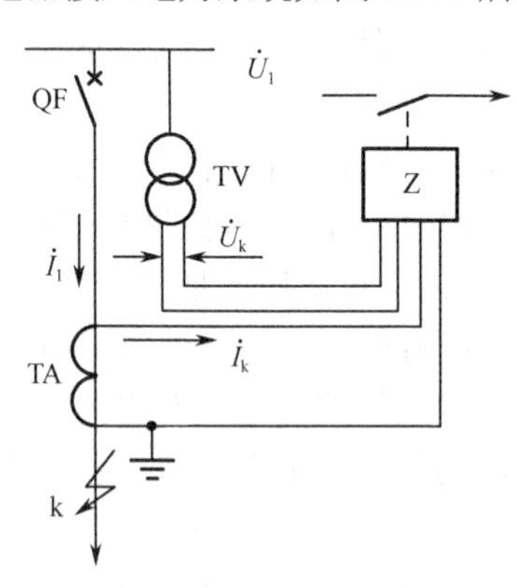

图 11-35　阻抗继电器接入电力系统

（2）距离保护的组成

距离保护由启动元件、方向元件、测量元件、时间元件和出口元件组成，如图 11-36 所示。

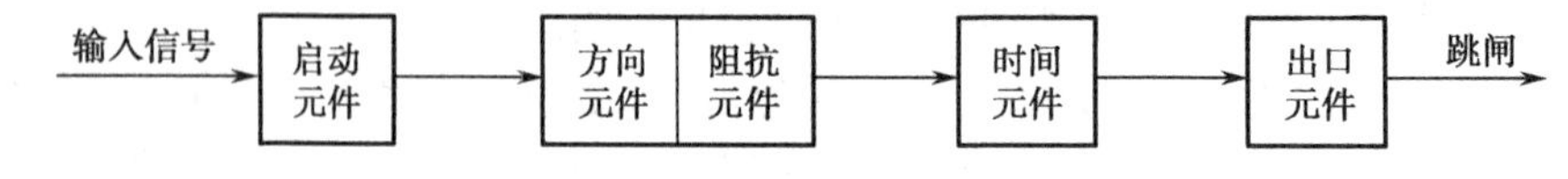

图 11-36　距离保护的组成

距离保护各组成部分的作用如下。

① 启动元件：主要作用是在线路发生短路故障的瞬间启动保护装置，常采用过电流继电器或者阻抗继电器。

② 距离元件（阻抗元件）：主要作用是测量短路点至保护安装处的距离（即测量阻抗），一般采用阻抗继电器。

③ 方向元件：主要作用是判别短路故障的方向，保证距离保护动作的方向性，采用单独的方向继电器，或方向元件和阻抗元件相结合的方向阻抗继电器。

④ 时间元件：主要作用是按照短路点到距离保护安装处的远近，根据预定的时限特性而确定保护动作时限，以保证保护动作的选择性，一般应用时间继电器。

⑤ 出口元件：主要作用是给出保护动作命令的输出，作用于跳开断路器。常应用信号继电器或中间继电器。

（3）距离保护的时限特性

距离保护根据该保护范围距离的大小确定动作时限，保护的动作时间与保护安装处到故障点之间的距离的关系称为距离保护的时限特性。目前，获得广泛应用的是三阶梯型时限特性。

如图 11-37 所示，一般在靠近电源处的距离保护由于保护范围较广，须要设置三段距离保护，如保护 3 设了包括Ⅰ、Ⅱ、Ⅲ段距离保护在内的三段距离保护。其中，第Ⅰ段保护本线路 A—B 的 80%～85%范围，动作时限为瞬时动作，是本线路的主保护；第Ⅱ段保护本线路 A—B 的全部范围，并延伸至相邻线路 B—C，但不超出保护 2 的Ⅰ段距离保护的保护范围，动作时限较保护 2 的Ⅰ段距离保护高出一个；第Ⅲ段作为后备保护用于保护输电线路全长，动作时限较保护 2 的Ⅲ段距离保护高出一个，为所有距离保护的最高限。由此可知，距离保护的时限特性与三段式电流保护相似。

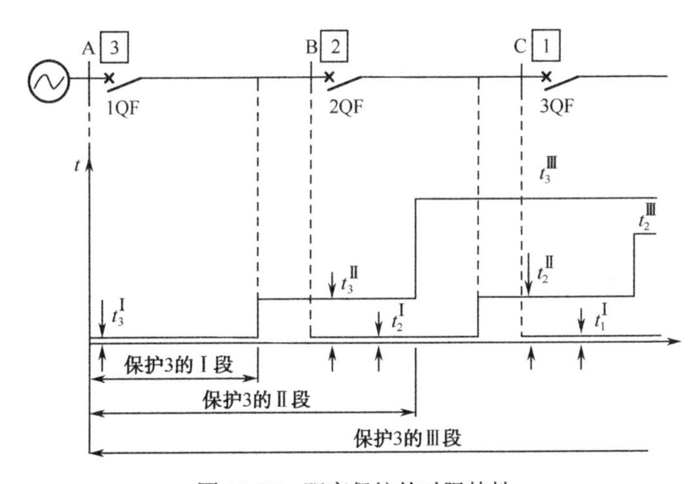

图 11-37 距离保护的时限特性

（4）距离保护的优点

与电流、电压保护相比较，距离保护具有以下优点。

① 灵敏度较高。阻抗继电器反映了正常情况与短路故障时电流、电压值的变化，短路故障时电流增大，电压降低，阻抗的变化量更加显著。所以，距离保护比反应单一物理量的电流、电压保护的灵敏度高。

② 保护范围与选择性不受系统运行方式的影响。当系统运行方式改变时，短路故障电流

和母线剩余电压都发生变化。例如，在最小运行方式下，短路故障电流减小，电流速断保护要缩短保护范围，过电流保护要降低灵敏度。而距离保护如图 11-34 所示，由于短路点至保护安装处的阻抗取决于短路点至保护安装处的距离，不受系统运行方式的影响，因此，距离保护的保护范围与选择性不受系统运行方式的影响。

③ 迅速动作的范围较长。距离保护常采用如图 11-37 所示的阶梯形时限特性，这种时限特性比单一的电流保护的时限特性优越得多。与三段式电流保护相比，由于距离保护的保护范围基本上不受系统运行方式的影响，所以距离保护第Ⅰ段的保护范围比电流速断保护范围长，距离保护第Ⅱ段的保护范围比限时电流速断保护范围长，因而距离保护迅速动作的范围较长。

4. 纵联差动保护

电流电压保护和距离保护原理用于输电线路时，只须将线路一端的电流、电压经过互感器引入保护装置，比较容易实现。但由于互感器的误差，线路参数值的不精确性以及继电器本身的测量误差等原因，这种保护装置可能受到被保护线路对端所连接母线上的故障，或母线所连接其他线路出口处的故障干扰，从而误判断为本线路末端的故障而将被保护线路切断。为了防止这种非选择动作，不得不将这种保护的无时限保护范围缩短到小于线路全长。电流速断整定为线路全长的 60%左右，距离Ⅰ段定值整定为线路全长的 80%～85%，对于其余的 40%或 15%～20%线路段上的故障，只能用带时限的第Ⅱ段切除，为了保证故障切除后电力系统的稳定运行，这样做对于某些重要线路是不允许的。在这种情况下，只能采用所谓的纵联保护原理保护输电线路，以实现线路全长范围内故障的无时限切除。

（1）定义

所谓纵联保护，就是用某种通信通道（简称通道）将输电线两端的保护装置纵向连接起来，将各端的电气量（电流、功率的方向等）传送到对端，将两端的电气量比较，以判断故障在本线路范围内还是范围之外，从而决定是否切断被保护线路。因此，纵联保护应该是属于第二类继电保护，理论上这种纵联保护具有绝对的选择性。而且只要是在保护范围内的各点故障，都能快速切除，因此，纵联保护都可以做主保护。

（2）基本工作原理

纵联保护随着所用的通道不同，也有多种形式，但是它们的基本工作原理应该是相同的，下面我们以一种用辅助导线（或称导引线）作为通道的纵联保护为例来说明其工作原理。

如图 11-38 所示，在线路的 A 和 B 两端装设特性和变比完全相同的电流互感器，两侧电流互感器的一、二次回路的正极性均置于靠近母线的一侧（标“•”号者为正极性），用辅助导线连接两侧电流互感器的二次回路，正极性与正极性相连，负极性与负极性相连，差动继电器通过差动回路并联连接在电流互感器的二次端子上。

下面我们来分析在内部 d_1 点故障和外部 d_2 点故障（包括正常运行情况）差动保护的动作行为。

当保护范围内部 d_1 点故障时，因为是双端电源供电，则两侧均有故障电流流向短路点，如图 11-38（a）所示，此时 I_{1A} 和 I_{1B} 都是从母线流向线路，即从正极性端流进去，与我们规定的电流正方向相同，短路点的总电流为 $I_d=I_{1A}+I_{1B}$，这时两侧的二次电流应该从正极性端流出来，因此流入继电器回路，即差动回路的电流为 $I_j=I_{2a}+I_{2b}>I_{dzj}$，差动继电器动作，即差动保护动作跳掉两侧开关。由于是内部故障，差动保护动作是正确的。由此可见，差动继电器实际上就是

一个电流继电器，是反映增量动作的继电器，只要在保护范围内部故障，无论是首端、中点、末端故障，纵差动保护都是反应于故障点的总电流而快速动作，因此它一定是主保护。

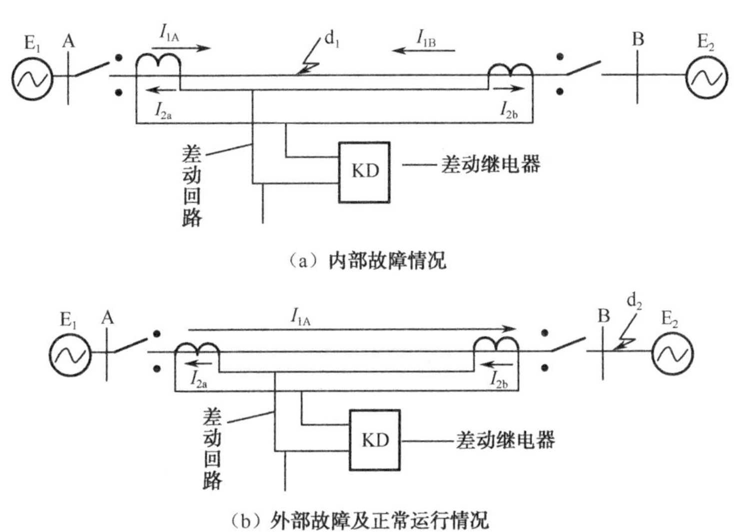

（a）内部故障情况

（b）外部故障及正常运行情况

图 11-38 纵差动保护的单相原理接线图

当保护范围外部 d_2 点故障时，流向故障点 d_2 的电流 I_{1AB} 是由电源 E_1 提供的，如图 11-38（b）所示，该电流流过差动保护的两侧，从 A 侧看，一次电流和二次电流的方向和区内 d_1 故障的情况一样，但在 B 侧，$\dot{I}_{1AB}$ 是由线路流向母线，即由负极性端流进去，与我们规定的电流正方向相反，因此二次电流 I_{2b} 也要反一个极性，从负极性端流出来，因此流入继电器回路，即差动回路的电流为 $I_j=I_{2a}-I_{2b}=0<I_{dzj}$，差动继电器不动作，而此时由于是外部故障，差动继电器不动作是正确的。同样道理，正常运行情况和外部故障的情况是一样的。当然我们说外部故障和正常运行时差动回路的电流等于零是指在理想状态下，而实际情况下由于各种误差的影响，差动回路的电流不可能等于零，我们把这个电流叫做不平衡电流。当然我们希望这个不平衡电流越小越好。差动保护能否动作，关键是看差动回路有没有工作电流（或叫差动电流，即电流是相加还是相减），显然不是指不平衡电流。

从上面的分析我们可以看出，这种用辅助导线作为通信通道的输电线纵联差动保护，有一定的局限性，如果输电线路很长，为了装设纵差动保护，还得架设很长的辅助导线，这在技术上是不可能的，也是很不经济的。所以，这种差动保护只适合于短线路和电压等级比较低的系统。

5. 高频保护

在高压输电线路上，要求无延时地切除被保护线路内部的故障。此时，电流保护和距离保护都不能满足要求。纵联差动保护可以实现全线速动。但其须敷设与被保护线路等长的辅助导线，这在经济上、技术上都是难以实现的。所以，高电压等级的长输电线路要装的纵联保护一般采用高频保护。

（1）定义

高频保护是以输电线载波通道作为通信通道的纵联保护。是用高频载波代替二次导线，传送线路两侧电信号，所以高频保护的原理是反映被保护线路首末两端电流的差或功率方向信号用高频载波将信号传输到对侧加以比较，从而决定保护是否动作。高频保护广泛应用于高压和超高压输电线路，是比较成熟和完善的一种无时限快速原理保护。

（2）载波通道的构成

目前，应用比较广泛的载波通道是“导线—大地”制，如图 11-39 所示。

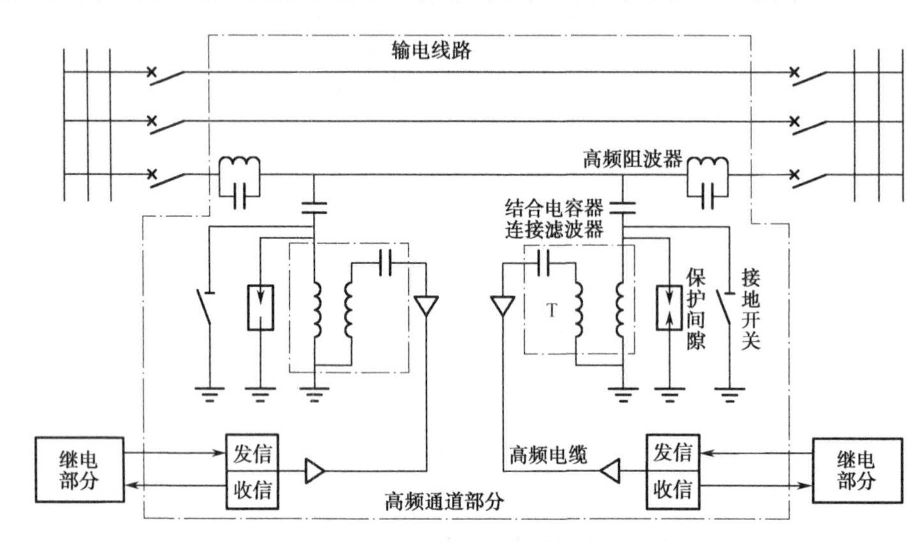

图 11-39　载波通道的组成

1）高频阻波器

高频阻波器是由电感线圈和可调电容组成，当通过载波频率时，它所呈现的阻抗最大。对工频电流而言，阻抗较小，因而工频电流可畅通无阻，不会影响输电线路正常传输。

2）结合电容器

它是一个高压电容器，电容很小，对工频电压呈现很大的阻抗，使收发信机与高压输电线路绝缘，载频信号顺利通过。结合电容器 2 与连接滤波器 3 组成带通滤波器，对载频进行滤波。

3）连接滤波器

它是一个可调节的空心变压器，与结合电容器共同组成带通滤波器，连接滤波器起着阻抗匹配的作用，并减少高频信号的损耗，增加输出功率。

4）高频电缆

用来连接户内的收发信机和装在户外的连接滤波器。为屏蔽干扰信号，减少高频损耗，采用单芯同轴电缆。

5）保护间隙

保护间隙是高频通道的辅助设备。用它来保护高频电缆和高频收发信机免遭过电压的袭击。

6）接地刀闸

接地刀闸也是高频通道的辅助设备。在调整或检修高频收发信机和连接滤波器时，用它来进行安全接地，以保证人身和设备的安全。

7）高频收、发信机

高频收、发信机的作用是发送和接收高频信号。发信机部分是由继电保护来控制。高频收信机接收到由本端和对端所发送的高频信号，经过比较判断之后，再动作于跳闸或将它闭锁。

（3）高频闭锁方向保护

目前，广泛应用的高频闭锁方向保护，是以高频通道经常无高频电流，而在外部故障时发出闭锁信号的方式构成的。此闭锁信号由短路功率方向为负的一端发出，这个信号被两端的收信机所接收，而把保护闭锁，故称高频闭锁方向保护。以图 11-40 所示的系统故障情况来说明保护装置的工作原理。

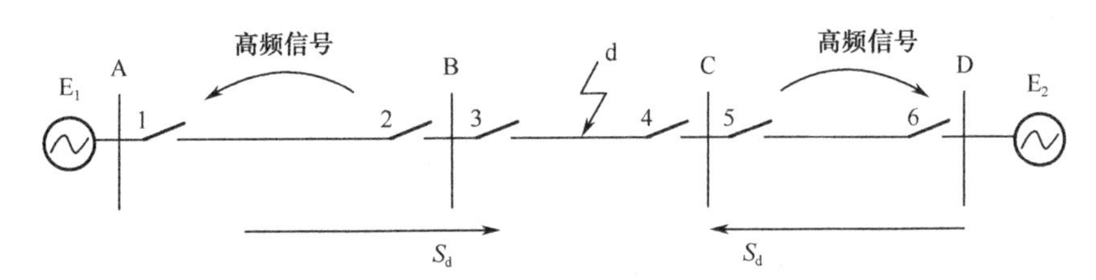

图 11-40 高频闭锁方向保护的作用原理

设故障发生于线路 B—C 的范围以内，则短路功率 S_d 的方向如图 11-41 所示。此时，安装在线路 B—C 两端的方向高频保护 3 和 4 的功率方向为正，保护应动作于跳闸。故保护 3 和 4 都不发出高频闭锁信号，因而两端都收不到高频闭锁信号，在保护启动后，即可瞬时动作，跳开两端的断路器。但对非故障线路 A—B 和 C—D，其靠近故障点一端的功率方向为由线路流向母线，即功率方向为负，则该端的保护 2 和 5 发出高频闭锁信号。此信号一方面被自己的收信机接收，同时经过高频通道把信号送到对端的保护 1 和 6，使得保护装置 1、2 和 5、6 都被高频信号闭锁，保护不会将线路 A—B 和 C—D 错误地切除。

6. 自动重合闸

在电力系统的故障中，大多数是送电线路（特别是架空线路）的故障，因此，如何提高送电线路工作的可靠性，就成为电力系统中的重要任务之一。

电力系统的运行经验表明，架空线路故障大都是瞬时性的，如由雷电引起的绝缘子表面闪络、大风引起的碰线、通过鸟类以及树枝等物掉落在导线上引起的短路等。而这些引起故障的原因很快就会消失，此时如果把断开的线路断路器再合上，就能够恢复正常的供电，因此称这类故障是瞬时性故障。除此之外，也有永久性故障，如由于线路倒杆、断线、绝缘子击穿或损坏等引起的故障，在线路被断开之后，它们依然是存在的。这时，即使再合上电源，由于故障依然存在，线路还要被继电保护再次断开，因而就不能恢复正常的供电。

（1）自动重合闸的定义

由于送电线路上的故障具有上面的性质，因此，在线路被断开以后再进行一次合闸，就有可能大大提高供电的可靠性。由运行人员手动进行合闸，固然也能实现上述作用，但由于停电时间过长，用户电动机多数已经停转，因此，其效果就不明显。为此在电力系统中采用了一种自动重合闸（缩写为 ZCH），即当断路器跳闸之后，能够自动地将断路器重新合闸的装置。应该说明，自动重合闸不是线路保护，而是一种自动装置，但是自动重合闸一定要和线路保护配合才有意义。

（2）采用重合闸的技术经济效果

① 大大提高供电的可靠性，减少线路停电的次数，特别是对单侧电源的单回线路更为显著。

② 在高压输电线路上采用重合闸，还可以提高电力系统并列运行的稳定性。

③ 在电网的设计与建设过程中，有些情况下由于考虑重合闸的作用，即可以暂缓架设双回线路，以节约投资。

④ 对断路器本身由于机构不良或继电保护误动作而引起的误跳闸，也能起纠正的作用。

总之，对于重合闸的经济效益，应该用无重合闸时因停电而造成的国民经济损失来衡量。由于重合闸装置本身的投资很低，工作可靠，因此，在电力系统中获得了广泛的应用。

（3）对自动重合闸装置的基本要求

① 在下列情况下，重合闸不应动作。

- 由值班人员手动操作或通过遥控装置将断路器断开时。
- 手动投入断路器，由于线路上有故障，而随即被继电保护将其断开时，或简单说手合断路器于故障线路时。

② 除上述条件外，当断路器由继电保护动作或其他原因而跳闸后，重合闸均应动作，使断路器重新合闸。

③ 为了能够满足前两项所提出的要求，应优先采用由控制开关的位置与断路器位置不对应的原则来启动重合闸，即当控制开关在合闸位置而断路器实际上在断开位置的情况下，使重合闸启动。这样就可以保证不论是任何原因使断路器跳闸以后，都可以进行一次重合。当用手动操作控制开关使断路器跳闸以后，控制开关与断路器的位置仍然是对应的，因此，重合闸就不会启动。

④ 自动重合闸装置的动作次数应符合预先的规定。如一次式重合闸就应该只动作一次，当重合于永久性故障而再次跳闸以后，就不应该再动作。现在大部分情况都是采用一次重合闸。

（4）重合闸与继电保护的配合

1）重合闸前加速保护

重合闸前加速保护方式一般用于具有几段串联的辐射形线路中，重合闸装置仅装在靠近电源的一段线路上。当线路上（包括相邻线路及以后的线路）发生故障时，靠近电源侧的保护首先无选择性地瞬时动作于跳闸，而后再靠重合闸来弥补这种非选择性动作。重合闸前加速保护方式主要适应于35kV及以下由发电厂或主要变电站引出的直配线上。

2）重合闸后加速保护

重合闸后加速保护方式是指当线路上发生故障后，保护有选择性的动作切除故障，重合闸进行一次重合，如果重合于瞬时性故障，就可以重合成功立即恢复供电。如果重合于永久性故障，保护装置即不带时限无选择性的动作断开断路器，这种方式称之为重合闸后加速。很显然，后加速肯定是加速带时限保护的Ⅱ、Ⅲ段，不会加速无时限保护的Ⅰ段。

11.3 变电站的微机保护装置和综合自动化系统

学习目标

① 了解微机保护装置的特点及功能。

② 明确变电站综合自动化系统的特点、结构和功能。

11.3.1　微机保护装置

1．微机保护的优点

① 可靠性高。一种微机保护单元可以完成多种保护与监测功能，代替了多种保护继电器和测量仪表，简化了开关柜与控制屏的接线，从而减少了相关设备的故障环节，提高了可靠性。微机保护单元采用高集成度的芯片，软件有自动检测与自动纠错功能，提高了保护的可靠性。

② 精度高、速度快、功能多。测量部分数字化大大提高其精度，CPU 速度提高可以使各种事件以毫秒来计时，软件功能的提高可以通过各种复杂的算法完成多种保护功能。

③ 灵活性大。通过软件可以很方便地改变保护与控制特性，利用逻辑判断实现各种互锁，一种类型硬件利用不同软件，可构成不同类型的保护。

④ 维护调试方便、硬件种类少、线路统一。外部接线简单，大大减少了维护工作量，保护调试与整定利用输入按键或上方计算机下传来进行，调试简单方便。

⑤ 经济性好，性能价格比高。由于微机保护的多功能性，使变电站测量、控制与保护部分的综合造价降低。高可靠性与高速度，可以减少停电时间，节省人力，提高了经济效益。

2．微机保护装置的特点

微机保护装置除了具有上述微机保护的优点之外，与同类产品比较具有以下特点。

① 微机保护装置，品种特别齐全，可以满足各种类型变电站的各种设备的保护要求，这就给变电站设计及计算机联网提供了很大方便。

② 硬件采用最新的芯片，提高了技术上的先进性，CPU 采用 MC16，测量为 14 位 A/D 转换，模拟量输入回路多达 24 路，采到的数据用 DSP 信号处理芯片进行处理，利用高速傅氏变换，得到基波到 8 次的谐波，特殊的软件自动校正，确保了测量的高精度。利用双口 RAM 与 CPU 变换数据，就构成一个多 CPU 系统，通信采用 CAN 总线。具有通信速率高（可达 100MHz，一般运行在 80MHz 或 60MHz）、抗干扰能力强等特点。通过键盘与液晶显示单元可以方便地进行现场观察，以及各种保护方式和保护参数的设定。

③ 硬件设计在供电电源、模拟量输入、开关量输入与输出、通信接口等采用了特殊的隔离与抗干扰措施，抗干扰能力强，除集中组屏外，可以直接安装于开关柜上。

④ 软件功能丰富，除完成各种测量与保护功能外，通过与上位处理计算机配合，可以完成故障录波（1 秒高速故障记录与 9 秒故障动态记录），谐波分析与小电流接地选线等功能。

⑤ 可选用 RS485 和 CAN 通信方式，支持多种远动传输规约，方便与各种计算机管理系统联网。

⑥ 采用宽温带背景 240mm×128mm 大屏幕 LCD 液晶显示器，操作方便、显示美观。

⑦ 集成度高、体积小、重量轻，便于集中组屏安装和分散安装于开关柜上。

3．微机保护装置的使用范围

① 中小型发电厂及其升压变电站。

② 110kV/35kV/10kV 区域变电站。

③ 城市 10kV 电网、10kV 配电所。

④ 用户 110kV/10kV 或 35kV/10kV 总降压站。

⑤ 用户 10kV 变电站。

11.3.2 变电站综合自动化系统

变电站综合自动化系统是利用先进的计算机技术、现代电子技术、通信技术和信息处理技术等实现对变电站二次设备（包括继电保护、控制、测量、信号、故障录波、自动装置及远动装置等）的功能进行重新组合、优化设计，对变电站全部设备的运行情况执行监视、测量、控制和协调的一种综合性的自动化系统。通过变电站综合自动化系统内各设备间相互交换信息，数据共享，完成变电站运行监视和控制任务。变电站综合自动化替代了变电站常规二次设备，简化了变电站的二次接线。变电站综合自动化是提高变电站安全稳定运行水平、降低运行维护成本、提高经济效益、向用户提供高质量电能的一项重要技术措施。

1. 系统的特点

（1）功能实现综合化

变电站综合自动化技术是在微机技术、数据通信技术、自动化技术基础上发展起来。它综合了变电站内除一次设备和交、直流电源以外的全部二次设备。

（2）系统构成模块化

保护、控制、测量装置的数字化（采用微机实现，并具有数字化通信能力），利于把各功能模块通过通信网络连接起来，便于接口功能模块的扩充及信息的共享。另外，模块化的构成，方便变电站实现综合自动化系统模块的组态，以适应工程的集中式、分散式和分布式结构集中式组屏等方式。

（3）结构分布、分层、分散化

综合自动化系统是一个分布式系统，其中微机保护、数据采集和控制以及其他智能设备等子系统都是按分布式结构设计的，每个子系统可能有多个 CPU 分别完成不同的功能，由庞大的 CPU 群构成了一个完整的、高度协调的有机综合系统。

（4）操作监视屏幕化

变电站实现综合自动化后，不论是有人值班还是无人值班，操作人员不管是在变电站内，还是在主控站或调度室内，都能面对彩色屏幕显示器，对变电站的设备和输电线路进行全方位的监视和操作。

（5）通信局域网络化、光缆化

计算机局域网络技术和光纤通信技术在综合自动化系统中得到普遍应用。

（6）运行管理智能化

智能化不仅表现在常规自动化功能上，还表现在能够在线自诊断，并将诊断结果送往远方主控端。

（7）测量显示数字化

采用微机监控系统，常规指针式仪表被 CRT 显示器代替，人工抄写记录由打印机代替。

2. 系统的结构和模式

目前，从国内、外变电站综合自动化的开展情况而言，大致存在以下几种结构。

（1）分布式系统结构

按变电站被监控对象或系统功能分布的多台计算机单功能设备，将它们连接到能共享资源的网络上实现分布式处理。这里所谈的“分布”是按变电站资源物理上的分布（未强调地理分布），强调的是从计算机的角度来研究分布问题的。这是一种较为理想的结构，要做到完全分布式结构，在可扩展性、通用性及开放性方面都具有较强的优势，然而在实际的工程应用及技术实现上就会遇到许多目前难以解决的一系列问题，如在分散安装布置时，恶劣运行环境、抗电磁干扰、信息传输途径及可靠性保证上存在问题，此结构就目前技术而言还不够十分成熟，一味地追求完全分布式结构，忽略工程实用性是不必要的。

（2）集中式系统结构

系统的硬件装置、数据处理均集中配置，采用由前置机和后台机构成的集控式结构，由前置机完成数据输入输出、保护、控制及监测等功能，后台机完成数据处理、显示、打印及远方通信等功能。目前，国内许多的厂家尚属于这种结构方式，这种结构有以下不足。

① 前置管理机任务繁重、引线多，是一个信息“瓶颈”，降低了整个系统的可靠性，即在前置机故障情况下，将失去当地及远方的所有信息及功能。

② 另外，仍不能从工程设计角度上节约开支，仍须铺设电缆，并且扩展一些自动化需求的功能较难。

③ 这种结构形成的原因：变电站二次产品早期开发过程是按保护、测量、控制和通信部分分类、独立开发，没有从整个系统设计的指导思想下进行，随着技术的进步及电力系统自动化的要求，在进行变电站自动化工程的设计时，大多采用的是按功能“拼凑”的方式开展，从而导致系统的性能指标下降以及出现许多无法解决的工程问题。

（3）分层分布式结构

按变电站的控制层次和对象设置全站控制级（站级）和就地单元控制级（段级）的二层式分布控制系统结构。

站级系统大致包括站控系统（SCS）、站监视系统（SMS）、站工程师工作台（EWS）及同调度中心通信的通信系统（RTU）。

① 站控系统（SCS）：应具有快速的信息响应能力及相应的信息处理分析功能，完成站内的运行管理及控制（包括就地及远方控制管理两种方式），如事件记录、开关控制及 SCADA 的数据收集功能。

② 站监视系统（SMS）：应对站内所有运行设备进行监测，为站控系统提供运行状态及异常信息，即提供全面的运行信息功能，如扰动记录、站内设备运行状态、二次设备投入/退出状态及设备的额定参数等。

③ 站工程师工作台（EWS）：可对站内设备进行状态检查、参数整定、调试检验等功能，也可以用便携机进行就地及远端的维护工作。

上面是按大致功能基本分块，硬件可根据功能及信息特征在一台站控计算机中实现，也可以两台双备用，也可以按功能分别布置，但应能够共享数据信息，具有多任务时实处理功能。

段级在横向按站内一次设备（变压器或线路等）面向对象的分布式配置，在功能分配上，本着尽量下放的原则，即凡是可以在本间隔就地完成的功能决不依赖通信网，特殊功能例外，如分散式录波及小电流接地选线等功能的实现。

3. 系统组成及设计内容

高压采用微机保护，低压采用监控单元，再用通信电缆将其与计算机联网之后就可以组成一个现代化变电站管理系统——变电站综合自动化系统。

系统设计内容如下。

① 高压微机保护单元（组屏或安装在开关柜上）选型及二次图设计。

② 低压微机监控单元（安装在开关柜上）选型及二次图设计。

③ 管理计算机（放在值班室，无人值班时可放在动力调度室）选型。

④ 模拟盘（放在值班室或调度室）设计。

⑤ 上位机（与工厂计算机或电力部门调度联网）联网方案设计。

⑥ 通信电缆设计（包括管理计算机与上位机）。

4. 系统主要功能

变电站综合自动化系统的管理计算机通过通信电缆与安装在现场的所有微机保护与监控单元进行信息交换，管理计算机可以向下发送遥控操作命令与有关参数修改，随时接受微机保护与监控单元传上来的遥测、遥信与事故信息。管理计算机就可通过对信息的处理，进行存盘保存，通过记录打印与画面显示，还可以对系统的运行情况进行分析，通过遥信可以随时发现与处理事故，减少事故停电时间，通过遥控可以合理调配负荷，实现优化运行，从而为实现现代化管理提供了必须的条件。

管理计算机软件要标准化，操作要简单方便，人机界面好，组态方便，用户使用与二次开发简单，容易掌握。

11.4 变电站的倒闸操作

学习目标

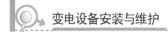

① 明确倒闸操作前的准备工作。

② 会正确进行倒闸操作。

变电站倒闸操作是指电气设备或电力系统由一种状态变换到另一种运行状态，由一种运行方式转变为另一种运行方式的一系列有序的操作，是变电运行的重点、难点工作之一。由于现场操作人的个人经历不同，关注的重点不同，其结果也不尽相同。同时，电网不同的运行方式，变电站不同的主接线，继电保护及自动装置配置的差异以及不同的操作任务，也都将影响到倒闸操作的每一具体步骤。因此，针对不同的典型操作，分析其危险点（即容易引起误操作的重要环节），掌握其正确的操作方法及步骤，对防范误操作事故的发生，有很现实的指导作用。

1. 操作前准备工作的主要内容

① 根据停电计划的工作量合理安排操作人员，接令人、记录人分工要明确。

② 安全工具、仪表、接地线、围栏、标示牌齐全足够，照明、通信工具正常，录音电话能用，磁带足够。

③ 分析运行方式改变对本站的影响，检查工作票签发的安全措施符合规定和现场要求。

④ 与调度核对命令的下达方式及顺序，提前准备操作票。核对改变运行方式后的保护定值，如果是在操作过程中更改，应安排配合人员。

⑤ 接令人将命令内容向操作人传达时，应说明是逐项令还是综合令，避免将逐项令按综合令进行操作。

⑥ 操作人、监护人对操作范围和内容必须清楚无误。

⑦ 操作前，必须核对一次系统图，并查清与操作有关的一、二次设备状况。

⑧ 检修工作结束时，设备状态（包括一、二次设备）应与工作开始时一样，如果不一样，检修人员要说明原因。

⑨ 要严格履行工作结束手续，值班人员要到现场细致检查设备是否有变动，如开关、刀闸、地刀、地线、压板、熔断器的位置和状态等。

⑩ 根据操作任务或设备检修后的验收方案、新设备的启动方案，由操作人正确填写操作票，并由监护人和现场负责人审核签名，确保操作票正确无误。

2. 操作过程中的关键

① 明确操作总体要求。操作中坚持唱票复诵制，按票操作，逐项打勾，不得跳项。不得开玩笑或传播一些与操作无关的新闻，以免分散操作人员的注意力；不得中途离开操作现场，防止单人操作，或走错间隔；不得随意解锁操作，防止强制解锁造成误操作。

② 保护压板的投退要准确、可靠。因为电源备有自投压板、主变互跳、母差、失灵、低周等保护压板，往往不在停电间隔，可又与操作任务关系密切，应特别注意，不要遗忘。

③ 提前送往接地点的接地线，不得随意乱放，只能放在将要操作的间隔里，以防止造成带电挂地线恶性误操作或人身事故；操作用具也不能放错间隔，放错会造成误入带电间隔或误断合开关等误操作；10kV 双电源线路装设接地线前，验电必须小心谨慎，防止误碰伤人；试验过程中须要改变安全措施的，如加装或拆除地线，必须由运行人员操作，使用防误锁，并做好记录。

④ 重点防止误合接地刀闸，如电压互感器检修误合母线侧接地刀闸。要清楚接地刀闸的部位及合上后的接地范围，特别是母线有多处接地的，用哪组一定要清楚。应区分母线与电压互感器的接地，注意试验工作中临时变更的安全措施的设置与恢复。

⑤ 对由于设计原因造成验电困难的装置要采取补救措施，防止带电挂地线。

⑥ 电压切换应注意：一是须要切换的必须切换，如低周、距离、母差保护等；二是不该切换的不得切换，例如，电压互感器高压侧已停电时，低压侧不得反送电；一次解列运行的，二次不得并列。

⑦ 搞清可能反送电或带电的部位，做好防范措施，如双电源线路刀闸、变压器、电压互感器等。

⑧ 防止静电伤人，如装设熔丝的电容器熔丝熔断点、电缆引出线等产生静电的设备，须单独放电。

⑨ 送电操作时，注意小车开关的插头是否插入，插入深度是否足够。

⑩ 倒母线操作时，母联开关的控制熔断器必须取下。

⑪ 主变的调压、散热电源，两路要同时断开；二次设备的电源开关应彻底断开，防止双路电源只断一路。

⑫ 注意保护电源开关的操作及电压切换正常，防止保护拒动。

⑬ 要悬挂标示牌，装设围栏。标示牌悬挂要准确醒目，围栏设置既不能扩大范围，又要方便工作。悬挂标示牌需要变更的，须由工作负责人提出申请，由运行人员取下标示牌。

⑭ 监护人不得代替操作人操作。监护人代替操作人操作是违章行为，应该禁止并严肃处理。

⑮ 发现异常情况应停止操作，只有在查清原因并得到值班负责人允许后才能继续操作。同时要熟悉防误操作装置的闭锁功能，防止误判断闭锁装置失灵而强行解锁，发生误操作。

⑯ 操作时要戴好安全帽，操作行走路线的照明要充足，不得有障碍物，例如，检修工作须要揭开盖板时，应在其周围装设遮栏和警示灯。

⑰ 在高处进行装拆接地线、测绝缘等操作时，要穿防滑性能良好的软底鞋，系好安全带或采取其他防止高处坠落的措施。

⑱ 刀闸瓷柱断落时有发生，易造成伤人事故，因而操作刀闸要尽可能使用远方操作，如必须就地操作，则操作人员应选择好位置，避免操作过程中部件伤人或瓷柱断裂砸伤人员。

⑲ 防止接触电压或跨步电压触电伤人。要使用合格、合适的安全工具，使用的方法要正确。装、拆接地线时要戴绝缘手套。装设接地线时，先接接地端、后接导体端，拆除时的顺序与此相反。高压设备发生接地时，工作人员在室内不得进入故障点 4m 以内，在室外不得进入故障点 8m 以内。若须进入上述范围，工作人员必须穿绝缘靴，接触设备的构架时，应戴绝缘手套。人和工器具与带电体应保持足够的安全距离。在送上或取下低压交、直流熔断器时要使用绝缘工具或采取其他防止触电、短路的措施。测量设备、线路绝缘前要先验电、放电，在证实被测设备上确实无人时方可进行。测试线应用绝缘导线，导线端头要有绝缘套。

⑳ 防止带负荷拉合刀闸。认真核对设备名称、编号，不要走错位置。开关合分闸指示要清楚，必须确认开关在分闸位置时，才能操作刀闸。若刀闸操作不了，要查明原因，特别要复查开关是否在合闸位置，或有关的接地刀闸未拉开而使刀闸不能操作，不能违规强行解除闭锁进行操作。

㉑ 防止带地线（地刀）合闸。核查清楚接地线（地刀）的位置和数量。合闸操作前检查接地线已全部拆除、地刀已全部拉开，并将检查内容作为操作项目正确填写在操作票上。在不同的电气连接部分，其中 1 个有接地线（地刀），另 1 个要进行送电操作，则这 2 个电气连接部分在连接处必须断开，并填写在操作票上，如果原来是断开的，则应确认已断开。严格执行操作票制度，特别要注意执行唱票、复诵、核对设备等规定。

㉒ 防止带电挂（合）地线（地刀）。在挂（合）地线（地刀）的导体处验明设备确已无电压后，应立即将检修设备接地，并三相短路。验电及接地是重要的操作项目，要填写在操作

票上。对于无法验电的全封闭电气设备，很容易发生带电合地刀，所以在选用全封闭电气设备时，必须同时考虑防止带电误合地刀的措施（包括技术措施和组织措施）。

已投产的变电站要制订反事故措施并予以实施。地刀传动杆与其他刀闸传动杆应有不同的着色，地刀操作把手应加锁。电动地刀的控制电源平常要拉开，操作时才合上。控制按钮的着色应区别于其他按钮，地刀按钮的名称要写清楚。刀闸的台架上同时装有 2 把地刀的地点是个危险点，尤其是当刀闸（如旁路开关代线路开关运行时的线路刀闸）两侧，一侧带电另一侧不带电时，不能掉以轻心。为防止搞错地刀，名称牌应紧固在地刀的传动杆上而不是钉在水泥柱上。

安装防误操作闭锁装置，并按规定使用解锁钥匙，防止强行解锁而发生误操作。防误锁的解锁钥匙由当班值班长保管，使用时须经有关领导批准并登记。

㉓ 防止误（漏）拉合开关、刀闸。正确填写、严格审查操作票，确保操作票无误。一丝不苟地执行监护人唱票、操作人复诵制度。调度员下达操作命令时要使用双重称号，防止在接发令时，听错或发错命令。设备称号牌字迹要清晰，放置位置要恰当。

㉔ 防止发生误操作造成人身事故。要按正确操作票的顺序依次操作，不得跳项、漏项或擅自更改操作顺序。在特殊情况下，需要跳项操作或取消不需要的操作项目时，必须有值班调度员的命令或值长的许可，确认无误操作的可能，方可进行操作。

操作手动开关、刀闸、验电和装拆接地线，均须戴绝缘手套，如必须在雨天操作室外高压设备，则绝缘杆上应有防雨罩，还应穿绝缘靴。雷电时禁止进行倒闸操作。操作、监护人员须穿全棉工作服。

装、拆高压熔断器，应戴护目眼镜和绝缘手套，必要时使用绝缘夹钳，站在绝缘垫或绝缘台上操作。

㉕ 直流控制熔断器的操作。取下直流控制熔断器时，应先取正极，后取负极。装上直流控制熔断器时，应先装负极，后装正极。这样做的目的是防止产生寄生回路，避免保护装置误动作。装、取熔断器应迅速，不得连续地接通和断开，取下和再装上之间要有一段时间间隔（应不小于 5s）。

对运行中的保护装置，要停用直流电源时，应先停用保护出口连接片，再停用直流回路，恢复时次序相反。

母线差动保护、失灵保护停用直流熔断器时，应先停用出口连接片。在加用直流回路以后，要检查整个装置工作是否正常，必要时，使用高内阻电压表测量出口连接片两端无电压后，再加用出口连接片。

在断路器停电的操作中，断路器的控制熔断器应在拉开开关并做好安全措施（指挂地线或装绝缘罩）之后取下。因为当断路器万一未断开，造成带负荷拉隔离开关时，断路器的保护可动作于跳闸。在断路器送电操作中，断路器的控制熔断器应在拆除安全措施之前装上。这是因为在装上控制熔断器后，可以检查保护装置和控制回路工作状态是否完好，如有问题，可在安全措施未拆除时，予以处理；另外，这时保护装置已处于准备工作状态，万一在后面的操作中，因断路器的原因造成事故，保护回路可以动作于跳闸，防止事故扩大。

㉖ 断路器合闸熔断器的操作。断路器合闸熔断器是指电磁操动机构的合闸熔断器，断路器停电操作时，应在断路器断开之后取下，目的是防止在停电操作中，由于某种意外原因，

造成误动作而合闸。同理，在断路器送电的操作中，合闸熔断器应该在推上隔离开关之后，合上断路器之前装上。

3. 许可工作前的检查

① 停电设备符合检修条件。工作中不存在误碰带电设备的危险，如果发现不具备检修条件的情况，应主动向有关方面反映，提出看法和要求，经批准后再作处理。

② 挂标示牌、装设围栏、接地线、接地刀在符合检修要求的同时，还应与工作票签发一致。作业中上层的带电点交待清楚，设专人监护。

11.5 变电站各类跳闸事故的处理

学习目标

会对变电站的各类跳闸事故进行正确判断和处理。

1. 线路故障跳闸的现象及处理

（1）跳闸现象

① 永久性故障跳闸，重合闸动作未成功。

② 警铃响、扬声器响，跳闸开关指示灯出现红灯灭、绿灯闪光，电流表、有功功率表、无功功率表指示为0。

③ 控制屏光字牌“保护动作”、“重合闸动作”、“收发讯机动作”等，以及中央信号屏“掉牌未复归”、“故障录波器动作”等亮。

④ 保护屏故障线路保护及重合闸动作信号灯亮或继电器动作掉牌，微机保护显示出故障报告，指示保护动作情况及故障相别的动作情况。

⑤ 现场检查该开关三相均在分闸位置。

（2）跳闸处理

① 记录故障时间，复归音响，检查光字信号，表计指示，检查并记录保护动作情况，确认后复归信号。

② 根据上述现象初步判断故障性质、范围，并将跳闸线路名称、时间、保护动作情况等向调度简要汇报。

③ 现场检查开关的实际位置和动作开关电流互感器靠线路侧的一次设备有无短路、接地等故障，跳闸开关油色是否变黑，有无喷油现象等；若开关机构为液压操动机构，检查液压机构各部分及压力是否正常；若开关机构为弹簧操动机构，检查压力、有无漏气；对保护动作情况进行检查分析，确定开关进行过一次重合。

④ 如线路保护动作两次并且重合闸动作，可判断线路上发生了永久性短路故障。

⑤ 将检查分析情况汇报调度，根据调令将故障线路停电，转冷备用。

⑥ 上述各项内容记录在运行记录、开关事故跳闸记录中。

2. 母线故障跳闸的现象及处理

（1）跳闸现象

① 警铃、扬声器响，故障母线上所接开关跳闸，对应红灯灭，绿灯闪光，相应回路电流、有功功率表、无功功率表指示为0。

② 中央信号屏“母差动作”、“掉牌未复归”、“电压回路断线”等光字亮，故障母线电压表指示为0。

③ 母线保护屏保护动作信号灯亮。

④ 检查现场母线及所连设备、接头、绝缘支撑等有放电、拉弧及短路等异常情况出现。

⑤ 如果是低压母线或未专设母线保护的母线发生故障，则由主变后备保护断开主变（电源侧）相应开关。

（2）跳闸原因

① 母线绝缘子和断路器靠母线侧套管绝缘损坏或发生闪络故障。

② 母线上所接电压互感器故障。

③ 各出线电流互感器之间的断路器绝缘子发生闪络故障。

④ 连接在母线上的隔离开关绝缘损坏或发生闪络故障。

⑤ 母线避雷器、绝缘子等设备故障。

⑥ 二次回路故障。

⑦ 误操作隔离开关引起母线故障。

（3）跳闸的处理

① 记录时间、开关跳闸情况、光字及保护动作信号，同时在确认后复归跳闸断路器把手。

② 检查仪表指示、保护动作情况，复归保护信号掉牌。

③ 对故障初步判断，到现场检查故障跳闸母线上所有设备，发现放电、闪络或其他故障后迅速隔离故障点。

④ 将故障情况及现场检查情况汇报调度，根据调令，若故障可以从母线上隔离，隔离故障后恢复其他正常设备的供电；若不能隔离，通过倒母线等方式恢复其他设备供电（根据母线保护设备的具体形式或规程要求决定是否变动母差保护的运行方式）。

⑤ 若现场检查找不到明显的故障点，应根据母线保护回路有无异常情况、直流系统有无接地、判断是否保护误动引起，若是保护回路故障引起，应汇报调度及上级有关部门处理；若保护回路也查找不出问题，应按调令进行处理，可考虑由对侧变电站对故障母线试送电，进一步查找。

⑥ 对双母线变电站，当母联断路器或母线上电流互感器故障，可能造成两条母线均跳闸，此时，运行人员立即汇报调度，迅速查找出故障点，隔离故障，按调令恢复设备正常供电。

3. 变压器故障跳闸的处理

（1）变压器配置的主要保护

① 瓦斯（气体）保护：变压器主保护。

② 差动保护：反映变压器绕组、引出线单相接地短路及绕组相间短路故障，是变压器主保护。

③ 过流保护：分为过流、复合电压过流等，主要反映变压器外部短路，作为气体、差动保护的后备保护。

④ 零序电流保护、间隙过压过流保护：反映大电流接地系统变压器外部接地短路的保护。

⑤ 过负荷保护：反映变压器对称过负荷。

（2）跳闸现象

① 警铃、扬声器响，变压器各侧断路器位置红灯灭、绿灯闪光，相应电流、有功功率表、无功功率表指示为0。

② 主控屏“差动保护动作”、“瓦斯保护动作”、“冷控电源消失”、“掉牌未复归”等光字亮。

③ 变压器保护屏对应保护信号灯亮或保护信号掉牌，微机保护显示详细动作报告。

④ 备用自投装置正常，自动投入备用设备。

（3）跳闸处理

1）瓦斯保护动作的处理

① 若重瓦斯保护动作，变压器三侧开关跳闸，应记录表计、信号、保护动作情况，同时复归跳闸开关把手，复归音响及保护信号并立即汇报调度。

② 检查备用自投装置是否启动，若未动作，应手动投入。

③ 现场对保护动作情况及本体进行详细的检查，停止冷却器潜油泵运行，同时查看变压器有无喷油、着火、冒烟及漏油现象，检查气体继电器中的气体量。

④ 拉开变压器跳闸三侧开关两侧的隔离开关。

⑤ 若故障前两台变压器并列运行，应按要求投入中性点及相应保护，加强对正常运行变压器的监视，防止过负荷、变压器温度大幅上升等情况。

⑥ 汇报调度。

⑦ 进一步检查气体继电器二次接线是否正确，查明气体继电器有无误动的现象，取气测试，判明故障性质。变压器未经全面测试合格前，不允许在投入运行。

2）差动保护动作的处理

① 若重瓦斯保护动作，变压器三侧开关跳闸，应记录表计、信号、保护动作情况，同时复归跳闸开关把手，复归音响及保护信号并立即汇报调度。

② 检查备用自投装置是否启动，若未动作，应手动投入。

③ 现场对保护动作情况及本体进行详细的检查，停止冷却器潜油泵运行，同时查看变压器有无喷油、着火、冒烟及漏油现象，检查气体继电器中的气体量。

④ 拉开变压器跳闸三侧开关两侧的隔离开关。

⑤ 若故障前两台变压器并列运行，应按要求投入中性点及相应保护，加强对正常运行变压器的监视，防止过负荷、变压器温度大幅上升等情况。

⑥ 检查差动保护范围内，出线套管、引线及接头等有无异常。

⑦ 检查直流系统有无接地现象。

⑧ 经上述检查后若无异常，应对差动保护回路进行全面检查，排除保护误动的可能。

⑨ 若检查为变压器或出线套管、引线上的故障，应停电检修；若经检查为保护或二次回路误动，应对回路进行检查，处理完毕后，经测试合格再送电。

4. 越级跳闸及处理

（1）越级跳闸的后果及形式

一次设备发生短路或其他各种故障时，由于断路器拒动、保护拒动或保护整定值不匹配，造成上级开关跳闸，本级开关不动作，使停电范围扩大，故障的影响扩大。

超级跳闸有几种形式：线路故障越级、母线故障越级、主变故障越级和特殊情况下出现二级越级。

越级跳闸的主要动作行为如下。

① 线路故障越级跳闸，本线路断路器拒分断，本线路保护动作，若装有失灵保护，则启动失灵保护，切除该线路所接母线上的所有开关；若本线路保护未动作，失灵不动作或未装设失灵保护，由本站电源对侧或主变后备保护切除电源，故障切除时间加长，主变后备保护一般由零序（方向）过流或复合电压闭锁过流动作，而对侧由零序Ⅱ、Ⅲ段或距离Ⅱ、Ⅲ段动作跳闸。

② 母线故障越级跳闸，若装有母线保护，母差或开关拒动，引起上级开关跳闸，由电源线对侧或变压器后备保护动作跳闸。

③ 变压器故障越级，若是由断路器拒动引起，应由上级保护动作或由电源线对侧保护动作跳闸。

（2）越级跳闸的原因

① 保护出口开关拒跳闸，如开关电气回路故障、机械故障、分闸线圈烧损、直流两点接地、开关辅助接点不通、液压机构压力闭锁等原因引起开关拒跳闸。

② 保护拒动作，如交流电压回路故障、直流回路故障及保护装置内部故障等会引起保护拒动作。

③ 保护定值不匹配，如上级保护整定值小或整定时间小于本保护等引起保护动作不正常。

④ 开关控制熔断器熔断，保护电源熔断器熔断。

（3）越级跳闸主要现象

线路故障越级跳闸的主要现象如下。

① 警铃、扬声器响，中央控制屏发“掉牌未复归”信号，有开关跳闸。

② 失灵保护启动跳闸。

③ 未装设失灵保护或装有失灵保护而保护拒动作，由主变故障侧开关跳闸。若为双母线接线，母联开关和主变断路器跳闸（主变后备保护Ⅰ段时限跳母联开关，Ⅱ段时限跳本侧开关），通过母线所接电源对侧保护动作跳闸。

④ 跳闸母线失压，母线上所接回路负荷为0，录波器启动。

（4）越级跳闸的处理

1）线路故障越级跳闸的处理

① 复归音响，查看记录光字信号、表计、开关指示灯、保护动作信号。

② 查找开关拒动作的原因，重点检查拒动作开关油色、油位是否正常，有无喷油现象，拒动作跳闸开关至线路出口设备有无故障。拉开拒动作开关两侧隔离开关。

③ 汇报调度，根据调令送出跳闸母线和其他非故障线路。

④ 依次对故障线路的控制回路，如直流熔断器、端子、直流母线电压、开关辅助触点、

跳闸线圈、开关机构及外观等进行外部检查，查找越级跳闸原因，若能查出故障，迅速排除，恢复送电；若不能排除，汇报专业人员检查处理。

2）主变或母线故障越级跳闸的处理

① 复归音响，查看记录光字信号、表计、开关指示灯、保护动作信号。

② 查找开关拒动作的原因，重点检查拒动作开关油色、油位是否正常，有无喷油现象，拒动作跳闸开关至线路出口设备有无故障。拉开拒动作开关两侧隔离开关。

③ 若有保护动作，根据保护动作情况判断哪条母线哪台变压器故障造成越级，并对相应母线或主变一次设备进行仔细检查。若无保护动作信号，则应对所有母线和主变进行全面检查，判明故障可能范围和原因。将失压母线上开关全部断开，将故障母线或主变三侧开关和隔离开关拉开，并将上述情况汇报调度。

④ 根据调度命令恢复无故障设备的运行，并将故障母线或主变所带负荷转移至正常设备供电，联系有关部门对故障设备检修处理。

5. 110kV 电压互感器回路断线

（1）原因

电压互感器高、低压侧熔断，回路接头松动或断线，电压切换回路辅助触点及电压切换开关接触不良，均能造成电压互感器回路断线。

（2）现象

当电压互感器回路断线时，“电压互感器回路断线”光字牌亮，警铃响，有功功率表指示异常，电压表指示为零或三相电压不一致，电能表停走或走慢，低电压继电器动作，同期继电器可能有响声。若是高压熔断器熔断，则可能还有（接地）信号发出，绝缘监视电压表较正常值偏低，而正常时监视电压表上的指示是正常的。

（3）故障处理

当发生上述故障时，值班人员应做好下列处理。

① 将电压互感器所带的保护与自动装置停用，如停用 110kV 的距离保护、低电压闭锁、低周减载、由距离继电器实现的振荡解列装置、重合闸及自动投入装置，以防保护误动。

② 如果由于电压互感器低压电路发生故障而使指示仪表的指示值发生错误时，应尽可能根据其他仪表的指示，对设备进行监视，并尽可能不改变原设备的运行方式，以避免由于仪表指示错误而引起对设备情况的误判断，甚至造成不必要的停电事故。

③ 详细检查高、低压熔断器是否熔断。如高压熔断器熔断时，应拉开电压互感器出口隔离刀闸，取下低压熔断器，并验明无电压后更换高压熔断器，同时检查在高压熔断器熔断前是否有不正常现象出现，并测量电压互感器绝缘，确认良好后，方可送电。如低压熔断器熔断时，应查明原因，及时处理，如一时处理不好，则应考虑调整有关设备的运行方式。在检查高、低熔断器时应做好安全措施，以保证人身安全，防止保护误动作。

④ 如有备用设备，应立即投入运行，停用故障设备。

1. 变电站由哪几部分组成？

2. 变电站的主要设备有哪些？

3．变电站一次回路有哪些接线方案？
4．变电站二次回路包括哪几部分？
5．变电站的继电保护有什么作用？
6．对变电站继电保护有哪些基本要求？
7．变电站一次回路有哪些接线方案？
8．简单双母线接线方式具有哪些优缺点？
9．3/2 断路器接线方式具有哪些优点？
10．变电站二次回路一般包括哪几部分？
11．对断路器控制回路有哪些基本要求？
12．对信号系统有哪些基本要求？
13．什么是距离保护？由哪几部分组成？
14．什么是变电站的倒闸操作？进行倒闸操作前应做好哪些准备工作？
15．因线路故障跳闸有什么现象？如何进行处理？
16．气体继电器保护动作应进行哪些处理？
17．距离保护与电流、电压保护相比较具有哪些优点？
18．高频保护的载波通道有哪几部分组成？各有什么作用？
19．对自动重合闸装置有哪些基本要求？

附录A

电气倒闸操作票格式（资料性附录）

<table>
<tr><td>单　位</td><td colspan="3"></td><td>编　号</td><td></td></tr>
<tr><td>发令人</td><td></td><td>受令人</td><td></td><td>发令时间</td><td>年　月　日　时　分</td></tr>
<tr><td colspan="4">操作开始时间：
年　月　日　时　分</td><td colspan="2">操作结束时间：
年　月　日　时　分</td></tr>
<tr><td colspan="6">（ ）监护下操作　（ ）单人操作　（ ）检修人员操作</td></tr>
<tr><td colspan="6">操作任务：</td></tr>
<tr><td>顺　序</td><td colspan="4">操　作　项　目</td><td>√</td></tr>
<tr><td></td><td colspan="4"></td><td></td></tr>
<tr><td></td><td colspan="4"></td><td></td></tr>
<tr><td></td><td colspan="4"></td><td></td></tr>
<tr><td></td><td colspan="4"></td><td></td></tr>
<tr><td></td><td colspan="4"></td><td></td></tr>
<tr><td></td><td colspan="4"></td><td></td></tr>
<tr><td></td><td colspan="4"></td><td></td></tr>
<tr><td></td><td colspan="4"></td><td></td></tr>
<tr><td colspan="6">备注：</td></tr>
<tr><td colspan="6">操作人：　监护人：　值班负责人（值长）：</td></tr>
</table>

附录B

电气第一种工作票格式（资料性附录）

<table>
<tr><td>单　位</td><td colspan="2"></td><td>编　号</td><td></td></tr>
<tr><td colspan="5">工作负责人（监护人）：　　　　　　　　　　　　　　班组：</td></tr>
<tr><td colspan="5">工作班人员（不包括工作负责人）：

共　　人</td></tr>
<tr><td colspan="5">工作的变、配电站名称及设备双重名称：</td></tr>
<tr><td rowspan="5">工作任务</td><td colspan="2">工作地点及设备双重名称</td><td colspan="2">工作内容</td></tr>
<tr><td colspan="2"></td><td colspan="2"></td></tr>
<tr><td colspan="2"></td><td colspan="2"></td></tr>
<tr><td colspan="2"></td><td colspan="2"></td></tr>
<tr><td colspan="2"></td><td colspan="2"></td></tr>
<tr><td colspan="5">计划工作时间：自　　年　　月　　日　　时　　分 至　　年　　月　　日　　时　　分</td></tr>
<tr><td rowspan="10">安全措施（必要时可附页绘图说明）</td><td colspan="3">应拉断路器、隔离开关</td><td>已执行[a]</td></tr>
<tr><td colspan="3"></td><td></td></tr>
<tr><td colspan="3"></td><td></td></tr>
<tr><td colspan="3"></td><td></td></tr>
<tr><td colspan="3"></td><td></td></tr>
<tr><td colspan="3"></td><td></td></tr>
<tr><td colspan="3"></td><td></td></tr>
<tr><td colspan="3">应装接地线、应合接地刀闸（注明确实地点、名称及接地线编号[a]）</td><td>已执行</td></tr>
<tr><td colspan="3"></td><td></td></tr>
<tr><td colspan="3"></td><td></td></tr>
</table>

续表

<table>
<tr><td rowspan="17">安全措施（必要时可附页绘图说明）</td><td colspan="2"></td><td></td></tr>
<tr><td colspan="2"></td><td></td></tr>
<tr><td colspan="2"></td><td></td></tr>
<tr><td colspan="2">应设遮栏、应挂标示牌及防止二次回路误碰等措施</td><td>已执行</td></tr>
<tr><td colspan="2"></td><td></td></tr>
<tr><td colspan="2"></td><td></td></tr>
<tr><td colspan="2"></td><td></td></tr>
<tr><td colspan="2"></td><td></td></tr>
<tr><td colspan="2"></td><td></td></tr>
<tr><td>工作地点保留带电部分或注意事项
（由工作票签发人填写）</td><td colspan="2">补充工作地点保留带电部分和安全措施
（由工作许可人填写）</td></tr>
<tr><td></td><td colspan="2"></td></tr>
<tr><td></td><td colspan="2"></td></tr>
<tr><td></td><td colspan="2"></td></tr>
<tr><td></td><td colspan="2"></td></tr>
<tr><td></td><td colspan="2"></td></tr>
<tr><td colspan="3">工作票签发人签名：　　　　　　签发日期：　　　年　　月　　日　　时　　分</td></tr>
<tr><td colspan="4">收到工作票时间：　　　年　　月　　日　　时　　分
运行值班人员签名：　　　　　　工作负责人签名：</td></tr>
<tr><td colspan="4">确认本工作票上述各项内容：
许可开始工作时间：　　　年　　月　　日　　时　　分
工作许可人签名：　　　　　　工作负责人签名：</td></tr>
<tr><td colspan="4">确认工作负责人布置的工作任务和安全措施：
工作班组人员签名：</td></tr>
<tr><td colspan="4">工作负责人变动情况：
原工作负责人　　　离去，变更　　　为工作负责人
工作票签发人：　　　日期：　　　年　　月　　日　　时　　分</td></tr>
<tr><td colspan="4">工作人员变动情况（变动人员姓名、日期及时间）：
工作负责人签名：</td></tr>
<tr><td colspan="4">工作票延期：
有效期延长到：　　　年　　月　　日　　时　　分
工作负责人签名：　　　日期：　　　年　　月　　日　　时　　分
工作许可人签名：　　　日期：　　　年　　月　　日　　时　　分</td></tr>
</table>

续表

<table>
<tr><td rowspan="6">每日开工和收工时间（使用一天的工作票不必填写）</td><td colspan="4">收工时间</td><td rowspan="2">工作负责人</td><td rowspan="2">工作许可人</td><td colspan="4">开工时间</td><td rowspan="2">工作负责人</td><td rowspan="2">工作许可人</td></tr>
<tr><td>月</td><td>日</td><td>时</td><td>分</td><td>月</td><td>日</td><td>时</td><td>分</td></tr>
<tr><td></td><td></td><td></td><td></td><td></td><td></td><td></td><td></td><td></td><td></td><td></td><td></td></tr>
<tr><td></td><td></td><td></td><td></td><td></td><td></td><td></td><td></td><td></td><td></td><td></td><td></td></tr>
<tr><td></td><td></td><td></td><td></td><td></td><td></td><td></td><td></td><td></td><td></td><td></td><td></td></tr>
<tr><td></td><td></td><td></td><td></td><td></td><td></td><td></td><td></td><td></td><td></td><td></td><td></td></tr>
<tr><td colspan="13">工作终结：
全部工作于　　　年　　月　　日　　时　　分结束，设备及安全措施已恢复至开工前状态，工作人员已全部撤离，材料工具已清理完毕，工作已终结。
工作负责人签名：　　　　　　　　　　　工作许可人签名：</td></tr>
<tr><td colspan="13">工作票终结：
临时遮栏、标示牌已拆除，常设遮栏已恢复。未拆除或未拉开的接地线编号等共　　组、接地刀闸（小车）共　　副（台），已汇报调度值班员。
工作许可人签名：　　　　　　　　　　日期：　　　年　　月　　日　　时　　分</td></tr>
<tr><td colspan="13">备注：
（1）指定专责监护人　　　　　负责监护

（地点及具体工作）
（2）其他事项：</td></tr>
<tr><td colspan="13">已执行栏目及接地线编号由工作许可人填写</td></tr>
</table>

附录C

电气第二种工作票格式（资料性附录）

<table>
<tr><td>单　位</td><td colspan="2"></td><td>编　号</td><td></td></tr>
<tr><td colspan="5">工作负责人（监护人）：　　　　　　　　　　　　班组：</td></tr>
<tr><td colspan="5">工作班人员（不包括工作负责人）：

共　　人</td></tr>
<tr><td colspan="5">工作的变、配电站名称及设备双重名称：</td></tr>
<tr><td rowspan="5">工
作
任
务</td><td colspan="2">工作地点或地段</td><td colspan="2">工作内容</td></tr>
<tr><td colspan="2"></td><td colspan="2"></td></tr>
<tr><td colspan="2"></td><td colspan="2"></td></tr>
<tr><td colspan="2"></td><td colspan="2"></td></tr>
<tr><td colspan="2"></td><td colspan="2"></td></tr>
<tr><td colspan="5">计划工作时间：自　　年　月　日　时　分至　　年　月　日　时　分</td></tr>
<tr><td colspan="5">工作条件（停电或不停电，或邻近及保留带电设备名称）：</td></tr>
<tr><td colspan="5">注意事项（安全措施）：

工作票签发人签名：　　　　　　　　签发日期：　　年　月　日　时　分</td></tr>
<tr><td colspan="5">补充安全措施（工作许可人填写）：</td></tr>
</table>

续

确认本工作票上述各项内容： 　　工作负责人签名：　　　　　　　　　　　　　工作许可人签名： 　　许可工作时间：　　　年　　月　　日　　时　　分
确认工作负责人布置的工作任务和安全措施： 工作班人员签名：
工作票延期： 　　有效期延长到：　　　　年　　月　　日　　时 　　工作负责人签名：　　　　　日期：　　　年　　月　　日　　时　　分 　　工作许可人签名：　　　　　日期：　　　年　　月　　日　　时　　分
工作票终结： 　　全部工作于　　　年　　月　　日　　时　　分结束，工作人员已全部撤离，材料工具已清理完毕。 　　工作负责人签名：　　　　　　　　日期：　　　年　　月　　日　　时　　分 　　工作许可人签名：　　　　　　　　日期：　　　年　　月　　日　　时　　分
备注：

附录 D

电气带电作业工作票格式（资料性附录）

<table>
<tr><td>单　　位</td><td></td><td>编　　号</td><td></td></tr>
<tr><td colspan="4">工作负责人（监护人）：　　　　　　　　班组：</td></tr>
<tr><td colspan="4">工作班人员（不包括工作负责人）：

共　　　人</td></tr>
<tr><td colspan="4">工作的变、配电站名称及设备双重名称：</td></tr>
<tr><td rowspan="6">工
作
任
务</td><td colspan="2">工作地点或地段</td><td>工作内容</td></tr>
<tr><td colspan="2"></td><td></td></tr>
<tr><td colspan="2"></td><td></td></tr>
<tr><td colspan="2"></td><td></td></tr>
<tr><td colspan="2"></td><td></td></tr>
<tr><td colspan="2"></td><td></td></tr>
<tr><td colspan="4">计划工作时间：　自　　年　　月　　日　　时　　分 至　　年　　月　　日　　时　　分</td></tr>
<tr><td colspan="4">工作条件（等电位、中间电位或地电位作业，或邻近带电设备名称）：</td></tr>
<tr><td colspan="4">注意事项（安全措施）：

工作票签发人签名：　　　　　　签发日期：　　年　　月　　日　　时　　分</td></tr>
</table>

续

确认本工作票上述各项内容： 　　工作负责人签名：
指定　　　　　　　　为专责监护人　　　　　　　　　专责监护人签名：
补充安全措施（工作许可人填写）：
许可工作时间：　　　　　年　　月　　日　　时　　分 工作许可人签名：　　　　　　　　　　　　工作负责人签名：
确认作负责人布置的工作任务和安全措施。 工作班组人员签名：
工作票终结： 全部工作于　　　　年　　月　　日　　时　　分结束，工作人员已全部撤离，材料工具已清理完毕。 工作负责人签名：　　　　　　　　　　工作许可人签名：
备注：

附录 E

电气事故应急抢修单格式（资料性附录）

<table>
<tr><td>单　位</td><td></td><td>编　号</td><td></td></tr>
<tr><td colspan="4">抢修工作负责人（监护人）：　　　　　　　　班组：</td></tr>
<tr><td colspan="4">抢修班人员（不包括抢修工作负责人）：

共　　人</td></tr>
<tr><td colspan="4">抢修任务（抢修地点和抢修内容）：</td></tr>
<tr><td colspan="4">安全措施：</td></tr>
<tr><td colspan="4">抢修地点保留带电部分或注意事项：</td></tr>
<tr><td colspan="4">上述各项内容由抢修工作负责人　　　　根据抢修任务布置人　　　　的布置填写。</td></tr>
<tr><td colspan="4">经现场勘察需补充下列安全措施：

经许可人（调度/运行人员）　　　　同意（　　月　　日　　时　　分）后，已执行。</td></tr>
<tr><td colspan="4">许可抢修时间：　　年　　月　　日　　时　　分
许可人（调度/运行人员）：</td></tr>
<tr><td colspan="4">抢修结束汇报：
本抢修工作于　　年　　月　　日　　时　　分结束。
现场设备状况及保留安全措施：

抢修班人员已全部撤离，材料工具已清理完毕，事故应急抢修单已终结。
抢修工作负责人：　　　　　　　　许可人（调度/运行人员）：
填写时间：　　年　　月　　日　　时　　分</td></tr>
</table>

附录F

标示牌式样（规范性附录）

名称	悬挂处	式样	
		颜色	字样
禁止合闸，有人工作！	一经合闸即可送电到施工设备的断路器（开关）和隔离开关（刀闸）操作把手上	白底，红色圆形斜杠，黑色禁止标志符号	黑字
禁止合闸，线路有人工作！	线路断路器（开关）和隔离开关（刀闸）把手上	白底，红色圆形斜杠，黑色禁止标志符号	黑字
禁止分闸！	接地刀闸与检修设备之间的断路器（开关）操作把手上	白底，红色圆形斜杠，黑色禁止标志符号	黑字
在此工作！	工作地点或检修设备上	衬底为绿色，中有直径200mm和65mm白圆圈	黑字，写于白圆圈中
止步，高压危险！	施工地点临近带电设备的遮栏上；室外工作地点的围栏上；禁止通行的过道上；高压试验地点；室外构架上；工作地点临近带电设备的横梁上	白底，黑色正三角形及标志符号，衬底为黄色	黑字
从此上下！	工作人员可以上下的铁架、爬梯上	衬底为绿色，中有直径200mm白圆圈	黑字，写于白圆圈中
从此进出！	室外工作地点围栏的出入口处	衬底为绿色，中有直径200mm白圆圈	黑体黑字，写于白圆圈中
禁止攀登，高压危险！	高压配电装置构架的爬梯上，变压器、电抗器等设备的爬梯上	白底，红色圆形斜杠，黑色禁止标志符号	黑字
注：在计算机显示屏上一经操作，即可设置工作地点的断路器和隔离开关的操作把手处的“禁止合闸，有人工作！”、“禁止合闸，线路有人工作！”和“禁止分闸”的标记，此标记可参照表中有关标示牌的式样			

附录 G 绝缘安全工器具试验项目、周期和要求（规范性附录）

<table>
<tr><th>序号</th><th>器具</th><th>项目</th><th>周期</th><th colspan="4">要　求</th><th>说明</th></tr>
<tr><td rowspan="10">1</td><td rowspan="10">电容型验电器</td><td>启动电压试验</td><td>1 年</td><td colspan="4">启动电压值不高于额定电压的 40%，不低于额定电压的 15%</td><td>试验时接触电极应与试验电极相接触</td></tr>
<tr><td rowspan="9">工频耐压试验</td><td rowspan="9">1 年</td><td rowspan="2">额定电压/kV</td><td rowspan="2">试验长度/m</td><td colspan="2">工频耐压/kV</td><td rowspan="9"></td></tr>
<tr><td>持续时间 1min</td><td>持续时间 5min</td></tr>
<tr><td>10</td><td>0.7</td><td>45</td><td>—</td></tr>
<tr><td>35</td><td>0.9</td><td>95</td><td>—</td></tr>
<tr><td>66</td><td>1.0</td><td>175</td><td>—</td></tr>
<tr><td>110</td><td>1.3</td><td>220</td><td>—</td></tr>
<tr><td>220</td><td>2.1</td><td>440</td><td>—</td></tr>
<tr><td>330</td><td>3.2</td><td>—</td><td>380</td></tr>
<tr><td>500</td><td>4.1</td><td>—</td><td>580</td></tr>
<tr><td rowspan="10">2</td><td rowspan="10">携带型短路接地线</td><td>成组直流电阻试验</td><td>≤5 年</td><td colspan="4">在各接线鼻之间测量直流电阻，对于 25 mm^2、35mm^2、50mm^2、70mm^2、95mm^2、120mm^2 的各种截面，平均每米的电阻值应分别小于 0.79mΩ、0.56mΩ、0.40mΩ、0.28mΩ、0.21mΩ、0.16mΩ</td><td>同一批次抽测，不少于两条，接线鼻与软导线压接的应做该试验</td></tr>
<tr><td rowspan="9">操作棒的工频耐压试验</td><td rowspan="9">5 年</td><td rowspan="2">额定电压/kV</td><td rowspan="2">试验长度/m</td><td colspan="2">工频耐压/kV</td><td>试验电压加在护环与紧固头之间</td></tr>
<tr><td>持续时间 1min</td><td>持续时间 5min</td><td rowspan="8"></td></tr>
<tr><td>10</td><td>—</td><td>45</td><td>—</td></tr>
<tr><td>35</td><td>—</td><td>95</td><td>—</td></tr>
<tr><td>66</td><td>—</td><td>175</td><td>—</td></tr>
<tr><td>110</td><td>—</td><td>220</td><td>—</td></tr>
<tr><td>220</td><td>—</td><td>440</td><td>—</td></tr>
<tr><td>330</td><td>—</td><td>—</td><td>380</td></tr>
<tr><td>500</td><td>—</td><td>—</td><td>580</td></tr>
<tr><td>3</td><td>个人</td><td>成组直流</td><td>≤5 年</td><td colspan="4">在各接线鼻之间测量直流电阻，对于 10mm^2、16mm^2、25mm^2</td><td>同一批次抽测，不少于两条</td></tr>
</table>

	保安线	电阻试验		各种截面，平均每米的电阻值应小于 1.98mΩ、1.24mΩ、0.79mΩ	

续表

序号	器具	项目	周期	要求				说明
4	绝缘杆	工频耐压试验	1 年	额定电压/kV	试验长度/m	工频耐压/kV		
						持续时间 1min	持续时间 5min	
				10	0.7	45	—	
				35	0.9	95	—	
				66	1.0	175	—	
				110	1.3	220	—	
				220	2.1	440	—	
				330	3.2	—	380	
				500	4.1	—	580	
5	核相器	连接导线绝缘强度试验	必要时	额定电压/kV	工频耐压/kV		持续时间/min	浸在电阻率小于 100Ω•m 水中
				10	8		5	
				35	28		5	
		绝缘部分工频耐压试验	1 年	额定电压/kV	试验长度/m	工频耐压/kV	持续时间/min	
				10	0.7	45	1	
				35	0.9	95	1	
		电阻管泄漏电流试验	半年	额定电压/kV	工频耐压/kV	持续时间/min	泄漏电流/mA	
				10	10	1	≤2	
				35	35	1	≤2	
		动作电压试验	1 年	最低动作电压应达 0.25 倍额定电压				
6	绝缘罩	工频耐压试验	1 年	额定电压/kV	工频耐压/kV		持续时间/min	
				6～10	30		1	
				35	80		1	
7	绝缘隔板	表面工频耐压试验	1 年	额定电压/kV	工频耐压/kV		持续时间/min	电极间距离 300mm
				6～35	60		1	
		工频耐压试验	1 年	额定电压/kV	工频耐压/kV		持续时间/min	
				6～10	30		1	
				35	80		1	
8	绝缘胶垫	工频耐压试验	1 年	电压等级	工频耐压/kV		持续时间/min	使用于带电设备区域
				高压	15		1	
				低压	3.5		1	
9	绝缘靴	工频耐压试验	半年	工频耐压/kV	持续时间/min		泄漏电流/mA	
				15	1		≤7.5	

续表

<table>
<tr><th>序号</th><th>器具</th><th>项目</th><th>周期</th><th colspan="4">要　　求</th><th>说明</th></tr>
<tr><td rowspan="3">10</td><td rowspan="3">绝缘手套</td><td rowspan="3">工频耐压试验</td><td rowspan="3">半年</td><td>电压等级</td><td>工频耐压/kV</td><td>持续时间/min</td><td>泄漏电流/mA</td><td rowspan="3"></td></tr>
<tr><td>高压</td><td>8</td><td>1</td><td>≤9</td></tr>
<tr><td>低压</td><td>2.5</td><td>1</td><td>≤2.5</td></tr>
<tr><td>11</td><td>导电鞋</td><td>直流电阻试验</td><td>穿用≤200h</td><td colspan="4">电阻值小于 100kΩ</td><td>符合《防静电鞋导电鞋安全技术要求》</td></tr>
<tr><td rowspan="3">12</td><td rowspan="3">绝缘夹钳</td><td rowspan="3">工频耐压试验</td><td rowspan="3">1 年</td><td>额定电压/kV</td><td>试验长度/m</td><td>工频耐压/kV</td><td>持续时间/min</td><td rowspan="3"></td></tr>
<tr><td>10</td><td>0.7</td><td>45</td><td>1</td></tr>
<tr><td>35</td><td>0.9</td><td>95</td><td>1</td></tr>
<tr><td>13</td><td>绝缘绳</td><td>工频耐压试验</td><td>半年</td><td colspan="4">105kV/0.5m，持续时间 5min</td><td></td></tr>
</table>

附录 H 带电作业高架绝缘斗臂车电气试验标准表（规范性附录）

试验对象	额定电压/kV	1min 工频耐压试验				交流泄漏电流试验		
		试验距离/m	型式试验电压/kV	交接验收试验电压/kV	预防性试验电压/kV	试验距离/m	试验电压/kV	泄漏值/μA
绝缘斗试验	10	0.4[a]	100	50	45	0.4[a]	20	≤200
绝缘臂试验	10	0.4	100	50	45	1.0	20	≤200[b] ≤500[c]
	35	0.6	150	105	95	1.5	70	
	63	0.7	175	141	105	1.5	105	
	110	1.0	250	245	220	2.0	126	
	220	1.8	450	440	440	3.0	252	
整车试验	10	—	—	—	—	—	20	≤500
	35	—	—	—	—	—	70	≤500
	63	—	—	—	—	—	105	≤500
	110	—	—	—	—	—	126	≤500
	220	—	—	—	—	—	252	≤500
液压油试验	各级电压	油杯：2.5mm 电极，6 次试验平均击穿电压≥20kV，任一单独击穿电压≥10kV						更换、添加的液压油应试验合格

注 1：在折叠臂式高空作业车上，主要是针对主绝缘臂

注 2：电气试验应在有效绝缘区间内进行

注 3：胶皮管的电气试验，其单位长度气压工频交流电压值与绝缘臂相同

a 内外电极试验沿面间距

b 安装前部件单独试验

c 安装后整车试验

附录 I
二次工作安全措施票格式（资料性附录）

<table>
<tr><td>单　　位</td><td colspan="3"></td><td>编　　号</td><td colspan="2"></td></tr>
<tr><td colspan="2">被试设备名称</td><td colspan="5"></td></tr>
<tr><td>工作负责人</td><td></td><td>工作时间</td><td colspan="2">年　　月　　日</td><td>签发人</td><td></td></tr>
<tr><td colspan="7">工作内容：</td></tr>
<tr><td colspan="7">安全措施：包括应打开及恢复压板、直流线、交流线、信号线、连锁线和连锁开关等，按工作顺序填用安全措施</td></tr>
</table>

序号	执行	安全措施内容	恢复

附录 J

登高工器具试验标准表（规范性附录）

序号	名称	项目	周期	要求	说明
1	安全带	静负荷试验	1年	对围杆带、围杆绳、安全绳，施加2205N静压力，持续时间5min 对护腰带，施加1470N静压力，持续时间5min	牛皮带试验周期为半年
2	安全帽	冲击性能试验	按规定期限	受冲击力小于4900N	使用期限：从制造之日起，塑料帽≤2.5年，玻璃钢帽≤3.5年
		耐穿刺性能试验	按规定期限	钢锥不接触点模表面	
3	脚扣	静负荷试验	1年	施加1176N静压力，持续时间5min	
4	升降板	静负荷试验	半年	施加2205N静压力，持续时间5min	
5	梯子	静负荷试验	半年	施加1765N静压力，持续时间5min	

附录K
电力安全工作规程（发电厂和变电站电气部分）

1．范围

本规程规定了从事电力生产单位和电气工作人员在电力工作场所中的基本安全要求。

本规程适用于中华人民共和国境内具有 66kV 及以上电压等级设施的发电企业单位的所有电力工作场所，具有 35kV 及以上电压等级设施的输、变（配）电力企业单位的所有电力工作场所，具有 220kV 及以上电压等级设施用电单位的电力工作场所。其他电力企业单位和用电单位的电力工作场所也可参考使用。

2．规范性引用文件

下列文件对于本规程的应用是必不可少的。凡是注日期的引用文件，仅所注日期的版本适用于本规程。凡是不注日期的引用文件，其最新版本（包括所有的修改单）适用于本规程。

GB/T 156－2007　标准电压

GB/T 2900.50－2008　电工术语 发电、输电及配电 通用术语（IEC 60050-601-1985，MOD）

GB/T 9465－2008　高空作业车

GB/T 18857－2008　配电线路带电作业技术导则

GB 50060－2008　3～110kV 高压配电装置设计规范

3．术语和定义

GB/T 2900.50 界定的以及下列术语和定义适用于本规程。

（1）断路器（circuit-breaker）

能关合、承载、开断运行回路正常电流、也能在规定时间内关合、承载及开断规定的过载电流（包括短路电流）的开关设备，也称开关。

（2）隔离开关（disconnector）

在分位时，触点间有符合规定要求的绝缘距离和明显的断开标志；在合位置时，能承载正常回路条件下的电流及在规定时间内异常条件（如短路）下的电流的开关设备，也称刀闸。

（3）低压（low voltage）

交流电力系统中 1000V 及其以下的电压等级。直流电力系统中 1500V 及其以下的电压等级。

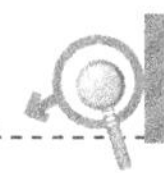

（4）高压（high voltage）

通常指超过低压的电压等级。特定情况下，指电力系统中输电的电压等级。

（5）运用中的电气设备（operating electrical equipment）

指全部带有电压、一部分带有电压或一经操作即带有电压的电气设备。

（6）事故应急抢修工作（emergency repairment task）

指电气设备发生故障被迫紧急停止运行，须短时间内恢复的抢修和排除故障的工作。

（7）待用间隔（inactive bay）

母线连接排、引线已接上运用中母线的未运行间隔。

（8）设备双重名称（equipment dual identifications）

设备名称和编号的统称。

4．总体要求

（1）作业现场的基本条件

① 作业现场的生产条件、安全设施和安全工器具等应符合国家或行业标准规定的要求，工作人员的劳动防护用品应合格、齐备。

② 经常有人工作的场所及施工车辆上宜配备急救箱，存放急救用品，并应指定专人经常检查、补充或更换。

③ 各类作业人员应被告知其作业现场和工作岗位存在的危险因素、防范措施及事故紧急处理措施。

④ 外单位承担或外来人员参与本单位电气工作前，设备运行管理单位应告知现场电气设备接线情况、危险点和安全注意事项。

（2）作业人员的基本条件

① 经医师鉴定，无妨碍工作的病症（体格检查每两年至少一次）。

② 具备必要的电气知识和业务技能，且按工作性质，熟悉本标准的相关部分，并经考试合格。

③ 具备必要的安全生产知识，学会紧急救护法，特别要学会触电急救。

（3）其他要求

① 任何人发现有违反本标准的情况，应立即制止，经纠正后才能恢复作业。各类作业人员有权拒绝违章指挥和强令冒险作业；在发现直接危及人身、电网和设备安全的紧急情况时，有权停止作业或者在采取可能的紧急措施后撤离作业场所，并立即报告。

② 在试验和推广新技术、新工艺、新设备、新材料的同时，应制定相应的安全措施，经本单位分管领导批准后执行。

③ 各单位可根据现场情况制定本标准实施细则和补充条款，经本单位分管领导批准后执行。

④ 所有的安全工器具在使用前应确认合格。

5．高压设备工作的基本要求

（1）一般安全要求

① 运行人员应熟悉电气设备。单独值班人员或运行负责人还应有实际工作经验。

② 高压设备符合下列条件者，可由单人值班或单人操作。

● 室内高压设备的隔离室设有遮栏，遮栏的高度在 1.7m 以上，安装牢固并加锁者。

● 室内高压断路器的操作机构用墙或金属板与该断路器隔离或装有远方操作机构者。

③ 无论高压设备是否带电，工作人员不得单独移开或越过遮栏进行工作；若有必要移开遮栏时，应有监护人在场，并符合表 K-1 的安全距离。

表 K-1 设备不停电时的安全距离

电压等级/kV	安全距离/m
10 及以下	0.70
20、35	1.00
66、110	1.50
220	3.00
330	4.00
500	5.00
750	7.20①
1000	8.70
±50 及以下	1.50
±500	6.00
±660	8.40
±800	9.30

注：1. 表中未列电压等级按高一档电压等级安全距离。

2. 13.8kV 执行 10kV 的安全距离。

① 750kV 数据是按海拔 2000m 校正的，其他等级数据按海拔 1000m 校正。

④ 10kV、20kV、35kV 配电装置的裸露导电部分在跨越人行过道或作业区时，若户外导电部分对地高度分别小于 2.7m、2.8m、2.9m 或户内导电部分对地高度分别小于 2.5m、2.5m、2.6m，该裸露导电部分两侧和底部应装设护网。

⑤ 户外 10kV 及以上高压配电装置场所的行车通道上，应根据表 K-2 保证行车安全距离。

表 K-2 车辆（包括装载物）外廓至无遮栏带电部分之间的安全距离

电压等级/kV	安全距离/m
10	0.95
20	1.05
35	1.15
66	1.40
110	1.65（1.75）①
220	2.55
330	3.25
500	4.55
750	6.70②

续表

电压等级/kV	安全距离/m
1000	8.25
±50 及以下	1.65
±500	5.60
±660	8.00
±800	9.00

① 括号内数字为 110kV 中性点不接地系统所使用。

② 750kV 数据是按海拔 2000m 校正的，其他等级数据按海拔 1000m 校正。

⑥ 待用间隔应有名称、编号，并列入调度管辖范围。其隔离开关操作手柄、网门应加锁。

⑦ 在手车开关拉至“检修”位置后，应观察隔离挡板是否可靠封闭。

（2）高压设备的巡视

① 经本单位批准允许单独巡视高压设备的人员巡视高压设备时，不得进行其他工作，不得移开或越过遮栏。

② 雷雨天气，须要巡视室外高压设备时，应穿绝缘靴，并不得靠近避雷器和避雷针。

③ 高压设备发生接地时，室内不得接近故障点 4m 以内，室外不得接近故障点 8m 以内。进入上述范围人员应穿绝缘靴，接触设备的外壳和构架时，应戴绝缘手套。

（3）倒闸操作

1）操作发令

倒闸操作应根据值班调度员或运行值班负责人的指令受令人复诵无误后执行。发布指令应准确、清晰，使用规范的调度术语和设备双重名称。发令人和受令人应先互报单位和姓名，操作人员（包括监护人）应了解操作目的和操作顺序。

2）操作方式

倒闸操作可以通过就地操作、遥控操作、程序操作完成。遥控操作、程序操作的设备应满足有关技术条件。

3）操作分类

① 监护操作，是由两人进行同一项的操作。

监护操作时，其中一人对设备较为熟悉者作为监护。特别重要和复杂的倒闸操作，由熟练的运行人员操作，运行值班负责人监护。

② 单人操作，是由一人完成的操作。

单人值班的变电站或发电厂升压站操作时，运行人员根据发令人用电话传达的操作指令填用操作票，复诵无误。

实行单人操作的设备、项目及运行人员须经设备运行管理单位批准，人员应通过专项考核。

③ 检修人员操作，是由检修人员完成的操作。

经设备运行管理单位考试合格、批准的本单位的检修人员，可进行 220kV 及以下的电气设备由热备用至检修或由检修至热备用的监护操作，监护人应是同一单位的检修人员或设备运行人员。

检修人员进行操作的接、发令程序及安全要求应由设备运行管理单位分管领导审定，并报相关部门和调度机构备案。

4）操作票填写

① 操作票由操作人员填用，其格式参见附录A。

② 操作票应用黑色或蓝色的钢（水）笔或圆珠笔逐项填写。用计算机开出的操作票应与手写票面统一；操作票票面应清楚整洁，不得任意涂改。操作票应填写设备的双重名称。操作人和监护人应根据模拟图或接线图核对所填写的操作项目，并分别手工或电子签名，然后经运行值班负责人（检修人员操作时由工作负责人）审核签名。

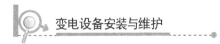

每张操作票只能填写一个操作任务。

③ 下列项目应填入操作票内。

- 应拉合的断路器和隔离开关，检查断路器和隔离开关的位置，检查接地线是否拆除，检查负荷分配，装拆接地线，安装或拆除控制回路或电压互感器回路的保险器，切换保护回路和检验是否确无电压。
- 高压直流输电系统启停、功率变化及状态转换、控制方式改变、主控站转换，控制、保护系统投退，换流变压器冷却器切换及分接头手动调节。
- 阀冷却、阀厅消防和空调系统的投退、方式变化等操作。
- 直流输电控制系统对断路器进行的锁定操作。

5）操作基本条件

① 具有与现场一次设备和实际运行方式相符的一次系统模拟图（包括各种电子接线图）。

② 操作设备应具有明显的标志，包括命名、编号、设备相色等。

③ 高压电气设备都应安装完善的防误操作闭锁装置。防误操作闭锁装置不得随意退出运行，停用防误操作闭锁装置应经本单位分管领导批准；短时间退出防误操作闭锁装置时，应经变电站站长或发电厂当班值长批准，并应按程序尽快投入。

④ 有值班调度员、运行负责人正式发布的指令，并使用经事先审核合格的操作票。

⑤ 机械锁要1把钥匙开1把锁，下列三种情况应加挂机械锁。

- 未装防误操作闭锁装置或闭锁装置失灵的隔离开关手柄、阀厅大门和网门。
- 当电气设备处于冷备用时，网门闭锁失去作用时的有电间隔网门。
- 设备检修时，回路中的各来电侧隔离开关操作手柄和电动操作隔离开关机构箱的箱门。

6）操作时应遵守的要求

① 停电拉闸操作应按照断路器—负荷侧隔离开关—电源侧隔离开关的顺序依次进行，送电合闸操作应按与上述相反的顺序进行。禁止带负荷拉合隔离开关。

② 开始操作前，应先进行核对性模拟预演，无误后，再进行操作。操作前应先核对系统方式、设备名称、编号和位置，操作中应认真执行监护复诵制度。操作过程中应按操作票填写的顺序逐项操作。每操作完一步，应检查无误后做一个“√”记号，全部操作完毕后进行复查。

③ 监护操作时，操作人在操作过程中不得有任何未经监护人同意的操作行为。

④ 操作中发生疑问时，应立即停止操作并向发令人报告。待发令人再行许可后，方可进行操作。不得擅自更改操作票，不得随意解除闭锁装置。解锁工具（钥匙）应封存保管，所有操作人员和检修人员禁止擅自使用解锁工具（钥匙）。若遇特殊情况需解锁操作，应经有关人员批准。

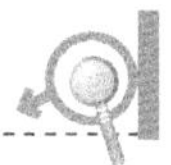

⑤ 电气设备操作后的位置检查应以设备各相的实际位置为准，无法看到实际位置时，可通过设备机械位置指示、电气指示、带电显示装置、仪表及各种遥测、遥信等信号的变化来判断。判断时，应有两个及以上的指示，且所有指示均已同时发生对应变化，才能确认该设备已操作到位。以上检查项目应填写在操作票中作为检查项。

⑥ 换流站直流系统应采用程序操作，程序操作不成功，在查明原因并经调度值班员许可后可进行遥控步进操作。

⑦ 用绝缘棒拉合隔离开关、高压熔断器或经传动机构拉合断路器和隔离开关，均应戴绝缘手套。雨天操作室外高压设备时，绝缘棒应有防雨罩，还应穿绝缘靴。接地网电阻不符合要求的，晴天也应穿绝缘靴。雷电时，一般不进行倒闸操作，禁止在就地进行倒闸操作。

⑧ 装卸高压熔断器，应戴护目眼镜和绝缘手套，必要时使用绝缘夹钳，并站在绝缘垫或绝缘台上。

⑨ 断路器遮断容量应满足电网要求。如遮断容量不够，应将操作机构用墙或金属板与该断路器隔开，应进行远方操作，重合闸装置应停用。

⑩ 电气设备停电后（包括事故停电），在未拉开有关隔离开关和做好安全措施前，不得触及设备或进入遮栏，以防突然来电。

⑪ 单人操作时，不得进行登高或登杆操作。

⑫ 在发生人身触电事故时，可以不经许可，即可断开有关设备的电源，但事后应立即报告调度或设备运行管理单位。

⑬ 同一直流系统两端换流站间发生系统通信故障时，两站间的操作应根据值班调度员的指令配合执行。

⑭ 双极直流输电系统单极停运检修时，禁止操作双极公共区域设备，禁止合上停运极中性线大地/金属回线隔离开关。

⑮ 直流系统升降功率前应确认功率设定值不小于当前系统允许的最小功率，且不能超过当前系统允许的最大功率限制。

⑯ 手动切除交流滤波器（并联电容器）前，应检查系统有足够的备用数量，保证满足当前输送功率无功需求。

⑰ 交流滤波器（并联电容器）退出运行后再次投入运行前，应满足电容器放电时间要求。

7）不填用操作票的情况

下列各项工作可以不用操作票。

① 事故应急处理。

② 拉合断路器（开关）的单一操作。

③ 拉开接地刀闸或拆除全站仅有的一组接地线。

上述操作在完成后应做好记录，事故应急处理应保存原始记录。

8）操作票的编号与保存

操作票应连续编号，已填写的操作票应保存一年。

（4）高压设备上工作

① 在运用中的高压设备上工作，分为以下三类。

- 全部停电的工作，是指室内高压设备全部停电（包括架空线路与电缆引入线在内），并且通至邻接高压室的门全部闭锁，以及室外高压设备全部停电（包括架空线路与电缆引入线在内）。

- 部分停电的工作，是指高压设备部分停电，或室内虽全部停电，而通至邻接高压室的门并未全部闭锁。
- 不停电工作：工作本身不需要停电并且不可能触及导电部分的工作；可在带电设备外壳上或导电部分上进行的工作。

② 在高压设备上工作，应不少于两人，并完成保证安全的组织措施和技术措施。

6. 安全组织措施

（1）工作票制度

1）电气设备上的工作方式

在电气设备上工作应采用工作票或事故应急抢修单。

① 电气第一种工作票，其格式参见附录 B；

② 电气第二种工作票，其格式参见附录 C；

③ 电气带电作业工作票，其格式参见附录 D；

④ 电气事故应急抢修单，其格式参见附录 E。

2）填用第一种工作票的工作

① 须要全部停电或部分停电的高压设备上的工作。

② 须要将高压设备停电或做安全措施的二次系统和照明等回路上的工作。

③ 须要将高压电力电缆停电的工作。

④ 须要将高压设备停电或要做安全措施的其他工作。

3）填用第二种工作票的工作

① 控制盘和低压配电盘、配电箱、电源干线上的工作。

② 无须将高压设备停电或做安全措施的二次系统和照明等回路上的工作。

③ 转动中的发电机、同期调相机的励磁回路或高压电动机转子电阻回路上的工作。

④ 非运行人员用绝缘棒、核相器和电压互感器定相或用钳型电流表测量高压回路的电流的工作。

⑤ 大于表 K-1 距离的相关场所和带电设备外壳上的工作以及无可能触及带电设备导电部分的工作。

⑥ 高压电力电缆不须停电的工作。

⑦ 无须将高压设备停电或做安全措施的其他工作。

4）填用带电作业工作票的工作

带电作业或与邻近带电设备距离小于表 1 规定的工作。

5）填用事故应急抢修单的工作

事故应急抢修工作应使用事故应急抢修单或工作票。非连续进行的事故修复工作，应使用工作票。

6）工作票的填写与签发

① 工作票应用黑色或蓝色的钢（水）笔或圆珠笔填写与签发，一式两份，不得任意涂改。用计算机生成或打印的工作票应使用统一的票面格式。

② 工作票由工作票签发人审核无误，手工或电子签名后方可执行。工作票一份应保存在

工作地点，由工作负责人收执；另一份由工作许可人收执，按值移交。工作许可人应将工作票的编号、工作任务、许可及终结时间记入登记簿。

③ 一张工作票中，工作票签发人和工作许可人不得兼任工作负责人。

④ 工作票由工作负责人填写，也可由工作票签发人填写。

⑤ 工作票由设备运行管理单位签发或由经设备运行管理单位审核合格且经批准的修试及基建单位签发。修试及基建单位的工作票签发人及工作负责人名单应事先送有关设备运行管理单位备案。

⑥ 承发包工程中，工作票可实行双方签发形式。签发工作票时，双方工作票签发人在工作票上分别签名，各自承担本标准工作票签发人相应的安全责任。

⑦ 用户变电站内施工或检修时，工作票应由有权签发工作票的供电单位、施工单位或用户单位签发。

7）工作票的使用

① 一个工作负责人不能同时执行多张工作票，工作票上所列的工作地点，以一个电气连接部分为限。

- 交流电气装置，一个电气连接部分，是指可以用隔离开关同其他电气装置分开的部分。
- 直流双极停用、换流变压器及所有高压直流设备均可视为一个电气连接部分；直流单极运行、停用极的换流变压器、阀厅、直流场设备、水冷系统可视为一个电气连接部分。双极公共区域为运行设备。

② 一张工作票上所列的检修设备应同时停、送电，开工前工作票内的全部安全措施应一次完成。若至预定时间，一部分工作尚未完成，须继续工作而不妨碍送电者，在送电前，应按照送电后现场设备带电情况，办理新的工作票，布置好安全措施后，方可继续工作。

③ 若以下设备同时停、送电，可使用同一张工作票：

- 属于同一电压、位于同一平面场所，工作中不会触及带电导体的几个电气连接部分。
- 一台变压器停电检修，其断路器也配合检修。
- 全站停电。

④ 同一变电站内在几个电气连接部分上依次进行不停电的同一类型的工作，可以使用一张第二种工作票。

⑤ 在同一变电站内，依次进行的同一类型的带电作业可以使用一张带电作业工作票。

⑥ 持线路或电缆工作票进入变电站或发电厂升压站进行架空线路、电缆等工作，应增填工作票份数，得到变电站或发电厂工作许可人许可后方可工作。上述单位的工作票签发人和工作负责人名单应事先送有关运行单位备案。

⑦ 须要变更工作班成员时，应经工作负责人同意，对新的作业人员进行安全交底手续，将变更情况通知工作许可人，并在工作票“备注”栏注明变更人员。工作负责人允许变更一次，由工作票签发人同意并通知工作许可人，将变动情况应记录在工作票上。

⑧ 在原工作票的停电及安全措施范围内增加工作任务时，应由工作负责人征得工作票签发人和工作许可人同意，并在工作票上增填工作项目。若须变更或增设安全措施者应填用新的工作票，并重新履行签发许可手续。

⑨ 变更工作负责人或增加工作任务，如工作票签发人无法当面办理，应通过电话联系，并在工作票登记簿和工作票上注明。

⑩ 第一种工作票应在工作前一日送达运行人员，可直接送达或通过传真、局域网传送，但传真传送的工作票许可应待正式工作票到达后履行。临时工作可在工作开始前直接交给工作许可人。

第二种工作票和带电作业工作票可在进行工作的当天预先交给工作许可人。

⑪ 工作票有破损不能继续使用时，应补填新的工作票，并重新履行签发许可手续。

8）工作票的有效期与延期

① 第一、二种工作票和带电作业工作票的有效时间，以批准的检修计划工作时间为限。

② 第一、二种工作票需办理延期手续，应在有效时间尚未结束以前由工作负责人向工作许可人提出申请，经同意后给予办理。

③ 第二种工作票需办理延期手续，应在有效时间尚未结束以前由工作负责人向工作票签发人提出申请，经同意后给予办理。第一、二种工作票只能延期一次。

9）工作票所列人员的基本条件

① 工作票的签发人应由熟悉人员技术水平、熟悉设备情况、熟悉本标准，并具有相关工作经验的技术人员或经本单位分管领导批准的人员担任。工作票签发人员名单应书面公布。

② 工作负责人（监护人） 应由有一定工作经验、熟悉本标准、熟悉工作范围内的设备情况，并经工区（所、公司）领导书面批准的人员担任。工作负责人还应熟悉工作班成员的工作能力。

③ 工作许可人应是经工区（所、公司）生产领导书面批准的有一定工作经验的运行人员或检修操作人员（进行该工作任务操作及执行安全措施的人员），用户变、配电站的工作许可人应是持有效证书的高压电气工作人员。

④ 专责监护人应是具有相关工作经验，熟悉设备情况和本标准的人员。

10）工作票所列人员的安全责任

① 工作票签发人的安全责任包括如下。

- 确认工作必要性和安全性。
- 确认工作票上所填安全措施正确完备。
- 确认所派工作负责人和工作班人员适当和充足。

② 工作负责人（监护人） 的安全责任包括如下。

- 正确安全地组织工作。
- 确认工作票所列安全措施正确完备，符合现场实际条件，必要时予以补充。
- 工作前向工作班全体成员告知危险点，交待安全措施和技术措施，并予以确认。
- 严格执行工作票所列安全措施。
- 督促、监护工作班成员遵守本标准，正确使用劳动防护用品和执行现场安全措施。
- 确认工作班成员精神状态良好，变动合适。

③ 工作许可人的安全责任包括如下。

- 确认工作票所列安全措施正确完备，符合现场条件。
- 确认工作现场布置的安全措施完善，必要时予以补充。
- 确认检修设备有无突然来电的危险。
- 对工作票所列内容即使发生很小疑问，也应向工作票签发人询问清楚，必要时应要求作详细补充。

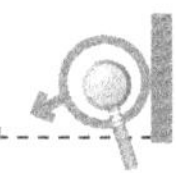

④ 专责监护人的安全责任包括如下。

- 明确被监护人员和监护范围。
- 工作前对被监护人员交待安全措施，告知危险点和安全注意事项。
- 监督被监护人员遵守本标准和现场安全措施，及时纠正不安全行为。

⑤ 工作班成员的安全责任包括如下。

- 熟悉工作内容、工作流程，掌握安全措施，明确工作中的危险点，并履行确认手续。
- 严格遵守安全规章制度、技术规程和劳动纪律。
- 互相关心工作安全，并监督本标准的执行和现场安全措施的实施。
- 正确使用安全工器具和劳动防护用品。

（2）工作许可制度

① 工作许可人在完成施工现场的安全措施后，还应完成以下手续，工作班方可开始工作。

- 会同工作负责人到现场再次检查所做的安全措施，对具体的设备指明实际的隔离措施，证明检修设备确无电压。
- 对工作负责人指明带电设备的位置和注意事项。
- 和工作负责人在工作票上分别确认、签名。

② 运行人员不得变更有关检修设备的运行接线方式。工作负责人、工作许可人任何一方不得擅自变更安全措施，工作中如有特殊情况须要变更时，应先取得对方的同意并及时恢复。变更情况及时记录在值班日志内。

（3）工作监护制度

① 工作许可手续完成后，工作负责人、专责监护人应向工作班成员交待工作内容、人员分工、带电部位和现场安全措施，进行危险点告知，并履行确认手续同，工作班方可开始工作。工作负责人、专责监护人应始终在工作现场，对工作班人员的安全进行监护，及时纠正不安全的行为。

② 所有工作人员（包括工作负责人）不许单独进入、滞留在高压室、阀厅内和室外高压设备区内。

若工作需要（如测量极性、回路导通试验、光纤回路检查等），而且现场设备允许时，可以准许工作班中有实际经验的一个人或几人同时在它室进行工作，但工作负责人应在事前将有关安全注意事项予以详尽的告知。

③ 工作负责人在全部停电时，可以参加工作班工作。在部分停电时，只有在安全措施可靠、人员集中在一个工作地点、不致误碰有电部分的情况下，方能参加工作。

工作票签发人或工作负责人，应根据现场的安全条件、施工范围、工作需要等具体情况，增设专责监护人和确定被监护的人员。

专责监护人不得兼做其他工作。专责监护人若因故需要离开时，应通知被监护人员停止工作或离开工作现场，待专责监护人回来后方可恢复工作。

④ 工作期间，工作负责人若因故需要离开工作现场时，应指定能胜任的人员代替，告知工作班全体成员，履行变更手续。

（4）工作间断、转移和终结制度

① 工作间断时，工作班人员应从工作现场撤出，所有安全措施保持不动，工作票仍由工作负责人执存，间断后继续工作，无须通过工作许可人。每日收工，应清扫工作地点，开放

已封闭的通道，并将工作票交回运行人员。次日复工时，应得到工作许可人的许可，取回工作票，工作负责人应重新认真检查安全措施是否符合工作票的要求，并召开现场站班会后，方可工作。若无工作负责人或专责监护人带领，作业人员不得进入工作地点。

② 在未办理工作票终结手续以前，任何人员不得将停电设备合闸送电。

在工作间断期间，若有紧急需要，运行人员可在工作票未交回的情况下合闸送电，但应先通知工作负责人，在得到工作班全体人员已经离开工作地点、可以送电的答复后方可执行，并应采取下列措施。

- 拆除临时遮栏、接地线（接地刀闸）和标示牌，恢复常设遮栏，换挂“止步，高压危险!”的标示牌。
- 应在所有道路派专人守候，以便告诉工作班人员“设备已经合闸送电，不得继续工作”。守候人员在工作票未交回以前，不得离开守候地点。

③ 检修工作结束以前，若须将设备试加工作电压，应按下列条件进行。

- 全体工作人员撤离工作地点。
- 将该系统的所有工作票收回，拆除临时遮栏、接地线和标示牌，恢复常设遮栏。
- 应在工作负责人和运行人员进行全面检查无误后，由运行人员进行加压试验。

工作班若须继续工作时，应重新履行工作许可手续。

④ 在同一电气连接部分用同一工作票依次在几个工作地点转移工作时，全部安全措施由运行人员在开工前一次做完，不需再办理转移手续。但工作负责人在转移工作地点时，应向工作人员交待带电范围、安全措施和注意事项。

⑤ 全部工作完毕后，工作班应清扫、整理现场。工作负责人应先周密地检查，待全体工作人员撤离工作地点后，再向运行人员交待所修项目、发现的问题、试验结果和存在问题等，并与运行人员共同检查设备状况、状态，有无遗留物件，是否清洁等，然后在工作票上填明工作结束时间。经双方签名后，表示工作终结。

待工作票上的临时遮栏已拆除，标示牌已取下，已恢复常设遮栏，未拆除的接地线、未拉开的接地刀闸等设备运行方式已汇报调度，工作票方告终结。

⑥ 只有在同一停电系统的所有工作票都已终结，并得到值班调度员或运行值班负责人的许可指令后，方可合闸送电。

⑦ 已终结的工作票、事故应急抢修单应保存 1 年。

7. 安全技术措施

（1）停电

① 工作地点，应停电的设备如下。

- 检修的设备。
- 与工作人员在工作中的距离小于表 K-3 规定的设备。
- 在 35kV 及以下的设备处工作，安全距离虽大于表 K-3 规定，但小于表 K-1 规定，同时又无绝缘隔板、安全遮栏措施的设备。
- 带电部分在工作人员后面、两侧、上下，且无可靠安全措施的设备。
- 其他须要停电的设备。

表 K-3　人员工作中与设备带电部分的安全距离

电压等级/kV	安全距离/m
10 及以下	0.35
20、35	0.60
66、110	1.50
220	3.00
330	4.00
500	5.00
750	8.00①
1000	9.50
±50 及以下	1.50
±500	6.80
±660	9.00
±800	10.10

注：1．表中未列电压等级按高一挡电压等级安全距离。

2．13.8kV 执行 10kV 的安全距离。

① 750kV 数据是按海拔 2000m 校正的，其他等级数据按海拔 1000m 校正。

② 检修设备停电，应把各方面的电源完全断开（任何运用中的星形接线设备的中性点，应视为带电设备）。禁止在只经断路器断开电源的设备上工作。隔离开关应拉开，手车开关应拉至“试验”或“检修”位置，使各方面有一个明显的断开点，若无法观察到停电设备的断开点，应有能够反映设备运行状态的电气和机械等指示。与停电设备有关的变压器和电压互感器，应将设备各侧断开，防止向停电检修设备反送电。

③ 检修设备和可能来电侧的断路器、隔离开关应断开控制电源和合闸电源，隔离开关操作把手应锁住，确保不会误送电。

④ 对难以做到与电源完全断开的检修设备，可以拆除设备与电源之间的电气连接。

（2）验电

① 验电应使用相应电压等级而且合格的接触式验电器，在接地处对各相分别验电。验电前，应先在有电设备上进行试验，确证验电器良好；无法在有电设备上进行试验时可用工频高压发生器等确证验电器良好。

② 高压验电应戴绝缘手套。验电器的伸缩式绝缘棒长度应拉足，验电时手应握在手柄处不得超过护环，人体应与被验电设备保持表 1 距离。雨雪天气时不得进行室外直接验电。

③ 对无法进行直接验电的设备、高压直流设备和雨雪天气时的户外设备，可以进行间接验电，即通过设备的机械指示位置、电气指示、带电显示装置指示、仪表及各种遥测、遥信等信号的变化来判断。判断时，应有两个及以上指示，且所有指示均已同时发生对应变化，才能确认该设备已无电；若进行遥控操作，则应同时检查隔离开关的状态指示、遥测信号、遥信信号及带电显示装置的指示，进行间接验电。

330kV 及以上的电气设备，可采用间接验电方法进行验电。

④ 表示设备断开和允许进入间隔的信号、经常接入的电压表等，如果指示有电，则禁止在设备上工作。

（3）接地（装设接地线或合接地刀闸）

① 装设接地线应由两人进行（经批准可以单人装设接地线的项目及运行人员除外）。

② 当验明设备确已无电压后，应立即将检修设备接地并三相短路。电缆及电容器接地前应逐相充分放电，星形接线电容器的中性点应接地，串联电容器及与整组电容器脱离的电容器应逐个放电，装在绝缘支架上的电容器外壳也应放电。

③ 对于可能送电至停电设备的各方面都应接地，所装接地线与带电部分的距离应考虑接地线摆动时仍符合安全距离的规定。

④ 因平行或邻近带电设备导致检修设备可能产生感应电压时，应加装接地线或工作人员使用个人保安线，加装的接地线应登录在工作票上，个人保安线由工作人员自装自拆。

⑤ 在门型架构的线路侧进行停电检修，如工作地点与所装接地线或接地刀闸的距离小于10m，工作地点虽在接地外侧，可不另装接地线。

⑥ 检修部分若分为几个在电气上不相连接的部分（如分段母线以隔离开关或断路器隔开分成几段），则各段应分别验电接地。变电站全部停电时，应将可能来电侧的部分接地，其余部分不必每段都接地。

⑦ 接地线、接地刀闸与检修设备之间不得连有断路器或熔断器。若由于设备原因，接地刀闸与检修设备之间连有断路器，在接地刀闸和断路器合上后，应有保证断路器不会分闸的措施。

⑧ 在配电装置上，接地线应装在该装置导电部分的规定地点，这些地点的油漆应刮去，并划有黑色标记。所有配电装置的适当地点，均应设有与接地网相连的接地端，接地电阻应合格。接地线应采用三相短路式接地线，若使用分相式接地线时，应设置三相合一的接地端。

⑨ 装设接地线应先接接地端，后接导体端，接地线应接触良好，连接应可靠。拆接地线的顺序与此相反。装、拆接地线均应使用绝缘棒和戴绝缘手套。人体不得碰触接地线或未接地的导线，以防止触电。带接地线拆设备接头时，应采取防止接地线脱落的措施。

⑩ 成套接地线应用有透明护套的多股软铜线组成，其截面不得小于25mm^2，同时应满足装设地点短路电流的要求。

禁止使用其他导线作为接地线或短路线。接地线应使用专用的线夹固定在导体上，禁止用缠绕的方法进行接地或短路。

⑪ 禁止工作人员擅自移动或拆除接地线。高压回路上的工作，须要拆除全部或一部分接地线后，才能进行工作，如测量母线和电缆的绝缘电阻、测量线路参数、检查断路器触点是否同时接触。

下述工作应征得运行人员的许可（根据调度员指令下达的接地，应征得调度员的许可）方可进行，工作完毕后立即恢复。

- 拆除一相接地线。
- 拆除接地线，保留短路线。
- 将接地线全部拆除或拉开接地刀闸。

⑫ 每组接地线均应编号，并存放在固定地点。存放位置亦应编号，接地线号码与存放位置号码应一致。

⑬ 装、拆接地线，应做好记录，交接班时应交待清楚。

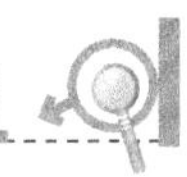

（4）悬挂标示牌和装设遮栏（围栏）

① 在一经合闸即可送电到工作地点的断路器和隔离开关的操作把手上，均应悬挂“禁止合闸，有人工作！”的标示牌，其式样见附录F。

如果线路上有人工作，应在线路断路器和隔离开关操作把手上悬挂“禁止合闸，线路有人工作！”的标示牌。

对由于设备原因，接地刀闸与检修设备之间连有断路器，在接地刀闸和断路器合上后，在断路器操作把手上，应悬挂“禁止分闸！”的标示牌。

在显示屏上进行操作的断路器和隔离开关的操作处均应相应设置“禁止合闸，有人工作！”或“禁止合闸，线路有人工作！”以及“禁止分闸！”的标记。

② 部分停电的工作，安全距离小于表K-1规定距离以内的未停电设备，应装设临时遮栏，临时遮栏与带电部分的距离，不得小于表K-3的规定数值，临时遮栏可用干燥木材、橡胶或其他坚韧绝缘材料制成，装设应牢固，并悬挂“止步，高压危险！”的标示牌。

35kV及以下设备的临时遮栏，如因工作特殊需要，可用绝缘隔板与带电部分直接接触。绝缘隔板绝缘性能应符合附录G的要求。

③ 在室内高压设备上工作，应在工作地点两旁及对面运行设备间隔的遮栏（围栏）上和禁止通行的过道遮栏（围栏）上悬挂“止步，高压危险！”的标示牌。

④ 高压开关柜内手车开关拉至“检修”位置后，隔离带电部位的挡板封闭后禁止开启，并设置“止步，高压危险！”的标示牌。

⑤ 在室外高压设备上工作，应在工作地点四周装设围栏，其出入口要围至临近道路旁边，并设有“从此进出！”的标示牌。工作地点四周围栏上悬挂适当数量的“止步，高压危险！”标示牌，标示牌应朝向围栏里面。若室外配电装置的大部分设备停电，只有个别地点保留有带电设备而其他设备无触及带电导体的可能时，可以在带电设备四周装设全封闭围栏，围栏上悬挂适当数量的“止步，高压危险！”标示牌，标示牌应朝向围栏外面。

禁止越过围栏。

⑥ 在工作地点设置“在此工作！”的标示牌。

⑦ 在室外构架上工作，则应在工作地点邻近带电部分的横梁上，悬挂“止步，高压危险！”的标示牌。在工作人员上下铁架或梯子上，应悬挂“从此上下！”的标示牌。在邻近其他可能误登的带电架构上，应悬挂“禁止攀登，高压危险！”的标示牌。

⑧ 禁止工作人员擅自移动或拆除遮栏（围栏）、标示牌。因工作原因必须短时移动或拆除遮栏（围栏）、标示牌，应征得工作许可人同意，并在工作负责人的监护下进行，完毕后应立即恢复。

（5）执行要求

电气设备上工作保证安全的技术措施由运行人员或有权执行操作的人员执行。

8．线路作业时变电站和发电厂的安全措施

① 线路的停、送电均应按照值班调度员或线路工作许可人的指令执行。

禁止约时停、送电。停电时，应先将该线路可能来电的所有断路器、线路隔离开关、母线隔离开关全部拉开，手车开关应拉至试验或检修位置，验明确无电压后，在线路上所有可能来电的各端接地。在线路断路器和隔离开关操作把手上均应悬挂“禁止合闸，线路有人工

作！”的标示牌，在显示屏上断路器和隔离开关的操作处均应设置“禁止合闸，线路有人工作！”的标记。

② 值班调度员或线路工作许可人应将线路停电检修的工作班组数目、工作负责人姓名、工作地点和工作任务记入记录簿。

工作结束时，应得到工作负责人（包括用户）的工作结束报告，确认所有工作班组均已竣工，接地线已拆除，工作人员已全部撤离线路，并与记录簿核对无误后，方可下令拆除变电站或发电厂内的安全措施，向线路送电。

③ 当用户管辖的线路要求停电时，应得到用户停送电联系人的书面申请经批准后方可停电，并做好安全措施。恢复送电，应接到原申请人的工作结束报告，作好录音并记录后方可进行。用户停送电联系人的名单应在调度和有关部门备案。

9．带电作业

（1）一般规定

① 表 K-4～表 K-15 的数据适用于在海拔 1000m 及以下、交流 10～1000kV、直流 500～800kV（750kV 为海拔 2000m 及以下）的电气设备上，采用等电位、中间电位和地电位方式进行的带电作业，以及低压带电作业。

在海拔 1000m 以上（750kV 为海拔 2000m 以上）带电作业时，应根据作业区不同海拔高度，修正各类空气与固体绝缘的安全距离和长度、绝缘子片数等，并编制带电作业现场安全规程，经本单位分管领导批准后执行。

② 带电作业应在良好天气下进行。如遇雷电（听见雷声、看见闪电）、雪雹、雨雾等不得进行带电作业。风力大于 5 级时，或湿度大于 80%时，不宜进行带电作业。

在特殊情况下，必须在恶劣天气进行带电抢修时，应组织有关人员充分讨论并编制必要的安全措施，经本单位分管领导批准后方可进行。

③ 参加带电作业的人员，应经专门培训，并经考试合格取得资格、单位书面批准后，方能参加相应的作业。带电作业工作票签发人和工作负责人、专责监护人应由具有带电作业实践经验的人员担任。

④ 带电作业应设专责监护人。监护人不得直接操作。监护的范围不得超过一个作业点。复杂或高杆塔作业必要时应增设（塔上）监护人。

⑤ 带电作业工作票签发人或工作负责人认为有必要时，应组织有经验的人员到现场勘察，根据勘察结果作出能否进行带电作业的判断，并确定作业方法和所需工具以及应采取的措施。

⑥ 带电作业有下列情况之一者，应停用重合闸或直流再启动保护，并不得强送电。

- 中性点有效接地的系统中有可能引起单相接地的作业。
- 中性点非有效接地的系统中有可能引起相间短路的作业。
- 直流线路中有可能引起单极接地或极间短路的作业。
- 工作票签发人或工作负责人认为须要停用重合闸或直流再启动保护的作业。

禁止约时停用或恢复重合闸及直流再启动保护。

⑦ 带电作业工作负责人在带电作业工作开始前，应与值班调度员联系。须要停用重合闸或直流再启动保护的作业和带电断、接引线应由值班调度员履行许可手续。带电作业结束后

应及时向调度值班员汇报。

⑧ 在带电作业过程中如设备突然停电，作业人员应视设备仍然带电。值班调度员未与工作负责人取得联系前不得强送电。

（2）一般安全技术措施

① 进行地电位带电作业时，人身与带电体间的安全距离不得小于表 K-4 的规定。35kV 及以下的带电设备，不能满足表 K-4 规定的最小安全距离时，应采取可靠的绝缘隔离措施。

表 K-4 带电作业时人身与带电体的安全距离

电压等级/kV	安全距离/m
10	0.4
35	0.6
66	0.7
110	1.0
220	1.8（1.6）①
330	2.2
500	3.4（3.2）②
750	5.2（5.6）③
1000	6.8（6.0）④
±500	3.4
±660	5.1
±800	6.8

注：500kV 紧凑型杆塔上带电作业，线路相地最大操作过电压倍数在 1.80 及以下时，安全距离为 3.0m；在 1.80 以上时，安全距离为 3.2m。

① 220kV 带电作业安全距离因受设备限制达不到 1.8m 时，经本单位分管领导批准，并采取必要的措施后，可采用括号内 1.6m 的数值。

② 海拔 500m 以下，500kV 取 3.2m；500kV 紧凑型线路取 3.0m；海拔在 500～1000m 时，500kV 取 3.4m。

③ 海拔 1000m 以下取 5.2m，海拔 2000m 以下取 5.6m。

④ 此为单回输电线路数据，括号中数据 6.0m 为边相，6.8m 为中相。

② 绝缘操作杆、绝缘承力工具和绝缘绳索的有效绝缘长度不得小于表 K-5 的规定。

表 K-5 绝缘工具最小有效绝缘长度

绝缘工具类型	电压等级/kV	最小有效绝缘长度/m
绝缘操作杆	10	0.7
	35	0.9
	66	1.0
	110	1.3
	220	2.1
	330	3.1
	500	4.0

续表

绝缘工具类型	电压等级/kV	最小有效绝缘长度/m
绝缘操作杆	750	—
	1000	—
	±500	3.5
	±660	—
	±800	—
绝缘承力工具、绝缘绳索	10	0.4
	35	0.6
	66	0.7
	110	1.0
	220	1.8
	330	2.8
绝缘承力工具、绝缘绳索	500	3.7
	750	5.3
	1000	6.8
	±500	3.2
	±660	5.3
	±800	6.6

注：500kV 紧凑型，线路相地最大操作过电压倍数在 1.80 及以下时，最小有效绝缘长度为 3.2m；过电压倍数在 1.80 以上时，最小有效绝缘长度为 3.4m。

③ 带电作业不得使用非绝缘绳索（如棉纱绳、白棕绳、钢丝绳）。

④ 带电更换绝缘子或在绝缘子串上作业，应保证作业中良好绝缘子片数不少于表 K-6 的规定。

表 K-6　良好绝缘子最少片数

电压等级/kV	片　数
35	2
66	3
110	5
220	9
330	16
500	23
750	25
1000	37
±500	22
±660	25①
±800	32

① 单片结构高度 195mm。

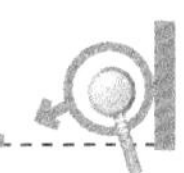

⑤ 在绝缘子串未脱离导线前，拆、装靠近横担的第一片绝缘子时，应采用专用短接线或穿屏蔽服方可直接进行操作。

⑥ 在市区或人口稠密的地区进行带电作业时，工作现场应设置围栏，派专人监护，禁止非工作人员入内。

（3）等电位作业

① 等电位作业一般在66kV及以上电压等级的电力线路和电气设备上进行。若须在35kV电压等级进行等电位作业时，应采取可靠的绝缘隔离措施。20kV及以下电压等级的电力线路和电气设备上不得进行等电位作业。

② 等电位作业人员应在衣服外面穿合格的全套屏蔽服（包括帽、衣裤、手套、袜和鞋，750kV及以上等电位作业人员还应戴面罩），且各部分应连接良好。屏蔽服内还应穿着阻燃内衣。

禁止通过屏蔽服断、接接地电流、空载线路和耦合电容器的电容电流。

③ 等电位作业人员对相邻导线的距离应不小于表K-7的规定，对接地体的距离应不小于表K-8的规定。

表K-7 等电位作业人员对邻相导线的最小距离

电压等级/kV	距离/m
35	0.8
66	0.9
110	1.4
220	2.5
330	3.5
500	5.0
750	6.9（7.2）①

注：500kV紧凑型线路取4.8m。

① 6.9m为边相值，7.2m为中相值。

④ 等电位作业人员在绝缘梯上作业或者沿绝缘梯进入强电场时，其与接地体和带电体两部分间隙所组成的组合间隙不得小于表K-8的规定。

表K-8 等电位作业中的最小组合间隙

电压等级/kV	最小组合间隙/m
66	0.8
110	1.2
220	2.1
330	3.1
500	4.0
750	4.9
1000	6.9
±500	3.8

续表

电压等级/kV	最小组合间隙/m
±660	4.6
±800	6.8

注：500kV 紧凑型线路，不加保护间隙作业时，线路相地最大操作过电压倍数在 1.80 及以下时，最小组合间隙为 3.2m；过电压倍数在 1.80 以上时，最小组合间隙为 4.0m；过电压倍数在 1.80 以上时，且加装保护间隙作业时，最小组合间隙为 3.2m。

⑤ 等电位作业人员沿绝缘子串进入强电场的作业，一般在 220kV 及以上电压等级的绝缘子串上进行。其组合间隙不得小于表 K-8 的规定。若不满足表 K-8 的规定，应加装保护间隙。扣除人体短接的和零值的绝缘子片数后，良好绝缘子片数不得小于表 K-6 的规定。

⑥ 等电位作业人员在电位转移前，应得到工作负责人的许可。转移电位时，人体裸露部分与带电体的距离不应小于表 K-9 的规定。750kV、1000kV 和±800kV 等电位作业，应使用电位转移棒进行电位转移。

表 K-9　等电位作业转移电位时人体裸露部分与带电体的最小距离

电压等级/kV	最小距离/m
35、66	0.2
110、220	0.3
330、500	0.4
±500	0.4

⑦ 等电位作业人员与地电位作业人员传递工具和材料时，应使用绝缘工具或绝缘绳索进行，其有效长度不得小于表 K-5 的规定。

⑧ 沿导、地线上悬挂的软、硬梯或飞车进入强电场的作业应遵守下列规定。

- 在连续挡距的导线、地线上挂梯（或飞车）时，其导线、地线的截面不得小于 120mm^2（钢芯铝绞线和铝合金绞线）或 50mm^2（钢绞线）。
- 有下列情况之一者，应经验算合格，并经本单位分管领导批准后才能进行。

a）在孤立挡的导线、地线上的作业。

b）在有断股的导线、地线和锈蚀的地线上的作业。

c）其他型号导线、地线上的作业。

d）两人以上在同挡同一根导线、地线上的作业。

- 在导线、地线上悬挂梯子、飞车进行等电位作业前，应检查本挡两端杆塔处导线、地线的紧固情况。挂梯载荷后，应保持地线及人体对下方带电导线的安全间距比表 K-7 中的数值增大 0.5m；带电导线及人体对被跨越的电力线路、通信线路和其他建筑物的安全距离应比表 K-4 中的数值增大 1m。
- 在瓷横担线路上禁止挂梯作业，在转动横担的线路上挂梯前应将横担固定。

⑨ 等电位作业人员在作业中禁止用酒精、汽油等易燃品擦拭带电体及绝缘部分，防止起火。

（4）带电断、接引线

① 带电断、接空载线路，应遵守下列规定。

- 带电断、接空载线路时，应确认线路的另一端断路器和隔离开关确已断开，接入线路

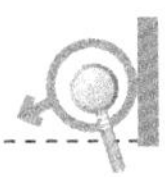

侧的变压器、电压互感器确已退出运行后，方可进行。

- 禁止带负荷断、接引线。
- 带电断、接空载线路时，作业人员应戴护目镜，并应采取消弧措施。消弧工具的断流能力应与被断、接的空载线路电压等级及电容电流相适应。如使用消弧绳，则其断、接的空载线路的长度不应大于表 K-10 规定，且作业人员与断开点应保持 4m 以上的距离。
- 在查明线路确无接地、绝缘良好、线路上无人工作且相位确定无误后，方可进行带电断、接引线。
- 带电断、接引线时，已断开相的导线将因感应而带电，未采取措施前不得触及。
- 禁止同时接触未接通的或已断开的导线两个断头。

表 K-10　使用消弧绳断、接空载线路的最大长度

电压等级/kV	长度/km
10	50
35	30
66	20
110	10
220	3

注：路长度包括分支在内，但不包括电缆线路。

② 禁止用断、接空载线路的方法使两电源解列或并列。

③ 带电断、接耦合电容器时，应将其信号、接地刀闸合上并应停用高频保护。被断开的电容器应立即对地放电。

④ 带电断、接空载线路、耦合电容器、避雷器、阻波器等设备引线时，应采取防止引流线摆动的措施。

（5）带电短接设备

① 用分流线短接断路器、隔离开关、跌落式熔断器等载流设备，应遵守下列规定。

- 短接前一定要核对相位。
- 组装分流线的导线处应清除氧化层，且线夹接触应牢固可靠。
- 35kV 及以下设备使用的绝缘分流线的绝缘水平应符合表 K-16 的规定。
- 断路器应处于合闸位置，并取下跳闸回路熔断器，锁死跳闸机构后，方可短接。
- 分流线应支撑好，以防摆动造成接地或短路。

② 阻波器被短接前，严防等电位作业人员人体短接阻波器。

③ 短接开关设备或阻波器的分流线截面和两端线夹的载流容量，应满足最大负荷电流的要求。

（6）带电水冲洗

① 带电水冲洗应在良好天气时进行。风力大于 4 级，气温低于 0℃，雨天、雪天、雾天、沙尘暴及雷电天气时不得进行。

② 带电水冲洗作业前应测量绝缘子表面盐密值，当其表面盐密值大于表 K-11 临界盐密值的规定，不宜进行水冲洗。

表 K-11 绝缘子水冲洗临界盐密值

绝缘子种类		爬电比距/（mm/kV）	临界盐密值/（mg/cm^2）
变电支柱绝缘子	普通型绝缘子	14～16	0.12
	防污型绝缘子	20～31	0.20
线路绝缘子	普通型绝缘子	14～16	0.15
	防污型绝缘子	20～31	0.22

注：1．仅适用于220kV及以下设备。

2．爬电比距指电力设备外绝缘的爬电距离与设备最高工作电压之比。330kV及以上等级的临界盐密值尚不成熟，暂不列入。

③ 带电水冲洗用水的电阻率不应低于 1×105Ω•cm。每次冲洗前都应用合格的电导率仪测量水电阻率，测量时应从水枪出口处取水样进行测量。

④ 以水柱为主绝缘的大、中、小型水冲（喷嘴直径为3mm者称小水冲；直径为4～7mm者称中水冲；直径为 8mm 及以上者称大水冲），其水枪喷嘴与带电体之间的水柱长度不得小于表K-12的规定。

表 K-12 喷嘴与带电体之间的水柱长度

电压等级/kV	喷嘴直径/mm	水柱长度/m
35及以下	≤3	1.0
	4～7	2.0
	8～10	4.0
66	≤3	1.3
	4～7	2.5
	8～10	4.5
110	≤3	1.5
	4～7	3.0
	8～10	5.0
220	≤3	2.1
	4～7	4.0
	8～10	6.0

⑤ 带电水冲洗前应确认绝缘子绝缘良好。阀型避雷器及密封不良的电力设备，有零值或低值的绝缘子以及瓷质有裂纹时，不得进行冲洗。

⑥ 带电水冲洗前应调整好水泵压强，在实际使用压力下，喷射的水柱在规定的长度内应呈直柱型。冲洗时应密切注意水泵压力和水位，不得在冲洗中失压和断水。当水压不足时，不得将水枪对准被冲洗的带电设备。带电水冲洗用的水泵、储水设施及水枪喷嘴应可靠接地。

⑦ 带电水冲洗时，操作人员应戴绝缘手套、防水安全帽，穿绝缘靴、全身式雨衣。

⑧ 带电水冲洗时，应防止被冲洗设备表面污水连线起弧。当被冲绝缘子未冲洗干净，禁止中断冲洗。

⑨ 带电水冲洗时，应先冲下风侧，后冲上风侧；对于上、下层布置的绝缘子应先冲下层，

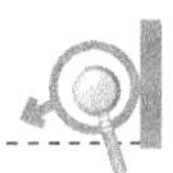

后冲上层，同时注意回冲流到下层设备上的污水。

（7）带电清扫机械作业

① 带电清扫工作时，绝缘操作杆的有效长度不得小于表 K-9 的规定。

② 在使用带电清扫机械清扫前，应确认：清扫机械工况（电机及控制部分、软轴及传动部分等）完好，绝缘部件无变形、脏污和损伤，毛刷转向正确，清扫机械已可靠接地。

③ 带电清扫作业人员应站在上风侧位置作业，应戴口罩、护目镜。

④ 作业时，作业人的双手应始终握持绝缘杆保护环以下部位，并保持带电清扫有关绝缘部件的清洁和干燥。

（8）感应电压防护

① 在 330kV 及以上电压等级的线路杆塔上及变电站构架上作业，应采取防静电感应措施，如穿静电感应防护服、导电鞋等。220kV 线路杆塔上作业时宜穿导电鞋。

② 绝缘架空地线应视为带电体。在绝缘架空地线附近作业时，作业人员与绝缘架空地线之间的距离不应小于 0.4m。如须在绝缘架空地线上作业，应用接地线将其可靠接地或采用等电位方式进行。

③ 用绝缘绳索传递大件金属物品（包括工具、材料等）时，杆塔或地面上作业人员应将金属物品接地后再接触，以防电击。

（9）高架绝缘斗臂车作业

① 高架绝缘斗臂车应经检验合格。斗臂车操作人员应熟悉带电作业的有关规定，并经专门培训，考试合格、持证上岗。

② 高架绝缘斗臂车的工作位置应选择适当，支撑应稳固可靠，并有防倾覆措施。使用前应在预定位置空斗试操作一次，确认液压传动、回转、升降、伸缩系统工作正常、操作灵活，制动装置可靠。

③ 绝缘斗中的作业人员应正确使用安全带和绝缘工具。

④ 高架绝缘斗臂车操作人员应服从工作负责人的指挥，作业时应注意周围环境及操作速度。在工作过程中，不得失去动力。接近和离开带电部位时，应由绝缘工作斗中人员操作，但下部操作人员不得远离操作台。

⑤ 绝缘臂的有效绝缘长度应大于表 K-13 的规定。且应在下端装设泄漏电流监视装置。

表 K-13 绝缘臂的最小有效绝缘长度

电压等级/kV	长度/m
10	1.0
35、66	1.5
110	2.0
220	3.0
330	3.8

⑥ 绝缘臂下节的金属部分，在仰起回转过程中，对带电体的距离应按表 K-4 的规定值增加 0.5m。工作中车体应良好接地。

（10）保护间隙

① 保护间隙的接地线应用多股软铜线。其截面应满足接地短路容量的要求，但不得小于

$25mm^2$。

② 保护间隙的距离应按表 K-14 的规定进行整定。

表 K-14 保护间隙整定值

电压等级/kV	间隙距离/m
220	0.7～0.8
330	1.0～1.1
500	1.3
750	2.5
1000	3.6

注：330kV 及以下保护间隙提供的数据是圆弧形，500kV 及以上保护间隙提供的数据是球形。

③ 使用保护间隙时，应遵守下列规定。

- 悬挂保护间隙前，应与调度联系停用重合闸或直流再启动保护。
- 悬挂保护间隙应先将其与接地网可靠接地，再将保护间隙挂在导线上，并使其接触良好。拆除的程序与其相反。
- 保护间隙应挂在相邻杆塔的导线上，悬挂后，应派专人看守，在有人、畜通过的地区，还应增设围栏。
- 装、拆保护间隙的人员应穿全套屏蔽服。

（11）带电检测绝缘子

① 检测前，应对检测器进行检测，保证操作灵活，测量准确。

② 针式及少于 3 片的悬式绝缘子不得使用火花间隙检测器进行检测。

③ 检测 35kV 及以上电压等级的绝缘子串时，当发现同一串中的零值绝缘子片数达到表 K-15 的规定时，应立即停止检测。

表 K-15 一串中允许零值绝缘子片数

电压等级/kV	绝缘子串片数	零值片数
35	3	1
66	5	2
110	7	3
220	13	5
330	19	4
500	28	6
750	29	5
1000	54	18
±500	37	16
±660	50	26
±800	58	27

注：如绝缘子串的片数超过表 K-19 的规定时，零值绝缘子允许片数可相应增加。

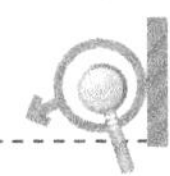

④ 直流线路不采用带电检测绝缘子的检测方法。

⑤ 应在干燥天气进行。

（12）配电带电作业

① 采用中间电位进行直接接触 20kV 及以下电压等级带电设备的作业时，应穿着合格的绝缘防护用具（如绝缘套管、绝缘服、绝缘披肩、绝缘袖套、绝缘手套、绝缘鞋等）；使用的安全带、安全帽应有良好的绝缘性能，必要时戴护目镜。使用前应对绝缘防护用具进行外观检查。作业过程中禁止取下绝缘防护用具。

② 作业时，作业区域带电导线、绝缘子等应采取相间、相对地的绝缘隔离措施。绝缘隔离措施的范围应比作业人员活动范围增加 0.4m 以上。实施绝缘隔离措施时，应按先近后远、先下后上，先导体、后接地体的顺序进行并采取防止脱落的措施，拆除时顺序相反。装、拆绝缘隔离措施时应逐相进行。

禁止同时拆除带电导线和地电位的绝缘隔离措施；禁止同时接触两个非连通的带电导体或带电导体与接地导体。

③ 作业人员进行换相工作转移前，应得到工作监护人的同意。

（13）低压带电作业

① 低压带电作业应设专人监护。

② 使用有绝缘柄的工具，其外裸的导电部位应采取绝缘措施，防止操作时相间或相对地短路。工作时，应穿绝缘鞋和全棉长袖工作服，并戴手套、安全帽和护目镜，站在干燥的绝缘物上进行。禁止使用锉刀、金属尺和带有金属物的毛刷、毛掸等工具。

③ 高低压同杆架设，在低压带电线路上工作时，应先检查与高压线的距离，采取防止误碰带电高压设备的措施。在低压带电导线未采取绝缘措施时，作业人员不得穿越。在带电的低压配电装置上工作时，应采取防止相间短路和单相接地的绝缘隔离措施。

④ 上杆前，应先分清相、零线，选好工作位置。断开导线时，应先断开相线，后断开零线。搭接导线时，顺序应相反。人体不得同时接触两根线头。

（14）带电作业工具的保管、使用和试验

1）带电作业工具的保管

① 带电作业工具应存放于符合 DL/T 974－2005 条件的带电作业工具房内。

② 带电作业工具房进行室内通风时，应在干燥的天气进行，并且室外的相对湿度不得高于 75%。通风结束后，应立即检查室内的相对湿度，并加以调控。

③ 有缺陷的带电作业工具应及时修复，不合格的应予报废，禁止继续使用。

④ 高架绝缘斗臂车应存放在干燥通风的车库内，其绝缘部分应有防潮措施。

2）带电作业工具的使用

① 带电作业工具应绝缘良好、连接牢固、转动灵活,并按厂家使用说明书、现场操作规程正确使用。

② 带电作业工具使用前应根据工作负荷校核机械强度，并满足规定的安全系数。

③ 带电作业工具在运输过程中，带电绝缘工具应装在专用工具袋、工具箱或专用工具车内。发现绝缘工具受潮或表面损伤、脏污时，应及时处理并经试验或检测合格后方可使用。

④ 进入作业现场应将使用的带电作业工具放置在防潮的帆布或绝缘垫上，防止绝缘工具在使用中脏污和受潮。

⑤ 带电作业工具使用前，仔细检查确认没有损坏、受潮、变形、失灵，否则禁止使用。并使用2500V及以上兆欧表或绝缘检测仪进行分段绝缘检测（电极宽2cm，极间宽2cm），阻值应不低于700MΩ。操作绝缘工具时应戴清洁、干燥的手套。

3）带电作业工具的试验

① 带电作业工具应定期进行电气试验及机械试验，其试验周期如下。

- 电气试验：绝缘工具预防性试验每年一次，检查性试验每年一次，两次试验间隔半年；防护用具预防性试验每半年一次。
- 机械试验：绝缘工具每两年一次，承力工具每年一次。

② 绝缘工具电气预防性试验项目及标准见表K-16。

表K-16 绝缘工具的试验项目及标准

额定电压/kV	试验长度/m	试验类型	1min工频耐压/kV	3min工频耐压/kV	15次操作冲击耐压/kV
10	0.4	出厂及型式试验	100	—	—
		预防性试验	45	—	—
35	0.6	出厂及型式试验	150	—	—
		预防性试验	95	—	—
66	0.7	出厂及型式试验	175	—	—
		预防性试验	175	—	—
110	1.0	出厂及型式试验	250	—	—
		预防性试验	220	—	—
220	1.8	出厂及型式试验	450	—	—
		预防性试验	440	—	—
330	2.8	出厂及型式试验	—	420	900
		预防性试验	—	380	800
500	3.7	出厂及型式试验	—	640	1175
		预防性试验	—	580	1050
750	4.7	出厂及型式试验	—	860	1430
		预防性试验	—	780	1300
1000	6.3	出厂及型式试验	—	1270	1865
		预防性试验	—	1150	1695
±500	3.2	出厂及型式试验	—	625	1070
		预防性试验	—	565	970
±660	4.8	出厂及型式试验	—	820	1480
		预防性试验	—	745	1345
±800	6.6	出厂及型式试验	—	985	1685
		预防性试验	—	895	1530

操作冲击耐压试验宜采用250/2500μs的标准波，以无一次击穿、闪络为合格。工频耐压试验以无击穿、无闪络及过热为合格。

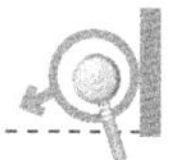

高压电极应使用直径不小于 30mm 的金属管，被试品应垂直悬挂，接地极的对地距离为 1.0～1.2m。接地极及接高压的电极（无金具时）处，以 50mm 宽金属铂缠绕。试品间距不小于 500mm，单导线两侧均压球直径不小于 200mm，均压球距试品不小于 1.5m。

试品应整根进行试验，不得分段。

③ 绝缘工具的检查性试验条件是：将绝缘工具分成若干段进行工频耐压试验，每 300mm 耐压 75kV，时间为 1min，以无击穿、闪络及过热为合格。

④ 带电作业高架绝缘斗臂车电气试验标准见附录 H。

⑤ 屏蔽服上衣、裤子、手套、袜子任意两端点之间的电阻值均不得大于 15Ω；整套屏蔽服任意两端点之间的电阻值均不得大于 20Ω。

⑥ 带电作业工具的机械试验标准如下。

- 在工作负荷状态承担各类线夹和连接金具荷重时，应按有关金具标准进行试验。
- 在工作负荷状态承担其他静荷载时，应根据设计荷载，按 DL/T 875 的规定进行试验。
- 在工作负荷状态承担人员操作荷载时的标准如下。

a）静荷重试验：1.2 倍允许工作负荷下持续 5min，工具无变形及损伤者为合格。

b）动荷重试验：1.0 倍允许工作负荷下实际操作 3 次，工具灵活、轻便、无卡住现象为合格。

10. 发电机、同期调相机和高压电动机的检修、维护工作

① 检修发电机、同期调相机和高压电动机应填用第一种工作票。

② 发电厂电气设备停电检修，只需第一天办理开工手续，以后每天开工时，应由工作负责人检查现场，核对安全措施。检修期间工作票始终由工作负责人保存在工作地点。工作全部结束，再办理工作票终结手续。

在同一机组的几个电动机上依次工作时，可填用一张工作票。

③ 检修发电机、同期调相机必须做好下列安全措施。

- 同期调相机有启动电动机的，还应断开此电动机断路器和隔离开关。
- 发电机无出口断路器的，还应断开高压厂变断路器和隔离开关。
- 断开励磁电源断路器和隔离开关。
- 断开电压互感器高压侧隔离开关和低压侧自动小断路器或熔断器。
- 断开断路器、隔离开关、励磁装置、同期装置的操作能源。
- 待发电机和同期调相机完全停止后，断开盘车装置的电源断路器。
- 在上述断开的断路器、隔离开关或熔断器操作处悬挂“禁止合闸，有人工作!”的标示牌。
- 在发电机和断路器间经验明无电压后，装设接地线。
- 检修机组中性点与其他发电机的中性点连在一起的，则在工作前必须将检修发电机的中性点分开。
- 在氢冷机组机壳内工作时，应关闭氢冷机组补氢阀门，且阀门至发电机间应有明显的断开点；检修机组装有灭火装置的，还应采取防止灭火装置误动的必要措施；在以上关闭的阀门和断开点处悬挂“禁止操作，有人工作”的标示牌。
- 检修机组装有可以堵塞机内空气流通的自动闸板风门的，应采取措施保证使风门不能关闭，以防窒息。

④ 转动着的发电机、同期调相机，即使未加励磁，也应认为有电压。禁止在转动着的发电机、同期调相机的回路上工作，或用手触摸高压绕组。

⑤ 测量轴电压和在转动着的发电机上用电压表测量转子绝缘的工作，应使用专用电刷，电刷上应装有300mm以上的绝缘柄。

⑥ 在转动着的电机上调整电刷或清扫电刷及滑环时，应由有经验的电工担任，并遵守下列规定。

- 工作人员应采取防止衣服及擦拭材料等被机器挂住的措施。
- 工作时站在常设固定型绝缘垫上，不得同时接触两极或极与接地部分，也不能两人同时进行工作。

⑦ 检修高压电动机及其附属装置（如启动装置、变频装置，下同）时，应做好下列安全措施。

- 断开电源断路器、隔离开关（小车开关应拉至“试验”或“检修”位置），经验明确无电压后合上接地刀闸或装设接地线或在隔离开关间装绝缘隔板。
- 在断路器、隔离开关操作处悬挂“禁止合闸，有人工作!”的标示牌。
- 拆开后的电缆头须三相短路接地。
- 做好防止被其带动的机械（如水泵、空气压缩机、引风机等）引起电动机转动的措施（如关闭阀门、风门等），并在阀门（风门）上悬挂“禁止操作，有人工作!”的标示牌。

⑧ 禁止在转动着的高压电动机及其附属装置回路上进行工作。必须在转动着的电动机转子电阻回路上进行工作时，应短接滑环，断开电阻回路。工作时要戴手套并使用有绝缘把手的工具，穿绝缘靴或站在绝缘垫上。

⑨ 电动机的引出线和电缆头以及外露的转动部分均应装设牢固的遮栏或护罩。

⑩ 电动机及其启动装置、变频装置的外壳均应接地。禁止在运转中的电动机的接地线上进行工作。

⑪ 工作尚未全部终结，而需送电试验电动机及其启动装置、变频装置时，应收回全部工作票并通知有关机械部分检修人员后，方可送电。

11. 在六氟化硫（SF_6）电气设备上的工作

① 装有SF_6设备的配电装置室和SF_6气体实验室，应装设强力通风装置，风口应设置在室内底部。

② 在室内，设备充装SF_6气体时，周围环境相对湿度应不大于80%，同时应开启通风系统，并避免SF_6气体泄漏到工作区。工作区空气中SF_6气体含量不得超过1000μL/L。

③ 主控制室与SF_6配电装置室间要采取气密性隔离措施。SF_6配电装置室与其下方电缆层、电缆隧道相通的孔洞都应封堵。SF_6配电装置室及下方电缆层隧道的门上，应设置“注意通风”的标志。

④ SF_6配电装置室、电缆层（隧道）的排风机电源开关应设置在门外。

⑤ 在SF_6配电装置室低位区应安装能报警的氧量仪和SF_6气体泄漏报警仪，在工作人员入口处宜装设显示器。上述仪器应定期检验，保证完好。

⑥ 工作人员进入SF_6配电装置室，入口处若无SF_6气体含量显示器，应先通风15min，并用检漏仪测量SF_6气体含量合格。尽量避免一人进入SF_6配电装置室进行巡视，不得一人进入

从事检修工作。

⑦ 工作人员不得在 SF_6 设备防爆膜附近停留。若在巡视中发现异常情况，应立即报告，查明原因，采取有效措施进行处理。

⑧ 进入 SF_6 配电装置低位区或电缆沟进行工作应先检测含氧量（不低于 18%）和 SF_6 气体含量是否合格。

⑨ 设备解体检修前，应对 SF_6 气体进行检验，并采取安全防护措施。检修人员需穿着防护服并根据需要佩戴防毒面具或正压式空气呼吸器。打开设备封盖后，现场所有人员应暂离现场 30min。取出吸附剂和清除粉尘时，检修人员应戴防毒面具或正压式空气呼吸器和防护手套。

⑩ 设备内的 SF_6 气体应采取净化装置回收，经处理检测合格后方准再使用。回收时作业人员应站在上风侧。

⑪ 从 SF_6 气体钢瓶引出气体时，应使用减压阀降压。当瓶内压力降至 9.8×104Pa（1 个大气压）时，即停止引出气体，并关紧气瓶阀门，盖上瓶帽。

⑫ SF_6 配电装置发生大量泄漏等紧急情况时，人员应迅速撤出现场，开启所有排风机进行排风。未佩戴防毒面具或正压式空气呼吸器人员禁止入内。只有经过充分的自然排风或强制排风，并用检漏仪测量 SF_6 气体合格，用仪器检测含氧量（不低于 18%）合格后，人员才准进入。发生设备防爆膜破裂时，应停电处理，并用汽油或丙酮擦拭干净。

⑬ 气体采样和处理一般渗漏时，要戴防毒面具或正压式空气呼吸器并通风。

⑭ 操作 SF_6 断路器时，禁止检修人员在其外壳上工作。

⑮ 检修结束后，检修人员应洗澡，把用过的工器具、防护用具清洗干净。

⑯ SF_6 气瓶应放置在阴凉干燥、通风良好、敞开的专门场所，直立保存，并应远离热源和油污，防潮、防阳光暴晒，并不得有水分或油污粘在阀门上。

12. 在停电的低压配电装置和低压导线上的工作

① 低压配电盘、配电箱和电源干线上的工作，应填用发电厂（变电站）第二种工作票。

在低压电动机和在不可能触及高压设备、二次系统的照明回路上的工作可不填用工作票，应做好相应记录，该工作至少由两人进行。

② 低压回路停电应做好以下安全措施。

- 将检修设备的各方面电源断开取下熔断器，在断路器或隔离开关操作把手上挂“禁止合闸，有人工作！”的标示牌。
- 工作前应验电。
- 根据需要采取其他安全措施。

③ 停电更换熔断器后，恢复操作时，应戴手套和护目眼镜。

④ 低压工作时，应防止相间或接地短路；应采用有效措施遮蔽有电部分，若无法采取遮蔽措施时，则将影响作业的有电设备停电。

13. 二次系统上的工作

① 下列情况应填用电气第一种工作票。

- 在高压室遮栏内或与导电部分小于表 K-1 规定的安全距离进行继电保护、安全自动装置和仪表等及其二次回路的检查试验时，须将高压设备停电者。

- 在高压设备继电保护、安全自动装置和仪表、自动化监控系统、通信系统、热工（水车）保护等及其二次回路上工作需将高压设备停电或做安全措施者。

② 下列情况应填用电气第二种工作票。

- 继电保护装置、安全自动装置、自动化监控系统在运行中改变装置原有定值时不影响一次设备正常运行的工作。
- 对于连接电流互感器或电压互感器二次绕组并装在屏柜上的继电保护、安全自动装置、通信系统、热工（水车）保护上的工作，可以不停用所保护的高压设备或不需做安全措施者。

③ 检修中遇有下列情况应填用二次工作安全措施票（其格式参见附录3）。

- 在运行设备的二次回路上进行拆、接线工作。
- 在对检修设备执行隔离措施时，须拆断、短接和恢复同运行设备有联系的二次回路工作。

④ 二次工作安全措施票。

- 二次工作安全措施票的工作内容及安全措施内容由工作负责人填写，由技术人员或班长审核并签发；
- 监护人由技术水平较高及有经验的人担任，执行人、恢复人由工作班成员担任，按二次工作安全措施票的顺序进行。

上述工作至少由两人进行。

⑤ 工作人员在现场工作过程中，凡遇到异常情况（如直流系统接地等）或断路器跳闸、阀闭锁时，不论与本身工作是否有关，应立即停止工作，保持现状，待查明原因，确定与本工作无关时方可继续工作；若异常情况或断路器跳闸，阀闭锁是本身工作所引起，应保留现场并立即通知运行人员，以便及时处理。

⑥ 工作前应做好准备，了解工作地点、工作范围、一次设备及二次设备运行情况、安全措施、试验方案、上次试验记录、图纸、整定值通知单、软件修改申请单、核对控制保护设备、测控设备主机或板卡型号、版本号及跳线设置等是否齐备并符合实际，检查仪器、仪表等试验设备是否完好，核对微机保护及安全自动装置的软件版本号等是否符合实际。

⑦ 现场工作开始前，应检查已做的安全措施是否符合要求，运行设备和检修设备之间的隔离措施是否正确完成，工作时还应仔细核对检修设备名称，严防走错位置。

⑧ 在全部或部分带电的运行屏（柜）上进行工作时，应将检修设备与运行设备前后以明显的标志隔开。

⑨ 在继电保护装置、安全自动装置及自动化监控系统屏（柜）上或附近进行打眼等振动较大的工作时，应采取防止运行中设备误动作的措施，必要时申请停用有关保护。

⑩ 在继电保护、安全自动装置及自动化监控系统屏间的通道上搬运或安放试验设备时，不能阻塞通道，要与运行设备保持一定距离，防止事故处理时通道不畅，防止误碰运行设备，造成相关运行设备继电保护误动作。清扫运行设备和二次回路时，要防止震动、防止误碰，要使用绝缘工具。

⑪ 继电保护、安全自动装置及自动化监控系统做传动试验或一次通电或进行直流输电系统功能试验时，应通知运行人员和有关人员，并由工作负责人或由他指派专人到现场监视，方可进行。

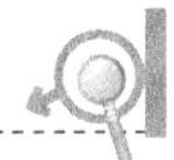

⑫ 所有电流互感器和电压互感器的二次绕组应有一点且仅有一点永久性的、可靠的保护接地。

⑬ 在带电的电流互感器二次回路上工作时，应采取下列安全措施。

- 禁止将电流互感器二次侧开路（光电流互感器除外）。
- 短路电流互感器二次绕组，应使用短路片或短路线，禁止用导线缠绕。
- 在电流互感器与短路端子之间导线上进行任何工作，应有严格的安全措施，并填用“二次工作安全措施票”。必要时申请停用有关保护装置、安全自动装置或自动化监控系统。
- 工作中禁止将回路的永久接地点断开。
- 工作时，应有专人监护，使用绝缘工具，并站在绝缘垫上。

⑭ 在带电的电压互感器二次回路上工作时，应采取下列安全措施。

- 严格防止短路或接地。应使用绝缘工具，戴手套。必要时，工作前申请停用有关保护装置、安全自动装置或自动化监控系统。
- 接临时负载，应装有专用的隔离开关和熔断器。
- 工作时应有专人监护，禁止将回路的安全接地点断开。

⑮ 二次回路通电或耐压试验前，应通知运行人员和有关人员，并派人到现场看守，检查二次回路及一次设备上确无人工作后，方可加压。

电压互感器的二次回路通电试验时，为防止由二次侧向一次侧反充电，除应将二次回路断开外，还应取下电压互感器高压熔断器或断开电压互感器一次隔离开关。

直流输电系统单极运行时，禁止对停运极中性区域互感器进行注流或加压试验。

运行极的一组直流滤波器停运检修时，禁止对该组直流滤波器内与直流极保护相关的电流互感器进行注流试验。

⑯ 在光纤回路工作时，应采取相应防护措施防止对人眼造成伤害。

⑰ 检验继电保护、安全自动装置、自动化监控系统和仪表的工作人员，不得对运行中的设备、信号系统、保护压板进行操作，但在取得运行人员许可并在检修工作盘两侧开关把手上采取防误操作措施后，可拉合检修断路器。

⑱ 试验用刀闸应有熔丝并带罩，被检修设备及试验仪器禁止从运行设备上直接取试验电源，熔丝配合要适当，要防止越级熔断总电源熔丝。试验接线要经第二人复查后，方可通电。

⑲ 继电保护装置、安全自动装置和自动化监控系统的二次回路变动时，应按经审批后的图纸进行，无用的接线应隔离清楚，防止误拆或产生寄生回路。

⑳ 试验工作结束后，按“二次工作安全措施票”逐项恢复同运行设备有关的接线，拆除临时接线，检查装置内无异物，屏面信号及各种装置状态正常，各相关压板及切换开关位置恢复至工作许可时的状态。二次工作安全措施票应随工作票归档保存1年。

14. 电气试验工作

（1）高压试验工作

① 高压试验工作应填用电气第一种工作票。

在同一电气连接部分，高压试验工作票发出时，应先将已发出的检修工作票收回，禁止再发出第二张工作票。如果试验过程中，要检修人员配合，应将检修人员填写在高压试验的工作票中。

在一个电气连接部分同时有检修和试验时，可填用一张工作票，但在试验前应得到检修工作负责人的许可。

如加压部分与检修部分之间的断开点，按试验电压有足够的安全距离，并在另一侧有接地短路线时，可在断开点的一侧进行试验，另一侧可继续工作。但此时在断开点应挂有“止步，高压危险！”的标示牌，并设专人监护。

② 高压试验工作不得少于两人。试验负责人应由有经验的人员担任，开始试验前，试验负责人应向全体试验人员详细布置试验中的安全注意事项，交待邻近间隔的带电部位，以及其他安全注意事项。

③ 因试验须要断开设备接头时，拆前应做好标记，接后应进行检查。

④ 试验装置的金属外壳应可靠接地；高压引线应尽量缩短，并采用专用的高压试验线，必要时用绝缘物支持牢固。

试验装置的电源开关，应使用明显断开点的双极刀闸。为了防止误合刀闸，可在刀刃上加绝缘罩。

试验装置的低压回路中应有两个串联电源开关，并加装过载自动掉闸装置。

⑤ 试验现场应装设遮栏或围栏，遮栏或围栏与试验设备高压部分应有足够的安全距离，向外悬挂“止步，高压危险！”的标示牌，并派人看守。被试设备两端不在同一地点时，另一端还应派人看守。

⑥ 加压前应认真检查试验接线，使用规范的短路线，表计倍率、量程、调压器零位及仪表的开始状态均正确无误，经确认后，通知所有人员离开被试设备，并取得试验负责人许可，方可加压。加压过程中应有人监护并呼唱。

高压试验工作人员在全部加压过程中，应精力集中，随时警戒异常现象发生，操作人应站在绝缘垫上。

⑦ 变更接线或试验结束时，应首先断开试验电源，并将升压设备的高压部分放电、短路接地。

⑧ 未装接地线的大电容被试设备，应先行放电再做试验。高压直流试验时，每告一段落或试验结束时，应将设备对地放电数次并短路接地。

⑨ 试验结束时，试验人员应拆除自装的接地短路线，并对被试设备进行检查，恢复试验前的状态，经试验负责人复查后，进行现场清理。

⑩ 发电厂和变电站升压站发现有系统接地故障时，禁止测量接地网接地电阻。

⑪ 特殊的重要电气试验，应有详细的安全措施，并经单位分管领导批准。

（2）携带型仪器的测量工作

① 使用携带型仪器在高压回路上进行工作，至少由两人进行。须要高压设备停电或做安全措施的，应填用发电厂和变电站第一种工作票。

② 除使用特殊仪器外，所有使用携带型仪器的测量工作，均应在电流互感器和电压互感器的二次侧进行。

③ 电流表、电流互感器及其他测量仪表的接线和拆卸，须要断开高压回路者，应将此回路所连接的设备和仪器全部停电后方可进行。

④ 电压表、携带型电压互感器和其他高压测量仪器的接线和拆卸无须断开高压回路者，可以带电工作。但应使用耐高压的绝缘导线，导线长度应尽可能缩短，不得有接头，并应连

接牢固，以防接地和短路。必要时用绝缘物加以固定。

使用电压互感器进行工作时，先应将低压侧所有接线接好，然后用绝缘工具将电压互感器接到高压侧。工作时应戴手套和护目眼镜，站在绝缘垫上，并应有专人监护。

⑤ 连接电流回路的导线截面，应适合所测电流数值。连接电压回路的导线截面不得小于 $1.5mm^2$。

⑥ 非金属外壳的仪器，应与地绝缘，金属外壳的仪器和变压器外壳应接地。

⑦ 测量用装置必要时应设遮栏或围栏，并悬挂“止步，高压危险！”的标示牌。仪器的布置应使工作人员距带电部位不小于表 K-1 规定的安全距离。

（3）钳型电流表的测量工作

① 运行人员在高压回路上使用钳形电流表的测量工作，应由两人进行。非运行人员测量时，应填用电气第二种工作票。

② 在高压回路上测量时，禁止用导线从钳形电流表另接表计测量。

③ 测量时若须拆除遮栏，应在拆除遮栏后立即进行。工作结束，应立即将遮栏恢复原状。

④ 使用钳形电流表时，应注意钳形电流表的电压等级。测量时戴绝缘手套，站在绝缘垫上，不得触及其他设备，以防短路或接地。

观测表计时，要特别注意保持头部与带电部分的安全距离。

⑤ 测量低压熔断器和水平排列低压母线电流时，测量前应将各相熔断器和母线用绝缘材料加以包护隔离，以免引起相间短路，同时应注意不得触及其他带电部分。

⑥ 在测量高压电缆各相电流时，电缆头线间距离应在 300mm 以上，且绝缘良好，测量方便者，方可进行。

当有一相接地时，禁止测量。

⑦ 钳形电流表应保存在干燥的室内，使用前要擦拭干净。

（4）使用绝缘电阻表的测量工作

① 使用绝缘电阻表测量高压设备绝缘，应由两人进行。

② 测量用的导线，应使用相应的绝缘导线，其端部应有绝缘套。

③ 测量绝缘时，应将被测量设备从各方面断开，验明无电压，确实证明设备无人工作后，方可进行。在测量中禁止他人接近被测量设备。

在测量绝缘前后，应将被测设备对地放电。

测量线路绝缘时，应取得许可并通知对侧后方可进行。

④ 在有感应电压的线路上测量绝缘时，应将相关线路同时停电，方可进行。

雷电时，禁止测量线路绝缘。

⑤ 在带电设备附近测量绝缘电阻时，测量人员和绝缘电阻表安放位置，应选择适当，保持安全距离，以免绝缘电阻表引线或引线支持物触碰带电部分。移动引线时，应注意监护，防止工作人员触电。

15. 电力电缆工作

（1）电力电缆工作的基本要求

① 工作前应核对电缆标志牌的名称与工作票所填内容相符，安全措施正确后，方可开始工作。

② 填用第一种工作票的工作应经调度的许可，填用第二种工作票的工作可不经调度的许可。若进入发电厂、变、配电站工作，都应经当值运行人员许可。

（2）电力电缆作业时的安全措施

① 电缆施工的安全措施主要如下。

- 沟槽开挖深度达到 1.5m 及以上时，应采取措施防止土层塌方。
- 沟槽开挖时，应将路面铺设材料和泥土分别堆置，堆置处和沟槽之间应保留通道供施工人员行走。在堆置物堆起的斜坡上不得放置工具材料等器物，以免滑入沟槽损伤施工人员或电缆。
- 挖到电缆保护板后，应由有经验的人员在场指导，方可继续进行，以免误伤电缆。
- 挖掘出的电缆或接头盒，如下面需要挖空时，应采取悬吊保护措施。电缆悬吊应每 1m～1.5m 吊一道；接头盒悬吊应平放，不得使接头盒受到拉力；若电缆接头无保护盒，则应在该接头下垫上加宽加长木板，方可悬吊。电缆悬吊时，不得用铁丝或钢丝等，以免损伤电缆护层或绝缘。

② 移动电缆接头一般应停电进行。若必须带电移动，应先查阅历史记录，在专人统一指挥下，平正移动。

③ 电缆开断前，应核对电缆走向图，并使用专用仪器证实电缆无电后，用已接地并带绝缘柄的铁钎钉入电缆芯后，方可工作。扶绝缘柄的人应戴绝缘手套并站在绝缘垫上，采取防灼伤措施。

④ 开启电缆井盖、电缆沟盖板及电缆隧道人孔盖时，应使用专用工具。开启后应设置标准路栏，并派人看守。工作人员撤离电缆井或隧道后，应立即将井盖盖好。

⑤ 电缆隧道或电缆工井内工作应遵守以下规定。

- 电缆隧道应有充足的照明，并有防火、防水、通风的措施。
- 电缆井内工作时，禁止只打开一只井盖（单眼井除外）。
- 进入电缆井、电缆隧道前，应先用吹风机排除浊气，再用气体检测仪检查井内或隧道内的易燃易爆及有毒气体的含量是否超标，并做好记录。电缆井、隧道内工作时，通风设备应保持常开。
- 电缆沟的盖板开启后，应自然通风一段时间，经测试合格后方可下井沟工作。在通风条件不良的电缆隧（沟）道内进行巡视时，工作人员应携带便携式有害气体测试仪及自救呼吸器。

⑥ 充油电缆施工应做好电缆油的收集工作，对散落在地面上的电缆油要立即覆上黄沙或砂土，及时清除。

⑦ 在 10kV 跌落式熔断器与电缆头之间，宜加装过渡连接装置，工作时能与跌落式熔断器上桩头带电部分保持安全距离。在 10kV 跌落式熔断器上桩头带电时，未采取绝缘隔离措施前，禁止在跌落式熔断器下桩头新装、调换电缆尾线或吊装、搭接电缆终端头。

⑧ 禁止在带电导线、带电设备、变压器、油断路器附近以及在电缆夹层、隧道、沟洞内对火炉或喷灯加油及点火。

⑨ 制作环氧树脂电缆头和调配环氧树脂工作时，应采取防毒和防火措施。

⑩ 采取下列非开挖施工的安全措施。

- 采用非开挖技术施工前，应首先探明地下各种管线及设施的相对位置。

- 非开挖的通道，应与地下各种管线及设施保持足够的安全距离。
- 通道形成的同时，应及时对施工的区域灌浆。

（3）电力电缆线路试验安全措施

① 电力电缆试验要拆除接地线时，应征得工作许可人的许可（根据调度员指令装设的接地线，应征得调度员的许可），方可进行。工作完毕后立即恢复。

② 电缆试验前，加压端应采取安全措施，防止人员误入试验场所。另一端应设置围栏并挂上警告标示牌。如另一端在杆上或电缆开断处，应派人看守。

③ 电缆试验前，应先对被试电缆充分放电。

④ 电缆试验更换试验引线时，应先对试验设备和被试电缆充分放电，作业人员应戴好绝缘手套。

⑤ 电缆耐压试验分相进行时，电缆另两相应短路接地。

⑥ 电缆试验结束，应对被试电缆充分放电，并在被试电缆上加装临时接地线，待电缆尾线接通后方可拆除。

⑦ 电缆故障声测定点时，禁止直接用手触摸电缆外皮或冒烟小洞。

16. 一般安全措施

① 任何人从事高处作业，进入有磕碰、高处落物等危险的生产场所应正确佩戴安全帽。

② 在户外变电站和高压室内搬动梯子、管子等长物，应两人放倒搬运，并与带电部分保持足够的安全距离。

③ 在带电设备周围禁止使用钢卷尺、皮卷尺和线尺（夹有金属丝者）进行测量工作。

④ 所有电气设备的金属外壳均应有良好的接地装置。使用中不得将接地装置拆除或对其进行任何工作。

⑤ 检修动力电源箱的支路开关都应加装剩余电流动作保护器（漏电保护器），并应定期检查和试验。

连接电动机械及电动工具的电气回路应单独设开关或插座，并装设剩余电流动作保护器（漏电保护器），金属外壳应接地；电动工具应做到“一机一闸一保护”。

⑥ 工作场所的照明，应该保证足够的亮度。在操作盘、重要表计、主要楼梯、通道、调度室、机房、控制室等地点，还应设有事故照明。现场的临时照明线路应相对固定，并经常检查、维修。照明灯具的悬挂高度应不低于2.5m，并不得任意挪动；低于2.5m时，应设保护罩。

⑦ 高处作业均应先搭设脚手架、使用高空作业车、升降平台或采取其他防止坠落措施后，方可进行高处作业。

高处作业禁止将工具及材料上下投掷，应用绳索拴牢传递。

⑧ 雷电时，禁止在室外变电所或室内的架空引入线上检修和试验。

⑨ 遇有电气设备着火时，应立即将有关设备的电源切断，然后救火。消防器材的配备、使用、维护以及消防通道的配置等应遵守国家有关规定。

参考文献

[1] 李东. 最新电气设备安装调试、运行维护、故障检修与常用数据及标准规范实务全书[M]. 北京：金版电子出版社，2004.
[2] 国家能源局. 电力变压器运行规程[M]. 北京：中国电力出版社，2010.
[3] 何仰赞，温增银，等. 电力系统分析[M]. 武汉：华中科技大学出版社，2002.
[4] 陈家斌. 电气设备运行维护及故障处理[M]. 北京：中国水利水电出版社，2003.